Zu diesem Buch

Dieses Buch, ursprünglich der dritte Band einer dreiteiligen Monographie über naturwissenschaftliche Weltbilder, ist die Frucht vieljähriger Forschungsarbeit. Es handelt sowohl von den großen Ideen der Naturdeutung, wie sie sich aus alten mythologischen Denkformen herausgebildet hat und schließlich in den Erkenntnissen der neuzeitlichen Kosmologie und der modernen Astronomie, Geologie, Physik, Chemie und Biologie zu hochdifferenzierten Anschauungsmodellen entfaltet worden ist, als auch von dem Zusammenspiel der prägenden Vorstellungen von der Ordnung der Natur mit denen von der Ordnung der Gesellschaft. Toulmin/Goodfield verknüpfen in ihrer Darstellung die Einsichten der Wissenschaften von der Natur mit denen der Wissenschaften vom Menschen, als deren entscheidenden gemeinsamen neuzeitlichen Entwicklungsimpuls sie die »Entdeckung der Zeit«, also des Geschichtsbewußtseins bestimmen. Die bleibende Bedeutung ihres Werks liegt ebenso in der Analyse der alten und neuen Naturbilder wie in den Anregungen, die von dieser Analyse zur Lösung von Problemen ausgehen, vor die sich heute die Forschung gestellt sieht.

Die Autoren

Professor Stephen Toulmin und Professor June Goodfield haben bis 1964 am Institut für Ideengeschichte der britischen Nuffield Foundation gearbeitet und lehren jetzt an der Harvard-Universität in Cambridge/Mass. (USA). Sie sind mit bedeutenden Werken zur Wissenschaftsgeschichte und zur Wissenschaftsphilosophie international hervorgetreten.

STEPHEN TOULMIN/JUNE GOODFIELD

Entdeckung der Zeit

Aus dem Englischen
von Ursula Hermann

FISCHER TASCHENBUCH VERLAG

FISCHER WISSENSCHAFT

Ungekürzte Ausgabe
mit 12 Abbildungen
Veröffentlicht im Fischer Taschenbuch Verlag GmbH,
Frankfurt am Main, Oktober 1985
Titel der englischen Originalausgabe:
›The Discovery of Time‹

Umschlaggestaltung: Jan Buchholz/Reni Hinsch
Druck und Bindung: Wagner GmbH, Nördlingen
Printed in Germany 1985
1880-ISBN-3-596-27360-9

INHALT

Vorwort

Mit der Veröffentlichung dieses Bandes haben wir eine Aufgabe erfüllt, die wir uns, als wir den Plan zu unserer Analyse der ›Ursprünge der Naturwissenschaft‹ faßten, selbst gestellt haben. Unser Ziel war nie (wie ein Kritiker spöttisch bemerkte), die ›gesamte Geschichte der Naturwissenschaft‹ in drei mittelgroßen Bänden darzustellen, was ein unmögliches Unterfangen gewesen wäre, sondern wir wollten die Hauptlinien der geistigen Entwicklung aufzeigen, die dazu führten, die wichtigsten Merkmale unseres heutigen Bildes von der Natur zum allgemein anerkannten Wissensgut zu machen. Wir beschäftigen uns hier mit der ›Lebensgeschichte‹ der Erde und ihrer Bewohner und versuchen zu schildern, wie sich aus alten mythologischen und theologischen Denkformen allmählich ein Sinn für die Geschichte herausgebildet hat.

In einer Hinsicht unterscheidet sich der vorliegende Band von ›Modelle des Kosmos‹ und ›Materie und Leben‹. Dort haben wir die Entwicklung von Ideen skizziert, die eindeutig in das Gebiet der Naturwissenschaften gehören und die nur gelegentlich in die Forschungsgebiete anderer Wissenschaften übergreifen. Wo es jedoch um die Geschichtsauffassung ging, sahen wir uns immer wieder genötigt, den Bereich der eigentlichen Naturwissenschaft zu verlassen und andere Disziplinen mit einzuschließen. In den Jahrhunderten großer geistiger Bemühungen hat sich das wachsende Geschichtsbewußtsein des Menschen, das alle Bereiche von der Kosmologie bis zur Theologie und Gesellschaftsgeschichte umfaßte, in zwei parallellaufenden Bahnen bewegt. *Wie* eng die Parallelität war, das ist eine der beiden Entdeckungen, die wir zu zeigen versucht haben. Die andere Entdeckung hängt mit den in allen historischen Wissenschaften immer wiederkehrenden Denkmodellen zusammen, sei es bezüglich des Menschen oder der Natur. Wo auch immer Forscher in ganz verschiedenen Wissenschaftszweigen auf allgemeine Probleme gestoßen sind (zum Beispiel den Aufbau einer belegten zeitlichen Folge vergangener Zeitalter), haben sie immer wieder ähnliche Methoden angewendet. In dieser Hinsicht, meinen wir, können die heutigen Kosmologen aus den theoretischen Schwierigkeiten ihrer Vorläufer in der Geologie und sogar in der politischen Theorie mehr lernen, als sie vielleicht glauben.

Wir sind unseren Kollegen, auf deren Forschungsergebnisse wir uns bei der Rekonstruktion dieser ›Geschichte der Geschichtswissenschaft‹ stützen konnten, mehr Dank schuldig als je zuvor. Ein großer Teil der geologischen Abschnitte ist in bewundernswerter Weise von Charles C. Gillispie von der Princeton Universität skizziert worden, doch ebenso wertvoll war uns die Möglichkeit zu wissenschaftlichem Gespräch mit so ausgezeichneten Historikern wie John Passmore, E. H. Gombrich und Isaiah Berlin. Obwohl in der akademischen Welt Großbritanniens die Ideengeschichte noch heute ein (um Berlins sarkastische Bezeichnung zu gebrauchen) ›Ungegenstand‹ ist, hoffen wir doch, daß unsere eigenen Versuche, die Ideen der Wissenschaften von der Natur und vom Menschen wieder zu vereinigen, dazu beitragen werden, ein größeres Interesse an diesem Denkbereich zu wecken.

Wenn dieses Buch erscheint, wird die *Nuffield Foundation Unit for the History of Ideas* aufgelöst, und wir selbst verlassen England, um einem Ruf an die Harvard-Universität zu folgen. Viereinhalb Jahre lang haben wir an diesen Büchern und an den in Verbindung mit ihnen gedrehten Filmen gearbeitet und sind dabei in einer Weise unterstützt worden, wie es wohl nur wenigen Wissenschaftlern in Großbritannien zuteil wird. Wie die Dinge liegen, sind Stiftungen die einzigen wirklichen Mittel, mit deren Hilfe neue, wichtige und sogar ungewöhnliche wissenschaftliche Ideen in die Öffentlichkeit gelangen können. Verglichen mit anderen Stiftungen hat sich die Nuffield Foundation auf Grund ihrer Liberalität, Beweglichkeit und raschen Wirksamkeit einen hervorragenden Ruf erworben, und wir ergreifen gern die Gelegenheit, den Kuratoren unseren herzlichsten Dank für ihre Unterstützung auszusprechen. (Es geschieht ja leider zu oft, daß die Arbeit solcher Stiftungen, wenn ihre eigentliche Aufgabe – neue Forschungsprogramme anlaufen zu lassen – erfüllt ist, darunter leidet, daß die verantwortlichen Autoritäten und Institutionen es versäumen, den Weg weiter zu gehen, den die Stiftung eingeschlagen hat.)

Wir widmen dieses Buch Leslie Farrer-Brown, der als Direktor der *Nuffield Foundation* damals, als wir den Plan für diese Reihe erwogen, zum großen Teil die Verantwortung für die Ausführung unseres Vorhabens übernommen hat. Unser besonderer Dank gilt Fräulein Caroline Uhlmann, die das Manuskript geschrieben und satzfertig gemacht hat; und auch Fräulein Helen Mortimer, die zur gesamten Arbeit der Stiftung einen so wesentlichen Teil beigetragen hat, verdanken wir mehr, als wir hier aussprechen können.

Alfriston, Sussex 1964

Stephen Toulmin
June Goodfield

Das Problem der historischen Betrachtung

Das Bild von der Natur, das wir heute als etwas ganz Selbstverständliches betrachten, hat ein bemerkenswertes Charakteristikum, das man nicht übersehen kann, wenn man die Anfänge der Wissenschaft studiert: Es ist ein von der Geschichte her bestimmtes Bild. Da sich der Mensch nie mit der geistigen Beherrschung seiner eigenen, gegenwärtigen Welt hat zufriedengeben können, war er immer bestrebt, darüber hinaus auch noch zu entdecken, wie die Dinge, so wie wir sie heute kennen, zustande gekommen sind. Nachdem er die Topographie des Himmelsgewölbes kartographisch fixiert und die Gesetze, nach denen die Welt der Materie gelenkt wird, begriffen hatte, begann er das Dunkel der Vergangenheit auszuloten, bis zu einem Zeitalter, das für frühere Generationen in unermeßlich weiter Ferne lag. Und er hat nicht nur in diesem Dunkel herumgetastet, sondern hat Licht hineingebracht und Wege aufgezeigt, die der forschende Geist zuversichtlich beschreiten kann. Er hat gelernt, mehr zu tun als nur daran herumzurätseln, wie die Natur in früheren Zeitaltern ausgesehen haben mag. Er ist heute in der Lage, in großen Umrissen zu zeigen, wie sie sich über weite Zeiträume hinweg verwandelt und entwickelt hat. So ist es ihm gelungen, seine Umwelt nicht nur zu verstehen, sondern, was noch wichtiger ist, herauszufinden, wie diese Umwelt beschaffen war, lange bevor es Menschen überhaupt gegeben hat.

Wir neigen heute bereits dazu, diese Errungenschaften zu unterschätzen. Wenn die Vergangenheit einmal bekannt ist, dann ist sie eben bekannt, und individuelle Tatbestände der Vergangenheit sind, jedenfalls für die Zwecke reiner Theorie, nicht bedeutungsvoller als individuelle Tatbestände der Gegenwart. Und doch ist dieser theoretische Standpunkt, auch innerhalb der eigentlichen Wissenschaft, nicht der einzig mögliche; für wissenschaftliche wie auch für jegliche anderen Zwecke kann der geschichtsbezogene Standpunkt ebenso gerechtfertigt sein. Tatsächlich sind in den letzten anderthalb Jahrhunderten Spekulationen über die zeitliche Entwicklung der Natur herangereift, die unseren Vorstellungen eine neue Dimension erschlossen haben: die Dimension der Zeit.

Während der gesamten Geschichte menschlichen Denkens ist in der Einstellung des Menschen zur Natur – in seinem ›gesunden Menschenverstand‹ – keine Umwandlung so tiefgreifend gewesen wie die Veränderung der historischen Perspektive durch die Entdeckung der Vergangenheit. Wir sollten uns hüten, diesen Wandel als selbstverständlich hinzunehmen; wir sollten ihn im Gegenteil fast noch etwas übertreiben. Man könnte sich ja zum Beispiel hinstellen und wie Kant fragen: ›Wie ist eine historische Naturwissenschaft überhaupt möglich?‹ Wir haben den Himmel unmittelbar vor unseren Augen, und er wartet nur darauf, erforscht zu werden. Das Sichtbare, was für die Planetentheorie wichtig ist, liegt unmittelbar vor uns, und es ist doch wohl kaum daran zu zweifeln – außer im metaphysischen Sinne –, daß sich Astronomie und Dynamik vernünftigerweise nur auf das stützen können, was wir vor uns sehen. Genauso ist es mit der Physik und Physiologie: Atome und Zellen mögen für unsere Augen unerkennbar winzig und elektromagnetische Felder nicht spürbar sein, aber sie sind unleugbar vorhanden und können entweder direkt oder infolge ihrer ständigen Bewegung beobachtet werden. Doch die Vergangenheit ist vergangen, und zwar für immer. Alles, was heute erforscht werden kann, ist – per definitionem – nicht ›Vergangenheit‹, und wir können gegenwärtig bekannte Tatsachen über Erdschichten, Fossilien oder historische Dokumente nur dann zur Untermauerung unserer Kenntnisse vergangener Zeitabschnitte heranziehen, wenn wir uns auf gewisse unbewiesene Voraussetzungen stützen.

Wir können zeigen, wie die Dinge heute sind; wie sie einst waren, ist – wenn wir skeptisch sein wollen – bestenfalls eine Streitfrage. Und wenn wir den Skeptizismus bis zum philosophischen Extrem treiben wollen, müssen wir tatsächlich schließen, daß in diesem besonderen Fall die Wahrheit außerhalb unserer Reichweite liegt. Nehmen wir nur an (um ein Argument von Bertrand Russell anzuführen), das gesamte Weltall wäre vor fünf Minuten erschaffen worden, mit allem, was in ihm ist, unter seinen augenblicklichen Bedingungen, einschließlich unserer Erinnerungen – dann wäre jede Vorstellung von der Vergangenheit in einem Zeitraum, der länger als fünf Minuten zurückliegt, falsch. Wenn man das gegenwärtig Sichtbare isoliert betrachtet, dann mag das tatsächlich zutreffen. Unsere Vorstellung von der Königin Viktoria, Julius Cäsar, dem Neandertaler und der Eiszeit mögen tiefe Wurzeln haben, aber verglichen mit unseren Vorstellungen über Gegenwärtiges sind ihre Wurzeln schwach und liegen nicht in unserer unmittelbaren Erfahrung. In dieser Form ausgedrückt, klingt Russells skeptisches Argument natürlich etwas platt, aber in seinem Kern ist es überzeugend. Unser Wissen von den Geschehnissen in der Vergangenheit, insbesondere in vorgeschichtlicher Zeit, beruht wirklich nur auf Schlußfolgerungen. Wir waren nicht dabei und haben auch keine Berichte von Augenzeugen. Wir beziehen es nur aus einleuchtend erscheinenden Vermutungen, die wir als Bindeglied zwischen Ereignissen der Gegenwart einerseits und Epochen und Ereignissen der Vergangenheit andererseits benutzen.

Rücken wir nun zwei wichtige Probleme ins Licht. Wenn die Vergangenheit für immer vergangen ist, wie können wir dann so sicher in unserem Wissen darüber sein, wie sie verlaufen ist? (Dieses Problem wollen wir das Problem der Schlußfolgerung nennen.) Und wie hat unser geistiges Bild von der Natur seine zeitliche Perspektive bekommen? Es ist bereits zu spät, die Kantsche Frage zu stellen (ob eine historische Naturwissenschaft überhaupt möglich ist), weil die Naturwissenschaft schon seit 1800 ihren Wirkungsbereich durch historische Aspekte erweitert hat. So können wir also philosophische Spekulationen beiseite lassen und uns auf weniger anspruchsvolle Fragen konzentrieren. Wie ist es zu diesem Wandel der Auffassung gekommen? Und wie vermochten die Wissenschaftler in mehr als einer Hinsicht das Dunkel zu lichten, in dem sich lange Zeit alle Spekulationen über frühere Stadien der Natur bewegten?

Bevor wir uns aber unserem Hauptgegenstand zuwenden, müssen wir noch kurz auf ein Gegenargument eingehen. R. G. Collingwood hat erklärt, die Natur habe keine Geschichte. Geschichte haben nur menschliche Wesen. Der Historiker beschäftigt sich mit den Gedanken und Triebkräften jener Menschen, die im Ablauf der Geschichte eine Rolle gespielt haben. Bei Steinen, Pflanzen, Tieren taucht die Frage nach den Triebkräften überhaupt nicht auf, sondern nur bei denkenden Wesen, deren Gedankengänge wir auch verstehen können, das heißt also bei unseren Mitmenschen. Mögen sich auch die Geologie, Kosmologie und Evolutionstheorie mit der zeitlichen Entwicklung befassen, so kann man sie doch nicht (laut Collingwood) als ›historische‹ Wissenschaften bezeichnen.

Aber diese These, die die Geschichte des Menschen von anderen Untersuchungen der Vergangenheit getrennt wissen will, ist nur bis zu einem gewissen Grade brauchbar. Denn ob wir uns nun mit der Entwicklung der Erde oder der Lebewesen oder einer Gesellschaft beschäftigen, wir stoßen in jedem Fall auf bestimmte allgemeine Probleme. Zum einen müssen wir alle Hypothesen, auf die wir uns bei unserem Weg von der Gegenwart zurück in die terrestrische, tierische und menschliche Vergangenheit stützen, genau überprüfen, und zum anderen haben die Untersuchungen der menschlichen und außermenschlichen Geschichte gewisse Methoden gemeinsam. So spielen heute archäologische Methoden auch in speziellen Bereichen der Geschichtsforschung eine große Rolle (zum Beispiel beim Studium mittelalterlicher Dörfer), und diese Methoden können von den geologischen Methoden nicht scharf getrennt werden. Für uns sind die gemeinsamen Züge der menschlichen und außermenschlichen Vergangenheit wichtiger als ihre Unterschiede. Die Fragen, die uns hier interessieren, berühren die Perspektiven, unter denen wir die Geschichte der Natur und des Menschen betrachten, gleichermaßen; sie umfassen die Entwicklung der Erde ebenso wie die Entwicklung der Lebewesen und der menschlichen Gesellschaften. So wollen wir hier – teils um diesen Zusammenhang zu betonen, teils weil sich kein besseres Wort finden läßt – von der *Geschichte* des Menschen und des Lebens auf der Erde sprechen, von der Geschichte der fünf Kontinente und der Erdkugel selbst, von der Geschichte des Sonnen- und Milchstraßensystems, zu dem die Erde gehört, und von der Geschichte des Kosmos als Ganzem.

Abgesehen von allen philosophischen Spekulationen, werden heute vom gebildeten Menschen bestimmte allgemeine Erkenntnisse akzeptiert. Er weiß, daß es vor den wenigen Jahrtausenden schriftlich überlieferter Geschichte einen viel größeren Zeitraum gegeben hat, in dem Menschen existiert haben, und daß vor diesem noch größere Zeiträume ohne Menschen liegen. Menschliche Wesen werden auf frühere Lebensformen zurückgeführt, die wiederum, wenn man sie weiter verfolgt, in ein Zeitalter reichen, in dem zum ersten Mal sich selbst fortpflanzende Organismen auftreten. Und schließlich sind – geht man nur weit genug zurück – Sonnen- und Milchstraßensysteme durch physikalische Vorgänge entstanden, deren Beschaffenheit wir noch entdecken können. Aber es ist noch nicht lange her, seit die wissenschaftliche Forschung das ungeheure Ausmaß der vergangenen Zeit erkannt hat. In den letzten zweieinhalb Jahrhunderten, in denen die Vergangenheit von sechstausend auf sechs Milliarden Jahre erweitert worden ist, sah sich der Mensch gezwungen, alle seine Erkenntnisse neu zu überdenken, um sie dieser neuen Zeitperspektive anzupassen. Die allmähliche Abtragung der so lange heiliggehaltenen Ideen und Überzeugungen wird eins der Hauptthemen dieses Buches sein.

Was soll unser Ausgangspunkt sein? Die Wahl fällt nicht schwer. Mit – sozusagen – kindlichem Verstand haben Menschen begonnen, die Zeit zu entdecken. Ein Kind lebt, wie das Tier auch, in der Gegenwart, und die Zeitspanne, die es begreifen kann, ist begrenzt und unklar. Wenn es heranwächst, dehnt es seine geistige Reichweite und Vorstellungskraft aus und schließt seine eigene Lebensspanne sowie die seiner Eltern und Großeltern in seinen geistigen Horizont ein. Gleichzeitig mit seinem sich entwickelnden Verständnis für Zeit beginnt es die Veränderlichkeit seiner eigenen vertrauten Welt zu erkennen. Es begreift, daß vor seiner Geburt ein weiterer Zeitraum liegt, und versteht schließlich auch, daß das Leben aller Menschen einen Anfang hat und daß seine Eltern auch einmal Kinder gewesen sind wie es selbst. Im gleichen Maße, wie die zeitlichen Grenzen seiner Unwissenheit langsam zurückweichen, erweisen sich die bisher unveränderlichen Dinge auf dem Hintergrund seiner Welt als dem Wandel unterworfen. Aber auch für diese kurze Zeitspanne sind seinem Verständnis Grenzen gesetzt. Wie weit ein Mensch in die Vergangenheit zurückreichen kann, hängt weniger von seiner persönlichen Erfahrung, als von der kulturellen und geistigen Tradition der Gemeinschaft ab, in der er lebt. Sich selbst überlassen, könnte er nur über wenige Generationen zurückschauen. Alles, was darüber hinausgeht, erfährt er nur aus Erinnerungen und Geschichten, die von Älteren an ihn weitergegeben werden. So ist gewissermaßen der Mensch am Beginn seines Bildungsganges – aufgeschlossen für die umfassenderen Begriffe von Zeitablauf und historischem Wandel – der Ausgangspunkt für unsere Untersuchung.

Entsprechen nun die Stadien, die wir selbst durchlaufen haben, um einen Zeitraum von einer Milliarde Jahren anzuerkennen, den Stadien, durch die frühere Generationen hindurchgegangen sind, um den Ablauf der Geschichte zu begreifen? Wohl kaum, denn wir Heutigen werden sofort mit der erarbeiteten Chronologie bekannt gemacht und überspringen die Jahrhunderte des Umhertastens und Disputierens, die ihrer Festlegung vorausgegangen sind. In diesen Jahrhunderten sah man das ganze Schauspiel der Natur unter ganz anderen Blickwinkeln als wir heute. Man gewann allenfalls gelegentliche Einblicke in einen früheren Zustand der Welt und erkannte sicher nicht die Probleme, die schließlich das Bild des Menschen von der Natur so grundlegend verändert haben. Obwohl wir die geistigen Schwierigkeiten, derentwegen diese Erkenntnis so lange verzögert worden ist, immer vor Augen haben, sehen wir immer noch nicht in der Frage klar, auf welchen Zeugnissen und Gründen unser modernes Zeitschema nun wirklich beruht (wenn das der Fall wäre, dann würden wir es wahrscheinlich nicht als so selbstverständlich betrachten). Trotzdem könnte der Kontrast zwischen dem modernen Bild und dem Bild aus der ›Kinder‹-Perspektive nicht größer sein. Es ist ein Unterschied, ob man die Wandlungen und Zufälle im individuellen Menschenleben erkennt, das auf einer unwandelbaren Erde vor dem unveränderlichen Hintergrund des Himmels gelebt wird, oder ob man die Veränderlichkeit der Erde mit den auf ihr lebenden Wesen und sogar die Wandelbarkeit des Himmels selbst akzeptiert. Das kann der Mensch nur unter dem Druck zwingender Argumente.

Und noch eine Reihe weiterer Fragen muß uns in unserer Darstellung beschäftigen. Was waren es für sichtbare Zeugnisse, die den Menschen dazu brachten, die Wandelbarkeit der Natur zu erkennen und anzuerkennen? Wie kam er zu der Feststellung, daß alle Dinge und Systeme, die gewöhnlich so fest gefügt erscheinen, früher anders aufgebaut und angeordnet waren? Wie hat er das Zeitschema dieser Veränderungen herausfinden und die Vorgänge aufzeigen können, die sie verursacht haben? Gegen welche Alternativen und rivalisierenden Theorien mußten sich die modernen Erkenntnisse durchsetzen? Und wie haben die neuen Argumente zu einer Zeit gewirkt, als die Ergebnisse noch ernsthaft angezweifelt wurden?

Die Geschichte, die wir in den folgenden Kapiteln berichten werden, wird diese Fragen in großen Zügen beantworten. Anders als in den beiden vorhergehenden Bänden wird hier von Vorgängen die Rede sein, die sich in der jüngsten Vergangenheit abgespielt haben. Das Geschichtsbewußtsein ist in der geistigen Tradition noch immer etwas Neues, sogar in Fragen, die den Menschen selbst angehen. Außerdem sind die Motive, Methoden und Ergebnisse, um die es sich hier handelt, fast ausnahmslos mehr geistiger und religiöser als praktischer Art. Weder die moderne Technologie noch die Handwerke früherer Zeit haben es nötig gemacht, Spekulationen über die Vergangenheit anzustellen. Staunen, Verwirrung, Neugierde, Einbildungskraft – wie immer man es auch nennen will, der Impuls jedenfalls, Fragen über die historische Entwicklung zu stellen, ist dem Geist des Menschen entsprungen und hat wenig mit den äußeren Forderungen des Lebens zu tun. Auch sind historische Fragen kaum für experimentelle Studien geeignet. Man kann mit der Vergangenheit nicht experimentieren, man kann sie nur mit einer Art wissenschaftlicher Detektivarbeit rekonstruieren, indem man, wenn sich die Gelegenheit bietet, die Ergebnisse der experimentellen Wissenschaften zum Zeugen aufruft. So hat der Mensch immer nach Analogien suchen müssen: zwischen den Naturvorgängen, wie wir sie heute beobachten können, und der Natur, wie sie einst war. Lukrez hat es so ausgedrückt:

Deshalb können wir das, was noch früher geschah, nicht erforschen, außer soweit die Vernunft bisweilen die richtige Spur weist.[1]

Noch eins kommt hinzu: Die in unserer Studie behandelten wissenschaftlichen Streitfragen waren immer mit religiösen Fragen verquickt. Die Astronomie hat die Bühne geschaffen, auf der das Schauspiel der Natur abrollt, die Theorie von der Materie hat die dramatis personae zusammengestellt und geordnet, und wenn wir die historische Dimension betreten, sind wir sofort in den Konflikt verwickelt. Fragen über die Naturgeschichte haben sich von Anfang an mit Fragen über das religiöse Schauspiel von der Entstehung des Kosmos eng verbunden. Von unserem heutigen, überlegenen Standpunkt des 20. Jahrhunderts her gesehen, erscheinen die Debatten über die Formation der Erde und den Ursprung der Arten unnötig lang, heftig und scharf. Aber anzunehmen, man hätte Wissenschaft und Religion in diesem Bereich auseinanderhalten können, hieße doch die Augen vor den entscheidenden Streitfragen zu verschließen. Wenn gelegentlich einige der Protagonisten sich als widerspenstig erwiesen haben, dann war das nur die verzweifelte Widerspenstigkeit von Menschen, die sich am Ende ihrer geistigen Kraft sehen. Sie zogen es vor, sich an unerhebliche Details wie an einen Strohhalm zu klammern, anstatt ihre so lange heiliggehaltenen Voraussetzungen fahrenzulassen. Im 19. Jahrhundert ist die Naturgeschichte in so drastischer Weise umgeschrieben worden wie niemals zuvor und niemals danach, und die Alternativen, vor die sich der menschliche Geist damals gestellt sah, hatten unvermeidliche Rückwirkungen auf seine Haltung und seinen Glauben auch in anderen Lebensbereichen.

1 Lukrez, Von der Natur der Dinge, 5. Buch, Vers 1429.

Erinnerung und Mythos

Jeder von uns besitzt eine unmittelbare Verbindung zur Vergangenheit: die Erinnerung. Über manche Ereignisse können wir selbst zuverlässig Auskunft geben, über andere können wir unsere Verwandten und Bekannten fragen. In beiden Fällen hat das in gutem Glauben gegebene Zeugnis einen eigenen Rang auf Grund genauer Erinnerung; es führt uns zurück und bringt uns gewissermaßen in wirkliche Berührung mit den fraglichen Ereignissen. Wenn wir uns die Vergangenheit selbst rekonstruieren, ist unsere eigene Erinnerung der erste wichtige Bereich; wenden wir uns an Verwandte und enge Freunde, öffnet sich uns der zweite: die Traditionen unserer Gesellschaft, das heißt die überlieferten Erinnerungen unserer Vorfahren. Diese Traditionen beruhen, ebenso wie unsere eigenen individuellen Erinnerungen, auf dem Gedächtnis; sie repräsentieren die gesamten Erinnerungen der Gemeinschaft, in der wir leben – ausgewählt, verdichtet und weitergegeben von einer Generation zur anderen.

Der unmittelbare Vorläufer der schriftlich überlieferten Geschichte ist also die Legende. Tatsächlich gründete sich Jahrhunderte vor Erfindung der Schrift (und auch noch danach) das gesamte menschliche Wissen von der Vergangenheit vorwiegend auf das, was die weisesten Männer einer Gemeinschaft berichteten. Wollte man die Vergangenheit erforschen, so konnte das anfänglich nichts anderes bedeuten als alles zu sammeln, was über die Vergangenheit erzählt wurde – die Legenden also –, und es dann kritisch zu beurteilen. Geschichten, die glaubwürdig schienen, konnte man festhalten und wiedergeben, andere waren mit Vorsicht aufzunehmen oder ganz wegzulassen. Ereignisse, die außerhalb der Reichweite menschlicher Erinnerung (auch überlieferter Erinnerung) lagen, befanden sich damit auch außerhalb der Reichweite menschlichen Wissens. Damit war dem Bereich von Erinnerung und Legende eine natürliche Schranke gesetzt, eine Zeitschranke, die auch die Möglichkeiten unseres Wissens von der Vergangenheit begrenzte. Hinter dieser Zeitschranke begann für die Einbildungskraft des Menschen eine neue Welt, in der er mangels glaubwürdiger Zeugnisse nur auf Spekulation und Fantasie angewiesen war.

Die einzigen Zeugnisse (im engsten und ursprünglichsten Sinne), die wir von der Vergangenheit besitzen, sind also die gesamten überlieferten Dokumente und Legenden. Demnach ist vergleichsweise alles, was uns heute als Anhaltspunkt für den früheren Zustand der Erde dient – die Gesteinsschichten, aus denen sich die Erdkruste aufbaut, die Ringe in fossilierten Baumstümpfen und die Anteile des radioaktiven Karbons in unterirdisch lagernder Asche –, nur in einem sekundären und übertragenen Sinne ›Zeugnis‹. Das Gestein liegt zwar vor uns, aber wir können darin nur indirekt den früheren Zustand der Erde erkennen, indem wir Rückschlüsse aus seinem heutigen Zustand ziehen. Ein echtes Zeugnis ist das Gestein nicht. Sein stummer Blick muß interpretiert werden, und das kann nur geschehen, wenn wir eine gut fundierte Theorie darüber besitzen, wie es zu seiner gegenwärtigen Form gekommen ist.

Heute im 20. Jahrhundert messen wir vielen historischen Überzeugungen, deren Beweiskraft nur indirekt ist, ebensoviel Glaubwürdigkeit bei wie denen, die sich auf echte menschliche Zeugnisse gründen. Aber in dieser Beziehung steht unser Jahrhundert auch einzig da. Wenn wir die Anfänge unseres eigenen Geschichtsbewußtseins sehen wollen, müssen wir uns auf den Standpunkt unserer Vorfahren stellen, die noch nicht mit unseren wissenschaftlichen Methoden Schlüsse auf den früheren Zustand der Dinge ziehen konnten, wie uns das heute möglich ist.

Chroniken und Genealogien

In früheren Gesellschaften war die Geschichte in die Kollektiv-Erinnerung ›der Vorfahren‹ eingeschlossen, und das Zeitschema, nach dem Chroniken gegliedert wurden, ergab sich aus den Namen dieser Vorfahren selbst. In Gemeinschaften mit überhaupt keiner oder noch sehr junger schriftlicher Überlieferung war die Genealogie keine Sache persönlicher oder snobistischer Neugierde; sie war eine gesellschaftliche Kunst von höchster Wichtigkeit. Sie festigte die Wurzeln der Gemeinschaft in der Vergangenheit, sie spann den Lebensfaden, der die Gemeinschaft mit früheren Zeiten verband. Alle Glieder der Gemeinschaft waren durch ihre Teilhabe an Chronik und Stammbaum miteinander verbunden, ihr Platz in der gesellschaftlichen Hierarchie war ihnen bestimmt durch den Nachweis ihrer Vorfahren, der auch ihren erblichen Status festlegte. Ansehen und Rechte der Gemeinschaft selbst innerhalb der Welt beruhten auf ihrer Geschichte und ihrem Alter, die durch die Chronik beurkundet wurden.

Auch Volksstämme, die keine schriftliche Überlieferung besitzen, haben gewichtige Gründe, die Kräfte der Erinnerung zu pflegen. Es ist Aufgabe der Stammesältesten, die überlieferten Geschichten und Genealogien lebendig und unverändert zu erhalten und sie – mit den nötigen Ergänzungen – an die junge, eben in die Gemeinschaft der Erwachsenen aufgenommene Generation weiterzugeben. Bei feierlichen Gelegenheiten kamen sie, unter Führung derer, die die Erinnerungen am treuesten bewahrt hatten, zusammen und sangen einstimmig die Legenden ihrer Vorväter. Auf diese Weise prägten sie sich die mündliche Überlieferung fester ins Gedächtnis ein. In Afrika gibt es noch heute Gemeinschaften, deren Älteste Stammeschroniken rezitieren können, die bis ins 13. Jahrhundert zurückreichen, und in manchen Ländern leben noch schreib- und leseunkundige Sänger, die überlieferte epische Gedichte von hunderttausend Zeilen im Gedächtnis haben und sie wörtlich hersagen können.

Sänger und Chronisten sind wahrscheinlich verwandte Gestalten. Tatsächlich werden oft die Stammeschroniken als Ursprung der Poesie betrachtet. Die Verbindung beruht auf metrischen Gemeinsamkeiten: Die traditionellen Geschichten werden in einem natürlichen Rhythmus dem Gedächtnis eingeprägt und ebenso einstimmig gesungen. Auf diese Weise erhalten sie ein gewisses Metrum und damit den Charakter von Versen. Außerdem haben solche einfachen Verse und historische Chroniken die gleiche Funktion. Geschichten von einem heroischen Zeitalter wie die Ilias und Odyssee bewahren die Volkssagen des klassischen Griechentums ebenso wie die auswendig rezitierten Chroniken der afrikanischen Stämme deren Geschichte bewahren. Homer war für die Griechen nicht nur ein begnadeter Dichter, sondern auch (sozusagen) ihr Livius, ja sogar ihr Moses. Noch im 5. Jahrhundert v. Chr. läßt Plato in seinem Dialog ›Phaidros‹ Sokrates darüber klagen, daß die Verbreitung des Lesens und Schreibens die Gedächtniskraft des Menschen schwäche und damit seine kritischen Fähigkeiten. Und zur Zeit des Thukydides konnten sich gebildete Griechen noch daran erinnern, daß die griechische Geschichte einzig und allein im Gedächtnis des Volkes lebte und die Verantwortlichkeit für die Überlieferung der Vergangenheit noch nicht auf Schriften und Bücher abgeschoben worden war.

Im Vergleich zu anderen Völkern ihrer Zeit reichten die Erinnerungen der klassischen Griechen nicht sehr weit zurück, und sie hatten wenig für Tradition und Altertum übrig. (Das war nicht einfach ein Zeichen von Unzulänglichkeit, sondern andererseits auch die Quelle ihrer Unabhängigkeit und Originalität.) Die frühesten

Chroniken der Juden dagegen, die eine enger verknüpfte und sehr konservative Gemeinschaft bildeten, waren bereits um 900 v. Chr. in schriftlicher Form vorhanden, zum Beispiel der *Pentateuch*. Um 80 n. Chr. äußerte der große jüdische Geschichtsschreiber Josephus in seiner Schrift ›Gegen Apion‹ sarkastisch:

Zunächst muß ich mich über diejenigen sehr wundern, die glauben, man müsse sich über die ältesten Dinge nur bei den Griechen orientieren und könne von ihnen die Wahrheit erfahen, dürfe aber uns und den anderen Menschen keinen Glauben schenken... Man wird nämlich feststellen, daß alles, was die Griechen betrifft, ganz frisch ist und sich sozusagen gestern und vorgestern erst ereignet hat. Ich meine die Städtegründungen, die Geschichten über ihre Erfindungen auf technischem Gebiet und ihre Gesetzgebungswerke. Von alledem fast das Neueste ist ihre Geschichtsschreibung. Sie selbst aber geben zu, daß es über die Geschichte der Ägypter, der Chaldäer und der Phönizier – unser eigenes Volk will ich gar nicht in dieser Reihe mit aufführen – die älteste und die sicherste Überlieferung gibt. Diese Völker wohnen alle in Gegenden, die in nur sehr geringem Maße den zerstörerischen Einflüssen der Umwelt ausgesetzt sind, und sie haben vielerlei Vorsorge getroffen, damit nichts, was bei ihnen geschehen ist, in Vergessenheit geraten kann, sondern daß alles in öffentlichen Niederschriften von ihren weisesten Männern für immer unberührbar bleibe. Das griechische Gebiet aber haben unzählige Katastrophen heimgesucht und das Gedenken an die Vergangenheit ausgelöscht. Und jedes Mal wieder richteten sie ihr Leben neu ein und glaubten, daß sie selber den Anfang darstellten, und spät und mit Mühe lernten sie das Wesen der Buchstaben kennen . . .

[Aber solche Historiker wie Cadmus] griffen nur wenig über den Feldzug des Perserheeres gegen Griechenland hinaus. Aber auch von denjenigen Schriftstellern, die bei den Griechen über die himmlischen und göttlichen Dinge philosophierten, wie Pherekydes dem Syrer, Pythagoras und Thales, behaupten alle einmütig, daß sie Schüler der Ägypter und Chaldäer gewesen seien und nur wenig geschrieben hätten. Diese [Schriften] scheinen den Griechen von allen das älteste zu sein, und daß diese Werke von jenen [Gelehrten] stammen, ist ihnen auch nicht ganz sicher.[2]

Wenn wir herausbringen wollen, was für eine Einstellung zur Vergangenheit der Mensch ursprünglich gehabt hat, so folgen wir der von Josephus aufgezeigten Spur und werfen einen Blick – nicht auf die Legenden der Griechen, sondern auf die kanonischen Schriften der großen Reiche des Vorderen Orients, die nach 3000 v. Chr. ihre Hochblüte erlebten.

2 Josephus, Contra Apionem, 1, 6–10, 13–18.

Diese Reiche waren in ihrem Aufbau statisch, hierarchisch und konservativ, die gesellschaftlichen Einrichtungen streng nach einem jährlichen Zyklus von Riten und Festen organisiert, die ihrerseits wieder mit dem Rhythmus der Jahreszeiten verbunden waren, zum Beispiel mit dem Ansteigen der großen Flüsse im Frühjahr. Sowohl in Mesopotamien wie in Ägypten bewegten sich die Brennpunkte politischer Macht zwischen den Gebieten an den Flußmündungen und den landeinwärts gelegenen Reichen, aber diese politische Fluktuation hatte keine tiefgreifenden Wirkungen. Am wenigsten in Ägypten, wo die zugrunde liegende gesellschaftliche Tradition nie zerstört wurde. Zu einer Zeit, als die Griechen nur dunkle Erinnerungen an ihre Vergangenheit hatten, wie sie in den homerischen Epen erhalten sind, hatten die Ägypter bereits seit Jahrhunderten jährlich die Namen ihrer Herrscher und die Wechselfälle ihrer Geschichte aufgezeichnet. Diese Jahresberichte reichten weiter als bis 3000 v. Chr. zurück.

Die bemerkenswertesten Relikte ihrer Aufzeichnungen sind eine Reihe von Fragmenten aus schwarzem Diorit, deren bekanntestes der Stein von Palermo ist (Abb. 1). Sie wurden in der zweiten Hälfte des 19. Jahrhunderts ausgegraben und sind seitdem, wie es so oft das Schicksal von Objekten der Archäologie und des Handels ist, über die ganze Welt verstreut. Wahrscheinlich bildeten sie ursprünglich eine einzige Steinplatte von etwa 60 cm Höhe, 2 m Länge und knapp 7 cm Dicke, die offenbar in der ägyptischen Hauptstadt Memphis stand, und zwar noch vor 2500 v. Chr., also 1250 Jahre vor dem mutmaßlichen Beginn des Trojanischen Krieges. Auf der Oberseite der Tafel sind in einer fortlaufenden Folge von Rechtecken Hieroglyphen eingeritzt. Als man sie entziffert hatte, stellte sich heraus, daß die ersten Rechtecke die Namen der frühesten ägyptischen Könige enthielten, von denen die Kollektiv-Erinnerung nichts anderes als eben die Namen bewahrt hatte. Doch an einem bestimmten Zeitpunkt der 1. Dynastie (um 2750 v. Chr.) beginnen dann jährliche Aufzeichnungen über die wichtigsten Ereignisse im Reich, einschließlich der Nil-Überschwemmungen mit dem jeweiligen Wasserstand. Mit der Zeit werden die Berichte immer genauer. Stapelläufe, Erweiterungen des Königspalastes und die Kriegsbeute an Gefangenen und Vieh werden angeführt.

Dieser Stein ist das älteste historische Dokument, das heute existiert. Durch Vergleich mit späteren, auf Papyrus oder Stein geschriebenen Aufzeichnungen haben Archäologen und Ägyptologen eine fortlaufende Geschichte der ältesten ägyptischen Dynastien rekonstruieren können, die weit hinter die frühesten, den griechischen Geschichtsschreibern bekannten Ereignisse Griechenlands und Roms zurückreicht, selbst wenn man die griechischen Legenden dazurechnet.

Solche Annalen und ›Königslisten‹ vermitteln jedoch nur einen beschränkten Einblick in die Vergangenheit. Sie wurden zwar als Dokumente der Staatskunst oder als Heiligtümer oder auch beides wie Schätze gehütet, aber vom historischen Standpunkt aus gesehen haben sie doch ihre großen Mängel. Zum Beispiel weisen sie alle die Fehler auf, die den ›offiziellen Darstellungen‹ jedes Zeitalters anhaften. Sie waren wie die Aufzählung der Siege des Herzogs von Marlborough ja vor allem dazu geschrieben, ›den Ruhm der Gegenwart für die Zukunft zu bewahren und nicht, um das Vergangene der Vergessenheit zu entreißen‹. Die Könige des alten Orients konnten zu ihren Lebzeiten ihre Feinde zwar handgreiflich unterwerfen, aber zukünftigen Geschlechtern vermochten sie ihre Macht nur in Stein gemeißelt zu überliefern. Allerdings bestand immer die Gefahr, daß ihre Nachfolger diese Denkmäler zerstörten – obwohl diese Furcht in dem politisch fester gefügten Ägypten wohl weniger begründet war als in Mesopotamien. Assurnasipal (885 bis 860 v. Chr.), der grausamste aller assyrischen Könige, schloß seine Denkschrift mit einem wortreichen Fluch, doch trotz seiner Verwünschungen waren die assyrischen Könige vier Jahrhunderte später nahezu vergessen. Shelleys berühmtes Sonett illustriert die Kraftlosigkeit solcher Flüche:

Und auf dem Sockel eingemeißelt lies:
›Ich bin Ozymandias, Herr der Herrn.
Schaut, was ich schuf, ihr Mächtigen, und verzagt!‹
Nichts bleibt. Um den Verfall her riesengroß
Des mächtigen Steinwracks öd und grenzenlos
Dehnt sich die leere Wüste nah und fern.[3]

Aber die Staatschroniken des Altertums hatten noch einen weiteren Mangel. Jedes politische Zentrum oder jede Herrschergruppe hatte ihre eigene Chronologie. Ereignisse wurden nicht nach einem allgemeinen numerischen Kalender datiert, sondern nach der Chronik der lokalen Könige, zum Beispiel so: ›In dem Jahr, als König Usia starb‹. In den Chroniken mancher Städte, zum Beispiel in den römischen, wurden die Jahre vom Zeitpunkt der Stadtgründung an

3 Shelley, Gedichte, übersetzt von Alexander von Bernus, Heidelberg 1958.

gezählt; in Rom begann man also, nach unserer Rechnung, im Jahr 753 v. Chr. Die Geschichtsschreiber der griechischen Stadtstaaten hatten anfangs überhaupt keine Möglichkeit zur Jahreszählung und halfen sich mit den Listen von Würdenträgern, die jedes Jahr in jeder Stadt amtierten. Erst um 300 v. Chr. führte Timaios von Sizilien, griechischer Geschichtsschreiber und Platos Freund, ein numerisches System ein, um die verschiedenen Stadtchroniken in Übereinstimmung zu bringen, indem er alle Ereignisse nach dem Vierjahreszyklus der Olympischen Spiele datierte.

Doch die Astronomen fanden noch etwas Besseres. In Mesopotamien registrierte man von 747 v. Chr. an fortlaufend die Sonnen- und Mondfinsternisse. Hipparch von Rhodos übernahm das System und später auch Claudius Ptolemäos von Alexandria. Ptolemäos arbeitete seine eigenen Zählungen mit diesem System zusammen und schuf so das ›Große astronomische System‹. Mit Hilfe dieses Vergleichsmaßstabes können wir die in den mesopotamischen Annalen aufgeführten Ereignisse von der Mitte des 8. Jh. v. Chr. an sicher datieren, in manchen Fällen sogar bis auf den Tag genau. Welchen Wert dieses System aber für die Geschichtsschreibung hatte, wurde damals nicht gleich erkannt. Erst 400 n. Chr. haben alexandrinische Historiker das ptolemäische System übernommen und das Durcheinander ihrer eigenen Chronologien dem allgemeinen astronomischen Zeitschema angepaßt.

Aus all dem wird deutlich, daß die verschiedenen Völker des Altertums auch eine unterschiedliche Einstellung zur Vergangenheit hatten. Was die Griechen angeht, so war Josephus durchaus im Recht. Sie besaßen nur wenig Sinn für die Vergangenheit, und ihr Wissen darüber verlor sich schon nach einigen Generationen im Reich der Legenden. Sogar der Trojanische Krieg, um 1250 v. Chr., war für sie nur ein legendäres Ereignis. In Memphis und Babylon dagegen existierten Annalen über viel größere Zeiträume hinweg, als den Griechen bekannt waren. Allerdings betrachtete Diodoros von Sizilien (um 50 v. Chr.) das angebliche Alter des ägyptischen Reiches doch etwas skeptisch:

Die Priester der Ägypter berechnen die Zeit von der Herrschaft des Sonnengottes bis zu Alexanders Übergang nach Asien auf ungefähr 23 000 Jahre. Auch erzählen sie, daß die Ältesten unter ihren Göttern länger als 1200 Jahre regiert hätten, die späteren aber nicht weniger als dreihundert Jahre. Das Unglaubliche, was in diesen Jahreszahlen liegt, suchen einige dadurch zu beseitigen, daß sie sagen, man habe zur Zeit, als die Bewegung der Sonne noch nicht erkannt war, einen Mondumlauf für ein Jahr gerechnet. Da also in diesem Falle die Jahre nur dreißig Tage zählten, sei es nicht möglich, daß einige 1200 Jahre gelebt hätten; würden doch auch jetzt noch, wo das Jahr zwölf Monate zähle, nicht wenige Menschen über hundert Jahre alt.[4]

Also nicht einmal die höchsten Persönlichkeiten des Altertums besaßen authentische Aufzeichnungen über mehr als 4000 Jahre hinweg, und auch diese Zahl ist schon die äußerste Grenze. Außerdem war damals das Tempo, mit dem sich gesellschaftliche und politische Zustände veränderten, bei weitem nicht so rasch, wie wir das heute gewöhnt sind. Gerade in den Gemeinschaften, die über die längsten und zuverlässigsten Chroniken verfügten, wandelten sich die gesellschaftlichen und politischen Bedingungen am wenigsten. Es gab ja auch in der Erlebniswelt der damaligen Menschen nichts, was ihren Sinn für historische Entwicklung hätte anregen können, so wie sie uns heute geläufig ist. Natürlich beobachteten sie die Wechselfälle des Lebens auch und sahen Königreiche entstehen und untergehen, aber es waren doch im wesentlichen Königreiche, die den ihren ähnelten und deren Städte ihren eigenen glichen. In ihren Chroniken und Kollektiv-Erinnerungen konnte die Geschichte nur als bloßes Auf und Ab des Schicksals erscheinen.

Die Umweltbedingungen ihres Lebens waren sogar noch stabiler. Zwar gab es zweifellos geographische Einflüsse, die die Küsten des Persischen Golfs und des Mittelmeeres veränderten, aber sie waren doch kaum spürbar. Deshalb hat sich im Altertum auch der Sinn für ständige geographische und geologische Wandlungen kaum entwikkeln können. Im Gegenteil: Die meisten Männer, die sich über den Ursprung der Erde Gedanken machten, waren überzeugt, sie sei zu irgendeinem bestimmten Zeitpunkt geschaffen worden – in ihrer gegenwärtigen Gestalt und mit den meisten ihrer jetzigen geographischen Eigenschaften. Was für Gründe hätten sie auch haben sollen, etwas anderes zu vermuten?

4 Diodorus Siculus, Bibliotheca Historica, I, 26, 1, 1–4; nach der Übersetzung von Adolf Wahrmund, Berlin-Schöneberg 1907.

Mythen und Legenden

Aber ein wichtiger Punkt bleibt doch: Die Menschen von damals stellten tatsächlich Fragen über den Ursprung aller Dinge. Sie konnten sich auf die Dauer nicht mit der Zeitspanne begnügen, die sie – sei es durch Kenntnis oder in der Fantasie – mit Hilfe ihrer überlieferten Dokumente und Legenden überblickten. Sie sprengten also die Grenzen dieser Zeitspanne und gelangten so über den Bereich der Legenden hinaus in eine andere, wenn auch immer noch wolkenverhangene Region: in das Reich der Mythen. Sie waren sich selbst nicht ganz sicher, wo das eine Reich endete und das andere begann; die Legenden gingen oft in Mythen über, und zwischen beiden lag ein nebelhaftes Niemandsland, in dem Menschengestalten (wahrscheinlich sogar historische) gemeinsam mit Göttern und Halbgöttern auftraten. Selbst in den homerischen Epen greifen die olympischen Götter ständig in den Ablauf des Trojanischen Krieges ein, und auch die Hauptgottheiten der Ägypter (wie Osiris) spielten die gleiche Doppelrolle; sie waren halb Götter, halb legendäre Heroen. Und trotzdem: Obwohl die Bereiche von Legende und Mythos faktisch oft ineinander übergingen, war die Art, die Vergangenheit darzustellen, in beiden doch ganz unterschiedlich. Die gebildeteren Ägypter waren sich dessen offenbar auch bewußt. Herodot hat damals – den Fußstapfen seines Vorläufers Hekataios von Milet folgend – den Osiris-Tempel besucht und berichtet davon:

> Sie führten mich in das innere Heiligtum, das ziemlich groß war, und zeigten mir hölzerne Großstandbilder und zählten sie mir auf, so viele wie ich oben gesagt habe. Jeder Oberpriester nämlich stellt dort zu seinen Lebzeiten ein Standbild von sich selbst auf. Als die Priester sie mir zeigten und aufzählten, wiesen sie darauf hin, daß jeder der Sohn des Vorgängers sei, und sie gingen die Reihe durch, indem sie bei dem jüngst Verstorbenen anfingen bis sie mir alle gedeutet hatten. Als Hekataios bei der Darstellung seines eigenen Stammbaumes sich an 16. Stelle von einem Gott herleitete, machten sie dieser Zählung gegenüber eine andere Genealogie geltend und weigerten sich, von ihm anzunehmen, daß ein Mensch von einem Gotte abstamme.[5]

Die überlieferten Mythologien des Altertums sollten den Menschen Antwort auf Fragen geben, die von keiner Legende, und sei sie noch so verbürgt, beantwortet werden konnten. Angenommen, man sammelte alle Überlieferungen, die so weit zurückreichen, wie sich nur

5 Herodot, Historia, II, 143.

irgendjemand erinnern könnte, und man nähme auch noch die Legenden hinzu, um den Zeitraum der überschaubaren Geschichte noch weiter zu spannen, auch dann würde man nur eine Folge von Ereignissen erhalten, die sich innerhalb der bestehenden Ordnung abgespielt haben. Eine solche Geschichtsdarstellung müßte die Anfänge dieser Ordnung im Dunkeln lassen und könnte nur alle diejenigen zufriedenstellen, die die gegenwärtige Ordnung als selbstverständlich hinnehmen. Aber damit haben sich nur sehr wenige begnügt, ebenso wie heutzutage. Eine ganze Reihe unterschiedlicher Vorstellungen von der Natur und der Gesellschaft schrie buchstäblich nach einer Erklärung. Gemeinschaftsleben, Ackerbau, Bewässerung, der Gebrauch des Feuers, die Nutzung der Metalle und der Rebe – all das war schon immer in der Geschichte dagewesen, aber sollte man deshalb glauben, daß alles keinen Ursprung gehabt habe? Irgendwann am Anfang aller Dinge mußten die zu einem gesellschaftlichen Leben notwendigen Fertigkeiten den Menschen einmal beigebracht oder von ihnen erfunden worden sein. Ebenso war es mit der geographischen Umwelt; die Gestalt der Erde, das Aussehen des Himmels und die Bewegungen auf ihm, der natürliche Ablauf des Jahres – all das war doch wohl in einer fernen Vergangenheit geschaffen und in Gang gesetzt worden.

So verlagerte sich das Interesse des Menschen allmählich von den Fragen nach dem Ablauf von Ereignissen in seiner gegenwärtigen Ordnung auf die Fragen nach deren Ursprung, von der Frage: ›Was ist wirklich auf der Welt geschehen?‹ auf die andere: ›Wie ist die augenblickliche Ordnung entstanden?‹ (Das war die eigentliche Grenze zwischen Legende und Mythos.) Wenn die Motive für diese Fragen nur aus dem Verstand des Menschen gekommen wären, dann hätte er wohl zugeben müssen, daß man über den Ursprung der Dinge schlechterdings nichts erfahren konnte. Aber sein Interesse entsprang sowohl dem Schrecken und Staunen als auch der Wißbegierde. Angesichts der Notwendigkeit, in seinem gesellschaftlichen Leben mit dem Fortgang der Natur Schritt zu halten, konnte er sich den Luxus eines völligen Agnostizismus gar nicht leisten. Wie wir schon in einem vorausgehenden Band bemerkt haben, erwuchsen Ritual und Mythologie aus gesellschaftlicher Notwendigkeit, und die Frage nach ihrem gemeinsamen Ursprung prägte den ersten Schöpfungsgeschichten ihren Stempel auf. So hielt es der Mensch für ganz natürlich zu glauben, die kosmische und ebenso die gesellschaftliche Ordnung seien durch eine Reihe göttlicher Schöpfungsakte entstanden, und die Künste und Handwerke, von denen der gesellschaftliche Wohlstand abhängt, seien den Menschen durch Halbgötter beigebracht worden. In jedem Fall hatte die gesellschaftliche Ordnung ihre Wurzeln in der Ordnung der Natur; beide Reiche wurden von einem einzigen Kosmos umschlossen, und der jährliche Zyklus der Rituale spiegelte getreu das kosmische Schauspiel der Schöpfung wider, durch die die gegenwärtige Ordnung einst entstanden war.

Gemessen an unserer eigenen zeitlichen Perspektive sind die zehntausend Jahre menschlicher Gesellschaft nur ein kurzes Kapitel in der Entwicklung des Lebens auf der Erde und im Vergleich zur Geschichte des Kosmos ein noch kürzerer Abschnitt. In Anbetracht eines solchen Zeitschemas scheint die Vorstellung, die Gesetze der menschlichen Gesellschaft und die Gesetze der Natur seien ein und dieselben, geradezu anmaßend. Aber vom Standpunkt der frühen Mythologen aus ist sie doch verständlich. Denn die gesellschaftlichen Einrichtungen der alten nahöstlichen Königreiche waren unlöslich mit den Gesetzmäßigkeiten ihrer natürlichen Umgebung verknüpft, so daß der Mensch durchaus berechtigt, ja sogar gezwungen war, zu fragen, in welcher Beziehung denn seine eigenen Kräfte zu denen der Natur stünden. Außerdem war er gar nicht in der Lage, die Entwicklung der Welt in ihren wirklichen Proportionen zu erkennen. Theoretisch beruhten zwar die Chroniken und Legenden auf einem einwandfreien Zeitschema, denn alle erwähnten Könige lebten und regierten in ganz bestimmten Zeiträumen, auch wenn diese Zeiträume später nicht mehr so genau bekannt waren. Aber wenn die Könige einmal die Grenze zwischen Legende und Mythos überschritten hatten, war der letzte schwache zeitliche Halt verloren. Wenn die Ägypter und Babylonier vom Jahre 1500 v. Chr. auf die Schöpfung zurückblickten, so sahen sie deren einzelne Phasen alle vom Ende her – perspektivisch verkürzt in einem zeitlosen Ablauf, in dem ein klares Nacheinander nicht mehr zu erkennen war.

Aber vermutlich war die Frage nach den Daten mythischer Ereignisse gar nicht wichtig. Wenn die Mythen das Vorhandensein der bestehenden Ordnung erklärten, dann ist die Frage, *wann* die Schöpfung stattgefunden habe, zweitrangig. Natürlich hatte sie vor den in den Legenden überlieferten Ereignissen stattgefunden, aber abgesehen davon spielte es kaum eine Rolle, auf welchen Zeitpunkt man sie festlegte und ob man sie überhaupt in den zeitlichen Ablauf der irdischen Ereignisse einbaute. So war von Anfang an die Formel ›Zu Beginn ...‹ verschwommen und zugleich bequem, denn sie verbarg eine Zweideutigkeit. Aristoteles hat später zwischen den beiden

Bedeutungen des Wortes ›Schöpfung‹ scharf unterschieden: Es konnte im theologischen Sinne gebraucht werden und schloß dann die Abhängigkeit der Welt von ihrem Schöpfer in sich, und es konnte historisch gemeint sein und betonte dann den Augenblick, in dem die Geschichte der Welt mutmaßlich begonnen hatte.

Anfangs wog dieser Doppelsinn nicht allzu schwer. Die meisten frühen Schöpfungsgeschichten gingen ziemlich unbekümmert darüber hinweg; sie sollten ja auch nur den Schauplatz herstellen, auf dem dann die wichtigeren Ereignisse, in denen der Mensch eine Rolle spielte, ablaufen würden. Eins aber ist sicher: Diese Mythen entstanden nicht aus einer unparteiischen, nur die Natur betreffenden Wißbegierde; wichtig war vielmehr der Platz des Menschen in der Natur. Daher vollbrachten die Götter ihre Schöpfungstaten in einer Landschaft, die einwandfrei als Ägypten oder Mesopotamien identifiziert werden kann. Viel darüber hinaus konnte die Wißbegierde des Menschen kaum gehen, denn es gab keine Möglichkeit, die Fragen über den Ursprung der Dinge noch weiterzutreiben. Da es ihm an einem umfassenden Verständnis für das Wirken der Natur fehlte, konnte er kein anderes Bild von der Vergangenheit entwerfen, als er es eben tat – ein Bild, das wenige tausend Jahre zurückreichte und sich mehr und mehr verdunkelte, bis die Quellen von Chronik und Legende sich erschöpften. Alles weitere war von einem undurchdringlichen Nebel verhüllt, war ohne Konturen und ohne Perspektive, es war eine ›Traumzeit‹, in der nur noch unsichtbare mythische Kräfte als schattenhafte Geister wirkten.

Historische Kosmologie in Milet

Allerdings muß diese Behauptung etwas abgeschwächt werden. In der historischen Forschung entwickelten die ersten ionischen Gelehrten eine radikale Initiative, die sich später in der konservativeren Atmosphäre von Athen wieder verlor. Um 550 v. Chr. gelangten die milesischen Philosophen zum ersten Mal zu einer entwicklungsgeschichtlichen Betrachtung der Welt. Ihre Anschauung schloß sowohl die Natur als auch die Menschheit ein und deutete zum ersten Mal an, daß die Welt, wie wir sie vor uns sehen, nur einen Abschnitt in einem ständigen und ständig fortschreitenden schöpferischen Prozeß bildet. Gleichzeitig mit dieser ersten historischen Kosmologie erschien der erste kritische Chronist menschlichen Tuns, ein Mann, der sich bei seiner Beschreibung der Welt von den mythologischen Traditionen und fantasievollen Legenden der Völker freimachte, auch von denen der Griechen selbst.

Dieser Mann war Hekataios von Milet, fast ein Zeitgenosse des Philosophen Anaximenes. Er stammte aus einer angesehenen Familie im größten Handelszentrum an der kleinasiatischen Küste. Ort und Zeit seiner Geburt (seine Jugendjahre fielen in die Zeit der persischen Besetzung von 546 v. Chr. an) waren für seine geistige Bildung ausgesprochen günstig. Die ionische Philosophenschule existierte bereits in der dritten Generation, und die rasche Ausdehnung des persischen Reiches hatte im Osten und Süden dem Entdeckerdrang neue Wege geöffnet. Hekataios nützte die Chancen, die sich ihm boten. Ähnlich wie später im 18. Jahrhundert die jungen Europäer machte er mehrere ausgedehnte Bildungsreisen. Seine Begegnung mit ägyptischen Priestern in Theben befreite ihn von den letzten Resten griechischer Beschränktheit, und sehr bald erkannte er die Unzulänglichkeit und Fragwürdigkeit der bei den verschiedenen Völkern verbreiteten historischen Traditionen. Nach Hause zurückgekehrt, veröffentlichte er zwei Bücher, die beide in ihrer Art einen Markstein in der Entwicklung des historischen Denkens bildeten. In einem davon, ›Reisen um die Welt‹, führte er seinen Zeitgenossen eine ›vergleichende Völkerkunde‹ vor und wies sie nachdrücklich auf die vielfältigen Sitten und Gebräuche sowie auf die Widersprüche der verschiedenen in der Welt überlieferten Glaubensvorstellungen hin. In seinem anderen Buch, ›Genealogien‹, gab er seinen Landsleuten die Lektion weiter, die er selbst in Theben gelernt hatte. Er begann mit kühner Unverblümtheit:

Wissenschaft ohne Geschichte

Der Übergang von Ägypten und Mesopotamien zu Ionien und dem klassischen Athen macht in unserem Zusammenhang überraschenderweise kaum Schwierigkeiten. Auf vielen Gebieten wissenschaftlichen Forschens haben die Griechen mit den von ihnen entwickelten – rationalen, kritischen und abstrakten – Denkmethoden dem menschlichen Geist neue Richtungen gewiesen. Aber wenn es darauf ankam, diese bestechenden originellen Konzeptionen auf die Erklärung historischer Vorgänge in der Natur anzuwenden, hatten sie viel weniger Erfolg. In diesem Bereich gingen sie nie – und behaupteten auch nicht einmal, es zu wollen – über gescheite Mutmaßungen hinaus. Faktisch waren sie bei dem Versuch, den Vorhang vor der Vergangenheit an der Grenze von Erinnerung und Legende wegzuziehen, über ihre Vorläufer nicht hinausgekommen. Mochten ihre Ansichten noch so rational begründet sein, sie haben trotzdem weder versucht, Erkenntnisse über die zeitliche Entwicklung der Natur zu gewinnen, noch ist es ihnen gelungen, sich über das Zeitschema der Schöpfung eine genauere Vorstellung zu machen als andere vor ihnen. Deshalb besteht zwischen den Ideen der vorhergehenden Epoche und denen der griechischen Philosophen, was die Betrachtung der Naturgeschichte betrifft, eine auffallende Kontinuität. Man kann von ihren Theorien geradezu als von ›rationalen Mythen‹ sprechen. Wenn sie über den Ursprung der Dinge nachdachten, so waren sie zwar darauf bedacht, daß ihre Erklärungen einer logischen Prüfung standhielten, und sie beseitigten alle jene personifizierten Naturkräfte, die den Kern der älteren Mythen bildeten; aber ihre eigenen Darstellungen der Schöpfung waren gerade nur so weit rational bestimmt, daß sie glaubhaft erschienen. An sichtbaren Zeugnissen konnten sie wenig Neues bringen, und sie führten auch keine neuen Daten ein, auf Grund deren man die einzelnen Stufen der Weltentstehung in ein allgemeines Zeitschema der Menschheitsgeschichte hätte einfügen können. In diesem Punkt zogen sich die griechischen Gelehrten tatsächlich wieder auf die traditionelle verwaschene Formel zurück: ›Zu Beginn . . .‹ Auch für sie war die Schöpfung nach wie vor ein Bild ohne Konturen und ohne zeitliche Perspektive.

Hekataios von Milet spricht so: Dieses schreibe ich nieder, wie es mir wahr zu sein scheint. Denn die Erzählungen der Griechen sind mannigfaltig und scheinen mir lächerlich . . .[6]

und unterzog dann mit einem ganz neuen Skeptizismus die allgemein anerkannten Legenden von der ältesten Geschichte Milets einer eingehenden Prüfung. Der Erfolg dieses Reisebuches entsprach ungefähr dem eines Bestsellers von heute. Seine Schilderungen von Persien und Ägypten, von der Tier- und Pflanzenwelt, den Sitten und Gebräuchen in den Ländern, die er gesehen hatte, wie auch ihre Legenden wurden von späteren Geschichtsschreibern und Kompilatoren immer wieder zitiert. Man kann ihren Einfluß bis zu Diodor von Sizilien 50 v. Chr. verfolgen.

Die Anfangskapitel von Diodors ›Historischer Bibliothek‹ spiegeln nicht nur die Gedanken der Ionier über die Geschichte wider, sondern auch ihre Kosmologie. Die darin berichtete Schöpfungsgeschichte geht wahrscheinlich großenteils auf Anaximander zurück. Im ersten Teil beschreibt er den Schöpfungsprozeß bis zum Auftreten der höheren Tiere.

Als sich nämlich im Anbeginn das Weltall bildete, hätten – so meinen diese [das sind die, die meinen, auch die Menschen seien zu einer bestimmten Zeit entstanden] – Himmel und Erde noch dieselbe Gestalt gehabt, da das, was jetzt ihr besonderes Wesen bildet, damals noch vermischt war. Als sich dann aber die Stoffe voneinander schieden, habe das Weltall die ganze in ihm sichtbare Gliederung angenommen, die Luft aber den Anstoß zu immerwährender Bewegung empfangen; und was in ihr von efuriger Art war, sei nach den höchsten Räumen zusammengeströmt, da die Leichtigkeit seiner Natur es nach oben tragen mußte, und aus dieser Ursache sei auch die Sonne und das übrige Heer der Gestirne in den allgemeinen Wirbel mit hineingerissen worden; das Schlammige und Trübe aber samt der Vereinigung alles Feuchten sei seiner Schwere wegen an demselben Orte zusammengeronnen. Indem nun das Ganze unaufhörlich sich in sich selbst drehte und umschwang, habe sich aus dem Feuchten das Meer gebildet, aus dem Festeren aber die Erde, jedoch noch lehmartig und ganz weich. Diese nun,, angestrahlt von dem Feuer des Sonnenkreises, habe zuerst feste Gestalt gewonnen; als dann aber ihre Oberfläche durch die Hitze in Gärung versetzt wurde, sei an vielen Stellen Feuchtigkeit herausgeschwollen und hätte gleichsam Eiterblasen gebildet, die mit dünnen Häutchen bedeckt waren. Dergleichen könne man nämlich an Sümpfen uid morastigen Stellen auch jetzt noch sehen, wenn der Boden zuerst durchkältet worden [ist] und dann plötzlich die

6 Hekataios, Fragment 1, in: Felix Jacoby, ›Fragmente der griechischen Historiker‹.

Luft wieder heiß wird, ohne daß ein allmählicher Übergang stattfindet. Es sei nun das Feuchte durch die Hitze auf die angegebene Weise belebt worden und habe dann während der Nacht aus dem aus der Luft fallenden Dunst Nahrung eingesogen, während die Hitze des Tages es mehr und mehr dem Festen ähnlich machte. Als dann schließlich die Lebenskeime völlig gereift und ausgebildet und die Häute durchgebrannt und zerrissen waren, seien lebende Tiere von allerlei Gestalt hervorgekommen; und zwar hätten sich diejenigen, welche die meiste Wärme empfangen hatten, als geflügelte Vögel in die oberen Räume emporgehoben, diejenigen aber, deren Mischung mehr vom Erdartigen hatte, seien zu dem kriechenden Gewürm und den übrigen Landtieren geworden, und diejenigen, in deren Wesen mehr vom Feuchten war, hätten sich als Fische in dem ihnen entsprechenden Elemente gesammelt; die Erde aber sei teils durch das Sonnenfeuer, teils durch die Einwirkung der Winde immer fester geworden und habe zuletzt größere Tiere nicht mehr hervorbringen können, sondern es sei von jetzt an alles Lebendige durch die Begattung erzeugt worden.[7]

Wie so oft bei den Werken griechischer Gelehrter, ist auch Diodors Buch vor allem wegen seiner allgemeinen Form bemerkenswert, weniger wegen der einzelnen Fakten. Der wichtigste Punkt ist folgender: Wahrscheinlich hat die Natur ihre gegenwärtige Gestalt durch eine lange Folge allmählich verlaufender Veränderungen erhalten, die damals von den Ioniern noch in irgendeiner Weise beobachtet werden konnten. Nirgends nimmt er auf ein willkürliches göttliches Gebot Bezug, sondern nur auf die Auswirkungen von Naturvorgängen: wirbelnde Wasserstrudel, kreisenden Schlamm, die warme, lebenerzeugende Feuchtigkeit der Sümpfe und vor allem die langsame Austrocknung des zeitweise von Wasser überfluteten Küstenlandes, das sich allmählich und unaufhaltsam ins Meer vorschob. Für die Milesier war dieses Bild besonders einleuchtend, denn an der ionischen Küste wich das Ägäische Meer von Jahr zu Jahr weiter zurück. Der Hafen von Milet versandete immer mehr, und das Überschwemmungsgebiet des Mäander, an dessen Mündung die Stadt lag, verwandelte sich nach und nach in anbaufähiges Land (heute, im 20. Jahrhundert, liegt die Stelle, wo Milet einst stand, mehrere Kilometer landeinwärts, und statt der früher die Stadt beherrschenden Meeresbucht findet man Obstgärten, Schafweiden und Kornfelder).

Jede historische Kosmologie muß sich mit der Frage nach dem Ursprung des Lebens beschäftigen. Anaximander war der Ansicht, die ersten Lebewesen müßten durch eine Metamorphose entstanden

7 Diodor, I, 7, 1–6.

sein, ähnlich wie das Insekt aus der Puppe entsteht. Anstelle des Puppenstadiums, entsprechend Diodors ›dünnen Häuten‹, setzte er ein ›fischgleiches‹ Stadium, dessen Formen denen der Seeigel nahekamen.

Die ersten Tiere entstanden im Feuchten und waren von stachligen Schalen umgeben. Als sie größer wurden, wanderten sie aufs trockene Land. Dann zerbarst ihre Schale, und sie lebten noch eine kurze Zeit in dieser neuen Lebensweise.

Der Mensch entstand aus lebenden Wesen von anderer Art; denn während die anderen Lebewesen sich schon bald selbst ihre Nahrung suchen können, muß er allein längere Zeit gewartet werden. Wenn er schon am Anfang sich selbst überlassen gewesen wäre wie sie, würde er niemals überlebt haben ... Also entwickelten sich die Menschen in diesen [fischgleichen Geschöpfen] und blieben darin wie Lebenskeime, bis sie ausgereift waren. Schließlich zerbarsten diese Geschöpfe, und aus ihnen schlüpften Männer und Frauen, die nun in der Lage waren, für sich selbst zu sorgen.

Vielfach hat man diese in Fragmenten auf uns gekommene Anschauung Anaximanders als eine geistreiche Vorwegnahme der Evolutionstheorie des 19. Jahrhunderts aufgefaßt. Aber damit gesteht man ihm – aus ganz unerheblichen Gründen – zuviel Glaubwürdigkeit zu. Er hat viel weniger Darwin vorweggenommen als etwa Demokrit Dalton vorwegnahm. In seinem Bericht ist nirgends davon die Rede, daß Lebewesen sich verändern können. Er versucht nur zu erklären, wie die ersten Individuen jeder besonderen Spezies ohne Eltern ihrer eigenen Art zum Leben kamen. (Das Ei war vor der Henne da.) Die ersten ›fischgleichen Geschöpfe‹ waren nicht Organismen irgendeiner primitiveren Art, sondern nur die Embryos einer Spezies, die für die ungefährdete Entwicklung der ersten Generation von Lebewesen nötig waren. Die auf diese Weise hervorgebrachten lebenden Geschöpfe waren bereits in die verschiedensten Arten der Vögel, Land- und Wassertiere aufgegliedert und pflanzten sich durch Kreuzung untereinander in bestimmten Spezies fort. Anaximanders Kosmologie ist zwar erstaunlich originell, wirft jedoch keine Schatten auf den Darwinismus voraus. Er beschreibt nur die Schöpfung als einen allmählichen und fortlaufenden, das heißt mit anderen Worten: als einen *historischen* Prozeß.

Aber es gibt im zoologischen Abschnitt seiner Schöpfungsgeschichte eben einen Punkt, an dem die Kontinuität durchbrochen wird. Im klassischen Altertum gab es in der Erlebniswelt des Menschen nichts, was ihm den Gedanken nahegelegt hätte, es könnte sich eine Art aus der anderen entwickeln, und auch unter den radikalsten Philosophen dachte keiner an die Möglichkeit einer organischen Evolution. Für sie alle bedeutete der Begriff ›Ursprung des Lebens‹ nichts anderes als den natürlichen Prozeß (wenn es einen solchen gab), durch den Lebewesen *in ihrer gegenwärtigen Art* ins Leben gerufen wurden.

Die ionische Kosmologie erklärte auch die Anfänge der Gesellschaft, der Sprache und der für das gesellschaftliche Leben notwendigen Fertigkeiten. Diodor berichtet:

Die zuerst entstandenen Menschen nun, so sagt man, hätten in einem ungeordneten und tierähnlichen Zustande gelebt, seien vereinzelt auf Nahrung ausgegangen und hätten sich die zuträglichsten Kräuter und die wildwachsenden Baumfrüchte gesucht. Da sie von den wilden Tieren angegriffen wurden, seien sie, durch ihren Vorteil belehrt, einander zu Hilfe gekommen, und da sie sich nun aus Furcht zusammenhielten, hätten sie allmählich ihre Züge unterscheiden gelernt. Ihre Sprache war anfangs ein Durcheinander undeutlicher Laute, allmählich aber wurde sie zu gegliedertem Ausdruck, und indem sie über bestimmte Bezeichnungen jedes einzelnen Gegenstandes übereinkamen, schufen sie sich dadurch ein Mittel, über alles und jedes ihre Gedanken auszudrücken. Da aber solche Gruppen in allen Teilen der bewohnten Erde entstanden, so konnten nicht alle dieselbe Sprache haben, sondern eine jede bildete die Worte, wie es sich gerade zufällig traf; daher kommt es, daß es so vielerlei Sprachen gibt, und aus jenen ersten Gruppen wurden die Urstämme aller Völker.

Die ersten Menschen nun führten ein mühseliges Leben, da noch keines der für das Leben nützlichen Dinge erfunden worden war. Sie hatten keine Bekleidung, kannten weder Obdach noch Feuer und hatten überhaupt gar keinen Begriff vom Zubereiten der Speisen. Ja nicht einmal die wildwachsende Frucht wußten sie einzusammeln und sich einen Vorrat davon für den Bedarfsfall aufzuspeichern, weshalb denn auch zur Winterszeit viele von ihnen durch Kälte und Mangel an Nahrung zugrunde gingen. Erst allmählich wurden sie durch die Erfahrung belehrt, im Winter in den Höhlen Zuflucht zu suchen und sich Vorräte von Früchten anzulegen, die sich aufbewahren lassen. Erst nachdem das Feuer und die anderen nützlichen Dinge allmählich bekannt geworden waren, erfanden sie auch die Handwerke und Fertigkeiten und was sonst für die menschliche Gemeinschaft von Nutzen ist. Denn überhaupt ist in allen Dingen nur die Notwendigkeit selbst die Lehrerin der Menschen geworden, und sie mußte ein sonst wohlgeschaffenes Wesen, das zu allen Dingen die Hilfe seiner Hände bereit hat und Vernunft und Scharfsinn besitzt, auf die natürlichste Weise zu allen Kenntnissen und Geschicklichkeiten anleiten.[8]

8 Diodor, I, 8, 1–9.

Soviel über die ›vorgeschichtlichen‹ Ursprünge der Gesellschaft. Nachdem Diodor eine der plausibleren der allgemein verbreiteten Schöpfungsgeschichten dargestellt hatte, ging er zu seinem Hauptanliegen über. Er stellte in einem umfassenden historischen Bericht ›alle Ereignisse‹ zusammen, ›die von der Erinnerung überliefert sind und sich in den bekannten Teilen der bewohnten Welt abgespielt haben‹. Trotz seiner Kürze ist dieser spekulative Bericht ebenfalls originell und nüchtern und vermittelt eher das Bild einer zukünftigen Anthropologie als einer zurückliegenden Mythologie. Der Grundgedanke der ionischen Geschichtsauffassung war – hinsichtlich Gesellschaft und Natur – die Allmählichkeit und Kontinuität: ›Schritt für Schritt‹ und ›nach und nach‹. Zwar gab es keine Hinweise darauf, wie lange die Menschen wie wilde Tiere gelebt hatten oder seit wann sie den Gebrauch des Feuers kannten. Aber auf jeden Fall zogen die Ionier doch eine zeitliche Perspektive in Betracht. Ihre Geschichte begann in einem weit zurückliegenden Zeitalter, als die höheren Tiere ins Dasein traten, und durchlief eine Folge von vorgeschichtlichen Zeiträumen, in denen sich der Mensch die zu einem gesellschaftlichen Leben notwendigen Fertigkeiten langsam und mühevoll erarbeitete.

Trennung von Geschichte und Philosophie

Eine kurze Zeitlang im 6. Jahrhundert v. Chr. glaubte man an eine Verbindung zwischen Geschichte und Naturphilosophie, die dem künftigen wissenschaftlichen Denken den Stempel des Historischen aufprägen würde. Aber es kam anders. Geschichtsschreiber und Gelehrte trennten sich schon bald von den Philosophen, und den entscheidenden Einfluß auf die griechische Philosophie übte nicht die Geschichtsschreibung aus, sondern die Mathematik. Es war eine Trennung in beiderseitigem Einverständnis. Sowohl die Historiker als auch die Philosophen hielten es für wichtiger, sich auf näherliegende Probleme zu konzentrieren als auf die bisher gemeinsam verfolgte Frage nach der gleichzeitigen Entwicklung von Natur und Gesellschaft. Wir im 20. Jahrhundert können es wohl verstehen und gutheißen, daß sich die Historiker unter dem Druck großer Ereignisse in Historiker für Zeitgeschichte verwandelt haben. Noch Hekataios konnte vor 500 v. Chr. von einer gleichsam olympischen Warte aus die Völker der damals bekannten Welt überblicken und seinen kosmopolitischen Skeptizismus mit den Erfahrungen auf seinen Reisen rechtfertigen. Das nächste halbe Jahrhundert erlebte dagegen den persischen Angriff auf das griechische Festland, der seinen Höhepunkt in Xerxes' Niederlage von Marathon und Salamis erreichte. Mit diesen dramatischen Kämpfen wendete sich das Blatt der Geschichte, und Herodot von Halikarnaß, der für die Athener schrieb, konnte, da diese ja in die Kämpfe verwickelt gewesen waren, kaum noch einen so isolierten Standpunkt einnehmen. (Sonst könnte man zum Beispiel von einem russischen Historiker der fünfziger Jahre unseres Jahrhunderts erwarten, er betrachte Hitlers Feldzüge vom Standpunkt eines wissenschaftlichen Anthropologen.)

Trotzdem verarbeitete Herodot in seiner Geschichte der Perserkriege eine große Menge vielfältigen Materials, um ihr einen lebendigen Hintergrund zu geben. Offenbar waren seine Leser begierig nach Information, und gerade in seinen häufigen Abschweifungen liegt das Faszinierende seines Werkes. Zum Beispiel gibt er einen breiten Überblick über die Geschichte und Legenden der alten Reiche, die er aus den verschiedensten Quellen, einschließlich Hekataios, zusammengestellt hat. Zweierlei kennzeichnet ihn als wirklichen Historiker. Erstens sind all seine Abschweifungen mehr oder weniger eng mit seinem Hauptthema, einem zeitgeschichtlichen Bericht, verbunden, und zweitens behandelt er Informationen aus zweiter und dritter Hand sorgfältig und überlegt. Er zweifelt zum Beispiel, ob die phönizische Expedition, die Afrika umsegeln sollte, tatsächlich einen Punkt erreicht haben könnte, an dem die Sonne nördlich vom Zenith am Himmel steht, und er bedauert, keinen Augenzeugen gefunden zu haben, der ihm die Existenz eines Nordmeeres auf der anderen Seite von Europa sowie der ›Zinn-Inseln‹ (vielleicht die Britischen Inseln) hätte bestätigen können.

Eine Generation später waren die letzten Fäden zerrissen, die bisher die Geschichte und Naturwissenschaft miteinander verknüpft hatten. Herodots Nachfolger Thukydides interessierte sich nicht im geringsten für die älteste Vergangenheit und tat sie gleich zu Anfang summarisch mit den Worten ab:

> Auf Grund von Beweismitteln, denen ich nach langer Betrachtung wohl Glauben schenken darf, bin ich zu der Ansicht gekommen, daß die älteren Zeiten nicht so bedeutend sind [wie die Zeit, die ich hier beschreiben will], weder in ihren Kriegen, noch in jeder anderen Hinsicht.[9]

9 Thukydides, I, 1, 2.

Er selbst stand mitten in den Ereignissen seiner Zeit, nämlich in den Kämpfen zwischen Athen und Sparta, die wir als Peloponnesischen Krieg kennen und die er als den größten Krieg der Geschichte betrachtete. Herodot hatte eine Epoche beschrieben, die noch im Bereich der lebendigen Erinnerung lag, Thukydides ging einen Schritt weiter: Er sammelte sein Material unmittelbar aus dem Geschehen, beginnend mit dem Ausbruch des Krieges im Jahr 431 v. Chr. Die 27 Jahre ständig hin und her wogender Kämpfe füllten den ersten Teil seines Lebens aus, und seiner Meinung nach waren nicht einmal die Perserkriege mit ihnen zu vergleichen. Denn hier mußten sich Charakter und Fähigkeiten von Menschen und politischen Systemen bewähren wie nie zuvor, und Thukydides suchte daher auch zu zeigen, wie auf beiden Seiten Tugenden und Laster als Werkzeuge des Schicksals ihre Rolle spielten. Diese Zeitbezogenheit wirkte sich für sein Werk als Vorzug und auch als Nachteil aus. Auf der einen Seite gewann es dadurch Aktualität, war psychologisch interessant und gab einen erregenden Einblick in die Ideale und Begierden, die in der Politik als Triebkräfte wirksam sind. Andererseits gelang es ihm nicht, den Konflikt zwischen Athen und Sparta in einem größeren Zusammenhang zu sehen; er war blind für die wirtschaftlichen und gesellschaftlichen Veränderungen, die ursprünglich zum Kriege geführt hatten, und er zeigt die menschliche Natur zu begrenzt, nämlich als völlig festgelegt: zwar gibt der Mensch dem Lauf der Geschichte die Richtung, wird aber seinerseits nicht von ihr geformt. Mit Thukydides hat sich die Menschheitsgeschichte von der Naturgeschichte getrennt. Man vermißt den früheren Sinn für eine ständige und ständig fortschreitende historische Entwicklung, die den gegenwärtigen Zustand der Gesellschaft mit einer primitiven vorgeschichtlichen Existenz verband. Von jetzt an war die gegenwärtige Epoche einschließlich der unmittelbar vorausgehenden Ereignisse Gegenstand der Geschichte, so daß später Livius, auch wenn er sich mit einem Zeitraum von sieben Jahrhunderten beschäftigte, Rom ebenso als unveränderliche Einheit behandeln konnte, wie Thukydides die ›menschliche Natur‹ behandelt hatte. Der Sinn für Entwicklungsgeschichte, wie ihn Anaximander und Hekataios zeitweilig geweckt hatten, war verloren gegangen.

So wie die Historiker um 400 v. Chr. ihre Aufmerksamkeit auf zeitgeschichtliche Probleme konzentrierten, so taten es auch die Philosophen, nur in anderer Weise. Die Probleme, mit denen sich Plato und seine Nachfolger beschäftigten, hatten ihren Ursprung in Italien und in Ionien, nämlich bei Parmenides von Elea und bei den

Nachfolgern des Pythagoras. Ihre Fragen gaben dem philosophischen Gespräch eine neue Richtung zur Metaphysik hin, die für die Mathematik und theoretische Physik von viel größerer Bedeutung war als für die historischen Aspekte der Naturwissenschaft. Im Lauf der Zeit wurde in der Philosophie fast alles dem ›Problem der Veränderlichkeit‹ untergeordnet, das heißt, man suchte den ›vergänglichen Fluß‹ der Erfahrungen mit den Begriffen der ihnen zugrunde liegenden ›unveränderlichen Wirklichkeit‹ zu erklären. Nachdem man einmal den Grundsatz anerkannt hatte, daß alle zeitlichen, von den Sinnen wahrgenommenen Veränderungen nur Permutationen und Kombinationen ›ewiger Prinzipien‹ seien, verlor die historische Aufeinanderfolge der Ereignisse (die einen Teil des ›Flusses‹ bildete) ihre grundlegende Bedeutung. Sie war nur noch insoweit interessant, als sie Anhaltspunkte für die Beschaffenheit der bleibenden Wirklichkeit lieferte. Daher waren Fragen über historische Veränderungen für die zentralen Probleme der Philosophie nicht mehr wichtig, und die Philosophen befaßten sich stattdessen mit Fragen eines allgemeinen Prinzips: mit der geometrischen Anordnung des Himmels, mit den mathematischen Formen, soweit sie mit den verschiedenen Grundbestandteilen der Materie verbunden sind, und mit den Grundlagen der Moral und Politik. Immer mehr ergriff die Vorstellung einer unveränderlichen universalen Ordnung, eines unveränderlichen ›Kosmos‹, von ihnen Besitz, die Vorstellung einer ewigen und unendlichen Natur – einschließlich der Gesellschaft –, und ihre Aufgabe war es, die ihr zugrunde liegenden Prinzipien zu entdecken.

Nach dem Vorbild des Pythagoras suchten die Philosophen der Akademie diese Prinzipien im Reich der Mathematik zu finden. Was nicht mit Begriffen der Geometrie erklärt werden konnte, war schon nicht mehr von Belang. So wie heute ein Theoretiker der Quantenmechanik die Meteorologie betrachtet, so sahen sie im historischen Ablauf nur einen langweiligen und undefinierbaren Wirrwarr. Alle führenden Philosophen Athens, auch diejenigen (wie Aristoteles), die es ablehnten, die gesamte Wissenschaft auf die Mathematik zu gründen, unterschätzten den zeitlichen Ablauf und vernachlässigten die historischen Probleme. Abgesehen von der Philosophiegeschichte, machte Aristoteles nur einen einzigen Abstecher in die Geschichte, nämlich in seiner ›Staatsverfassung von Athen‹, einer oberflächlichen Darstellung, die gut von einem seiner Schüler geschrieben worden sein kann. Im allgemeinen hatte er nichts für Spekulationen über Ursprünge übrig, und zwar deshalb, weil sie nicht beweisbar sind. Wenn nichts Sichtbares zur Verfügung stand, zog er es vor, sich mit Fragen zu befassen, die uns täglich begegnen und reflektierendes Studium erlauben, wie zum Beispiel das Planetensystem, menschliche Tugenden und Laster, die Struktur der Gesellschaft und die Lebenszyklen der Organismen. Mit Ausnahme der Epikuräer haben die führenden Philosophenschulen vom 4. Jahrhundert an den zeitlichen Ablauf als irrational und irreführend betrachtet.

Was aber konnten sie dann über die Schöpfung sagen? Da sie die kosmologische Betrachtungsweise der Ionier ablehnten, verscherzten sie sich auch ihre zwei hauptsächlichen Vorteile. Denn Anaximanders Naturgeschichte war sowohl empirisch als auch ›aktualistisch‹ gewesen. Obwohl er sich in seinem Bericht mehr auf gescheite Mutmaßungen als auf soliden Augenschein verlassen hatte, führte er doch darin eine Reihe wesentlicher Faktoren ein, die zu gegebener Zeit sehr wohl auf Grund empirischer Erkenntnis bestimmt werden konnten, zum Beispiel das tatsächliche Ausmaß jener vorgeschichtlichen Zeiträume, in denen der Mensch von einer tierhaften Existenz zum seßhaften Leben in festen Wohnstätten übergegangen war. Außerdem vertrat er die Meinung, daß die Schöpfung in analogen Vorgängen noch immer andauere, weshalb man – wenigstens theoretisch – Fragen über die Vergangenheit beantworten konnte, indem man aus gegenwärtig Sichtbarem Rückschlüsse zog.

Diese Vorteile hatten die athenischen Philosophen aus der Hand gegeben. Wenn die Ordnung der Natur ›ewig und unveränderlich‹ war, dann konnte auch keine Rede davon sein, daß sie allmählich fortschreitend entstanden war. Im Gegenteil, wenn es überhaupt einen Anfang in der Zeit gegeben hatte, dann mußte das Universum auf einen Schlag geschaffen worden sein, vollständig in allen wichtigen Einzelheiten und im wesentlichen auch in seiner gegenwärtigen Form. Keinesfalls konnte man diese Schöpfung jemals dadurch erforschen, daß man die in der Gegenwart vor sich gehenden Wandlungen untersuchte. Denn es gab keinerlei Analogie zwischen der Schöpfungsperiode innerhalb der kosmischen Geschichte, während derer die Ordnung der Natur eingerichtet worden, und dem darauffolgenden Ablauf von Ereignissen, der die Konsequenz dieser Ordnung war. Man konnte also den Charakter der Schöpfung nur bestimmen, indem man von ursprünglichen Prinzipien ausging. Aber das machte Plato und seinen Nachfolgern durchaus kein Kopfzerbrechen. In mancher Hinsicht war ihnen diese Schlußfolgerung sogar ganz willkommen. Hätten sie nämlich ihre Kosmologie auf empirisch gewonnene, zum zeitlichen Ablauf gehörige Tatsachen gegründet, dann wären die Grundlagen ihres gesamten geistigen Systems ins Wanken geraten.

So wurde in der Philosophie die Schöpfung von der späteren Entwicklung der Natur losgelöst und der Ursprung des Kosmos zum Gegenstand abstrakter Erörterungen. Was die daraus sich ergebenden Probleme betraf, so nahm jede der vier großen Philosophenschulen – Platoniker, Aristotelianer, Stoiker und Epikuräer – ihren eigenen charakteristischen Standpunkt ein, und ihre Lehren haben auf lange Zeit die Einstellung zur Geschichte und zur Zeit weitgehend geformt.

Platos Weltschöpfer

Für Plato und seine Schüler sah das Grundproblem folgendermaßen aus. Die Welt der Natur bildete ein geordnetes System mit gleichbleibendem mathematischem Charakter, das sowohl die gesellschaftliche wie auch die moralische Ordnung beherrschte. Wenn diese mathematische Ordnung überhaupt einen Ursprung und Beginn hatte, dann konnte sie aber nicht auf einen ständigen materiellen Prozeß zurückgeführt werden, wie die Ionier vermutet hatten. Die Frage war nun: Welche Alternative ließ sich dagegenstellen? Es blieb nichts anderes übrig, so schloß Plato, als sich auf eine mythische Geschichte zurückzuziehen.

In seinem Schöpfungsmythos, wie er uns im ›Timaios‹ erhalten ist, nimmt Plato als Ausgangspunkt einen absoluten Gegensatz an zwischen mathematischen Formen, die ewig gültig, und den zeitlichen Ereignissen in der Welt, die ständig im Flusse sind. Durch die Schöpfung des Kosmos erhielten die mathematischen Prinzipien eine materielle Gestalt, brachten das formlose Rohmaterial der Welt in eine Ordnung und setzten sie nach einer idealen Spezifizierung in Gang. Eine in derart verfeinertem Sinne verstandene Schöpfung ließ sich kaum in vertrauten, alltäglichen Ausdrücken beschreiben; deshalb nahm Plato – ganz bewußt – seine Zuflucht zu einer mythologischen Sprache und benutzte in seinem Dialog das Bild eines ›göttlichen Handwerkers‹.

Aufgabe dieses Demiurgen war es, die ideale Spezifikation zu finden, in die sich die Natur einzufügen hatte, und dann das Rohmaterial – soweit es seine Beschaffenheit erlaubte – zu formen, zu ordnen und in Übereinstimmung mit der Spezifikation in Bewegung zu setzen. Mit moderneren Termini ausgedrückt: Der Demiurg rief die heute existierenden ›Naturgesetze‹ ins Leben. Das geistige Programm der mathematischen Physik, wie es das 17. Jahrhundert entwickelt hat, würde Platos Vorstellung durchaus entsprochen haben. (Galilei und Newton bemühten sich ja ebenso wie die Philosophen der Akademie, die Entwürfe des Weltschöpfers – des ›intelligent Agent‹ in Newtons Naturphilosophie – zu enthüllen, ›durch dessen Ratschluß alle materiellen Dinge zu einem Ganzen geformt wurden‹.)

Wenn Platos Geschichte eine echte Historie wäre, dann könnten wir sofort fragen: ›In welcher Reihenfolge nahm der Demiurg seine schöpferischen Akte vor? Und wann fand das alles statt?‹ Doch ihr mythischer Charakter zeigt schon an sich, daß keine der beiden Fragen für ihn wichtig ist. Die Ordnung der Schöpfertaten war ohne Bedeutung, denn Plato wollte nur einerseits den rationalen Charakter des Endprodukts und andererseits die seiner gegenwärtigen Struktur zugrunde liegende fantastische Konzeption aufzeigen. Berücksichtigt man seine Leidenschaft für logisches Verständnis, so kann man das Ziel seiner Überlegungen erkennen. Der wichtigste Teil einer Automobilfabrik (zum Beispiel) ist ja nicht die Montagehalle, sondern das Büro der Konstrukteure, wo die Autos erdacht und entworfen werden. Erst wenn wir die Entwürfe begriffen haben, verstehen wir auch alles andere, was in der Fabrik vor sich geht. Bis dahin bleiben die mechanischen Prozesse, die den Entwürfen der Konstrukteure materielle Gestalt verleihen, unverständlich. Nach Plato verhält es sich ebenso mit dem gesamten Universum. Wenn ein Mathematiker die geometrischen Beziehungen errechnet, die sich in den Planetenbewegungen darstellen, oder die Eigenschaften materieller Substanzen erkennt, dann enthüllt er damit den rationalen Entwurf des göttlichen Weltschöpfers.

Ähnlich zurückhaltend äußerte sich Plato über die zeitliche Einteilung der angenommenen Schöpfung. Seiner Ansicht nach war ihr Zeitpunkt nicht aus ihren sichtbaren Nachwirkungen zu erschließen. Gewiß lag sie, wenn man schon einen Zeitpunkt bestimmen wollte, mehr als 9000 Jahre zurück. (Das war der Zeitraum, der nach seiner Schätzung seit dem legendären Kampf der Athener mit den Männern aus Atlantis verstrichen war, und dieser wiederum war nur ein Vorgang innerhalb einer ganzen Reihe historischer Zyklen, während derer wiederholt Kulturen entstanden und vergangen waren.) Wenn man ihn bedrängt hätte, würde Plato wahrscheinlich alle Fragen über den Zeitpunkt der Schöpfung als absolut unerheblich beiseitegeschoben haben. Denn im ›Timaios‹ taucht schon ein zentraler, mehrdeutiger Begriff auf, der später im Christentum wieder erscheint. Wenn man Gott den ›Schöpfer‹ der Welt nennt, bedeutet das zugleich, daß er sie ins Leben gerufen hat; es kann aber auch heißen, daß diese Welt, jetzt und zu allen Zeiten, in ihrer ständigen Entwicklung von Gott abhängt.

Aristoteles, polemisch wie immer, benützte diese Mehrdeutigkeit, um Platos Theorie anzugreifen. Er interpretierte den ›Timaios‹ ganz wörtlich, als wolle Plato damit sagen, die Welt sei zu einem bestimmten Zeitpunkt geschaffen worden, und er argumentierte so, daß schließlich Platos Theorie als widersprüchlich erscheinen mußte. Doch Platos Schüler lehnten diese Interpretation als unfair ab und erwiderten, die Schöpfung sei eine Art geistiger Konstruktion, die zwar die Grundlagen der Ordnung in der Natur erklären solle, nicht aber deren Beginn.

Daß sich Plato mehr den Idealen als den Tatsachen zuwandte, war auch der Grund für seine Gleichgültigkeit gegenüber der Geschichte und dem Ablauf gesellschaftlicher Veränderungen. Seiner Meinung nach beruhte die gesellschaftliche Ordnung ebenso wie die der Natur auf ewigen und unveränderlichen Prinzipien. Staaten waren glücklich und gut geführt, je mehr sie sich seinem idealen Vorbild näherten. Natürlich gab es hunderterlei Gründe, daß diese Ideale nicht erreicht werden konnten, aber das spielte kaum eine Rolle. Aufgabe des Staatsmannes war es, über die Grundlagen politischer Gesundheit nachzudenken, anstatt alle möglichen Spielarten sozialen Ungemachs und Leidens aufzuzeigen. In der Wirklichkeit bewegten sich die Schicksale der Menschen natürlich immer auf und ab und lieferten so den nötigen Stoff für die Geschichte. In manchen Zeiten konnten die Menschen ihre Lebensbedingungen verbessern, in anderen wieder zerstörten Naturkatastrophen oder die Torheit des Menschen selbst seine Städte und warfen ihn auf die Stufe bloßen Vegetierens zurück.

Aber die Wandlungen und Wechselfälle der Geschichte waren unerheblich und griffen die Grundsätze von Moral und Politik nicht an. Den Gedanken, die ›Prinzipien einer gesunden Gesellschaftsordnung‹ könnten sich von einem Zeitalter zum nächsten verändern oder sich in den einzelnen Ländern unterscheiden, hat Plato nie akzeptiert. Denn sowohl der Gesellschaft wie auch der Natur lag ein gleichbleibendes System von unveränderlichen Wahrheiten zugrunde, mit deren Hilfe eine Stadt zu jeder Zeit und an jedem Ort weise regiert werden sollte. Es gab daher für einen Platoniker gar kein Motiv, den zeitlichen Ablauf der Menschheitsgeschichte zu studieren. Abgesehen von den Prinzipien der politischen Philosophie – was sollte er daraus lernen?

Das ewige Universum des Aristoteles

Wenn wir ältere Standpunkte gegenüber der Naturgeschichte rekonstruieren wollen, müssen wir uns zuerst mit einer Frage auseinandersetzen: Was ist das ›Zeugnis‹ in der Wissenschaft? Diese Frage stellt sich uns auf zweierlei Weise. Erstens: vieles, was uns heute als Zeugnis für die frühe Entwicklung der Erde dient, stand den Athenern noch nicht zur Verfügung, schon deshalb nicht, weil sie es gar nicht als Zeugnis erkannten und es deshalb für unwichtig hielten. Zweitens: die geringe Anzahl damals vorhandener echter Zeugnisse vermittelte nur einen begrenzten und unvollständigen Einblick. Mochten sich die Griechen noch so einig über die Tatsachen sein, so konnten sich doch in ihren Interpretationen drastische Unterschiede ergeben, ohne daß sie sich widersprachen. Deshalb sah Aristoteles, obwohl er von denselben Tatsachen wie Plato ausging, historische Ereignisse und ihre Aufeinanderfolge unter anderen Blickwinkeln und in anderen Ausmaßen.

In ihrem Ausgangspunkt waren sich beide ganz nahe. Aristoteles forderte sogar noch nachdrücklicher, daß der Philosoph die gegenwärtige Ordnung der Natur zu berücksichtigen habe. Er stellte ein System von Begriffen zusammen, die der Welt gerecht wurden, wie sie gegenwärtig war, und ließ sich kaum auf Spekulationen über eine längst vergangene und völlig hypothetische Genesis ein. Mit der Neuformulierung dieses Problems hatte schon Plato der Philosophie einen Dienst erwiesen. Man mußte bei der jetzt existierenden Ordnung der Dinge beginnen, und die grundlegende Frage war nicht: wann, sondern: wie und warum sie so geordnet waren. Selbst wenn man über einen angenommenen ›Anfang aller Dinge‹ Aufschluß bekam, so half das doch nicht zum Verständnis des Wie und Warum des Kosmos. Man kann an einem vollentwickelten Tier mehr erkennen als an einem Embryo, aus dem es entstanden ist, und warum sollte es beim Kosmos als Ganzem anders sein?

Außerdem, so betonte Aristoteles, sprachen gute Gründe dafür, daß es niemals einen solchen ›Anfang aller Dinge‹ gegeben hatte; die natürliche Ordnung war ewig und unveränderlich, sie hatte keinen zeitlichen Beginn in der Vergangenheit, und nichts wies darauf hin, daß sie in der Zukunft zerstört werden könne. Er verteidigte seine Ansicht mit den verschiedensten Erwägungen – Beobachtungen sowie logischen und religiösen Gründen –, doch seine schwerwiegendsten Argumente waren metaphysischer Art und entsprangen dem grundlegenden Unterschied zwischen seiner Anschauung und derjenigen Platos. Er wollte die unveränderlichen Prinzipien, in deren Begriffen die Struktur und Vorgänge der Natur erklärt werden sollten, nicht als abstrakte mathematische Ideale aufgefaßt wissen, sondern als wirkliche Tatsachen. Die Prinzipien der natürlichen Ordnung hatten nichts mit irgendeiner losgelösten Welt geistiger Formen zu tun, sondern vielmehr mit den wirklichen Verhaltensweisen und Eigenschaften greifbarer materieller Dinge.

Logik, Beobachtung und Ehrfurcht untermauerten diese Ausgangsstellung. Der Gedanke, das gesamte Universum sei nur ein anderes, vergänglich Geschaffenes, schien Aristoteles von einer grotesken Gottlosigkeit, und die Vorstellung, ein ganzes Universum sei zu einem bestimmten Zeitpunkt aus dem Nichts heraus entstanden, führte nur in nutzlose logische Widersprüche über die Idee der Zeit. Im ›Timaios‹ hatte Plato offenbar versucht, ›die Zeit an sich‹ in einem bestimmten Augenblick *in der Zeit* beginnen zu lassen; aber wie konnte man von einem ›Augenblick, als die Zeit begann‹ sprechen, ohne sofort die Frage herauszufordern, was dann vorher geschehen war? Die Zeit, so argumentierte Aristoteles, war in ihrem Wesen unbegrenzt und mit dem Gedanken eines ›Augenblicks‹ der Schöpfung nicht vereinbar (diese Schwierigkeit tauchte später wieder auf: bei Nikolaus von Cues, bei Kant und bei den Kosmologen des 20. Jahrhunderts). Unterstützt wurden Logik und Metaphysik von der Beobachtung, denn was gab es innerhalb unserer Erfahrung, das uns darauf schließen lassen könnte, die natürliche Ordnung sei nicht ewig? Die immer gleichen Bewegungen der Himmelskörper, die außerordentliche Beständigkeit der Arten organischer Lebewesen, das Auf und Ab des menschlichen Schicksals und die offensichtlichen Zyklen geologischer Wandlungen – in all dem konnte er (wie James Hutton es viel später ausdrückte) ›kein Zeichen eines Anfangs – keine Aussicht auf ein Ende‹ finden.

Natürlich beruhte Aristoteles' Glaube an die Beständigkeit organischer Arten auf etwas wesentlich Grundlegenderem als auf einer unzulänglichen biologischen Kenntnis, und man konnte seine Ansicht auch nicht durch einen bloßen Hinweis auf damals verfügbare Zeugnisse widerlegen. Und dennoch wurde sie, trotz des niedrigen Niveaus biologischen Wissens, durch alle damals bekannten Tatsachen gestützt. Auf Grund der Beständigkeit der Arten hatte tatsächlich jedes Individuum Teil an der Vollkommenheit und Unsterblichkeit, die den himmlischen Gottheiten, den Sternen, verliehen war. ›Alles, was geboren wird und stirbt, ahmt das Unvergängliche nach‹; organische Veränderungen folgten einem Rhythmus, der dem Bewegungsrhythmus der Himmelskörper glich, und stimmten mit ihm überein.

Auch das Entstehen und Verfallen von Kulturen hing vielleicht mit dem allumfassenden Rhythmus zusammen. Sowohl Aristoteles als auch Plato spielten in dieser Beziehung mit einer verführerischen und weitreichenden Hypothese. Alle paar Tausend Jahre kehrten Sonne, Mond und die Planeten in dieselben relativen Stellungen zurück und begannen mit derselben Folge von Konfigurationen. Vielleicht hatten auch die politischen Wechselfälle ihren eigenen festgelegten Rhythmus und erhielten die stets wiederkehrenden gesellschaftlichen Veränderungen in Einklang mit der Bewegung des Himmels. Wenn dem so war (bemerkte Aristoteles), dann lebte er selbst ebenso *vor* dem Fall von Troja wie auch *danach*, und wenn das Rad des Schicksals sich durch einen anderen Zyklus gedreht hatte, dann würde der Trojanische Krieg von neuem stattfinden, und Troja würde wieder fallen.

Stoiker und Epikureer

Trotz Aristoteles' Mahnungen gaben spätere griechische Philosophen die Spekulationen über Ursprung und Geschichte des Kosmos nicht auf. Ihre Wißbegierde wurde sogar nach seinem Tode noch größer, je mehr ihre Skepsis gegenüber den alten olympischen Göttern wuchs. Allerdings zeigte nur ein kleiner Teil des Publikums unmittelbares Interesse für diese philosophischen Lehren, und auch die Gebildeten hatten im großen und ganzen nur ein Achselzucken oder ein Lächeln dafür übrig, ebenso wie man im England des 20. Jahrhunderts mit einem Achselzucken über G. B. Shaws Paradoxa hinwegging. Aber Shaw wußte, daß Vorurteile zwar oft einem direkten Angriff standhalten, daß sie jedoch durch die Macht des Lachens in der Komödie leicht überwunden werden können. Auch diejenigen, die über die Karikatur des Sokrates bei Aristophanes lachten, erkannten doch, daß man die Gottheiten der traditionellen Mythologie nicht mehr gedankenlos und unkritisch hinnehmen konnte. Dieser Skeptizismus regte seinerseits die Entwicklung rivalisierender philosophisch-theologischer Lehren an, deren Ziel es war, die alten griechischen Mythen neu zu interpretieren oder sogar zu überwinden.

Von den beiden einflußreichsten Philosophenschulen waren die Epikureer die radikaleren Skeptiker, die den Aberglauben und religiöse Ängste als irrational und unnötig wegargumentierten. Die Stoiker dagegen beseitigten die alten religiösen Vorstellungen zwar nicht, suchten sie aber durch ›Entmythologisieren‹ ihrer Zeit anzupassen. Cicero faßte ihre Bestrebungen so zusammen:

> Chrysipp, der als der schlaueste Ausleger der stoischen Träumereien gilt, ... sagt, die göttliche Kraft liege in der Vernunft, das heißt in der Seele und dem Geiste der ganzen Natur, und er behauptet, die Welt selbst und der allgemeine Erguß ihrer Seele sei Gott ... Er legt dar, der Äther sei das, was die Menschen Jupiter nennen, und die Luft, welche die Meere durchströmt, sei Neptun, und die Erde sei das, was man Ceres nenne. In ähnlicher Weise geht er die Namen der übrigen Götter durch. Auch behauptet er, die Kraft des beständigen und ewigen Gesetzes, das gleichsam der Führer des Lebens und der Lehrmeister der Pflichten sei, sei Jupiter, und dies nennt er Schicksalsnotwendigkeit, die ewige Wahrheit der zukünftigen Dinge.[10]

Auf diese Weise wurde die Theologie der Kosmologie untergeordnet. Die Kosmologie der Stoiker war eng mit ihren Theorien über den materiellen Aufbau der Welt verknüpft. Auch sie waren davon überzeugt, daß die Natur auf rationalen Prinzipien beruhe, ja daß alle Objekte in der Welt in einem genau festgelegten Gefüge von Aktionen und Reaktionen miteinander verbunden seien. (Der daher rührende Anflug von Fatalismus in ihrer Morallehre ist immer gemeint, wenn man heute jemanden als ›Stoiker‹ bezeichnet.) Aber den nächsten Schritt, den Aristoteles getan hatte, als er sagte, das der Natur zugrunde liegende Prinzip sei fest und unveränderlich, vollzogen sie nicht mit. Im Gegenteil, sie verfolgten den Gedanken eines ›kosmischen Rhythmus‹ sogar noch weiter, indem sie ihn auf die Entwicklung des gesamten Universums anwandten, und schufen schließlich eine Kosmologie, in der alles in einen allgemeinen, allumfassenden Kreislauf eingefügt war. In diesem System war allen – Himmel und Erde, Göttern und Menschen – das Handeln vorbestimmt, so daß auch die traditionellen Gottheiten nicht mehr boshafter Willkür verdächtigt werden konnten.

Die Epikureer trieben die Entmythologisierung noch weiter und

10 Cicero, De natura Deorum, 1, 39–40.

entwickelten eine naturalistische Kosmologie, aus der sie die Götter rücksichtslos verbannten. Obgleich ihre Darstellung von den Ursprüngen der Natur und Gesellschaft in mancher Hinsicht weniger gut fundiert war als die ihrer Rivalen, hatte sie doch zwei bedeutende Vorzüge. Sie brachte viele Einzelheiten und schilderte die Abschnitte der Schöpfung in historischer Aufeinanderfolge, in einleuchtender Ordnung und Perspektive. Ähnlich wie Lukrez in seinem Gedicht ›Von der Natur der Dinge‹, beschrieben die Epikureer die Bildung der Erde und Planeten, den Ursprung des Lebens und die Entstehung der Gesellschaft. Für unseren Zweck ist der wichtigste Teil des gesamten Systems Lukrez' Schilderung vom Ursprung des Lebens, weil sie Gedanken zur Sprache brachte, die das europäische Denken viel stärker beeinflußt haben als die Gedanken der Epikuräer selbst. Wie Hesiod lange Zeit vor ihm, glaubte Lukrez an ein Goldenes Zeitalter, das heißt an einen früheren, gesegneteren Geschichtsabschnitt, in dem die Natur noch reichere Fülle hervorbrachte, der Mensch stärker und das Leben leichter war. In diesem Goldenen Zeitalter waren alle Lebewesen, sogar die ersten Menschen, von selbst entstanden; im gegenwärtigen Zeitalter traf das nur noch für niedere Tiere zu. Damals trug der Boden mehr Frucht, das Klima war besser, und die Erde sonderte ›wie aus offenen Adern‹ eine Art nährender Milch ab, so daß die ersten Menschenkinder ohne Pflege anderer heranwachsen konnten.

Speise gewährte die Erde dem Kind und die Wärme Bekleidung,
Lager der Rasen, der schwellend wie Flaum und reichlich emporwuchs.
Zudem wußte die Welt in den Tagen der Jugend von strengen
Frösten noch nichts und nichts von erdrückender Hitze und Stürmen.[11]

Dabei müssen besonders zwei Punkte hervorgehoben werden. Lukrez war der Überzeugung, die Lebewesen seien zu einem bestimmten Zeitpunkt der Vergangenheit ins Leben getreten, und zwar durch ganz natürliche Vorgänge. Und zweitens glaubte er an eine natürliche Auslese. Trotzdem wies er ausdrücklich die Vermutung zurück, organische Arten könnten sich entwickeln oder verändern.

11 Lukrez, Von der Natur der Dinge, 5. Buch; Weimar 1959 (Übers. von Max Seydel) und Leipzig 1947 (Übers. von K. L. Knebel); Vers 803 (Seydel).

In fast hundert Zeilen seines Gedichts widerlegt er diese Möglichkeit:

Doch nie gab es Zentauren, auch kann es solches nicht geben:
ein aus zwei Naturen, aus zwei verschiedenen Körpern
und fremdartigen Gliedern zusammengesetztes Wesen ...[12]
Sondern da jedes von ihnen den eigentümlichsten Wuchs hat,
hält das Gesetz der Natur sie alle getrennt auseinander.[13]

Der Zweck einer natürlichen Auslese war nicht, die Arten zu verändern, sondern Ungeheuer und Schwächlinge auszusondern, die anfangs spontan entstanden waren:

Mehrere Wundergeschöpfe von der Art zeugte die Erde,
aber umsonst; es scheut die Natur selbst ihre Vermehrung;
konnten erreichen auch nicht die gewünschte Blüte des Alters
oder sich Nahrung schaffen, vereinen in Werken der Liebe.
Denn es muß in der Tat gar mancherlei treffen zusammen,
fortzusetzen der Lebenden Art durch ihre Begattung ...[14]
Mehrere Arten demnach der Lebenden mußten schon damals,
nicht zur Vermehrung geschickt, sich ganz von der Erde verlieren.
Denn die wir jetzt noch sehn der belebenden Lüfte genießen,
diese schützt' und erhielt seit erster Entstehung derselben
List und Stärke zum Teil, zum Teil das Vermögen zu fliehen,
mehrere nahmen wir auch, die sich anempfohlen durch Nutzen,
willig in unseren Schutz und brachten sie fort auf die Zukunft.[15]

Zum Schluß entwickelte er noch seine Gedanken über die Anfänge der Gesellschaft, der Sprache und Religion und der Handwerke. Wie Diodors ›Historische Bibliothek‹, beruht auch Lukrez' Bericht auf ionischen Vorstellungen: die Notwendigkeit und die immer härter werdenden Lebensbedingungen zwangen den Menschen zu einer Neuerung nach der anderen – zumindest *schien* es so. Denn nachdem Lukrez seiner Schöpfungsgeschichte nun mehr als tausend Zeilen gewidmet hat, bekennt er freimütig, das alles sei ja nur eine wohldurchdachte Fabel, die einer soliden Grundlage von Zeugnissen ent-

12 Vers 865 (Knebel).
13 Vers 909 (Knebel).
14 Vers 832 (Knebel).
15 Vers 842 (Knebel).

behre und nur durch Schlußfolgerungen und Mutmaßungen gestützt sei:

Bald auch lebten die Menschen umschirmt von gewaltigen Türmen,
teilten das Land und bebauten ein jeder für sich, was ihm zukam.
Schiffe durchflogen das Meer mit gebreiteten Segeln; die Völker
einte das Band des Vertrages, sich Hilfe zu leisten und Beistand.
Sänger begannen im Lied das Gedächtnis rühmlicher Helden
aufzubewahren. Nicht lange vorher erfand man die Schrift auch.
Deshalb können wir das, was noch früher geschah, nicht erforschen,
außer soweit die Vernunft bisweilen die richtige Spur weist.[16]

Die Grenzen des antiken Weltbildes

Damit legte Lukrez den Finger auf den wunden Punkt aller Versuche, eine Theorie über die Vergangenheit aufzustellen. Jenseits der Grenzen von Chronik und Legende beruhen alle Vorstellungen nur auf spekulativer Interpretation indirekter Zeugnisse, und diese Zeugnisse müssen nicht nur verfügbar sein, sondern auch als solche erkannt werden. Für die griechischen Naturphilosophen war dies besonders schwierig, und ihre Schöpfungsgeschichten konnten kaum mehr als klug erdachte Fabeln oder rationale Mythen sein. Solange keine soliden Zeugnisse gefunden waren, die darauf schließen ließen, was in ferner Vergangenheit tatsächlich geschehen war, konnte man nichts anderes tun, als in großen Zügen mögliche Kosmologien zu entwerfen. Selbst am Beginn des christlichen Zeitalters, nach der glänzenden Epoche antiken wissenschaftlichen Denkens, wußten die Gelehrten von Alexandria und Rom auch nur so viel über die Geschichte der Natur und des Menschen wie ihre Vorläufer sechs Jahrhunderte zuvor – und das war sehr wenig.

So sah am Ende der klassischen Zeit das Bild, das sich der Mensch von der Natur gemacht hatte, im Grunde noch genauso aus wie am Anfang: es war ein unhistorisches Bild. Und es war noch keine Möglichkeit abzusehen, wie die Zeitschranke zu durchbrechen wäre, die dem Menschen an dem Punkt im Wege stand, wo Dokumente und Legenden sich erschöpften. Solange keine vernünftigen Prinzipien aufgestellt waren, mit deren Hilfe man Theorien bis zur Vorgeschichte zurück nachprüfen konnte, solange keine zuverlässigen Methoden ausgearbeitet waren, mit denen man die Zeitschranke überspringen oder umgehen konnte, mußten alle Vorstellungen über

16 Vers 1423 (Seydel).

Ursprung und Entwicklung der Natur rein spekulativ bleiben. Aber auch abgesehen von der Spekulation – die Gelehrten der Antike waren in den Schranken ihrer eigenen Zeit gefangen, sozusagen eingenebelt in einer stabilen Welt, deren Grundstruktur – nach all dem, was sie beobachten konnten – schon immer so gewesen war bis in ihre Gegenwart. Bestenfalls konnten sie den Nebel in bezug auf Ort und Zeit etwas lichten, wenn sie in ihren theoretischen Vorstellungen den Tatsachen, die ihnen als Zeugnisse erkennbar waren, vorauseilten.

Und doch hatten spätere Generationen ihnen zweierlei zu verdanken. Erstens hatten die Griechen die entscheidenden Probleme klar herausgestellt, die immer dann auftauchen, wenn man die Geschichte der Natur und den Ursprung des menschlichen Lebens zu rekonstruieren sucht; und zweitens hatten sie mit fast allen Formen der Theorie experimentiert, die später das Denken beherrschen sollten, und die charakteristischen Vorzüge und Nachteile jeder einzelnen erkannt. In Platos ›Timaios‹ zum Beispiel haben wir die Theorie der Weltentstehung ›auf einen Schlag‹, bei Aristoteles die eines ›unveränderlichen Zustands‹, die Stoiker wiederum vertraten einen ›zyklischen Kosmos‹, und die Epikureer betrachteten die Entwicklung der Welt mehr als einen zufälligen, einspurig verlaufenden Prozeß. Erst viele Jahrhunderte später gelang es den Gelehrten, der Naturgeschichte eine feste Grundlage aus erkannten Tatsachen und sicheren Schlußfolgerungen zu geben. Bis dahin blieb für das Denkschema, wie es die Philosophen des klassischen Griechenland aufgebaut hatten, die menschliche Einbildungskraft der einzige Halt; und auch als der Mensch schon in der Lage war, die fernere Vergangenheit in die Fassungskraft seiner Vernunft einzubeziehen, wandte er sich wieder (wie wir noch sehen werden) diesen ursprünglichen Formen theoretischen Denkens als geistigem Hilfsmittel zu.

Anfänge der Naturgeschichte

Im Lauf der Zeit waren sich die griechischen Naturphilosophen über alle jene Probleme völlig klar geworden, die auch wir in den letzten hundertfünfzig Jahren als Anhaltspunkte für die Erkenntnis der fernen Vergangenheit erkannt haben. Aber obwohl sie die gleichen Tiere, Gesteine, Flüsse vor Augen hatten wie wir, interpretierten sie ihre Formen und ihr Verhalten doch anders; ihre ganze Einstellung zur Natur stand einer historischen Erklärung im Wege. Anfangs war ihre andere Einstellung gar kein Hindernis. Wie Aristoteles und seine Nachfolger gezeigt hatten, kann die biologische Forschung weite Strecken durchlaufen, ohne auf entwicklungsgeschichtliche Fragen zu stoßen. Die grundlegende Überzeugung, daß verschiedene organische Arten gleichbleibende Elemente der Naturordnung sind, hatte eine doppelte Wirkung. Auf der einen Seite bedeutete sie für die Erforschung der Lebewesen ein philosophisches Stimulans, auf der anderen Seite preßte sie die Interpretation in ein starres Schema, so daß es nahezu ein Jahrtausend lang gar nicht möglich war, die Voraussetzungen oder die Schlußfolgerungen in Frage zu stellen.

Aristoteles, seine persönlichen Schüler sowie diejenigen, mit denen er in geistigem Austausch stand, bildeten eine wissenschaftliche Schule, der sich alle nachfolgenden Naturhistoriker verpflichtet fühlten. Seine vielen Schüler und Anhänger sandten ihm aus allen Teilen der damals bekannten Welt ständig Material für seine zoologische Enzyklopädie, seine vergleichende Anatomie und Physiologie. Theophrast, wohl die hervorragendste Persönlichkeit unter ihnen, übernahm nach Aristoteles' Tod die Leitung der Schule und schrieb die ersten grundlegenden Abhandlungen über Aufbau und Einteilung von Pflanzen. Sie waren so sorgfältig belegt, so tiefgründig und umfassend, daß sie viele Jahrhunderte lang die Grundlage biologischer Forschungsarbeit blieben. Sie wurden erst im 17. und 18. Jahrhundert verdrängt, als die großen europäischen Entdecker den Forschungsreisenden die Türen zu den letzten noch unbekannten Gebieten der Erde öffneten und damit die Möglichkeit für ein zweites, ähnliches Programm der Forschung und Sammlung erschlossen. An ihrer Spitze stand der schwedische Naturforscher Carl von Linné.

Aristoteles hat uns von allen Aspekten organischen Lebens, die man mit bloßem Auge studieren kann, ausführliche Beschreibungen hinterlassen. Viele von ihnen beruhen ohne Zweifel auf seinen eigenen Beobachtungen. Tag für Tag verfolgte er die langsamen Veränderungen im Hühnerei bis zum Schlüpfen des Kükens, er wußte vieles über die Meeresflora und -fauna, und er gab eine genaue Darstellung vom Leben der Honigbiene. Darin weist er schon auf einen Teil der ›Bienensprache‹ hin, nämlich auf den ›Schwänzeltanz‹, den die heimkehrenden Bienen vor dem Stock vollführen. Er stellte ein sorgfältig ausgearbeitetes System zur Einteilung der Tierarten auf, wobei er zwei Hauptgruppen unterschied: Tiere mit rotem Blut (ungefähr den Wirbeltieren entsprechend) und solche ohne Blut (Wirbellose). Beide Gruppen teilte er wieder in Untergruppen, und zwar nach der Art, wie die Jungen hervorgebracht werden: lebend, im Ei, als Larve usw.

Je weiter er seine biologischen Kenntnisse ausdehnte, um so mehr festigten sich seine Überzeugungen. Immer stärker beeindruckte ihn die ungeheure Vielfalt der Formen. Ihm schien, als wäre jedwede Art von Lebewesen, die überhaupt entstehen konnte, auch tatsächlich entstanden. Auf den ersten Blick mochte es scheinen, als ließen sie sich leicht in einige große Klassen einteilen, die sich jeweils durch bestimmte charakteristische Merkmale voneinander unterschieden. Aber im Laufe seiner Forschungen begannen die Grenzen zu fließen, immer häufiger stieß er auf Arten, die nicht eindeutig zu der einen oder anderen Gruppe gehörten, so daß sich auch die auffallendsten Kennzeichen verwischten. Um diese Kontinuität organischer Formen zu beschreiben, benutzte Aristoteles ein Bild, das später von den Gelehrten des Mittelalters wieder aufgenommen und in sehr verschiedener Weise gebraucht wurde. Er spricht von einer Stufenleiter der Natur, auf der die organischen Arten angeordnet seien:

Die Natur schreitet aber so allmählich von den unbelebten Dingen zu den belebten Wesen fort, daß man bei dem stetigen Zusammenhang nicht gewahr wird, wo die Grenze zwischen beiden liegt und zu welcher von beiden die in der Mitte liegenden Dinge gehören. Denn auf das Reich der leblosen Dinge folgt zunächst das Reich der Pflanzen, und auch bei diesen unterscheidet sich die eine von der anderen durch den Grad des innewohnenden Lebens. Im Vergleich zu den übrigen Körpern erscheint das ganze Reich als belebt, im Vergleich mit dem Tierreich jedoch als unbelebt. Der Übergang von den Pflanzen zu den Tieren ist aber, wie gesagt, ein stetiger. Bei manchen Meeresorganismen kann man nämlich im Zweifel sein, ob sie Tiere oder Pflanzen sind, denn sie sind festgewachsen, und viele von ihnen gehen zugrunde, wenn sie abgelöst werden ... So scheinen in allmählicher Stufenfolge die einen immer mehr mit Leben und Bewegung begabt als die anderen. Eine gleiche Bewandtnis hat es auch mit den Lebensgewohnheiten.[17]

Einem Leser des 20. Jahrhunderts mag es so vorkommen, als sei dies schon ein Vorgriff auf unser modernes biologisches System, in dem sich seine Auffassung von der Stufenleiter als zeitliche Aufeinanderfolge widerspiegelt; und tatsächlich nimmt er auch schon etwas von dem Stammbaum der Evolutionstheorie voraus. Der Satz ›Die Natur schreitet von unbelebten Dingen zu den belebten Wesen fort‹ könnte bedeuten, daß sich in früheren Zeitaltern die Formen in der

17 Aristoteles, Historia Animalium, VIII. Buch, 1. Kapitel, Übers. von Heinrich Balss, München 1943.

Natur Schritt für Schritt diese Stufenleiter hinaufbewegt haben. Aber Aristoteles sah darin noch keinen zeitlichen Verlauf und noch viel weniger eine Entwicklung. Die Stufenleiter der Natur war nichts anderes als eine ins Auge springende Tatsache in der *gegenwärtigen* Welt.

Als die auffallendsten Merkmale der Organismen betrachtete Aristoteles die Gerichtetheit ihres Tuns und den funktionellen Charakter ihres Aufbaus. Um die Wichtigkeit dieser beiden Merkmale ins rechte Licht zu rücken, wandte er sich gegen die Theorie einer natürlichen Auslese, die im 5. Jahrhundert von Empedokles aufgestellt worden war. Nach dieser Theorie verfügte die Gesamtheit der ursprünglich auf der Erde lebenden Organismen über jede nur vorstellbare Kombination von Gliedern und Organen, spontan und zufällig entstanden, und das Angepaßtsein der überlebenden Wesen ergab sich einfach daraus, daß die schlechtangepaßten Wesen ausgemerzt wurden. Aristoteles setzte sich mit Empedokles wie folgt auseinander:

> Es fragt sich aber, was denn die Natur hindern soll, ihre Schöpfungen um eines Zweckes willen und so gut wie möglich hervorzubringen, also nicht etwa so, daß es zum Beispiel regnet, nicht damit das Getreide wachse, sondern einfach als notwendige Folge. Denn die emporsteigenden Dünste müßten erkalten und, abgekühlt zu Wasser geworden, herabkommen; das Wachsen des Getreides aber habe in diesem Vorgang seine zufällige Ursache. Ebenso wenn jemandem sein Getreide auf der Tenne verdirbt, so – sagt man – regnet es nicht deshalb, damit es verderbe, sondern dies ist nur eine zufällige Folge. Was steht denn nun im Wege, anzunehmen, daß es sich auch bei den Teilen eines Organismus in der Natur so verhalte? Zum Beispiel daß durch die Notwendigkeit die vorderen Zähne scharf hervorwachsen, geeignet, die Speisen zu zerteilen, die Backenzähne dagegen breit und dazu brauchbar, die Nahrung zu zerkauen? Das also, sagt man, geschehe nicht um eines Zweckes willen, sondern es habe sich eben zufällig so gebildet, und ebenso sei es bei den anderen Organen, bei denen ein Zweck vorzuliegen scheine. Was nun alles zustande kam, wie wenn es um eines bestimmten Zweckes willen geschehen wäre, das hätte sich erhalten, weil alles sich von selbst in geeigneter Weise zusammenfügte; alles dagegen, wo dies nicht der Fall war, ging und geht zugrunde ...[18]

Aristoteles führte Empedokles' Auffassung nicht deshalb an, um sie – wie Darwin glaubte – zu unterstreichen, sondern um sie abzulehnen.

Dabei geriet er jedoch in ein Dilemma. Wenn alles, was infolge

18 Aristoteles, Physik, II. Buch, 8. Kapitel, Übers. von Heinrich Balss, München 1943.

physikalischer Notwendigkeit geschah, ebenso als zufällig geschehen angesehen werden mußte – wie nach Empedokles' Auffassung – wie sollte man sich dann die Tatsache erklären, daß immer wieder, Generation auf Generation, Lebewesen mit so gut angepaßten Organen entstanden? Konnte nicht manches, das offensichtlich ›zu einem Zweck‹ geschah, auch die normale Endkonsequenz vollkommen natürlicher Vorgänge sein und in diesem Sinne also ›aus Notwendigkeit‹ geschehen? Das wollte Aristoteles zeigen: daß manches ›notwendig‹ und durchaus nicht zufällig geschehen konnte.

Seine Einwände waren innerhalb gewisser Grenzen auch wohl begründet. Aber es gab einen Faktor in Empedokles' Theorie, der Aristoteles entgegenstand. Empedokles hatte nichts darüber gesagt, auf welche Weise sich, Generation auf Generation, einzelne Organe zu Individuen zusammenschließen, sondern hatte sich vielmehr mit dem ersten Auftreten heute existierender Arten in einer vorher unbelebten Welt beschäftigt. Für Aristoteles gab es dieses Problem jedoch überhaupt nicht. Seiner Meinung nach waren Arten ewig. Nur Individuen wurden geboren und starben.

So sehen wir die Griechen abermals in den Fesseln ihres Zeitschemas gefangen. Darwin fand bei Empedokles wohl Anhaltspunkte für seine Ideen, aber trotzdem waren beide Theorien grundverschieden. Darwin erklärte die vorhandenen Arten als das Ergebnis einer natürlichen Zuchtwahl innerhalb einer sich langsam verändernden Gesamtheit von Lebewesen über Millionen Jahre hinweg; für Empedokles dagegen, wie auch für Anaximander, war die Entdeckung des Ursprungs der Arten gleichbedeutend mit der Erklärung, wie das Leben auf der Erde zum ersten Mal entstanden war. Empedokles beschrieb den ursprünglichen Beginn der Arten und nicht, wie Darwin, ihre entwicklungsgeschichtliche Abstammung. Seiner Meinung nach beruhte die natürliche Auslese auf dem Zusammenschluß einzelner, zufällig entstandener Teile zu Individuen. Das aber erschien Aristoteles unglaubhaft – daß die erste Generation jeder Art durch Vorgänge entstanden sein sollte, die überhaupt nicht in Einklang mit jenen anderen Vorgängen standen, aus denen die Entstehung der folgenden Generationen zu erklären war. Wenn das Angepaßtsein von Organismen einen Sinn haben sollte, dann mußten die Vorgänge, deren Endprodukte sie waren, auch auf jeder Stufe funktioneller Art sein. Ehe er einen so ungeheuerlichen Mangel an Zusammenhang zwischen der ersten und den späteren Generationen anerkannte, wollte Aristoteles lieber glauben, es habe überhaupt keine erste Generation gegeben – das heißt also, daß die jetzt vorhandenen organischen Formen eine gleichbleibende Eigenschaft der natürlichen Ordnung seien.

Mehr als zweitausend Jahre lang wurde diese Auffassung von allen Naturforschern, die sich mit dem Problem beschäftigten, anerkannt. Einzig und allein die Lehre von den festgelegten Arten schien mit dem Angepaßtsein vereinbar. Tatsächlich sah man sich noch bis ins 19. Jahrhundert hinein, ehe Darwins Theorie bekannt wurde, vor der Alternative, sich zwischen Empedokles und Aristoteles zu entscheiden. Darwins Theorie von der natürlichen Zuchtwahl (Zuchtwahl als ein Prozeß, bei dem organische Arten *auf jeder Stufe* durch das Zusammenwirken von Spontaneität und Anpassung modifiziert werden können) wurde erst möglich, nachdem die Geologie im 19. Jahrhundert ein stark erweitertes Zeitschema geschaffen hatte.

Die Autorität der Bibel

Schon in den letzten Jahrhunderten v. Chr. hatten die griechischen Philosophen begonnen, sich mit den traditionellen religiösen Vorstellungen auseinanderzusetzen, aber zur wirklichen Konfrontation von Philosophie und Theologie kam es erst im christlichen Zeitalter. Auf dem Gebiet der Astronomie und Chemie stießen die alexandrinischen Wissenschaftler bei den Theologen nur auf wenig Widerstand, aber in der Naturgeschichte erhob sich seitens der neuen Theologie sofort heftiger Protest. Der Grund dafür ist nicht schwer zu finden. Die Genesis war für das Christentum eine der fundamentalen Schriften, wie sie das auch schon früher für die jüdische Religion gewesen war. Jeder, der die frühe Geschichte des Kosmos mit Hilfe rationaler Untersuchungen zu rekonstruieren suchte – sei es durch Theorie oder Beobachtung –, geriet sofort in Widerstreit mit der biblischen Geschichte, da er sie in Frage zu stellen schien. Die Schöpfungsgeschichte als unantastbarer Teil der christlichen Lehre mußte gegen jede andere Darstellung verteidigt werden. Deshalb standen bei den in Alexandria geführten Streitgesprächen über den Ursprung des Weltalls die religiösen Erwägungen im Vordergrund. Was in der Physik und Chemie an neuen Theorien geboten wurde, fiel weniger ins Gewicht, aber im Bereich der Schöpfungsgeschichte war der Konflikt zwischen Wissenschaft und Religion unvermeidlich.

Außerdem stellte sich heraus, daß gerade auf diesem Gebiet der Mensch am zähesten an der Tradition festhielt. Die Technik, Astronomie, Chemie und auch die Physiologie haben sich vom 14. Jahrhundert an als selbständige Wissensgebiete entwickelt, in denen es möglich war, originale, von der theologischen Kontrolle unabhängige Theorien aufzustellen, die sogar der religiösen Offenbarung neues Gewicht verleihen konnten. Bei der Rekonstruktion der Naturgeschichte dagegen gab es bis zum 19. Jahrhundert keinen wirklichen Fortschritt, und als es soweit kam, ließ sich denn auch ein Zusammenprall mit den religiösen Vorstellungen, die vielen Christen so teuer waren, nicht vermeiden. Dabei waren die Streitfragen gar nicht so neu. Sie tauchten bereits im frühen Christentum auf, von dem wir nun kurz sprechen wollen.

Christentum und Geschichte

Die Juden hatten sich von jeher als ein von Gott auserwähltes Volk betrachtet und deshalb die Geschichte immer ernst genommen. Für sie war der historische Ablauf ein göttliches Schauspiel, in dem ihnen selbst eine wichtige Rolle zugedacht war. Ihr Ansehen als Nation beruhte auf dem Versprechen, das Gott in einem besonderen Augenblick ihrer Geschichte dem Abraham gegeben hatte, und ihre Hoffnungen für die Zukunft knüpften sich an den Vollzug dieses Bundes. Die daraus resultierende Überzeugung, daß der Ablauf historischer Ereignisse grundlegende Bedeutung habe, war das einzige, aber sehr wichtige Vermächtnis der jüdischen Religion an das Christentum. Sie hat die gesamte europäische Tradition mitgestaltet und den Hang zu moralischem Eifer verstärkt, der für das europäische Denken charakteristisch ist, sogar für die Anschauungen, die als antireligiös gelten, wie zum Beispiel der Marxismus-Leninismus. So war das Christentum eine ›historische‹ Religion, die die Welt als Bühne für das Handeln Gottes betrachtete und das Leben Christi als Gottes höchsteigenes Eingreifen in den Lauf der Welt.

Wenn die frühen Christen den historischen Prozeß als eine einzigartige Bühne für das göttliche Schauspiel betrachteten, dann wird ihnen auch das Studium der Geschichte als heilige Pflicht erschienen sein, ähnlich wie später die protestantischen Gelehrten im 17. Jahrhundert das Studium der Wissenschaft ansahen: als Kontemplation über Gottes Plan, wie er sich in der Natur manifestierte. So hätte das Christentum dem historischen Denken einen mächtigen neuen Antrieb geben können. Es war jedoch ein ebenso mächtiger Gegentrieb am Werke. Das frühe Christentum hatte nämlich von der jüdischen Religion nicht nur die hebräischen Chroniken übernommen, sondern auch eine Befangenheit gegenüber Prophezeiung und Apokalypse. Sowohl für die Juden wie auch für die Christen war die Weltgeschichte nicht eine allmählich fortschreitende Entwicklung, sondern eine Folge einzigartiger Ereignisse, zwischen denen nicht der geringste ursächliche Zusammenhang bestand. Wäre Christi Geburt die natürliche Folge irgendeines Abschnitts der historischen Entwicklung gewesen, dann hätte es ein Motiv gegeben, sich mit seinen Vorläufern zu beschäftigen; denn je besser man diese verstand, um so besser hätte man seine Bedeutung würdigen können. So aber war seine Geburt nicht (um einen Ausdruck von Aristoteles zu gebrauchen) die ›Verwirklichung‹ einer historischen ›Möglichkeit‹, sondern die Erfüllung einer übernatürlichen Prophezeiung. Damit war die Welt in eine völlig neue Phase getreten, und alles, was man über frühere Zeitalter wissen mußte, konnte man in den heiligen Schriften des Alten Testaments finden. Deshalb war die erste Reaktion des Christentums – obwohl es gewissen grundlegenden Ereignissen in der Geschichte großes Gewicht beimaß – die, dem griechischen Sinn für historische Entwicklung und Beständigkeit entgegenzuwirken.

Aber ein einziges Bindeglied zur Geschichte, zum zeitlichen Ablauf, bewahrte sich das Christentum doch. Obgleich seine Befangenheit der Ewigkeit gegenüber so manchen Antrieb, die Geschichte zu erforschen, im Keim erstickte, war seine Trennung von der Welt geschichtlicher Veränderungen doch nie absolut. Denn es gab immer die Möglichkeit eines göttlichen Eingriffs. War auch die Geburt Christi das zentrale Ereignis in der Geschichte, so konnte doch der Allmächtige immer wieder in die Geschehnisse der irdischen Welt eingreifen. Wie die Juden, die den Anspruch Jesu, der Messias zu sein, ablehnten und die Ankunft des Heilands noch erwarteten, der das Reich des gerechten Gottes aufrichten würde, so erwarteten auch viele Christen, Jesus werde wiederkommen, um ›einen neuen Himmel und eine neue Erde zu machen‹, wie es die Offenbarung Johannis verkündet hatte. Aber dieses neue Jerusalem war eben eine Verkündigung und keine Voraussage, also mehr eine Sache des Glaubens als der Vernunft. Der Zeitpunkt konnte nicht auf Grund der geschichtlichen Entwicklung durch rationale Reflexion vorausgesagt werden; bestenfalls konnte er sich durch Vorzeichen (zum Beispiel Zeichen am Himmel) ankündigen. Eine solche Einstellung zur Geschichte war der griechischen Philosophie allerdings völlig fremd. Und je mehr sich das Christentum auf Prophezeiungen, Vorzeichen und Offenbarung stützte, um so schwerer wurde ihm die Koexistenz mit den rationalen Elementen in der griechischen Wissenschaft und Philosophie.

Fundamentalismus und Allegorie

Von Anfang an hatten sich im Christentum zwei unterschiedliche Auffassungen herauskristallisiert; ausschlaggebend war dabei die Einstellung gegenüber der griechischen Philosophie mit ihrem nachdrücklichen Vernunftsanspruch und entsprechend auch die Einstellung zur Geschichte. Zwar hatten die griechischen Philosophen nur wenig Positives über die Vergangenheit des Kosmos entdecken können, aber sie hatten doch einige negative Erkenntnisse gewonnen, zum Beispiel, wie schwierig es war, sinnvolle Fragen über den Ursprung aller Dinge auch nur zu formulieren, und auf welch schwankendem Boden alle rationalen Theorien über die frühe Geschichte gegründet waren. Die Christen dagegen hatten sich auf die Schöpfungsgeschichte des Alten Testaments festgelegt und gingen damit nach griechischem Maßstab über die Grenzen rationaler Überlegungen hinaus.

Die Theologen waren sich darüber durchaus im klaren, denn sie bauten ihre neue Religion bewußt auf der Offenbarung auf. Aber auch wenn man die Genesis als Wort Gottes anerkannte, blieb doch eine Frage ungelöst: ob diese Offenbarung wörtlich oder allegorisch zu interpretieren war. An diesem Punkt schieden sich die Geister. Manche lehnten die ganze griechische Denkweise ab, ignorierten die Schwierigkeiten, die die Schöpfung den Philosophen machte, und legten die Bibel so wörtlich wie möglich aus. Andere empfanden die philosophische Beweisführung als zwingend und hätten gern mit der Philosophie Frieden geschlossen, auch wenn sie dafür eine allegorische Interpretation der Genesis in Kauf nehmen mußten. Die daraus entstehende Spannung zwischen den einen, die zum Kompromiß bereit waren, und den anderen, die ihn ablehnten, setzte einen Maßstab fest, den man immer dann anlegte, wenn intellektuelle Erkenntnisse eine neue Auslegung der überkommenen christlichen Lehre erforderten.

Der Versuch, die Genesis mit der griechischen Philosophie in Einklang zu bringen, hatte im Grunde schon vor Christi Geburt begonnen, denn das Problem beschäftigte die philosophisch interessierten Juden ebenso stark wie die Christen. (Sogar die klassischen Griechen hatten vor einem ähnlichen Problem gestanden: Theagenes soll vor 500 v. Chr. Homer ›entmythologisiert‹ haben.) Die Versuche, die Mythen der Völker den Forderungen der Vernunft anzupassen, erreichten ihren Höhepunkt mit den ›Allegorien der heiligen Gesetze‹ des Philo von Alexandria (geb. um 20 v. Chr.). Dieser suchte darin die in Allegorien gekleideten Wahrheiten der Genesis zu entschleiern. Auf den ersten Blick (so sagte er) scheint dieses Buch maßgebliche Berichte von Ereignissen zu enthalten, die mehrere tausend Jahre zurückliegen, in Wirklichkeit aber sollen die zwei ersten Kapitel der Genesis auf dem Umweg über die Allegorie grundlegende philosophische Wahrheiten vermitteln. So wie Platos Mythen hatten auch sie eigentlich den Zweck, einen geistigen Inhalt anschaulich darzustellen:

›Und es waren vollendet der Himmel und die Erde und ihre ganze Welt‹ (1. Mose, 2,1).

Denn in symbolischem Ausdruck nennt sie [die Schrift] den Geist ›Himmel‹, weil die rein geistigen Wesen am Himmel sind, und die Sinnlichkeit ›Erde‹, weil sie körperlichen und erdhaften Stoff als ihren Anteil erhalten hat; die ›Welt‹ des Geistes aber ist alles Unkörperliche und Geistige, die der Sinnlichkeit dagegen die körperlichen Dinge und alles sinnlich Wahrnehmbare überhaupt.

Dadurch, daß Philo die Genesis als Allegorie interpretierte, gelang es ihm, Aristoteles' Einwände gegen die Idee der Schöpfung völlig zu entkräften. Er machte sich diese Einwände insofern zu eigen, als er sie als Beweis dafür benutzte, daß die fraglichen Abschnitte gar nicht anders als allegorisch gemeint sein konnten:

›Und Gott vollendete am sechsten Tag seine Werke, die er gemacht hatte‹ (1. Mose, 2,2).

Ganz töricht wäre es, zu glauben, daß in sechs Tagen oder überhaupt in einer Zeit die Welt entstanden sei. Warum? Weil jede Zeit eine Zusammenfügung von Tagen und Nächten ist, diese aber erst durch die Bewegung der über die Erde und unter der Erde hinschreitende Sonne notwendig zustande gebracht werden; die Sonne ist aber ein Teil des Himmels; es herrscht daher Übereinstimmung darüber, daß die Zeit jünger ist als das Weltall. So läßt sich denn mit Recht sagen, daß nicht das Weltall in einer Zeit entstanden ist, sondern durch das Weltall die Zeit entstand; denn die Bewegung des Himmels hat das Wesen der Zeit erkennen lassen.

Damit hatte er sich von Aristoteles und den Fundamentalisten befreit und kam nun auf seine eigene Lesart der jüdischen Schöpfungsgeschichte zu sprechen:

Wenn also die Schrift sagt, Gott habe am sechsten Tage seine Werke vollendet, so muß man einsehen, daß sie nicht eine Anzahl von Tagen meint, sondern die vollkommene Zahl [Philo benutzt diesen Ausdruck im selben Sinne, in dem er auch in der Mathematik des 20. Jahrhunderts gebraucht wird]; denn sie ist die erste Zahl, die gleich der Summe ihrer Teile ist, Hälfte, Drittel und Sechstel, und ist der Inhalt eines Rechtecks mit den Seiten 2 und 3. [Das heißt $1 + 2 + 3 = 1 \times 2 \times 3 = 6$.][19]

19 Philo von Alexandria, Allegorische Erklärung des heiligen Gesetzbuches, Übers. von I. Heinemann, Breslau 1919, 1. Buch: Allegorische Erklärung der auf das Sechstagewerk folgenden Abschnitte des heiligen Gesetzbuches.

Keiner der frühen Kirchenväter ging in der Neuinterpretation der heiligen Geschichte so weit wie Philo, nur einer folgte ihm ein Stück weit: Origenes, einem alexandrinischen Griechen des 3. Jahrhunderts, fiel die Aufgabe zu, das Christentum gegen die Polemiken des Porphyrios und Celsus zu verteidigen. Celsus hatte die Bibel als schlechte Geschichtsschreibung angegriffen: Wie konnte man Legenden, die von so mangelhaften Zeugnissen wie denen in der Bibel untermauert wurden, auf Treu und Glauben hinnehmen? Origenes räumte in seiner Erwiderung ein, daß das Zeugnis der Bibel zum großen Teil nicht bestätigt sei, wies aber mit einiger Berechtigung und gestützt auf Beweise darauf hin, daß man denselben Einwand gegen viele historische Traditionen erheben könnte:

> Nimm einmal an, jemand behaupte, der Trojanische Krieg habe gar nicht stattgefunden, weil die darin eingewobene Geschichte von einem gewissen Achilles, dem Sohn der Göttin Thetis und des Sterblichen Peleus, unmöglich sei ... Wie sollen wir nun, besonders wenn wir uns von der auf irgendeine geheimnisvolle Weise eingewobenen Dichtung beeindrucken lassen, ein solches Argument in die überall vorherrschende Anschauung einpassen, daß der Krieg vor Troja zwischen Griechen und Trojanern wirklich stattgefunden habe?[20]

Alles, was man vernünftigerweise tun könne, schloß er, sei, die großen Umrisse der biblischen Geschichte anzuerkennen, so wie sie uns überliefert ist, mit dem Vorbehalt, alle Einzelheiten, die uns heute allzu unglaubhaft erscheinen, als Verfälschung oder Zutat zu erklären. Vor allem sei man nicht verpflichtet, die Schöpfungsgeschichte im ersten Kapitel der Genesis buchstäblich als eine Folge historischer Ereignisse zu verstehen.

Die neue Chronologie

Die Radikalen repräsentierten aber nur einen Flügel der christlichen Theologie. Das frühe Christentum war ja viel stärker in den Kreisen einfacher Menschen mit begrenztem Horizont verbreitet als unter den Intellektuellen, und komplizierte theologische Erörterungen konnten diese schlichten Gläubigen kaum berühren. Sie trugen keine Bedenken, das Alte Testament als maßgebliche Chronik der Weltgeschichte von ihrem ersten Tag an hinzunehmen.

20 Origenes, Contra Celsum, 1, 42, 9–16.

Etwa um das Jahr 300 ist der historische Rahmen des christlichen Schauspiels von der Weltentstehung festgelegt worden und hat sich in dieser Form über 1500 Jahre lang erhalten. Auf dem Konzil zu Nikäa, das im Jahr 325 von Kaiser Konstantin einberufen worden war, um die offizielle Lehre der neuformulierten Religion festzulegen, führte Eusebios von Cäsarea bei der Eröffnung den Vorsitz. Der politisch einflußreiche Bischof und Kirchenhistoriker verstand, ungeachtet seiner Bindungen als Christ, historische Quellen kritisch zu benutzen. Sein ›Chronikon‹ und seine Kirchengeschichte enthalten eine Fülle gelehrter Schlußfolgerungen und Anspielungen.

Das ›Chronikon‹ ist eine umfassende Weltgeschichte, in der er die grundlegenden Dokumente aller Geschichtsdarstellungen der verschiedenen antiken Kulturen verwertete und ihre Datierungssysteme in einem vergleichenden Zeitschema darstellte. (Damit hatte er eine Methode geschaffen, die später noch oft angewendet wurde; vierzehn Jahrhunderte später benutzte Newton dasselbe Schema in seiner ›Chronology of the Ancient Kingdoms Amended‹.) Der erste, das Quellenmaterial enthaltende Teil von Eusebios' Werk ging bald verloren und wurde erst im 20. Jahrhundert in einer armenischen Übersetzung wieder entdeckt. Die beigefügten Zeittafeln dagegen wurden bis ins Mittelalter hinein von einer Generation zur anderen weitergegeben, und mit gutem Grund, denn sie sind eine so detaillierte, kritische und gewissenhafte vergleichende Geschichte, wie es sie bis dahin noch nicht gegeben hatte. Eusebios bewies damit, daß die traditionellen jüdischen Chroniken ebenso glaubwürdig waren wie alle anderen, die mit ihnen rivalisierten, und wenn ein Christ vor die Wahl gestellt würde, dann könnte er sie ohne weiteres als Grundlage seines eigenen Zeitschemas verwenden. Eusebios begann seine Chronologie mit Abraham und umging damit geschickt die schwierigen, durch die Genesis entstandenen Probleme. Diese Auslassung wurde von seinem lateinischen Übersetzer Hieronymus wieder wettgemacht, der von Adam bis zur Sintflut 2242 Jahre rechnete und 942 Jahre von der Sintflut bis zu Abraham; später änderte er die Zahlen in 1656 und 292. Durch diese Chronologie einschließlich der Zusätze war nun ein numerisches Zeitschema geschaffen, auf dem die Historiker der westlichen Welt von jetzt an ihr Datierungssystem aufbauen konnten.

Aber, wie es so oft geschieht, die schlichteren Gemüter fanden ihre Erleuchtung woanders. Die vereinfachte, während des Mittelalters volkstümliche Version der kosmischen Geschichte ging auf ein Werk noch vor Eusebios zurück, nämlich auf die ›Chronographia‹ des

Julius Africanus. Dieser übernahm aus der jüdischen Literatur die Idee eines ›Millenniums‹ – das tausendjährige Reich des Messias, von dem die Prophezeiung sagte, daß es die Weltgeschichte beenden würde –, und benutzte es als symbolischen Schlüssel zur Interpretation der alttestamentlichen Chronologie. Danach entsprach die gesamte Geschichte einer kosmischen Woche, in der ein einzelner Tag tausend Jahre währte. (Die Begründung dafür fand er im Psalm 90, Vers 4: ›Denn tausend Jahre sind vor dir wie der gestrige Tag‹.) Die ersten sechs Tage der gegenwärtigen Ordnung erstreckten sich demnach über einen Zeitraum von der Schöpfung bis zur Wiederkunft Christi, die den letzten Tag bzw. das letzte Jahrtausend einleiten würde. Um dieses Zeitschema präzis festzulegen, brauchte man sich nur zu entscheiden, wie viele kosmische Tage von der Schöpfung bis zur Geburt Christi vergangen waren. Julius nahm einen Zeitraum von fünfeinhalb Tagen (5500 Jahre) an, was bedeutete, daß mit der Wiederkunft Christi im Jahr 500 zu rechnen war. Obgleich das Jahr 500 herankam und ohne ein Zeichen des beginnenden letzten Millenniums vorüberging, hat das 6000-Jahre-Schema mit einigen Veränderungen doch bis zur Reformation die Zeiten überdauert und wurde von den meisten strengen Protestanten, Luther mit eingeschlossen, fraglos anerkannt.

Jedoch entsprach diese wörtliche Auslegung im Sinne eines *irdischen* Millenniums dem orthodoxen Glauben niemals ganz. Das geht aus Augustinus' berühmter Abhandlung ›Der Gottesstaat‹ hervor, die er im Jahre 415 begann. Augustinus' Gedankengang bewegte sich auf zwei Ebenen. Er setzte die gegenwärtige zeitliche Ordnung auf der Erde in entschiedenen Gegensatz zu Gottes ewiger Ordnung im Himmel. Was die Geschichte der Erde betraf, so erkannte er nur die Autorität der Bibel an und lehnte die heidnischen Chroniken überall da ab, wo sie der Bibel widersprachen; und er leugnete ebenso, daß die Verkündigung des neuen Jerusalems gleichbedeutend sei mit dem Versprechen eines irdischen Paradieses. Die Wiederkunft Christi als ein noch in der Zukunft liegendes historisches Ereignis zu betrachten, das ein Zeitalter des Friedens, des Überflusses und der Freude einleiten würde, war ihm viel zu materialistisch gedacht. Im Gegenteil, die in der Offenbarung Johannis verkündete neue künftige Welt war die Allegorie für eine neue Welt im Himmel. Deshalb sollte man den prophetischen Hinweis auf ein ›Millennium‹ nicht wörtlich verstehen, sondern die ›tausend Jahre‹ der Offenbarung so auslegen, wie es Philo mit den sechs Tagen der Schöpfungsgeschichte in der Genesis getan hatte:

Darum, wenn bisweilen schon die Hundert zur Bezeichnung einer Gesamtheit dient, ... so wird erst recht die Tausend in diesem Sinne gebraucht; denn erst mit ihr gewinnt dies Quadrat der Zehn Körperlichkeit. So versteht man am besten auch jenes Psalmwort: ›Er gedenkt ewiglich seines Bundes, des Wortes, das er verheißen hat auf tausend Geschlechter.‹ Hier bedeutet ›tausend Geschlechter‹ soviel wie ›alle‹.[21]

Von nun an war es die Aufgabe der christlichen Gelehrten, die biblischen Allegorien zu erklären und ihre umfangreiche und schwer verständliche Botschaft den Ungelehrten deutlich zu machen. Bei dieser Exegese durfte man nicht annehmen, alles sei wirklich so gemeint, wie es bei oberflächlicher Betrachtung gemeint schien. Tiere, Pflanzen, Planeten, Edelsteine, geometrische Figuren, Zahlenverhältnisse – alles hatte eine versteckte Bedeutung, und jeder, der die Bibel ernsthaft studierte, mußte sich bemühen, diese Bedeutung aufzuzeigen. Jedes Hilfsmittel, diese Aufgabe zu lösen, war gerechtfertigt, auch die vorher so verachtete Gelehrsamkeit der Heiden. Auf diese Weise erhielten endlich die griechische, mesopotamische und ägyptische Wissenschaft und Philosophie ihren Platz im christlichen Denken. Natürlich war es nur ein untergeordneter Platz. Bis etwa zum Jahr 1000 war die Philosophie ganz offensichtlich nur der Handlanger für die Theologie, und die Naturwissenschaft hatte kaum eine andere Aufgabe als die, den Auslegungen der Bibel dienstbar zu sein.

Immerhin, die neue Toleranz gegenüber Wissenschaft und Philosophie lohnte sich. Da alles Wissen von der Natur nun einem würdigen Zweck dienen konnte, waren die Astronomie und Zoologie für den Christen auch kein Stein des Anstoßes mehr auf seinem Weg zum Heil. Aber das nützte den Möchtegern-Wissenschaftlern nicht viel, denn Beobachtungen wurden nur dann als interessant akzeptiert, wenn sie neues Licht auf die Lehre der Kirche warfen. So findet man zum Beispiel in mittelalterlichen Bestiarien Theologie und Naturgeschichte miteinander vermengt:

Die Ameise hat drei Besonderheiten. Die erste ist, daß diese Tiere in einer Linie hintereinander laufen und jede von ihnen ein Korn im Munde trägt. Ihre Kameraden sagen zu denen, die die Last tragen, nicht ›Gebt uns eure Körner‹, sondern sie gehen an der Spur der anderen entlang bis zu dem Platz, wo diese die Körner gefunden haben, und tragen ihr eigenes Korn zurück zum Nest.

21 Augustinus, Der Gottesstaat, 20. Buch, Das Jüngste Gericht, 7. Kapitel, Übers. von Wilhelm Thimme, Zürich 1955.

Ihr seht, daß bloße Worte kein Zeichen für Sparsamkeit sind. Sparsame Leute, wie die Ameisen, begeben sich selbst zu dem Platz, wo sie ihren Lohn finden werden.

Die zweite Besonderheit ist die: wenn eine Ameise Samenkörner im Nest anhäuft, teilt sie sie in zwei Teile, damit sie im Winter nicht vom Regen naß werden und anfangen zu keimen, so daß die Ameise Hungers sterben muß.

O Mensch, teile auch du die Worte der Bibel, das heißt, unterscheide zwischen geistiger und sinnlicher Bedeutung, damit nicht der Buchstabe des Gesetzes dein Tod werde. Es ist so, wie der Apostel sagt: »Der Buchstabe tötet, aber der Geist macht lebendig.« Die Juden, die sich nur an den Buchstaben gehalten und die geistige Bedeutung verachtet haben, sind vor Hunger gestorben.

Die dritte Besonderheit ist die, daß zur Zeit der Ernte die Ameise durch die Felder läuft und mit dem Mund den Halm befühlt, um festzustellen, ob es Gerste oder Weizen ist. Ist es Gerste, geht sie zu einem anderen Halm und befühlt diesen, und wenn sie feststellt, daß es Weizen ist, so kriecht sie den Halm hinauf, holt sich dort ein Korn und bringt es zu ihrer Wohnung. Denn Gerste ist als Nahrung nur für größere Tiere geeignet.

Darum hat Hiob gesagt: »Statt Weizen hat sie den Menschen Gerste gegeben«, nämlich die Lehre der Ketzer. Denn alles, was die Seele der Menschen vernichtet und tötet, ist wie Gerste und nur dazu da, weit weggeworfen zu werden. O Christ, fliehe alle Ketzer, deren Lehren falsch und der Wahrheit feind sind.

Augustinus' Nachfolger waren allzu sehr von den Allegorien in Anspruch genommen, als daß sie sich viel mit den philosophischen Problemen von Kosmologie und Geschichte hätten beschäftigen wollen; sie wichen ihnen sogar aus. Tatsächlich gerieten in diesen Jahrhunderten die Werke, ja selbst die Namen vieler griechischer Philosophen in Vergessenheit. Platos ›Timaios‹ entging diesem Schicksal, da er offensichtlich manches von der christlichen Lehre vorwegnahm. (Augustinus warf allen Ernstes die Frage auf, ob Plato das Alte Testament gekannt haben könnte.) Aber ein Teil von Aristoteles' Schriften verschwand oder blieb bis nach 1100 ungelesen. Dies geschah nicht aus Böswilligkeit, denn um 500 waren die ärgsten antigriechischen Aufstände vorüber. Der Grund war einfach der, daß die Christen mit den alten Fragen nichts anzufangen wußten. Angesichts der göttlichen Autorität der biblischen Geschichte gaben sich die meisten europäischen Gelehrten damit zufrieden, die Zeitspanne von 6000 Jahren für bare Münze zu nehmen. Warum auch nicht – sie hatten schließlich nichts anderes dagegenzusetzen.

In einem Teil der Welt allerdings war das Interesse an wissenschaftlichen und historischen Fragen lebendig geblieben. In Bagdad zum Beispiel beschäftigten sich mohammedanische Gelehrte – vor allem Al-Kindi, Al-Farabi und Avicenna – mit den griechischen Arbeiten über Zeit und Ewigkeit, Ursprung und Aufbau des Himmels und die Bildung der Erde. Dabei sahen sie sich sofort den Problemen gegenüber, die für die christlichen Theologen erst nach 1100 interessant wurden. Das Problem der Zeit war für Mohammedaner ebenso schwierig wie für Christen des Mittelalters, weil beide einem Glauben verpflichtet waren, nach dem die Welt Gottes Schöpfung ist. Ehe Aristoteles' Philosophie mit dem Islam verschmolzen werden konnte, mußte ein Weg gefunden werden, seine Schlußfolgerung zu umgehen, die Welt könne nicht in irgendeinem Augenblick in der Zeit geschaffen worden sein. Die Aufgabe war nicht einfach. Al-Kindi leugnete, daß vergangene Zeit unbegrenzt sein könne, aber er fand auch keine andere Begründung als die, daß es von einem göttlichen Willensakt abhing, in welchem Augenblick die Welt begann; ohne Zweifel stand es Gott frei, die Welt zu erschaffen, wann immer er wollte.

Avicenna lehnte diese Annahme ab, da sie allzu unbestimmt sei. Gott muß immer einen Grund haben zu handeln, und kein bestimmter Augenblick in der ereignislosen Geschichte einer ursprünglichen Lehre konnte mehr oder minder ›passend‹ für die Schöpfung sein als irgendein anderer. Gottes Wahl hatte man sich sicher nicht so vorzustellen. Man kam der Sache näher, wenn man etwas eingehender darüber nachdachte, was es bedeutete, Gott den ›Schöpfer‹ zu nennen. An diesem Punkt wandte sich Avicenna in eine Richtung, die dreihundert Jahre später auch Thomas von Aquin einschlug. Der Grundirrtum war der, zu denken, Gott habe die Welt ›von außen‹ geschaffen, so wie ein Töpfer ein Gefäß formt. Weder Christen noch Mohammedaner waren gezwungen, die göttliche Schöpfung so naiv zu erklären. Die Formulierung, Gott habe die Welt ›erschaffen‹, war ganz gewiß mehr als eine Allegorie, aber wenn man sie mit den menschlichen Vorstellungen von der Schöpfung verglich, dann war sie allenfalls eine Analogie. Sicher hatte die materielle Welt einen zeitlichen Anfang, aber das war nicht der springende Punkt; die Bedeutung der Schöpfung lag vielmehr in der fortdauernden Abhängigkeit von Gott. Ohne Gott hörte die Welt auf zu existieren.

Auf diese Weise wurden auch die rationalsten Argumente der griechischen Philosophen nach und nach in ein allumfassendes System theologischer Symbole und Analogien einbezogen.

Doch die theologischen Fragen waren bei den mohammedanischen Philosophen nie die entscheidenden Fragen, jedenfalls nicht bis zum 12. Jahrhundert. In wenig mehr als hundert Jahren hatten die Mohammedaner, ohne auf große Hindernisse zu stoßen, durch ihre Eroberungen den Islam bis zum Atlantik und bis an die indische Grenze verbreitet. Gerade die Schnelligkeit dieser Ausbreitung schuf eine Atmosphäre des Vertrauens, die sich auch auf geistigem Gebiet auswirkte. In der großen Zeit islamischer Wissenschaft und Philosophie ist kaum etwas von dem defensiven Konservatismus zu finden, mit dem Augustin auf die Plünderung Roms reagierte. Angesichts der ungefährdeten Pracht von Bagdad und Samarkand förderten die mohammedanischen Herrscher Wissenschaft und Gelehrsamkeit in liberalem Geiste, und den mohammedanischen Gelehrten war für ihre Wißbegierde und Einbildungskraft relativ viel Freiheit gegeben. Alle guten Muslims beschäftigten sich natürlich vor allem mit der Interpretation des Korans, aber das war kein Grund, andere Wissenschaften der Theologie unterzuordnen. So konnten sich die arabischen Ärzte, Astronomen und Chemiker auf der von den Griechen geschaffenen geistigen Grundlage eigene neue und dauerhafte Denkgebäude errichten. Sogar in der Naturgeschichte kamen die mohammedanischen Wissenschaftler weiter voran als ihre Vorläufer. Um 1000 versuchte Avicenna bereits eine Hypothese über den Ursprung von Gebirgszügen, die noch achthundert Jahre später in der christlichen Welt als geradezu radikal angesehen wurde.

Gebirge können auf zwei verschiedene Ursachen zurückgeführt werden. Entweder sind sie durch Hebungen der Erdkruste entstanden, wie es bei einem heftigen Erdbeben vorkommen kann, oder sie gehen auf die Wirkung von Wasser zurück, das, um sich einen neuen Weg zu bahnen, die Täler ausgenagt hat; die freigelegten Erdschichten sind von verschiedener Art, einige weich, andere hart. Die meisten Bodenerhöhungen der Erde sind durch die zweite Ursache zu erklären. Es dauerte sehr lange Zeit, bis alle diese Wandlungen vollendet waren, und unterdessen mögen die Berge etwas an Höhe eingebüßt haben. Aber daß Wasser die Hauptursache gewesen ist, beweist das Vorhandensein fossiler Überreste von Wasser- und anderen Tieren auf vielen Bergen.

In seiner eigenen Zeit schloß sich niemand Avicennas Einsicht an, und das wirkliche Alter der Erde blieb nach wie vor unerforscht.

Das allegorische Weltbild des Mittelalters

Im 11. Jahrhundert brach für die christliche westliche Welt eine Zeit größerer geistiger Freiheit und Zuversicht an. Konstantinopel, seit dem 4. Jahrhundert n. Chr. das politische Zentrum des östlichen Römischen Reiches, war zwar noch immer weit größer und reicher als London oder Paris oder sogar Rom, aber es begann jetzt die Last der wiederholten Kriege gegen die Slawen im Norden und die Araber im Osten zu spüren. Die Araber wiederum wurden, während sie in Europa mehrere Niederlagen erlitten, von den Mongolen angegriffen. Die Zerstörung von Bagdad 1258, der auch das antike mesopotamische Bewässerungssystem zum Opfer fiel, bedeutete für die nahöstliche Kultur einen Schlag, von dem sie sich nie mehr ganz erholte. Nach den Mongolen kamen die Türken, die den Arabern alle eroberten Gebiete bis an die marokkanische Grenze abnahmen und dem byzantinischen Reich Konstantins vollends den Todesstoß versetzten. Den westeuropäischen Ländern dagegen war es gelungen, dem Islam zunächst Einhalt zu gebieten und ihn dann langsam zurückzudrängen. Aus den kümmerlichen westlichen Provinzen des von Barbaren überrannten Römischen Reiches wurden souveräne Mächte, die stetig an wirtschaftlicher Kraft und politischem Einfluß gewannen, und an den jungen Universitäten von Paris, Bologna und London wuchs eine neue Generation von Gelehrten heran.

In den Köpfen dieser Männer nahm jetzt eine neue Anschauung von der Natur Gestalt an, die wir gemeinhin das ›mittelalterliche Weltbild‹ nennen. Sie räumte den wissenschaftlichen und philosophischen Problemen einen viel bedeutenderen Platz ein, als Augustinus es je getan hatte. Mitte des 13. Jahrhunderts konnten Thomas von Aquin und Albertus Magnus es tatsächlich wagen, Aristoteles zu einem guten Christen zu machen – mit derselben Entschlossenheit, mit der Al-Kindi und Avicenna einst seine Philosophie in den Islam eingebaut hatten. Und doch hat die mittelalterliche Naturanschauung ihren aus dem frühen Christentum überkommenen allegorischen Charakter niemals ganz verloren. Zwar galt dieses Bild mangels besseren Wissens als absolut wahres Bild, aber sein eigentlicher Wert oder seine eigentliche Bedeutung lag nicht in der buchstäblichen Wahrheit. Man erfährt aus einer Dichtung wie Dantes ›Göttlicher Komödie‹ mehr über das mittelalterliche Weltbild als aus jeder zeitgenössischen Prosa-Abhandlung. Wenngleich die Tatsachen in der Natur nun schließlich einen Eigenwert erlangten, so behielten sie doch ihren religiösen Symbolwert, der auch jetzt noch höher eingeschätzt wurde. Der Hang, in den einfachsten und harmlosesten Vorgängen eine versteckte geistige Bedeutung zu suchen, war tief eingewurzelt und machte die ganze Natur zum Gegenstand allegorischer Auslegung.

Hatten die frühen Kirchenväter noch versucht, die Theorie von der scheibenförmigen Gestalt der Erde in die christliche Lehre einzubeziehen, so gaben die mittelalterlichen Philosophen dies jetzt auf und übernahmen stattdessen von den antiken Astronomen die Theorie, daß der Himmel einige sechzig konzentrische durchsichtige Sphären umfasse, deren Mittelpunkt die Erde sei; das gesamte System werde von einer Sphäre aus Fixsternen umschlossen und habe einen Durchmesser von etwa 150 Kilometern. Doch sie stimmten dieser Hypothese nicht deshalb zu, weil sie wissenschaftlich fundiert war, das heißt: weil sie den Beobachtungen am wenigsten widersprach. (Die seit Ptolemäus ungelöst gebliebenen geistigen Schwierigkeiten machten den Fachastronomen bis zum Auftreten von Kopernikus noch viel zu schaffen.) Ebenso wichtig und häufig sogar noch wichtiger war die Art, in der die astronomische Raumvorstellung die Grade der Vervollkommnung von ›irdischen‹ und ›himmlischen‹ Dingen symbolisierte. Natürlich lehnten Christen die Verehrung von Sterngottheiten, wie sie im alten Orient üblich gewesen war, ab, aber die poetischen Werte der Astralreligionen gingen doch zum Teil ins Christentum ein und wurden noch durch Aristoteles' Theorie von der ›Quintessenz‹ bekräftigt, das heißt von der unvergänglichen Substanz des Himmels, der fünften Wesenheit, die frei ist von Wandel und Verfall, dem alles Irdische unterworfen ist. Zu Dantes Zeit war die astronomische ›Serie‹ kristalliner Sphären zum Symbol der allmählichen Vervollkommnung geworden. Die irdischen Dinge standen am ›tiefsten‹, sowohl örtlich als auch ihrem Wert nach. Der Weg ›aufwärts‹ durch die Sphären von Mond, Sonne und Planeten bis zu den äußeren Himmeln stellte den Weg von der Verderbtheit zur Vollkommenheit dar. Der äußere Raum war ein weit, weit besserer Platz als jeder andere auf der Erde, und die höchste Glückseligkeit wurde im ›siebenten Himmel‹ erreicht. (Diese mittelalterliche Wertskala hat sich bis in die Metaphern und Redewendungen des 20. Jahrhunderts ausgewirkt.)

In ähnlicher Weise wurde Aristoteles' Zoologie neu interpretiert. Er hatte die Schwierigkeit erkannt, die verschiedenen Arten von Lebewesen in klar voneinander geschiedene Gruppen einzuteilen, und hatte aus ihrer ununterbrochenen Folge geschlossen, daß die einzelnen Abschnitte in der Stufenleiter der Natur unendlich klein sein müssen. Seine Nachfolger verallgemeinerten diese Beobachtung zum ›Prinzip der Vollkommenheit‹, nach dem die Aufeinanderfolge der Naturformen nicht wahrnehmbar beständig, sondern absolut beständig sei. Eine einzige Stufenleiter von Wesen reichte vom niedrigsten, formlosen Geschöpf bis zum höchsten und kompliziertesten. Aber, wie schon gesagt, jede anfänglich wissenschaftlich begründete Beziehung wurde schließlich zu einem Bild umgedeutet, das eine tiefere geistige Wahrheit ver- oder enthüllte. Aristoteles' Stufenleiter der Natur verwandelte sich zu einer Hierarchie, die fortlaufende Folge der Lebewesen wurde zu einer ›Befehlskette‹. Die komplizierteren Geschöpfe waren nicht nur in zoologischem Sinne ›höher‹, sondern auch im Sinne einer göttlichen Führung der Welt, sie herrschten über die ›niederen‹ Geschöpfe, sie waren deren ›Vorgesetzte‹, ihnen war Autorität verliehen. Menschliche Wesen hatten ein ›göttliches Recht‹, Tiere zu zähmen oder zu schlachten; die höheren Tiere durften die niederen unterdrücken und so fort die gesamte Stufenleiter hinab. Außerdem erstreckte sich nun die Leiter auch nach oben, in einer Weise, die Aristoteles nie in Erwägung gezogen hatte, nämlich über den Menschen hinaus durch eine ganze Reihe verschiedener geistiger Wesen bis zum Göttlichen an der höchsten Spitze. An diesem Punkt blieb die Zoologie natürlich weit zurück. Das Wichtigste in Aristoteles' Lehre war nun ihr ethischer Gehalt. Der Allmächtige war nicht nur der Schöpfer der Welt, sondern auch ihr Oberstkommandierender, und der dem Menschen zugewiesene Platz ordnete ihn Gott und den Engeln unter, gab ihm aber ebenso auch Herrschergewalt über die niedere Schöpfung.

Die beiden Elemente des mittelalterlichen Weltbildes paßten haargenau zusammen. Die in dem geozentrischen System der Astronomie symbolisierte Skala der Vervollkommnung fügte sich glücklich in die religiöse, auf der Stufenleiter der Natur beruhende Hierarchie ein. Pflanzen wurzelten in der unbelebten Erde, Würmer und Schlangen bewegten sich auf ihrer Oberfläche, Vierfüßer erhoben sich ein wenig über sie, und die aufrechte Haltung des Menschen symbolisierte sein einzig dastehendes geistiges Streben zu höheren, himmlischen Dingen. Der Raum zwischen der Mondsphäre und den äußeren Himmeln war von der höheren Hierarchie der geistigen Wesen erfüllt, den immateriellen, unsichtbaren Mächten, Engeln und Erzengeln. Es dauerte nicht lange, bis sie mit den ›Geistern‹ identifiziert wurden, die Al-Farabi als Triebkräfte der Planetensphären angenommen hatte.

Auch andere, aus Alexandria übernommene Ideen fügten sich

ganz natürlich in dieses Bild, so wie die Teile eines Puzzlespiels ineinanderpassen. Philosophen der Spätantike hatten die vertraute Wechselwirkung zwischen Himmel und Erde zur Grundlage eines ganzen Systems von Verbindungen gemacht; jeder himmlische Körper wurde mit bestimmten Pflanzen, Tieren, Edelsteinen, Mineralien, Körperteilen usw. in Zusammenhang gebracht. Alle die Zwischenbeziehungen, die die Stoiker als Bindeglieder in einem deterministischen Gefüge erklärt hatten, wurden jetzt zu Verbindungskanälen der göttlichen Macht umgedeutet. Wie eine große Quelle unsichtbarer Kraft lenkte die Gottheit auf den durch diese Verbindungen hergestellten ›Leitwegen‹ ihren Einfluß vom äußersten Himmel direkt auf die Erde hinab. Alles in der größeren Welt des Himmels (Makrokosmos) hatte sein Gegenstück in der kleineren Welt der Erde (Mikrokosmos). Die verschiedenen Metalle und Pflanzen, die Glieder und Organe, aus denen sich der Mensch und seine Umwelt aufbaute, wirkten alle unter der Schutzherrschaft und in Harmonie mit ihren symbolischen Gegenstücken im Himmel. Es war nur noch ein kurzer Schritt nötig, um die gesamte Astrologie und Alchimie in das orthodoxe mittelalterliche Bild von der Natur einzugliedern. Dieser Schritt wurde aber nie getan, und während des ganzen Mittelalters standen solche Bestrebungen unter dem Verdacht der Ketzerei. Aber die Einwände gegen die Astrologie und Alchimie richteten sich nicht gegen ihre Vorstellungen an sich. Denn der Glaube an die Wechselwirkung zwischen irdischer und himmlischer Welt, von dem diese Vorstellungen ausgingen, war für das orthodoxe mittelalterliche Denken ja auch wichtig. Es waren vielmehr die Ziele der beiden Wissensgebiete, die Mißtrauen erregten. Sie galten als im höchsten Grade vermessen. Der Astrologe suchte Dinge vorauszusagen, die Gott allein vorhersehen konnte, und der Alchimist strebte nach einer Macht über die Natur, die ebenfalls der Gottheit vorbehalten war.

Folgen wir der mittelalterlichen Allegorie noch ein Stück weiter. Die Stoiker hielten die materielle Substanz des Himmels für noch ›geistiger‹ und ›ätherischer‹ als die Substanz der Erde und der irdischen Dinge. Auch dieser Gegensatz ging in die mittelalterliche Vorstellungswelt ein. Allerdings hatten sich im Altertum die Stoiker damit direkt gegen Aristoteles' absolute Trennung zwischen der ›Quintessenz‹ des Himmels und den vier irdischen Elementen gewandt, denn für sie war der Unterschied zwischen der Materie der Erde und der des Himmels nur ein Gradunterschied. Aber dieser Widerspruch hinderte die Allegoristen nicht, in beiden Lehren geistige Wahrheiten zu entdecken. Die jeweils reinere und geistigere Substanz jeder himmlischen Sphäre spiegelte eine feinere und fähigere ›Geistigkeit‹ wider, die ihren Höhepunkt in der Vollkommenheit des göttlichen Geistes erreichte.

Auf diese Weise wurden Teile der antiken Wissenschaft und Philosophie zusammengebaut und zu einem einzigen symbolischen Weltbild verbunden. Vor seinem Hintergrund werden die geistigen Bemühungen der mittelalterlichen Gelehrten verständlich. Ihr Hauptproblem betraf die Beziehung zwischen dem göttlichen Geist und dem Geist einzelner Menschen. Die Welt war ein Organismus, dessen fortdauernde Existenz vom göttlichen Handeln getragen wurde. Einen Maßstab für Wert und Gültigkeit menschlichen Wissens konnte man nur finden, indem man es auf die Quelle allen Geistes zurückführte. Das war der Ausgangspunkt für viele metaphysischen Erörterungen, wirkte aber auch als beiläufiges Stimulans für die Physik. Viele an diesen Erörterungen beteiligte Gelehrte erkannten, daß der Gesichtssinn unser wichtigstes Mittel ist, Wissen zu erlangen, und betrachteten deshalb das Licht als das geistige Band, das den menschlichen Geist mit seinem göttlichen Ursprung verknüpfte.

Jeder Aspekt des Lichtes hatte seine symbolischen Entsprechungen, und die Optik war daher dasjenige Gebiet der Physik, auf dem die mittelalterlichen Gelehrten die originellsten Experimente durchführten. Immer wieder wurden sie vom Problem des Regenbogens angezogen, einer Erscheinung, die zu allen Zeiten symbolische Bedeutung hatte. Geistige Macht zum Beispiel, so glaubte man, verlieh ihrem Träger einen besonderen ›Strahlenglanz‹, den er durch das ›Licht seines Antlitzes‹ auf andere übertragen konnte, so daß er manchmal als Gloriole um seinen Kopf zu leuchten schien. Die Sonne, die nicht nur die Erde, sondern auch unseren Geist erhellt, hatte für den Christen des Mittelalters kaum weniger Bedeutung als für die Menschen früherer Zeiten. Sie war natürlich kein Gott mehr, aber auf jeden Fall die Quelle göttlichen Lichts. Franz von Assisi, obzwar kein Metaphysiker, pries in seinem ›Sonnengesang‹ die Sonne als das erste von Gottes Geschöpfen:

Laudato sie, mi Signore, cun tutte le tue creature
spetialmente messor lo frate Sole
lo qual è iorno, ed allumini noi per loi.
Ed ello è bello e radiante cun grande splendore
de te, Altissimo, porta significatione.

Gelobt seist du, mein Herr, mit allen deinen Geschöpfen,
vornehmlich mit der edlen Herrin, Schwester Sonne,
die uns den Tag schenkt durch ihr Licht.
Und schön ist sie und strahlend in großem Glanze,
dein Sinnbild, Höchster![22]

So stellten sich also die Gelehrten im mittelalterlichen Europa die Welt vor. In der Hauptsache sollte dieses Bild als Allegorie für die göttliche Schöpfung dienen, weniger als exakte Schlußfolgerung aus wissenschaftlichen Beobachtungen, aber es wurde doch als getreue Beschreibung der Natur akzeptiert. Ob nun Allegorie oder nicht, auf jeden Fall hatten sich die mittelalterlichen Gelehrten mit den Problemen auseinanderzusetzen, die sich ergaben, als Aristoteles' Wissenschaft theologischen Zwecken dienstbar gemacht wurde. Daß Gott die Welt erschaffen hatte, war ein Axiom. Aber, wie Avicenna sich bereits klargemacht hatte, es war nicht leicht, dieses Axiom mit Aristoteles' Lehren von der Zeit in Einklang zu bringen. Es machte den Theologen des mittelalterlichen Christentums schweres Kopfzerbrechen, eine orthodoxe Ansicht über die Schöpfung mit Aristoteles' Wissenschaft zu vereinigen.

Schließlich fand Thomas von Aquin eine Kompromißlösung. Sie bestand darin, daß man die Lehre von der Schöpfung mehr als Offenbarung als von der Vernunft her betrachtete. Aristoteles hatte ja nicht bewiesen, daß ein Anfang des Weltalls in der Zeit absolut unmöglich sei, er hatte nur gezeigt, daß die Vernunft *allein* einen solchen Anfang nicht beweisen konnte. Wenn dem so war, dann konnte aber die Vernunft allein auch nicht beweisen, daß ein Anfang *nicht* stattgefunden hatte. Es war also keine Frage der Logik, die mit der Vernunft beantwortet werden konnte, sondern die Sache mußte mit anderen Mitteln entschieden werden – und die Christen hatten denn auch das Glück, in der Genesis ein Buch zu besitzen, das ihnen Antwort gab.

Aber der Kompromiß forderte seinen Preis. Fragen der Offenbarung waren Fragen des Glaubens und entzogen sich der wissenschaftlichen oder philosophischen Erörterung. Diese Tatsache ist nicht immer in ihrer ganzen Tragweite erfaßt worden. Thomas von Aquin zum Beispiel stellte selbst fünf Beweise (oder ›viae‹) auf, mit deren Hilfe man die Natur Gottes verstehen konnte, und einer von ihnen schloß die Idee der Schöpfung mit ein. Der ›kosmologi-

22 Franz von Assisi, Il cantico di frate Sole, Übers. von Leutfrid Signer, Zürich o. J.

sche Beweis‹ besagte, daß die Welt, als Gottes Schöpfung, in ihrer Existenz absolut von ihm abhänge. Was aber war damit gewonnen? Auf den ersten Blick konnte er bedeuten: Die christliche Vorstellung von Gott besagt, daß Er die Welt zu irgendeiner Zeit ins Leben gerufen hat. In Wirklichkeit muß man aber ebenso genau interpretieren wie im Falle des ›Timaios‹ und Avicenna. Das einzige, was der kosmologische Beweis aussagt, ist die fortdauernde Abhängigkeit der Welt von Gott; und im Grunde läßt er alle Fragen über den Ursprung der Welt völlig offen. Für den orthodoxen Christen war die Tatsache, daß die Welt überhaupt existierte, schon Beweis genug für das fortdauernde Tun Gottes. Und ob die Welt zu einer bestimmten Zeit entstanden war oder von Ewigkeit her schon bestand – das konnte man nur auf Grund der göttlichen Offenbarung in der Heiligen Schrift feststellen.

Ernsthafte Theologen haben dieser Unterscheidung auch stets Rechnung getragen, aber in volkstümlichen Handbüchern ist die Grenze zwischen ›Gott – der Grund alles Seins‹ und ›Gott – der ursprüngliche Schöpfer aller Dinge‹ oft verwischt worden. Aber gerade dieser Schritt ist für unsere Untersuchung wichtig. Denn, philosophisch ausgedrückt, das Weltbild der mittelalterlichen Christenheit war kaum ›historischer‹ als das in Platos ›Timaios‹. Alles, was man über die ferne Vergangenheit des Kosmos erfahren konnte, war in der Heiligen Schrift enthalten, und für die Menschen um 1300 war es so unmöglich wie eh und je, die Zeitschranke zu überspringen. Die Gelehrten setzten sich damit auf ganz verschiedene Weise auseinander. Manche, wie Albertus Magnus und Vincent von Beauvais, spekulierten und theoretisierten weiterhin über Fragen der Zoologie und Geologie. Andere, wie Nikolaus von Cues, sahen größere Weisheit darin, die Grenzen der menschlichen Vernunft zu erkennen. Der Mensch war unfähig, sich vom Studium der begrenzten Dinge der Welt zu der Unbegrenztheit Gottes aufzuschwingen, und jeder Versuch, eine wissenschaftliche Kosmologie aufzubauen, mußte scheitern. Gott war der ›Treffpunkt der Gegensätze‹, Zentrum und Umkreis der Welt zugleich. Über seine allumfassende Gestalt konnten Menschen nichts Endgültiges aussagen, sondern nur in Symbolen sprechen.

Der Traum vom Tausendjährigen Reich

Doch inzwischen machten sich auch noch andere, nicht im Sinne der orthodoxen Theologie wirkende Kräfte bemerkbar. Die Theorien der gelehrten Doktoren waren zu kompliziert und ihre Schlußfolgerungen zu negativ, als daß sie den Bedürfnissen des Volkes hätten gerecht werden können. Deshalb erhielt sich, wenn auch oft im Verborgenen, neben der offiziellen katholischen Lehre, wie sie von Augustinus und Thomas formuliert und erläutert worden war, auch noch eine lebendigere und prophetische Auslegung der christlichen Botschaft. Jesu Wort vom kommenden Reich Gottes hatte schon immer Erwartungen einer unmittelbar bevorstehenden Umwandlung der gegenwärtigen Ordnung geweckt. (Die Plakate der Erweckungsprediger verkünden ja noch heute, das Ende der Welt stehe bevor.) Lange Zeit glaubten die Leute, das verheißene Reich der Heiligen werde noch zu ihren eigenen Lebzeiten errichtet. Besonders in Zeiten der Verfolgung breitete sich diese Zuversicht – oder auch verzweifelte Hoffnung – weit aus und ermutigte die Christen, sich für den nahen Kampf zu rüsten, in dem die Gläubigen belohnt und ihre Verfolger vernichtet werden würden.

Zwei Faktoren sprachen gegen den Glauben an eine bevorstehende Apokalypse. Erstens hatte sich die Kirche eine starke Stellung innerhalb des Römischen Reiches erobert und damit bei ihren Würdenträgern revolutionäre Ideen unpopulär gemacht. Und zweitens hatte einfach die Zeit das Ihre getan, um die dramatische Spannung der ersten Jahrhunderte n. Chr. zu lösen und die zeitliche Perspektive, in der die Christen die Weltgeschichte sahen, nach und nach zu vergrößern. Aber trotzdem wurde der Traum von einem neuen tausendjährigen Zeitalter vollkommener Gerechtigkeit nicht ganz zerstört, sondern hielt sich unter der Oberfläche als ständiger Einfluß auf die Fantasie des Volkes. Besonders hartnäckig erwies er sich in Böhmen, Deutschland und den Niederlanden. Während des ganzen Mittelalters tauchten immer wieder Wanderprediger auf, die den Zusammenbruch der bestehenden politischen Ordnung und den Beginn eines neuen Reiches prophezeiten, in dem den Gläubigen und Unterdrückten Gerechtigkeit widerfahren würde.

Auch die allgemeine Begeisterung für die Kreuzzüge hatte zum großen Teil hier ihre Wurzel. Unter den Tausenden, die ostwärts ins Heilige Land zogen, waren nicht nur ausgebildete, von europäischen Edelleuten angeführte Soldaten, sondern auch unorganisierte Scharen armer, landloser Bauern, arbeitsloses Stadtvolk und sogar

Kinder, und alle glaubten im Kampf gegen die Ungläubigen an der Wiederkehr Christi in einem neuen Jerusalem mitzuhelfen. Diese zerlumpten Horden, die den Fußstapfen Peters von Amiens und anderer folgten, waren nicht nur ihren eigenen nominellen Herrschern höchst unbequem, sondern auch den byzantinischen Würdenträgern in Konstantinopel. Ohne Zucht und Ordnung, Parasiten in den Ländern, durch die sie zogen, wirkten sie auf Außenstehende als anstößiger Pöbel, den es so schnell wie möglich loszuwerden oder zu beseitigen galt. Aber in ihren eigenen Augen waren sie Diener des Herrn,

fromme Lieder singend,
beim Zug ins verheißene Land.

Aber nur wenige erreichten Palästina, die meisten kamen unterwegs ums Leben. Manche wurden in ihrem Eifer, Jerusalem von den Ungläubigen zu befreien, enttäuscht und wandten ihren Groll gegen die Juden ihrer eigenen Länder. So entstand das Modell für die Unzufriedenheit der Massen, den Fanatismus, Antisemitismus und den Glauben an eine ›neue Ordnung‹, das bis ins 20. Jahrhundert weiterwirkte und im Nationalsozialismus Hitlers grausam mißbraucht wurde.

Die Besorgnis von Kirche und Staat gegenüber solchen Volksbewegungen war nicht unbegründet. Für die Benachteiligten im mittelalterlichen Europa hatte die ›Wiederkunft‹ dieselbe Anziehungskraft wie die ›Abschaffung des Staates‹ für den einfachen Marxisten. Ebenso wie man die ideologische Geschichte des Kommunismus nicht gänzlich von der politischen Geschichte seiner Zeit trennen kann, muß man die mittelalterliche Philosophie und Theologie vor dem Hintergrund politischer Spannung und Entspannung sehen. Als um 1200 die verschwundenen Werke von Aristoteles wieder auftauchten, wurden sie zunächst mit großer Skepsis aufgenommen, nicht wegen ihrer Neuheit, sondern wegen des unglücklichen Zusammentreffens mit der Erörterung über die ›amalrikanische‹ Häresie (nach Amalrich von Bène, einem Gelehrten der Pariser Universität). Auf einer Synode zur Untersuchung der Häresie wurde die Vermutung laut, die neuveröffentlichten Übersetzungen mit ihren Kommentaren von Averroes hätten die Häresie unterstützt, so daß im 13. Jahrhundert die Verbreitung der aristotelischen Werke lange Zeit verboten war.

Häufig wurden Prophezeiungen des Tausendjährigen Reiches von numerischen Beweisen untermauert, die an das System des Julius

Africanus erinnerten. Gegen Ende des 12. Jahrhunderts errechnete Joachim von Floris, daß die Wiederkunft etwa zwischen 1200 und 1260 zu erwarten sei. Denn zwischen Abraham und Christus lagen 42 Generationen, so daß man vielleicht nach wiederum 42 Generationen eine neue Ordnung erwarten konnte. Eine Zeitlang konzentrierten sich solche messianischen Hoffnungen auf Friedrich II., den jungen Enkel Friedrich Barbarossas, der 1190 auf dem 3. Kreuzzug gestorben war. Beide wurden zu legendären Gestalten. Jahrhunderte lang ging in Deutschland die Sage, Barbarossa sei gar nicht gestorben, sondern lebe im Verborgenen und werde einst zurückkehren, um verderbte Priester zu strafen und die Armen gegen die Reichen zu verteidigen. Solche Sagen regten die Phantasie des Volkes natürlich besonders in Notzeiten an, wie etwa 1348/49, als der ›Schwarze Tod‹ wütete. Manchmal setzten die Prophezeiungen das Datum für den Anbruch des Tausendjährigen Reiches mit erstaunlicher Genauigkeit fest. In Böhmen zum Beispiel glaubte man allgemein, die Städte und Dörfer der Ungläubigen würden vom 10. Februar 1420 an binnen fünf Tagen durch Feuer zerstört. Obwohl sich alle solche Erwartungen nie erfüllten, wurden sie dennoch nie aufgegeben, nur aufgeschoben. Noch im 16. Jahrhundert waren sie weit verbreitet, und die Reformation gab ihnen einen Auftrieb, den Luther selbst beklagte.

Als die wissenschaftliche Forschung und weltliche Gelehrsamkeit in Westeuropa einen neuen Aufschwung nahm, war also Augustinus' Lehre vom Gottesstaat nach wie vor weit von ihrer Verwirklichung entfernt. Doch noch immer waren die Hoffnungen, die das Konzil von Ephesos auszutilgen versucht hatte, lebendig, vor allem in denjenigen europäischen Ländern, die sich von der katholischen Kirche gelöst hatten, und die chronologische Arithmetik, auf die sich diese Ideen stützten, bewahrte sich ihren starken Einfluß auch auf das Denken des 17. Jahrhunderts. Selbst Augustinus hatte nicht vorausgesehen, daß die gegenwärtige Ordnung länger als tausend Jahre bestehen bleiben würde, und der Umfang des mittelalterlichen Zeitschemas blieb fast genauso gering wie der des Schemas von Julius Africanus. Es war schwierig, das Schema zu ändern. Alle auf menschlicher Beobachtung fußenden Mutmaßungen erschienen fadenscheinig gegenüber den kategorischen Angaben der Heiligen Schrift. Die menschliche Vernunft wog neben der göttlichen Autorität so leicht wie eine Feder, und solange das so blieb, konnte man wenig tun, das Ausmaß des Weltbildes zu vergrößern.

In den folgenden Kapiteln werden wir sehen, wie die herkömmliche Ansicht schließlich dem Zeugnis der Natur selbst gegenübergestellt wurde, und wie dann die engen Grenzen, in denen bis dahin die kosmische Geschichte gefangen war, zuerst gelockert und schließlich beseitigt wurden.

Wiederbelebung der Naturphilosophie

Es ist bei den Historikern üblich, das Ende des Mittelalters entweder mit der Einnahme Konstantinopels durch die Türken 1453 zu bezeichnen oder mit dem durch Luther ausgelösten Beginn der Reformation 1517. Aber solche historischen Meilensteine sind nie ganz exakt festzusetzen. Die Renaissance der Gelehrsamkeit war kein plötzliches Ereignis, sondern ein allmählicher Prozeß, dessen Ursprung bis ins 12. Jahrhundert zurückreicht. Wir dürfen uns deshalb nicht von dem volkstümlichen Bild einer völlig von der Theologie beherrschten mittelalterlichen Kultur irreführen lassen oder etwa glauben, sie sei im 16. Jahrhundert durch ein neues System fortschrittlichen, von rückständigen Autoritäten unangefochtenen Denkens ersetzt worden. Ein solches Bild der Renaissance war immer nur eine polemische Karikatur, im Jahre 1600 geschaffen und in Umlauf gesetzt von Francis Bacon und den anderen Verkündern einer weltlichen Gelehrsamkeit.

Noch im 16. und 17. Jahrhundert war, nachdem sich die Buchdruckerkunst in Europa durchgesetzt hatte (in China war sie schon seit mehreren Jahrhunderten in Gebrauch), eine ungeheure Beschleunigung geistiger Veränderungen zu beobachten. Die Ausbreitung der Gelehrsamkeit unter den Laien öffnete den antiken Klassikern neue Leserkreise, und die mühsame Methode, Handschriften abzuschreiben, reichte für den steigenden Bedarf nicht mehr aus. Umgekehrt förderte die Einführung gedruckter Bücher die geistige Regsamkeit von Leuten, die noch zwei Jahrhunderte früher kaum literarisches Interesse gezeigt hätten. So entstand eine lebhafte Wechselwirkung zwischen Buchdruck und weltlicher Gelehrsamkeit, die nun den doppelten Grundstein für ein neues Zeitalter legten und die europäische Kultur sogar noch nachhaltiger umformten als ihre beiden Gegenstücke des 20. Jahrhunderts es taten: die allgemeine Schulbildung und die ›Massenmedien‹.

Aber diese Wandlung der geistigen Situation beeinflußte die Naturgeschichte nur wenig. Weit davon entfernt, den Menschen zu der uns geläufigen dynamischen Vorstellung zu führen, schlug das neue Denken eine entgegengesetzte Richtung ein. Um 1730 war die Naturanschauung bei vielen westeuropäischen Wissenschaftlern womöglich noch statischer und starrer als im mittelalterlichen Europa, und das 6000-Jahre-Schema hatte kaum etwas von seiner Autorität eingebüßt. Als dann Darwin auftrat, hatte er sich weniger gegen die

Reste von Aberglauben aus der mittelalterlichen Religion durchzusetzen, als vielmehr gegen eine rivalisierende wissenschaftliche Theorie, deren Schöpfer und Vertreter im 17. und 18. Jahrhundert sich nicht wenig auf ihre Modernität zugute hielten.

Der Weltuntergang

Die Vorstellung von einer festgelegten Naturordnung, die in der Wissenschaft um 1700 eine so große Rolle spielte, war das Ergebnis zweier Faktoren, die sich wechselseitig stützten. Der eine war die noch immer fortdauernde Anerkennung des biblischen Zeitschemas, der andere die Übernahme der Mathematik nach dem Vorbild von Galilei und Descartes als Grundlage der Physik.

Tatsächlich hatte sich das biblische Zeitschema durch die Reformation zunächst noch stärker befestigt. Während des Hochmittelalters war die Bibel in ihrem genauen Wortlaut jedoch nur eine der beiden unangefochtenen, gleichermaßen wichtigen Autoritäten gewesen. Die zweite war die Tradition der Kirche; und ein Jahrtausend katholischer Lehre und allegorischer Interpretation hatten die Neigung, die Bibel allzu wörtlich auszulegen, verringert. Aber in den Augen der Reformatoren war diese kirchliche Tradition durch und durch verderbt, und sie suchten deshalb eine ältere und, wie sie glaubten, reinere christliche Tradition zu neuem Leben zu erwecken. Damit aber sahen sie sich, viel nachdrücklicher als die Katholiken je zuvor, auf den Wortlaut der Bibel verwiesen. Luther und seine Nachfolger betrachteten die ältesten Bücher der Bibel in einem Maße als autoritativ, wie es in früheren Jahrhunderten kaum geschehen war.

Dieser neue Fundamentalismus behandelte die Genesis als das grundlegende Lehrbuch der Kosmologie und Geologie. Von nun an sah man in der Sintflut die mächtigste einmalige Ursache geologischer Veränderungen. Luther drückte es so aus:

> Wie es also nach der Sintflut da Berge gibt, wo vorher Felder in lieblicher Ebene lagen, so ist es auch nicht zweifelhaft, daß es jetzt da Quellen gibt, wo es vorher keine gab und umgekehrt. Denn das gesamte Antlitz der Erde hat sich gewandelt.[23]

23 Genesis-Vorlesung von 1535 ff., Erlanger Ausgabe opera exegetica latina, vol. I, p. 123.

Durch die Sintflut war, mit allem anderen, das Paradies vernichtet worden, und die Verderbnis, die mit dem Sündenfall begonnen hatte, griff nun auch auf die unbelebte Welt über:

Damals war die Welt rein und unschuldig, weil der Mensch rein und unschuldig war. Jetzt beginnt auch die Welt anders zu sein ... Alles ist nach dem Sündenfall entstellt worden, so daß alle Kreatur, auch Sonne und Mond, gleichsam einen Sack umgetan haben, und alles, was vorher gut war, wurde schädlich durch den Sündenfall.[24]

Um 1500 hatte der Verfall der Natur seinen Höhepunkt erreicht. Luther nahm das Jahr 4000 v. Chr. als Zeitpunkt der Schöpfung an und glaubte, der Mensch befinde sich nun im 6. und letzten Zeitalter der Weltgeschichte – im Zeitalter des Papstes. Prinzipiell konnte dieses letzte Zeitalter bis zum Jahre 2000 dauern, aber der Verfall war so weit fortgeschritten, daß Gott eine solche äußerste Verderbnis sicher nicht noch weitere vier Jahrhunderte zulassen würde.

Der Welt Ende ist nahe ... Der jüngste Tag wird nicht weit sein, nicht über hundert Jahr.[25]

Obgleich nur wenige von Luthers Zeitgenossen im nördlichen Europa diesen extremen Pessimismus teilten, blieben die Anschauungen der Gebildeten davon doch nicht ganz unberührt. Jeder lebte in dem Glauben, die letzten Tage der Welt seien angebrochen, wenn auch über die Arithmetik der biblischen Chronologie keine Einmütigkeit herrschte. Luther nahm ein rundes Datum für die Schöpfung an, nämlich 4000 v. Chr., während andere sich auf die Jahre 4032, 4004, 3949 oder 3946 festgelegt hatten. Johann Kepler verglich das neutestamentliche Datum der Kreuzigung mit den errechneten Zyklen der Sonnenfinsternisse und fand in der Chronologie des christlichen Zeitalters eine Differenz von vier Jahren heraus. Danach mußte Christi Geburt um vier Jahre vorverlegt werden. Auf Grund dessen setzte der irische Erzbischof James Usher das Datum auf 4004 v. Chr. fest, das damit zum bindenden Ausgangspunkt der orthodoxen anglikanischen Chronologie wurde.

Die neuen astronomischen Entdeckungen der Zeit bestätigten den allgemeinen Pessimismus. Die von Tycho Brahe und Kepler 1572 und 1604 entdeckten Sterne galten als Beweis dafür, daß die Verderbnis von der Welt unter dem Mond bis in den Himmel hinauf

24 Ebenda, p. 112, bzw. p. 95 (erster Satz des Zitats).
25 Tischreden Nr. 2547 und 2553, Erlanger Ausgabe, Band 62, S. 23.

gedrungen war. Gott hatte die Sünden der Menschen am gesamten Weltall heimgesucht. Galileis Entdeckungen verstärkten diese Furcht. Sir Thomas Browne, ein vernünftig denkender Mann und auf seine Weise Wissenschaftler, bemerkte dazu:

Wenn wir Unverdorbenheit am Himmel suchen, werden wir feststellen, daß er wie die Erde ist; dauernd in seinen wichtigsten Körpern, wandelbar in seinen Teilen, wovon außer Kometen und neuen Sternen die Perspektive [Fernrohre] zu erzählen beginnen. Und die Flecken, die mit Phaetons Erlaubnis um die Sonne wandern, bestätigen es.

Noch nach 1630 stimmte Sir Thomas Browne Luthers düsteren Prophezeiungen zu, wenn er sie auch in eine Art resignierter Sehnsucht umwandelte:

Die Welt geht ihrem Ende entgegen ... Die letzte und allgemeine Krankheit wird sie vor 6000 ebenso vernichten wie mich vor 40. ... Es ist zu spät, um ehrgeizig zu sein. Die großen Veränderungen der Welt sind vorüber, und die Zeit ist zu kurz für unsere Pläne. ... Die Welt selbst ist im Abnehmen begriffen, und wir haben keine so trostreichen Prognosen für die nächste Zeit, denn es ist ein größerer Teil der Zeit abgelaufen als uns noch bevorsteht.

Trotzdem konnte er gerade in der Kürze der kosmischen Geschichte eine philosophische Beruhigung finden, die Luther nicht geteilt haben würde:

Der ist wohl der beste Richter der Zeit, der den 60. Teil von ihr durchlebt hat [das heißt: hundert Jahre]. In 60 oder 80 Jahren wird man die Welt zu schätzen wissen ... ein kurzer Abschnitt ihres gesamten Laufs.

Im frühen 17. Jahrhundert war es bei den englischen Philosophen ein Gemeinplatz, daß die Erde seit einem ursprünglichen, vollkommenen Zeitalter allmählich der Verderbnis anheimgefallen sei. Zwar sagte Milton, die Gebirge seien mit all ihren Klüften und Schluchten von Gott geschaffen, aber John Donne sah in ihren Spitzen und Schroffen nur ein weiteres Zeichen des allgemeinen Verfalls:

Hat unsre Erde denn noch Kugelform?
Hat nicht ein Riff, ein höh'rer Berg
sich hoch erhoben wie ein Fels,
so daß man denken möchte,
der Mond könnt' im Darübergleiten
dran stranden wie ein Schiff und sinken? ...

Sind sie nur Warzen, Pockennarben
im Antlitz dieser Erde?
Es mag wohl sein, und doch gesteh ich:
Verdorben ist hier die Gestalt der Welt.

Gegen diesen trüben Hintergrund müssen wir die neuen wissenschaftlichen Spekulationen des 17. Jahrhunderts betrachten. Wie wir noch sehen werden, hielt das alte, enge Zeitschema die ›neuen Philosophen‹ davon zurück, Fragen über die kosmische Geschichte zu stellen, und machte sie blind für die Bedeutung von Zeugnissen, die ihnen hätten helfen können, sich ein richtigeres Bild vom wirklichen Alter der Welt zu machen.

Descartes' mathematische Philosophie

Zwei Jahrhunderte vorher hatte Aristoteles in der Wissenschaft ein Ansehen gewonnen, wie man es in der Theologie nur mit dem von Augustinus vergleichen kann. Der Mensch stand der Natur mit einer Sicherheit gegenüber, die nur aus einer starken überkommenen Theorie erwachsen konnte. Aber als man jetzt die Anschauungen weiterer wiederentdeckter antiker Philosophen zu erörtern begann, wurde zum ersten Mal deutlich, wie wenig überzeugend die griechische Wissenschaft doch gewesen war. Gegenüber anderen theoretischen Prinzipien verlor Aristoteles' Wissenschaft ihre Anziehungs- und Überzeugungskraft. Der Mensch fand sich in einer ähnlichen Lage wie Sokrates, nämlich inmitten eines Gewirrs der verschiedensten Meinungen, von denen keine den Anspruch auf Richtigkeit erheben konnte. Er sah sich vor der gleichen und ebenso drängenden Frage, vor der einst Plato gestanden hatte: ›Was, wenn überhaupt etwas, kann in der Natur als gewiß angenommen werden?‹, und viele Humanisten des 16. Jahrhunderts gaben eine sehr kurze Antwort darauf. Voller Zweifel über die Möglichkeit einer Naturwissenschaft überhaupt, wandten sie sich nicht der Natur, sondern der Literatur und den schönen Künsten zu. Der bemerkenswerteste unter den Skeptikern war der französische Essayist Michel de Montaigne.

Diesen Skeptizismus hatten die Naturphilosophen des 17. Jahrhunderts als erstes zu überwinden. Die beiden Hauptvertreter der neuen wissenschaftlichen Ära, Francis Bacon und René Descartes, suchten sowohl nach einer Methode, mit der man einem unfruchtbaren Skeptizismus begegnen, und nach einer neuen sicheren Grundlage, mit der man die Vorstellungen von der Natur untermauern konnte. Bacon glaubte nur an die Erfahrung; er meinte, Experimente und Beobachtung allein könnten eine zuverlässige Basis für wissenschaftliche Anschauungen abgeben. Descartes dagegen erkannte, daß bloße Tatsachen sich nie von selbst erklären, sondern interpretiert werden müssen. Einzelne Beobachtungen müssen auf allgemeine Prinzipien zurückgeführt werden, aber eben über diese allgemeinen Prinzipien erhoben sich die schwersten Zweifel. Die Frage war, wie erst einmal die Prinzipien selbst auf eine neue und sichere Grundlage gestellt werden konnten. Darin sah Descartes seine Aufgabe, und die Form seiner Lösung trug dazu bei, der Wissenschaft ein grundsätzlich unhistorisches Denkmodell aufzuprägen.

Sein Streben nach Erneuerung entsprach ganz dem Geist seiner Zeit. Die Humanisten begannen damals die klassischen Texte von Fehlern und Zusätzen zu reinigen, in der Hoffnung, die wirkliche Denkweise der Griechen und Römer aufzudecken. Die Protestanten suchten die Reinheit der christlichen Religion und den urprünglichen Kult der ersten nachchristlichen Jahrhunderte wiederherzustellen. Und Descartes bemühte sich, die Grundsätze menschlichen Wissens von allem zu befreien, was nicht ›klar und eindeutig‹ war. Nur solche Vorstellungen, die auf Axiomen beruhten – das heißt also auf Sätzen, die so einleuchtend sind, daß sie keiner weiteren Erklärung bedürfen –, konnten als einwandfrei betrachtet werden; von allen anderen hatte man sich freizumachen.

Wenn man einen Korb voller Äpfel hat und weiß, daß einige davon faul sind und die anderen anstecken werden, dann kann man nichts anderes tun, als den Korb völlig auszuleeren, einen Apfel nach dem anderen zu untersuchen, die guten wieder hineinzutun und die faulen wegzuwerfen.

Humanisten des 16. Jahrhunderts wie Montaigne waren nur deshalb in ihren Pessimismus hineingetrieben worden, weil sie nicht genügend systematisch dachten. Ihre Exkursionen in die Naturwissenschaft waren immer nur zufällig und oberflächlich gewesen, und keine einzige ihrer Schlußfolgerungen hielt einer genauen Prüfung stand. Was nottat, war ein in sich widerspruchsfreies System von Vorstellungen, das alle Entdeckungen zu einer einheitlichen Theorie zusammenfaßte; war dann die geistige Tradition von allen unklaren und verworrenen Ideen befreit, dann würden auch die Axiome des daraus entwickelten Denksystems ›selbstverständlich‹ sein. Das Beispiel für solches unzweifelhaftes Wissen sah Descartes in den Prinzipien der Mathematik, unter denen er, wie Plato, die Axiome der Geometrie verstand. Mit ihnen als Ausgangspunkt schritt er zuversichtlich vorwärts und baute ein theoretisches System auf, dessen Stichhaltigkeit und Gültigkeit nicht von offenbarten Wahrheiten abhing. Offenbarung hatte etwas mit Erlösung, aber nichts mit Physik zu tun, und der Versuch des Mittelalters, sie einer rationalen Prüfung zu unterziehen, hatte denn auch weit in die Irre geführt: ›Solch eine Prüfung könnte nur mit Hilfe des Himmels möglich sein, und dazu müßte man übermenschliche Fähigkeiten haben.‹

Die von Descartes schließlich aufgestellte physikalische Theorie warf indessen nur wenig Licht auf die Geschichte der Natur. (Ihre Grundzüge werden im 7. Kapitel von ›Materie und Leben‹ erläutert; wir fassen hier nur die Aspekte zusammen, die mit der zeitlichen Entwicklung der Natur zusammenhängen.) Als er fünfzehn Jahre alt war, fiel ihm im Jesuitenkolleg von La Flèche Galileis ›Sidereus nuncius‹ in die Hände, und er griff seine Darlegungen begierig auf. Er verwarf die Vorstellung, das Weltall sei eine genau begrenzte Sphäre, und setzte dafür den unbegrenzten euklidischen Raum, in dem alle Himmelskörper mehr oder weniger zufällig verstreut waren. Mochte das traditionelle Bild vom kreisförmig begrenzten Kosmos Descartes auch überleben und poetisiert in Miltons ›Verlorenem Paradies‹ festgehalten sein, Descartes selbst fand sich nicht genötigt oder ermächtigt, der Welt in dieser Weise Grenzen zu setzen:

> Zweitens haben wir uns davor zu hüten, daß wir uns nicht selbst überschätzen. Dies würde nicht bloß dann geschehen, wenn wir der Welt Schranken setzen wollten, die weder die Vernunft noch die göttliche Offenbarung erkennen lassen, wie wenn die Kraft unseres Denkens über das von Gott wirklich Geschaffene hinausgehen könnte ...[26]

Nicht nur Bau und Größe des Kosmos waren von geometrischen Prinzipien bestimmt, sondern auch das Verhalten der in ihm befindlichen Dinge wurde von mechanischen und mathematischen Gesetzen geregelt. Ein ›materieller Körper‹ war einfach ein Gegenstand von räumlicher Ausdehnung, und die Prinzipien der Mechanik wurden zu einer ›Geometrie der Bewegung‹. Der Kosmos verwandelte sich aus einem alles umschließenden, in allen seinen Teilen von Geistern belebten Organismus in eine mathematisch gelenkte Maschine; und Deutungen wie ›Leib, Eingeweide, Warzen, Pockennarben der

26 Descartes, Principia philosophiae, Übers. von A. Buchenau, Leipzig 1911, Von der sichtbaren Welt, 2. Abschnitt.

Erde‹ waren von nun an nichts anderes als poetische Metaphern.

Descartes' Glaube an die Mathematik als das grundlegende Hilfsmittel wissenschaftlicher Theorie wirkte sich auch auf seine Einstellung zur Geschichte aus. Mathematische Lehrsätze waren zeitlos und unveränderlich, und die Gesetze, die augenblicklich die materielle Natur lenkten, hatten sie auch schon zu allen Zeiten gelenkt. Für ihn war die Beständigkeit ein Hauptvorzug der mathematischen Prinzipien, denn sie boten ihm die sichere Grundlage, die Montaigne vergeblich gesucht hatte. So antwortete Descartes auf Montaignes Fragen in der gleichen Weise wie Plato einst Sokrates geantwortet hatte: indem er die wissenschaftlichen Vorstellungen auf einer zeitlosen geometrischen Basis verankerte. Nachdem er diesen Schritt einmal getan hatte, konnte er historischen Veränderungen und Entwicklungen natürlich keine ernsthafte Beachtung mehr schenken. Wie einst für Plato verloren auch für ihn historische Ereignisse jegliche grundlegende Bedeutung und waren höchstens noch als Illustration für die unveränderlichen geometrischen Gesetze interessant, aber nicht wegen ihrer Besonderheit und ihres Zeitpunktes. ›Geschichten und Fabeln‹ hatten für ihn die gleichen großen Vorzüge wie Reisen; sie weiten den Geist und tragen dazu bei, uns

ein besseres Urteil über unsere eigenen [Gebräuche] zu bilden, so daß wir nicht alles, was von unseren eigenen Gewohnheiten abweicht, für lächerlich und unvernünftig halten, wie es Leute tun, die nie etwas anderes gesehen haben.

Aber ernsthaftes Philosophieren fing erst dann an, wenn man unter der Oberfläche des historischen Ablaufs das geometrische Gefüge erkannte. Zwar gibt Descartes im 3. und 4. Teil seiner ›Prinzipien der Philosophie‹ einen spekulativen Bericht darüber, wie die Erde und die Planeten ihre gegenwärtige Gestalt bekommen haben oder bekommen haben könnten. Ausführlich beschreibt er einen mechanischen Prozeß, der zu ihrem gegenwärtigen Erscheinungsbild geführt habe.

Wir wollen deshalb annehmen, daß die von uns bewohnte Erde einst nur aus Materie ersten Elementes bestanden hat, wie die Sonne, obgleich sie viel kleiner ist, und daß sie einen großen Wirbel um sich hatte, in dessen Mittelpunkt sie sich befand. Da indes die gerieften Teilchen und die übrigen, und zwar nicht die allerkleinsten Stückchen dieser Materie ersten Elementes aneinanderhingen und so sich gegen die Materie dritten Elementes wendeten, so entstanden darauf zunächst dunkle Flecken auf der Oberfläche der Erde, wie wir solche an der Sonne entstehen und vergehen sehen. Sodann bildeten die Teilchen dritten Elementes, die bei dieser fortgehenden Auflösung dieser Flecken zurückblieben und sich in den benachbarten Himmel verbreiteten, dort im Lauf der Zeit eine große Masse Luft oder Äther. Als endlich dieser Äther sehr groß wurde, bildeten sich dichtere Flecken um die Erde herum, und so wurde sie dann ganz bedeckt und verdunkelt. Als sie so sich nicht mehr auflösen konnte und vielleicht viele übereinander lagen und zugleich die Kraft des die Erde enthaltenden Wirbels abnahm, fiel sie schließlich mit den Flecken und der ganzen Luft, welche sie einschloß, in den größeren Wirbel, dessen Mittelpunkt die Sonne ist.[27]

So geht es immer weiter, in genauen und umständlich dargelegten Einzelheiten, und immer in der Vergangenheitsform. Es könnte also tatsächlich ein historischer Bericht sein. Aber er ist nicht eindeutig; wir sehen uns immer wieder genötigt, wie Platos Timaios zu fragen: ›Wie weit ist das nun wirklich als Geschichte zu verstehen?‹ Meint er: ›So ist es geschehen‹, oder nur: ›So könnte es geschehen sein?‹ Descartes' Motive sind zu vielfältig, als daß wir darauf eine schlüssige Antwort geben könnten.

Wenn wir uns an den genauen Wortlaut halten, dann ist der historische Aspekt seiner Geologie und Kosmologie eine Täuschung. Dann sind alle seine Behauptungen über die astronomische und geologische Vergangenheit in Wirklichkeit nur Beispiele aus einem unendlichen Vorrat von Fiktionen:

Ich will sogar zur besseren Erklärung der Naturgegenstände in der Aufsuchung ihrer Ursachen höher hinaufgehen, als das nach meiner Ansicht eigentlich nötig ist. Denn unzweifelhaft ist die Welt von Anfang an in aller Vollkommenheit geschaffen worden, so daß in ihr die Sonne, die Erde, der Mond und die Sterne existiert haben, und daß es auf der Erde nicht bloß Samen von Pflanzen, sondern diese selbst gab, und auch Adam und Eva nicht als Kinder geboren, sondern erwachsen geschaffen worden sind. Dies lehrt uns die christliche Religion und auch die natürliche Vernunft. Denn wenn man die Allmacht Gottes berücksichtigt, so kann er nur das in jeder Beziehung Vollkommene geschaffen haben. Allein dennoch ist es zur Erkenntnis der Natur der Pflanzen und Menschen besser, ihre allmähliche Entstehung aus den Samen zu beobachten, als so, wie sie Gott zu Beginn der Welt geschaffen hat. Können wir daher gewisse Prinzipien entdecken, die einfach und leicht faßbar sind, und aus denen, wie aus dem Samen, die Gestirne und die Erde und alles, was wir in der sichtbaren Welt antreffen, abgeleitet werden kann, wenn wir auch wissen, daß sie nicht so entstanden sind, so werden wir doch auf diese Weise ihre Natur weit besser erklären, als wenn wir sie nur so beschreiben, wie sie jetzt sind.[28]

27 Über die Erde, 2. Abschnitt.
28 Von der sichtbaren Welt, 45. Abschnitt.

Aber sind diese Zugeständnisse wirklich ernstzunehmen? Oder sind sie nur Taktik und eine Art diplomatischen Widerrufs, um sich gegen den Vorwurf der Ungläubigkeit zu decken?

Die Antwort darauf ist nicht leicht. Es ist durchaus möglich, daß sich Descartes solche Reservate geschaffen hat, um dann freimütiger philosophieren zu können. Die in der Schöpfungsidee liegenden Doppeldeutigkeiten waren seinen Zeitgenossen vertraut genug; Sir Thomas Browne zum Beispiel bemerkte in seiner ›Religio Medici‹:

> Manche glauben, die Schöpfung habe keine Minute gedauert ... Jene sechs Tage manifestieren wohl eher die Methode und Idee des großen Werkes, das der Geist Gottes geschaffen hat, als die [historische] Art und Weise, wie er dabei vorging.

An manchen Stellen scheint Descartes' Ausdrucksweise darauf hinzudeuten, daß er genauso dachte:

> Können wir daher gewisse Prinzipien entdecken, aus denen alles, was wir in der sichtbaren Welt antreffen, abgeleitet werden kann, so werden wir auf diese Weise ihre Natur weit besser erklären, als wenn wir sie nur so beschreiben, wie sie jetzt sind.

Doch seine Vorbehalte machen natürlich nur einen winzigen Abschnitt in seinen ›Prinzipien der Philosophie‹ aus. Sonst schreibt er so frei und ausführlich über die ›Ursprünge der materiellen Welt‹, daß es schwerfällt zu glauben, er wolle sich tatsächlich in seinem Urteil nicht festlegen.

Hier erhebt sich ein unerwarteter Verdacht. Descartes hatte schwerwiegende Gründe, seine revolutionären Ideen so unschuldig und undogmatisch wie möglich darzulegen. Er lebte in einem Zeitalter ideologischen Zwanges. Während er an der ersten Niederschrift seines physikalischen Systems arbeitete, erreichte ihn die Nachricht vom Verfahren gegen Galilei. Die Verurteilung des Mannes, den er so sehr bewunderte, durch die Inquisition beeindruckte ihn tief. Drei Jahre später erklärte er:

> Als ich eben dabei war, mein ›De Mundo‹ zu überarbeiten, um es dem Drucker übergeben zu können, erfuhr ich, daß gewisse Leute, deren Urteil ich anerkenne und die auf mein Tun kaum weniger Einfluß haben als meine eigene Vernunft auf meine Gedanken, eine physikalische Theorie mißbilligt haben, die kurz vorher von jemand anderem veröffentlicht worden ist. Ich will nicht sagen, daß ich diese Theorie vertrete, aber ich habe vor ihrer Verurteilung gewiß nichts darin bemerkt, was der Religion oder Gesellschaft schädlich gewesen wäre; denn nichts würde mich gehindert haben, es schriftlich festzuhalten, wenn mich die Vernunft davon überzeugt hätte.

Durch diesen Vorfall wurde ich mir darüber klar, daß in meinen eigenen Theorien ein Fehler stecken müsse – obwohl ich mir stets große Mühe gegeben habe, nichts Neues hinzunehmen, wofür ich keinen sicheren Beweis hatte, und nichts zu schreiben, was zu irgend jemandes Nachteil ausschlagen könnte –, und das war genug, meinen anfänglichen Entschluß zur Veröffentlichung umzustoßen.

Wenn Galilei ein Pasternak war, dann war Descartes ein Jewtuschenko. In seinem Tagebuch, das er mit 22 Jahren begonnen hatte, bekannte er: »Jetzt, da ich die Bühne der Welt besteigen soll, vor der ich bisher nur als Zuschauer gesessen habe, trete ich mit einer Maske auf.« Ehe er der kirchlichen Autorität Trotz bot, zog er es vor, dem drohenden Konflikt auszuweichen; er schrieb seine Theorie neu und hielt sie zehn Jahre lang vor der Öffentlichkeit zurück. Als dann seine ›Prinzipien‹ schließlich erschienen, bezeichneten viele seiner Zeitgenossen die vorsichtigen Einschränkungen, zum Beispiel bezüglich Adam und Eva, die ›als erwachsene Menschen geschaffen worden‹ seien, als Geschwätz.

Aber es gibt noch eine andere Möglichkeit. Vielleicht waren Descartes' Motive, so zu schreiben, im Grunde durchaus wahrhaftig. Seine logischen und religiösen Skrupel bewegten sich in derselben Richtung. Der Mann, dessen Grundprinzip es war, alles in Frage zu stellen, und der gelobt hatte, nur solche Theorien gelten zu lassen, die er für unwiderlegbar hielt, konnte wohl kaum seine eigene Darstellung vom Ursprung der Weltmaschine als ›wirkliche Wahrheit‹ bewerten. Er mußte es besser als jeder andere wissen, daß seine Theorie nicht viel mehr als eine Mutmaßung war. Wenn seine mechanistische Geschichte ein Alarmsignal sein sollte, dann war die Trompete entschieden verstopft, und es dauerte fast zwei Jahrhunderte, bis sich die Kosmologie und Geologie endlich von der Genesis freimachten.

Die theologischen Konsequenzen des Kartesianismus

Hinter Descartes' doppeldeutiger Einstellung zur Geschichte verbirgt sich die noch tiefere Doppeldeutigkeit seiner Einstellung zur Theologie. Auf der einen Seite hatte Montaignes skeptische Argumentation stark auf ihn gewirkt, aber auf der anderen Seite stand er noch unter dem Einfluß seiner religiösen Erziehung vom zehnten bis zum achtzehnten Lebensjahr. Dieser Zwiespalt ist in seinen

Theorien zu spüren. Obgleich ihn Montaigne gegen gewisse naive Vorstellungen über die göttliche Vorsehung immun gemacht hatte, zum Beispiel, daß Sonne, Mond und Sterne ›zum Dienst und Nutzen für den Menschen geschaffen worden sind und diese Aufgabe seit undenklichen Zeiten erfüllt haben‹, besteht doch kein Zweifel darüber, daß er sich wie Galilei während seines ganzen Lebens als ernster und demütiger Christ betrachtet hat.

Zwar erscheint von einem bestimmten Standpunkt aus die gesamte kartesianische Naturphilosophie ›areligiös‹, denn überall hält er Gott sozusagen auf Armeslänge von sich fern. Seine Argumente zogen ihre unmittelbare Überzeugungskraft aus der Verläßlichkeit menschlicher Vernunft:

Nachdem nunmehr einige Prinzipien der körperlichen Dinge gefunden worden sind, die nicht den Vorurteilen der Sinne, sondern dem Lichte der Vernunft so entnommen sind, daß ihre Wahrheit nicht bezweifelt werden kann, haben wir zu prüfen, ob aus ihnen allein alle Naturerscheinungen erklärt werden können.[29]

Die drei grundlegenden historischen Ereignisse, in denen sich bisher das Eingreifen Gottes in den Weltlauf manifestierte – Schöpfung, Sintflut und Feuerregen –, wurden von der physikalischen Kosmologie beseitigt, und an ihre Stelle setzte Descartes die aus sich selbst weiterwirkende Entwicklung einer Weltmaschine, die von selbstverständlichen Prinzipien in Gang gehalten wurde. Diejenigen seiner Leser, die bisher in den kleinsten Naturvorgängen das geheimnisvolle Wirken Gottes gesehen hatten, waren ergriffen – oder entsetzt – über die Vermutung, die materielle Welt könne allein aus sich selbst bestehen und dem menschlichen Verständnis vollkommen zugänglich sein.

Aber seine Theorie konnte auch von einer anderen Seite betrachtet werden. Der Allmächtige war für die Menschen die einzige Garantie dafür, daß ihre Vernunft sie nicht täuschte. So beruhte im letzten Grunde die Gewißheit, nach der Descartes strebte, auf dem Glauben an Gott und dem Vertrauen zu ihm.

Wenn wir hierbei nur ganz klar erkannte Prinzipien benutzen und alles in mathematischer Konsequenz daraus ableiten, und wenn dann das Abgeleitete mit allen Naturerscheinungen genau übereinstimmt, so würden wir sicherlich Gott beleidigen, wenn wir die auf diese Weise ermittelten

29 Von der sichtbaren Welt, 1. Abschnitt.

Ursachen der Dinge als falsch beargwöhnten und meinten, er habe uns so unvollkommen geschaffen, daß wir selbst bei dem richtigen Gebrauche unserer Vernunft irren.[30]

Descartes' protestantische Gegner sahen in diesem Bezug auf Gott nur ein Lippenbekenntnis, eine nachträgliche Rechtfertigung, um einen im wesentlichen atheistischen Glauben vor der gerechten Verdammung zu bewahren. Doch es besteht kaum ein Zweifel darüber, daß Descartes in diesem Punkt seine Naturanschauung ganz bewußt auf eine religiöse Basis stellte. Obgleich man Gottes Hand nicht in allen Einzelheiten der Natur erkennen konnte, war es doch Er, der den menschlichen Geist mit der Vernunft ausgestattet hatte, die zum Verständnis der Natur nötig war.

Die Skeptiker und Rebellen, die in den Pariser Salons des 17. Jahrhunderts verkehrten, fanden, Descartes sei zu vorsichtig gewesen, aber sie begrüßten das kartesianische System im selben Maße, wie die Kirche es beklagte. Sie waren von ganz anderer Wesensart als Descartes, und anstatt die Widersprüche zwischen der Genesis und dem mechanistischen Weltsystem zu übergehen, hoben sie sie noch hervor. Ohne den Kniefall, der seine Kosmologie rechtfertigen sollte, zu beachten, behandelten sie seine Theorie von den Wirbeln als plausible, wahrscheinliche, ja sogar als bestätigte Theorie vom Ursprung der Welt.

Dieser radikale Kartesianismus erreichte seinen Höhepunkt in dem glänzendsten populärwissenschaftlichen Werk, das je geschrieben worden ist: in Bernard de Fontenelles ›Unterhaltungen über die Vielzahl der bewohnten Welten‹. Fontenelle hat seine Geschichte in den Rahmen von fünf Abenden gestellt, an denen er mit einer fingierten Gesprächspartnerin, der Marquise, in ihrem Garten spazieren geht und ihr die neuesten Ideen über das Weltall erläutert. Mit einer Mischung von Geist, feinem Witz und Logik erklärt er ihr zuerst, daß die Erde sich während eines Tages um ihre eigene Achse drehe, daß sie sich im Laufe eines Jahres einmal um die Sonne bewege und daß es – soweit wir es sagen können – auf dem Mond und den anderen Planeten Bewohner gebe: geistig regsame von ›merkurischer‹ Wesensart auf den heißen, der Sonne näheren Planeten und solche trägeren Geistes, mehr ›saturnische‹, auf den kühleren, der Sonne ferneren Planeten. Dann führt er sie in der Art einer Reise durch die Sternenwelt in die weiteren Probleme ein.

30 Von der sichtbaren Welt, 43. Abschnitt.

Jeder Planet oder Satellit habe zum Beispiel seine eigene Atmosphäre:

›Das Wasser ist die Luft der Fische. Fische begeben sich niemals in die Luft der Vögel und Vögel niemals in die Luft der Fische. Aber es ist nicht die Entfernung, die sie daran hindert, sondern die Luft, die sie atmen und in der sie wie in einem Gefängnis eingeschlossen sind ... Ein Mondbewohner, der sich unserer Welt näherte, würde sofort ertrinken, wenn er unsere Luft beträte, und wir würden ihn tot auf die Erde fallen sehen.‹

›Oh‹, rief die Marquise, ›ich würde mir aber doch wünschen, es würde einmal eine Art Schiffbruch geschehen und eine Menge solcher Leute kämen zu uns, und wir könnten uns in Ruhe diese seltsamen Gestalten betrachten.‹

›Aber‹, erwiderte ich, ›wenn sie nun auf der Oberfläche unserer Luft schwimmen könnten und würden uns aus Neugierde, um uns näher anzusehen, wie Fische in Netzen fangen – würde Ihnen das gefallen?‹

›Warum nicht?‹ antwortete sie lachend. ›Was mich betrifft, ich würde mich freiwillig in ihr Netz begeben, nur um das Vergnügen zu haben, die zu betrachten, die nach mir angeln.‹

Aber diese Phantasie ist nur eine Vorbereitung für die radikalen Folgerungen, die er aus Descartes' Lehre zieht, daß nämlich der Raum unbegrenzt sei:

›Wenn ich mich nicht irre‹, sagte die Marquise, ›verstehe ich, worauf Sie hinauswollen. Sie wollen sagen: Die Fixsterne sind viele Sonnen, und unsere Sonne ist der Mittelpunkt eines Wirbels, der sich um sie dreht; warum soll nicht jeder Fixstern auch der Mittelpunkt eines Wirbels sein, der sich um ihn bewegt? Unsere Sonne hat Planeten um sich, denen sie von ihrem Licht gibt, warum soll nicht auch jeder Fixstern Planeten um sich haben, die er beleuchtet?‹

›Ich kann darauf nichts anderes antworten‹, erwiderte ich, ›als was Phädra zu Oenone sagt: *Du* bist es, der ihn genannt hat!‹ ...

›Aber‹, antwortete sie, ›ich sehe das Weltall so ungeheuer groß, daß ich mir ganz verloren darin vorkomme. Ich weiß nicht mehr, wo ich bin – ich weiß überhaupt nichts mehr. Soll denn alles aus einem solchen Durcheinander von Wirbeln bestehen? Soll jeder Fixstern der Mittelpunkt eines Wirbels sein, so groß wie der, in dem wir uns befinden? Soll dieser ganze riesige Raum, der unsere Sonne und unsere Planeten enthält, nur ein kleines Stückchen vom Weltall sein? Soll es ebensoviele Räume geben wie Fixsterne? Das verwirrt, ja erschreckt mich.‹

›Ich muß sagen‹, gab ich zur Antwort, ›ich fühle mich ganz wohl dabei.‹

Schließlich beruhigt sich die Marquise über diese unendliche Vielzahl von Planetensystemen, wird aber gleich darauf in neuen Schrecken versetzt:

›Wie?‹ rief sie, ›sind Sonnen auch erloschen?‹ ›Ohne Zweifel‹, erwiderte ich, ›die Alten haben gewisse Sterne beobachtet, die seitdem verschwunden und nie wieder gesehen worden sind.‹ . . .

›Sie machen mich zittern‹, sagte die Marquise. ›Jetzt, da ich weiß, was es für Konsequenzen haben kann, wenn die Sonne blasser wird, werde ich wahrscheinlich jeden Morgen nicht mehr in den Spiegel schauen, um nachzusehen, ob ich blaß bin, sondern zum Himmel hinauf, um zu sehen, ob die Sonne blaß wird.‹ ›Aber, Madame‹, antwortete ich, ›seien Sie versichert, es wird sehr lange dauern, bis eine ganze Welt zerstört ist.‹ ›Aber sie kann zerstört werden‹, sagte sie. ›Es braucht nur Zeit.‹[31]

Aus der neuen Lehre, daß die Welt in ihrer räumlichen Ausdehnung unendlich sei, ergaben sich hier die ersten Hinweise darauf, daß die Existenz der Welt auch in der Zeit unendlich sei und vielleicht immer schon war. Zunächst vermochten nur wenige Leute diese Parallele in ihrer ganzen Tragweite zu erkennen, geschweige denn ihr zu folgen. Es gab ja auch noch keine auf Erfahrung beruhenden Beweise, die eine Ausdehnung des Zeitschemas in der Art möglich gemacht hätten, wie Galilei sie durch seine Beobachtungen ermöglicht hatte. Immerhin hatte die neue mechanistische Philosophie aber doch eine unmittelbare Wirkung. Der Alptraum vom Untergang der Welt, der die Christen Jahrhunderte lang bedrückt hatte, begann langsam zu schwinden. Die mathematischen Prinzipien, denen die Natur unterworfen war, konnten schließlich nicht durch menschliche Sünden außer Kraft gesetzt werden, sondern würden unverändert fortwirken, soweit man die Zukunft überblicken konnte. Damit war den geistig führenden Leuten in Europa, die noch hundert Jahre zuvor darüber diskutiert hatten, ob die Arche Noah überhaupt zwei Exemplare jeder Tierart hatte aufnehmen können, ein Kriterium an die Hand gegeben, auf Grund dessen sie wissenschaftliche und religiöse Fragen auseinanderhalten und dadurch auch die geologischen und astronomischen Probleme von der biblischen Auslegung trennen konnten.

Gerade in Frankreich wurde diese Möglichkeit von vielen begeistert aufgegriffen. Während des folgenden Jahrhunderts wuchs bei den Wissenschaftlern die Skepsis gegenüber göttlichen Eingriffen in den Lauf der Naturvorgänge immer mehr. Der Schöpfer besaß genügend Weitblick, um die Natur unabhängig zu machen. Zwar hielt sich noch immer der Glaube, Gott greife in menschliche Angelegenheiten ein, aber die damals einflußreichen Deisten leugneten auch

31 Bernard de Fontenelle, Entretiens sur la pluralité des mondes habités; Ausgabe Paris 1949.

das. Sie beschränkten Gottes Aktivität auf die ursprüngliche Schöpfung. Er hatte die kosmische Maschine in Gang gebracht, die nun nach feststehenden Gesetzen ihren eigenen Lauf nahm.

Der Schöpfungsplan

Die meisten Wissenschaftler des 17. Jahrhunderts waren jedoch weder Kartesianer noch Deisten. Sie sahen die geistige Situation in einem ganz anderen Licht. Die Trennung von Wissenschaft und Theologie, wie Descartes sie nahegelegt hatte, ging ihnen viel zu weit. Denn durch die Grundprinzipien seiner Physik wurde Gottes Eingreifen in den Lauf der Naturereignisse völlig ausgeschaltet, und das war ihnen ein großes Ärgernis. Besonders die protestantischen Wissenschaftler in England bezeichneten die Kartesianer verächtlich als eine Bande ›mechanistischer Theisten‹. Sie waren nicht nur entschlossen, dem Schöpfer innerhalb der wissenschaftlichen Naturbetrachtung seinen zentralen Platz zu erhalten, sondern sie sahen in jedem Aspekt der Natur einen positiven Beweis für seine beständige Teilnahme und seine allumfassende Weisheit. Zwar stimmten sie Descartes darin zu, daß die Wirksamkeit der Natur auf mechanistischen oder mathematischen Prinzipien beruhe, aber diese Prinzipien waren in ihren Augen keine unabhängigen Produkte menschlicher Vernunft, sondern wirkliche Pläne, nach denen der Schöpfer die Natur lenkte. Für Descartes bildeten die Naturgesetze ein durch sich selbst gerechtfertigtes logisches System; für John Ray und Isaac Newton waren sie Ausdruck der Absichten Gottes. Indem der demütige Wissenschaftler die Natur studierte, lernte er den Schöpfungsplan zu entziffern und Gott nach und nach besser zu verstehen. Er hatte deshalb gar keinen Grund, Gott von sich fernzuhalten, wie Descartes es tat. Im Gegenteil, für ihn waren Wissenschaft und Theologie zwei Aspekte ein und derselben Sache, und sie voneinander zu trennen, hätte geheißen, die Wissenschaft selbst zu entkräften. Diese Anschauung gab dem Menschen nicht nur ein hohes Motiv zum Studium der Natur, sondern hielt ihn auch am Fundamentalismus fest. Ein Zweifel an Gottes Wort, wie es in der Bibel stand, würde ja den Glauben in Frage stellen, der die Grundlage ihrer eigenen Studien bildete.

Diesen Zusammenhang müssen wir vor Augen haben, wenn wir die Erörterungen über die Naturgeschichte während der nächsten zwei Jahrhunderte beurteilen. Nur dann können wir verstehen, warum sie so heftig geführt wurden und warum die Interpretation und Neueinschätzung der empirischen Zeugnisse, sobald sie als solche erkannt wurden, eine so quälende Aufgabe war. Man erkannte, daß nicht zwischen Wissenschaft und Religion ein Konflikt bestand, sondern innerhalb der Wissenschaft selbst; daß es nicht darum ging, die Rückständigkeit einer außerhalb stehenden Autorität zu überwinden, sondern um den Zwiespalt innerhalb der neuen und sehr erfolgreichen Philosophie.

In den Jahren nach 1650 waren die Menschen noch immer in den Fesseln ihrer alten Glaubensvorstellungen befangen und damit auch in den Schranken des traditionellen Zeitschemas, so weitherzig man es auch auszulegen versuchte. Mochten die Wissenschaftler noch so genau beobachten und noch so nüchtern denken, sie gelangten doch unweigerlich an einen Punkt, an dem ihre Interpretation mit der biblischen Geschichte hart zusammenprallte. Die sich daraus ergebenden Spannungen kann man in jedem Bereich der Wissenschaft verfolgen. Niemand war skrupellos genug, sie einfach zu ignorieren. Als John Ray im hohen Alter die fossilen Spuren ausgestorbener Farne erforschte, geriet seine wissenschaftliche Ehrlichkeit in Widerstreit mit den religiösen Anschauungen, die bisher sein Denken geleitet hatten. Im Brief an einen Freund bekannte er:

> ... daraus ergibt sich eine Kette von Konsequenzen, die ... für die Bibel einen schweren Schlag bedeuten. Wenigstens werfen sie aber die bisher – und nicht ohne guten Grund – von Geistlichen und Philosophen vertretene Ansicht über Bord, daß seit der ersten Schöpfung keine Tier- und Pflanzenarten ausgestorben und keine neuen entstanden seien.

Mit derselben Ehrlichkeit machte er in einem anderen Brief auf Anzeichen geologischen Alters aufmerksam, auf die bisher noch niemand öffentlich hinzuweisen gewagt hatte:

> Ich vermute, daß alle die anderen zahllosen Steine, die sich in unseren Gebirgstälern finden [in Wales], durch einen Vorgang wie dieser herabgefallen sind, wenn wir sie nicht lieber großenteils mit der Sintflut in Zusammenhang bringen wollen. Denn es liegen mehrere Tausend in diesen zwei Tälern ... und nur zwei oder drei sind in der Zeit herabgefallen, die ein heute lebender Mensch rückblickend überschauen kann. Wenn wir den gewöhnlichen Ablauf der Naturvorgänge zugrunde legen, müssen wir wohl oder übel eine Zeitspanne annehmen, die viele tausend Jahre über das Alter der Welt hinausgeht.

Geologie

An dieser Stelle begann jetzt der Schuh zu drücken. Die beiden führenden Geologen des 17. Jahrhunderts, der Engländer Robert Hooke und der Däne Nils Steenson – meist mit seinem latinisierten Namen Steno genannt –, erkannten, wie schon Leonardo da Vinci vor ihnen, die entscheidende Bedeutung organischer Fossilien. Sie gaben sich nicht damit zufrieden, Fossilien nur als Kuriositäten zu sammeln, mehr um bewundert, als um verstanden zu werden – wie so viele ihrer Zeitgenossen –, und begnügten sich auch nicht damit, sie einfach als ›Spiele der Natur‹ zu betrachten, die zufällig in schon früher vorhandenen Felsen entstanden waren. Aller Wahrscheinlichkeit nach, so meinten sie, hatten sich die Fossilien zur selben Zeit gebildet wie die Felsen, in denen sie gefunden wurden, und waren versteinerte Spuren von Organismen, die den heute lebenden ähnelten.

Hooke und Steno gingen von den gleichen Voraussetzungen aus und waren beide entschlossen, die geistigen Konsequenzen daraus zu ziehen. Sie trieben ihre Beweisführung erstaunlich weit. Hooke erkannte sofort, daß das Vorhandensein mariner Fossilien in Gebirgen des Inlandes auf unerwartete Veränderungen in der Erdkruste schließen ließ und ohne weiteres erklärt werden konnte, wenn man folgendes voraussetzte:

> Ein großer Teil der Erdoberfläche ist seit der Schöpfung umgestaltet und in eine andere Beschaffenheit verwandelt worden. Viele Gebiete, die früher Meer waren, sind heute Land, und verschiedene andere sind heute Meer, die einst festes Land waren; Berge sind zu Ebenen und Ebenen zu Bergen geworden und dergleichen mehr.

Erosion durch Wind und Regen, die Einwirkung von Meer, Flüssen und Überschwemmungen, die Schwerkraft, mit der Felsen und Sand abwärtsrollen, Erdbeben und Eruptionen, durch die beide wieder emporgeschleudert werden – es schien unendlich viele Möglichkeiten für geologische Umwandlungen durch solche natürlichen Kräfte zu geben.

Steno ging sogar noch einen Schritt weiter. Während einer Reise durch die Toskana studierte er die Struktur der Hügel und Täler und die Richtung der Gesteinsschichten auf jeder Höhenstufe. Eine Reihe verschiedener geologischer Abschnitte vorausgesetzt, konnte er (1669) erklären, wie das ganze Gebiet zu seinem jetzigen Aus-

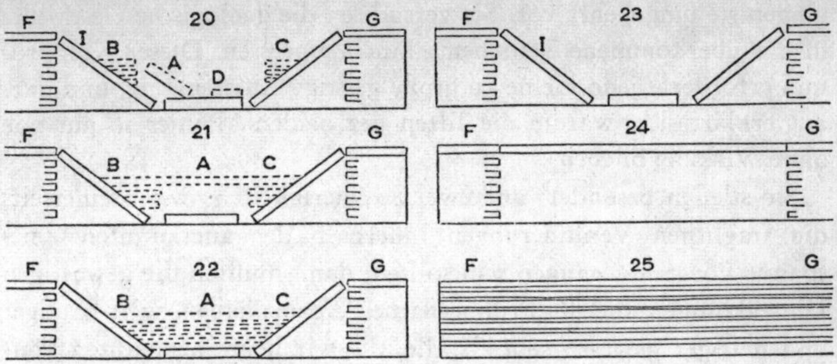

Stenos Schema für das Entstehen von Gesteinsbetten ›durch die Kraft von Feuer und Wasser‹ und die Bildung von Tälern und Bergen ›durch den Einsturz der höherliegenden Betten‹. Aus der ersten englischen Ausgabe seines ›Prodromos‹ (1671). Die Bildfolge verläuft von Nr. 25 bis zu Nr. 20.

sehen gekommen war. In vieler Hinsicht muten seine Schlußfolgerungen ganz modern an. Jede Schicht, die marine Fossilien enthielt, mußte ursprünglich zum Bett eines früher vorhandenen Meeres gehört und also horizontal gelegen haben. Dann wurde die Schicht gewaltsam emporgehoben und bildete nun ein erhöhtes Plateau, wurde durch unterirdische Kräfte unterhöhlt und brach schließlich auseinander, so daß ein Tal mit schräg ansteigenden Schichten zu beiden Seiten entstand. Diese Schichten wurden nach und nach abgetragen, und das Tal füllte sich von neuem mit Meerwasser, so daß sich weitere Meeresfossilien ablagerten usw. Nach der gegenwärtigen Verteilung von Oberflächengestein zu urteilen, mußte das Gebiet der Toskana zweimal vom Meer überspült, zweimal emporgehoben, zweimal unterhöhlt und zusammengebrochen sein.

Hätten Hooke und Steno ihre Beweisführung nur weit genug treiben können, dann hätten sie vermutlich in der gesamten Geologie eine Revolution herbeigeführt. Aber da jegliche wissenschaftliche Spekulation in den Rahmen der anerkannten kosmischen Geschichte eingespannt war, blieb den Geologen nur wenig Spielraum. Es ist schwer, mehr als eine grundlegende Voraussetzung auf einmal aufzugeben. Obgleich Hooke und Steno schon den Weg von der bisher absolut statischen Anschauung von der Erdkruste zu einer dynamischen Theorie geologischer Veränderungen vorgezeichnet sahen, vermochten sie doch nicht, auch noch den nächsten Schritt zu tun – den einer mächtigen Ausweitung der gesamten Chronologie, in die bisher das geologische Bild der Erde fest eingebaut war. Stattdessen gingen sie umgekehrt vor. Sie versuchten die geologische Geschichte in das überkommene Zeitschema hineinzupressen. Dieser Kompromiß erforderte jedoch eine zu große geistige Anstrengung, und daraus erklärt sich, warum die Ideen der beiden Männer so gut wie ohne Wirkung blieben.

Sie stießen besonders auf zwei Schwierigkeiten. Wenn einerseits die fraglichen Veränderungen innerhalb der anerkannten Zeitspanne vor sich gegangen sein sollten, dann mußten die gewaltigen Umwälzungen, die die Erdoberfläche geformt haben, weit häufiger und heftiger gewesen sein als alle, die wir heute beobachten können – die Erdbeben furchtbarer, die Überschwemmungen verheerender. Andererseits wurde aber in der Überlieferung nur eine einzige solche Katastrophe erwähnt, nämlich die Sintflut. Die erste Schwierigkeit machte Hookes und Stenos Methode zunichte. Die Kraft ihrer Argumente hatte ursprünglich darauf beruht, ihr Wissen von den die Erdoberfläche formenden Gewalten in heutiger Zeit auf frühere Zeitalter anzuwenden. (In dieser Beziehung waren sie ›Aktualisten‹, das heißt, sie betrachteten geologische Veränderungen als das Produkt von Naturvorgängen, die sich zu allen Zeiten in ähnlicher Weise vollziehen.) Als sie sich aber gezwungen sahen, die Zeitspanne der Erdgeschichte zusammenzupressen, blieb ihnen nichts anderes übrig als der Schluß, die Erdkruste müsse in früheren Zeiten geschmeidiger und noch heftigeren Naturgewalten ausgesetzt gewesen sein.

Waren diese geologischen Katastrophen also nicht belegt? Wieder war die Wahrheit größer, als sie voraussehen konnten. Hooke nahm als gegeben an, daß die Menschheit ebenso alt wie die Erde ist, und kämmte die Literatur des klassischen Altertums nach Andeutungen durch, aus denen man auf solche umfangreichen geologischen Veränderungen schließen konnte, die seiner Meinung nach vor sich gegangen sein mußten. Eine gewisse Bestätigung fand er in der Sage von Atlantis, am überzeugendsten schienen ihm aber Ovids ›Metamorphosen‹. Er faßte sie als einen mythologischen Bericht der Schöpfung und Gestaltung der Welt auf. Auch Steno zog seine geologischen Schlüsse aus der antiken Geschichte und Legende. Die versteinerten Elefantenknochen, die er in der Toskana gefunden hatte, stammten wahrscheinlich von Hannibals Armee, und die Schwierigkeiten, in die jedes Mal die Gelehrten gerieten, wenn sie die Reisen des Odysseus und Äneas rekonstruieren wollten, waren ein Beweis dafür, wie sehr sich die mediterrane Geographie seit dem Altertum verändert hatte.

Robert Hooke stieß noch auf eine andere wichtige Tatsache. Wenn Fossilien wirklich versteinerte Reste von Organismen waren, dann gab es in früheren Zeiten viele ›Geschöpfe, die heute verschwunden sind und in keinem Teil der Erde mehr leben‹. Diese radikale Annahme, daß organische Arten von einem Zeitalter zum andern wechseln können, fügte sich leicht in seine Theorie von der geologischen Veränderlichkeit ein. In Portland an der Südküste Englands gefundene Fossilien ähnelten gegenwärtig vorhandenen tropischen Arten; andere Fossilien dagegen waren ›von viel größerem und gewaltigerem Ausmaß, wohl zehnmal größer‹ als die Tiere der Gegenwart. Anscheinend waren in Ovids Goldenem Zeitalter Klima und geographische Verhältnisse viel günstiger als heute und förderten die Entstehung größerer und kräftigerer Arten, als man sie heute kennt. In jüngerer Zeit, folgerte Hooke, war die ursprünglich geschmeidige Erdoberfläche ausgetrocknet und dann abgebrökkelt und hatte die Reste übriggelassen, die für das gegenwärtige ›Eisenzeitalter‹ kennzeichnend sind, während die Lebewesen ›zu zwergenhaften Geschöpfen zusammenschrumpften‹.

Eingeengt in die Grenzen der biblischen Chronologie, schienen jedoch alle geologischen Beobachtungen und Folgerungen die pessimistischen Erwartungen des 17. Jahrhunderts nur zu bestätigen. Zwar wurde sich Hooke durch seine Methode, von bekannten Vorgängen auf die ferne Vergangenheit zu schließen, immer klarer über die geologischen und zoologischen Wandlungen, aber dieses ›aktualistische‹ Programm bis zum entscheidenden Punkt weiterzuführen, an dem das traditionelle Zeitschema aufgehoben werden mußte, vermochte er doch nicht. Im Gegenteil, er schrieb die drastischsten geologischen Umwälzungen (wie die Sintflut) einem übernatürlichen ›digitus Dei‹ zu. Was Steno betraf, so hängte er die Geologie, nachdem er seinen großen Beitrag geleistet hatte, an den Nagel, konvertierte zum Katholizismus und wurde wenige Jahre später Bischof. Der Ablauf geologischer Veränderungen interessierte ihn nicht mehr.

Ihren Höhepunkt erreichte diese Phase geologischer Spekulationen in Thomas Burnets ›Sacred Theory of the Earth‹, deren vier sorgfältig gearbeitete Bände nur wenige Jahre vor Newtons ›Principia‹ erschienen. Den gebildeten Kreisen der achtziger Jahre des 17. Jahrhunderts erschien Burnets Werk als das hervorragendste – oder empörendste – Produkt moderner Gelehrsamkeit. Es war der erste gründliche Versuch, die biblische Geschichte der Welt mit den Termini der neuen physikalischen Entdeckungen wiederzugeben. Burnet war überzeugt, daß alles in der Heiligen Schrift (dem Wort

Gottes) mit allem in der Natur (dem Werk Gottes) in Einklang zu bringen sein müsse. Der Großartigkeit seiner Ideen entsprach sein lebendiger, ja faszinierender Stil. Hatten Hooke und Steno nur dann auf übernatürliche Eingriffe verwiesen, wenn sie Dinge erklären wollten, die von der Naturwissenschaft nicht erklärt werden konnten, tat Burnet etwas weit Schrecklicheres. Mit aller Sprachgewalt, die ihm zu Gebote stand, stellte er die Weltgeschichte in einem Bericht dar, in dem sämtliche biblischen Geschichten, ja sogar das Eingreifen Gottes selbst, in der Ausdrucksweise der Naturwissenschaft interpretiert wurden. Vor der Sintflut zum Beispiel war die Welt von einer Stille und einem Zauber, den Burnet in seiner Sprache mitklingen läßt:

Auf dieser sanften Erde spielten sich die ersten Szenen der Weltgeschichte ab und wuchsen die ersten Generationen der Menschen auf. Sie war schön wie die Jugend und die blühende Natur, frisch und fruchtbar, ihr Körper ohne Falte, Narbe oder Bruch, es gab weder Felsen noch Berge, weder Höhlen noch Gräben, alles war glatt und ebenmäßig. Und die Sanftheit der Erde machte auch den Himmel sanft; die Luft war ruhig und klar, nichts von jenen heftigen Bewegungen und wallenden Nebeln, die heute in Gebirgen und durch Stürme entstehen. Es war ein Goldenes Zeitalter und die Natur noch unberührt.

Zu Noahs Zeit jedoch hielt es die Vorsehung für richtig, diesem ersten köstlichen Zustand ein Ende zu setzen. Die Sintflut verwüstete die Erde und zerklüftete ihre glatte Oberfläche. Burnets Sprache wird jetzt rauh und abgerissen:

So stieg die Flut immer höher – es ist nicht leicht, den seltsamen Schauplatz anschaulich zu machen, als die Flut den Höhepunkt ihrer Wut erreichte, als die Erde barst und bodenlose Abgründe aufgerissen wurden, deren tobende Wasser höher als die Berge stiegen und die Luft mit brechenden Wellen erfüllten, mit einem alles umhüllenden Nebel und mit dichter Finsternis, als stürze die Natur in ein zweites Chaos. Und diesem Chaos war die Arche hilflos preisgegeben, die die wenigen Reste der Menschheit barg ... ein Schiff, dessen Ladung eine ganze Welt war, das die Hoffnung und das Glück der Nachwelt trug. Wäre es untergegangen, die Erde wäre nichts als eine Wüste gewesen, ein ungeheures Trümmerfeld, ein Haufen toten Kehrichts, von der Sintflut bis zum Feuerregen. Aber Tod und Hölle, Grab und Untergang haben ihre Grenzen.

Der Leser atmet erleichtert auf. Schwach und seekrank klettern die Bewohner der Arche aufs trockene Land und finden sich zwischen den ›Trümmern einer zerstörten Welt‹ wieder, aber immerhin sind sie gerettet. So geht Burnets Geschichte weiter bis zum Feuerregen und schließt auch den neuen Himmel und die neue Erde der Offenbarung mit ein.

Burnets Buch liest sich eher wie ein utopischer Roman, kaum wie ernsthafte Geologie, und der französische Naturforscher George-Louis Buffon nennt es etwas doppeldeutig einen ›schönen historischen Roman‹. Doch es hatte großen Einfluß und erregte ebenso viel Aufmerksamkeit wie Newtons ›Principia‹. Orthodoxe Theologen bezeichneten es als blasphemisch. Je mehr Burnet versuchte, Bibel und Geologie in Einklang zu bringen, desto mehr lenkte er die Aufmerksamkeit auf ihre Diskrepanz und setzte die religiöse Tradition neuen Schwierigkeiten aus. Modern denkende Theologen dagegen sahen darin eine Möglichkeit, eben diese Schwierigkeiten zu beseitigen und dem biblischen Wortlaut trotz der kartesianischen Herausforderung noch mehr Gewicht zu verleihen. Burnets selbstbewußter Bericht befreite die protestantischen Philosophen weit mehr von ihren früheren Hemmungen, als es die tastenden Spekulationen von Hooke und Steno vermocht hatten, und regte sie dazu an, über die Entwicklung unseres Erdballs nachzudenken. Wieder wurde die wissenschaftliche Forschung zur frommen Pflicht und befähigte die Menschen, in der Natur das Werk Gottes zu erkennen. Die kosmische Geschichte hatte ihre Spuren in der Erdoberfläche hinterlassen, und durch die scharfsinnige Auslegung geologischer Beobachtungen würde man ihre einzelnen Abschnitte rekonstruieren können. Bis weit ins 18. Jahrhundert hinein blieb Burnets Buch ein Erfolg, und auch nach 1800 wirkten seine Ideen noch weiter. Coleridge bewunderte den ›höllischen Sturm und Ungestüm‹ seines Stils so sehr, daß er sogar daran dachte, Teile des Buches in ein Blankversepos umzuschreiben.

Kosmologie

Die angestrengten Versuche, die Wissenschaft dem biblischen Zeitschema anzupassen, lassen sich ebenso in der Planetentheorie verfolgen. Isaac Newton war mit seinen Bewegungs- und Schwerkraftgesetzen tief in den Schöpfungsplan eingedrungen. Aber er unterschied genau zwischen der bestehenden Naturordnung, wie sie ›von Gott geschaffen und von Ihm im selben Zustand bis zum heutigen Tag erhalten‹ worden war, und dem originalen Schöpfungsakt, durch den diese Ordnung eingerichtet worden war. Die akkurate Anordnung und die regelmäßigen Bewegungen des Planetensystems waren ›nicht aus einem Chaos durch die bloßen Naturgesetze entstanden, obwohl sie, einmal festgelegt, auf Grund dieser Gesetze viele Zeitalter hindurch fortdauern‹ konnten. Mochte auch Descartes einen mechanischen Ursprung des Planetensystems annehmen – Newton tat es nicht. Er folgte stattdessen Galilei und vermutete, die Planeten seien aus großer Entfernung herabgefallen und von Gott in ihre Umlaufbahnen um die Sonne gelenkt worden.

Die göttliche Macht ist hier in zweifacher Hinsicht nötig: einmal um die Abwärtsbewegung der fallenden Planeten in eine Seitwärtsbewegung zu verwandeln und zum andern, um die Anziehungskraft der Sonne zu verdoppeln.

Wie ungestüm und unbewiesen Descartes' Spekulation auch gewesen sein mochte, er hatte immerhin die Tür geöffnet, durch die man zu einer dynamischeren Anschauung von der Natur gelangen konnte. Newton allerdings lehnte diese Ansicht ab und wandte sich stattdessen dem statischen Weltbild seines Freundes Robert Boyle zu:

Die Philosophie, die ich vertrete, beschäftigt sich nur mit den rein körperlichen Dingen; sie unterscheidet zwischen dem ersten Ursprung der Dinge und dem darauffolgenden Lauf der Natur und lehrt, daß Gott in der Tat der Materie Bewegung verliehen hat, aber er hat zu Anfang die verschiedenen Bewegungen ihrer Teile so gelenkt, daß sie sich in die Welt einfügten, die sie nach seinem Plan aufbauen sollten. Er schuf alle jene Bewegungsgesetze und die Ordnung der körperlichen Dinge, die wir Naturgesetze nennen. So wurde das Weltall einst von Gott gestaltet und wurden die Bewegungsgesetze festgelegt, und alles zusammen wird nach der Vorsehung durch unaufhörliches Zusammenspiel aufrechterhalten. Dieselbe Philosophie lehrt, daß die Erscheinungen der Welt durch die mechanischen Eigenschaften der Teile der Materie physikalisch hervorgebracht werden und daß sie nach mechanistischen Gesetzen aufeinander einwirken.

Die Schöpfung selbst war kein Ereignis innerhalb der kosmischen Geschichte. Nur die darauffolgende Wirksamkeit der Natur, die von den bei der Schöpfung festgelegten Gesetzen gelenkt wurde, konnte mechanistisch erklärt werden.

Aber im Lauf der Zeit tat der Erfolg von Newtons physikalischer Theorie das Seine, um eben den Anschauungen, die er abgelehnt hatte, mehr Gewicht zu verleihen. In seinen ›Principia‹ hatte er gezeigt, daß mit Descartes' Theorie von den Wirbeln die tatsächlichen Bewegungen der Planeten nicht erklärt werden konnten, wenn man nicht von sehr unwahrscheinlichen und verwickelten Voraussetzungen ausging. Aber es war etwas anderes, Einzelheiten der kartesianischen Physik abzulehnen, als ihre Grundlagen anzugreifen. Das gelang Newton nie. Die Kosmologen des 18. Jahrhunderts warfen Descartes' ›Wirbel‹ zwar unbekümmert zugunsten von Newtons ›Kräften‹ über Bord, aber sie arbeiteten dann weiter wie zuvor – nämlich in streng kartesianischem Geiste. Indem sie Newtons Erkenntnisse auswerteten, lernten sie Descartes' Ziele besser zu verstehen.

Newtons Nachfolger in Cambridge, William Whiston, versuchte eine Zeitlang, detaillierte Übereinstimmungen zwischen Kosmologie und Altem Testament herzustellen. Er erklärte die Sintflut als das durch die Anziehungskraft bedingte Nebenprodukt eines die Erdbahn kreuzenden Kometen, wobei alles Wasser der Erdoberfläche zusammengezogen und das Land überschwemmt wurde. (Durch Kombination astronomischer Beobachtungen und biblischer Berichte datierte er dieses Ereignis auf den 27. November 2349 v. Chr. Aber die Tage solcher Kompromisse waren gezählt. 1749 bemerkte Buffon, Whistons Versuch, aus Physik und Bibel ein widerspruchsfreies Gefüge zusammenzubauen, habe ›Göttliches und die menschliche Wissenschaft so seltsam miteinander vermengt, daß daraus das merkwürdigste System entstanden‹ sei, ›das es jemals gegeben hat oder geben wird‹.

Buffon selbst war der festen Überzeugung, der einzige Weg, solchen Paradoxa zu entgehen, sei der, die Kosmologie völlig von der Genesis zu befreien:

> Wenn Menschen so anmaßend sind, physikalische Erklärungen aus theologischen Wahrheiten abzuleiten, wenn sie sich erlauben, die heiligen Schriften mit rein menschlichen Ideen zu interpretieren, wenn sie den Willen Gottes und die Folgen seiner Entschlüsse zu erklären suchen, werden sie stets ins Dunkle tappen und sich in abgrundtiefe Verwirrung stürzen.

Diese Befreiung konnte, so erklärte er, erreicht werden, wenn man Newtons Theorie einen Schritt weiterführte. Newton hatte gesagt, alle Planeten bewegten sich um die Sonne, in derselben Richtung und im wesentlichen auf derselben Ebene. Diese Tatsache war für ihn ein weiterer Beweis für das Wirken Gottes gewesen. Doch Buffon wies darauf hin, daß diese Gleichförmigkeit ebensogut mechanistisch erklärt werden konnte, und zwar auf Grund von Newtons eigenen Gedankengängen. Whistons Bemerkung war das Stichwort für seine Vermutung, ein Komet könnte sich nahe an der Sonne vorbeibewegt und infolge seiner Anziehungskraft 1/650 ihrer Masse, in heißer und flüssiger Form, an sich gezogen haben. Einmal losgelöst, würde sich die Materie in eine Anzahl kleinerer Körper zusammengeballt haben, die sich dann, während sie in derselben Ebene mehr oder weniger schnell um die Sonne kreisten, sich viel rascher als diese abgekühlt hätten. Inzwischen könnte der sich entfernende Komet von den so gebildeten Planeten weitere kleinere Teile abgezogen haben, die sich dann ebenso als Satelliten in derselben Ebene wie die Planeten weiterbewegten.

Dieser Erklärungsversuch, der die Theologie völlig ausschaltete, erregte einen solchen Proteststurm, daß Buffon sich beugen mußte. Von der Zensur bedroht, sah er sich gezwungen, seine Theorie zurückzunehmen und seine privaten Gedanken einstweilen auf Eis zu legen. Aber die Zensur kann bahnbrechende Ideen nicht aufhalten. 1750, ein Jahr nachdem Buffon seine Theorie veröffentlicht hatte, ging Thomas Wright of Durham noch einen Schritt weiter. Als er erkannt hatte, daß die sichtbare Milchstraße der Querschnitt eines flachen Sternsystems ist, nahm er an, daß die gesamte Sternwelt des Universums durch das Wirken der Schwerkraft entstanden war.

Das war nur ein Anfang. Fünf Jahre später führte Immanuel Kant eine neue, auf Evolution beruhende Dimension in die Kosmologie ein, und der Newtonsche Standpunkt demütiger Unterwerfung unter die Idee der göttlichen Schöpfung blieb weit zurück.

Die große Kette der Wesen

Im Lauf der Zeit verlor das umfassende Denkmodell, das für die ›neue Philosophie‹ charakteristisch war, seinen Einfluß auf die übrigen Wissensbereiche. Wir haben gesehen, wie Aristoteles' Stufenleiter der Natur von den christlichen Gelehrten in die mittelalterliche Weltallegorie eingepaßt wurde, so daß aus der Aufeinanderfolge von rein zoologisch aufgefaßten Organismen eine religiöse Hierarchie geschaffener Wesen wurde. In den fünfziger Jahren des 17. Jahrhunderts erlebte diese Vorstellung eine neue Metamorphose, durch die sie wiederum den geistigen Bedürfnissen des neuen Zeitalters angepaßt wurde. Während dieser Epoche bewegte sich das philosophische Denken kontinuierlich in einer einzigen Richtung. Gott, der Oberstkommandierende, der die materielle Welt überwachte, wurde abgelöst durch Gott, den allerhöchsten Konstrukteur, der das Arbeiten seiner Weltmaschine beobachtete und nur noch gelegentlich durch einen Gnadenakt in das geistige Leben der Menschen eingriff.

In dieser neuen Gesamtvorstellung blieb wenig Raum für das mittelalterliche Bild von der Stufenleiter der Natur als einer ›Befehlskette‹, die alles Geschaffene miteinander verband. Aber in seiner neuen Form behielt der alte Gedanke seinen Einfluß nach wie vor und spielte als Wegbereiter für die Erörterungen des 19. Jahrhundertes über die Evolution eine wichtige Rolle. Manche Ideen erscheinen uns heute, wenn wir zurückschauen, schon ganz ›darwinistisch‹, aber damals standen sie noch völlig außerhalb der evolutionstheoretischen Vorstellungen. Das hervorragendste Beispiel dafür ist das ›missing link‹ zwischen vernunftbegabten und unvernünftigen Wesen, das heißt jene hypothetische Gattung von Primaten, die das Zwischenglied zwischen den intelligentesten Affen und den primitivsten menschlichen Wesen bildet. Wir halten diese Wesen heute – wenn wir sie überhaupt in Betracht ziehen – für die Vorfahren des Menschen, die im Stammbaum der Lebewesen ihren Platz zwischen den Menschenwesen und den ausgestorbenen Menschenaffen haben. Aber ursprünglich war das nicht ihr Platz. Der Begriff ›missing link‹ weist sie mit Sicherheit in einen vor-Darwinschen Zusammenhang, denn die Kette, in die sie gehörten, war im 18. Jahrhundert eben die große Kette der Wesen.

John Locke erläutert in seinem Essay ›Versuch über den menschlichen Verstand‹ die Lehre von der großen Kette der Wesen:

Daß es mehr Spezies von intelligenten Geschöpfen über uns als von sinnlichen und materiellen Wesen unter uns gibt, scheint mir darum als wahrscheinlich, weil wir in der gesamten sichtbaren Körperwelt keine unvermittelten Übergänge oder Lücken beobachten. Bis auf die allerunterste Stufe hinab führt von uns eine Stufenleiter in unmerklichen Übergängen und in einer fortlaufenden Reihe von Dingen, die sich von Staffel zu Staffel immer nur ganz unbedeutend voneinander unterscheiden. Es gibt Fische, die Flügel haben und auch in der Luft heimisch sind, und es gibt gewisse Wasservögel, deren Blut ebenso kalt ist wie das der Fische. Es gibt Tiere, die Vögeln und Vierfüßlern so eng verwandt sind, daß sie zwischen beiden in der Mitte stehen; die Amphibien bilden das Zwischenglied zwischen Land- und Wassertieren ... ganz zu schweigen von den gutgläubigen Berichten über Seejungfern und Meermänner, die wir haben. Es gibt gewisse Tiere, die scheinbar ebensoviel Erkenntnis und Vernunft haben wie manche Wesen, die man Menschen nennt, und Tier- und Pflanzenreich berühren sich so eng, daß, wenn man die niedrigsten Erscheinungsformen des einen und die höchsten des anderen nimmt, man schwerlich einen erheblichen Unterschied zwischen ihnen wird feststellen können. So werden wir auch weiter hinab bis zu den tiefstehenden und organisch unentwickelten Teilen der Materie überall beobachten, daß die verschiedenen Spezies ineinander übergehen und nur in kaum merklichem Grade sich voneinander unterscheiden. Bedenken wir sodann die unendliche Macht und Weisheit des Schöpfers, so haben wir Grund zu der Annahme, daß es der großartigen Harmonie des Universums und den hohen Absichten sowie der unendlichen Güte seines Baumeisters entspreche, wenn die Spezies der Geschöpfe in unmerklichen Abstufungen von uns aus auch aufwärts zu seiner unendlichen Vollkommenheit emporsteigen, ganz wie wir sie von uns staffelartig nach unten hinabsteigen sehen.[32]

Dieser Gedanke beherrschte im 18. Jahrhundert das Denken in einem Maße, wie wir es uns heute kaum vorstellen können. Die einflußreichsten Autoren von Leibniz und Locke über Addison, Bolingbroke und Pope, Buffon und Diderot bis zu Kant, Herder und Schiller haben ihn widerspruchslos akzeptiert. Voltaire und Samuel Johnson, zwei ungleiche Bundesgenossen, waren fast die einzigen, die ihn mit Skepsis betrachteten.

Die große Kette der Wesen reichte von den höchsten bis zu den niedersten Wesen. Vom Menschen als Ausgangspunkt konnte man die Kette hinauf oder hinab verfolgen.

Der Affe, der die größte Ähnlichkeit mit dem Menschen hat, kommt in der Ordnung der Tiere nach ihm. Die Unähnlichkeit zwischen dem niedersten Individuum unserer Art und dem Affen ist nicht so groß, als daß letzterer, wäre er mit der Fähigkeit zu sprechen ausgestattet, vielleicht ebenso den Rang und die Würde der menschlichen Rasse für sich beanspruchen könnte wie der wilde Hottentotte oder ein einfältiger Bewohner von Nowaja Semlja ...

Der Vollkommenste in dieser Ordnung der Lebewesen, der Orang Utan, wie er von den Eingeborenen von Angola genannt wird, der ›wilde Mann‹ oder der ›Mann der Wälder‹, hat die Ehre der größten Ähnlichkeit mit dem Menschen. Obgleich die ganze Art einige Übereinstimmung mit uns aufweist, findet man viele Beispiele von Menschenaffen; und dieser hat die größte Ähnlichkeit mit uns, nicht nur in den Gesichtszügen, sondern auch im Körperbau, in der Fähigkeit, aufrecht wie auch auf allen vieren zu gehen, in seinen Stimmwerkzeugen, seiner raschen Auffassung, seinem sanften und freundlichen Wesen, was sonst in keiner Affenart zu finden ist, wie auch in manch anderer Hinsicht.

32 John Locke, Essay concerning Human Understanding, 3. Buch, 6. Kapitel, § 12, Übers. von Carl Winckler, Leipzig 1911.

Tatsächlich hat Jean-Jacques Rousseau menschliche Wesen, Orang-Utan und Schimpansen in eine einzige Gattung zusammengefaßt. Die Sprache betrachtete er als eine erlernte Fähigkeit, weniger als spezifisches Kennzeichen des Menschen. Der schottische Gutsbesitzer und Schriftsteller Lord Monboddo ging noch einen Schritt weiter. Er dachte allen Ernstes an dressierte Orang-Utans und zog die Möglichkeit in Betracht, sie einst für niedere Dienste im Haus zu verwenden. Damit zog er sich Dr. Johnsons charakteristischen plumpen Spott zu:

Edinburgh, 16. August 1773
Wir sprachen über den Orang-Utan, und Lord Monboddo meinte, man könne ihn das Sprechen lehren. Dr. Johnson fand das lächerlich. Mr. Crosbie sagte, Lord Monboddo halte alles für möglich; alles, was sein *könne*, könne auch wirklich *sein*. Darauf Dr. Johnson: »Nun, Sir, daß ein Orang-Utan nicht spricht, ist ebenso möglich wie *daß* er spricht. Darüber will ich nicht diskutieren. Aber ich habe es nicht für möglich gehalten, einen Monboddo zu finden, und doch gibt es ihn.«

Am unteren Ende der Kette hatte Antony van Leeuwenhoek mikroskopisch kleine Organismen entdeckt, die nun die Lücke zwischen den kleinsten Lebewesen und der unbelebten Natur schlossen. Addison schrieb im ›Spectator‹ über die Animalcula und Protozoen:

Jeder Teil der Materie ist belebt; jedes grüne Blatt wimmelt von Bewohnern. Es gibt bei Mensch und Tier kaum eine Körperflüssigkeit, in der wir mit unseren Gläsern nicht Myriaden von Lebewesen entdecken können. Die Oberfläche der Tiere ist ebenfalls mit anderen Tieren bedeckt, die ihrerseits den Lebensboden für wieder andere Tiere bilden. Wir finden sogar in den festesten Stoffen, wie zum Beispiel Marmor, unzählige Zellen und Hohlräume, deren Bewohner so winzig sind, daß wir sie mit bloßem Auge nicht wahrnehmen können.

Kehrt man zum Menschen zurück und verfolgt man die Kette nach oben, so kann man weitere ›missing links‹ annehmen, die höher als der Mensch, aber tiefer als Gott stehen. Dazu schrieb Addison:

Wenn die Idee eines allmählichen Aufsteigens der Wesen vom niedersten zum höchsten keine bloße Einbildung ist, dann ist es nicht unwahrscheinlich, daß ein Engel auf den Menschen herabschaut wie der Mensch auf ein Geschöpf, das der vernunftbegabten Natur am nächsten kommt.

Unter den sichtbaren Bewohnern der Erde war der Mensch die höchstentwickelte bekannte Gattung, doch die Astronomie versprach, die Unzulänglichkeit der irdischen Zoologie wettzumachen.

Fontenelles Argumente für die Möglichkeit einer Vielzahl bewohnter Welten klangen durchaus überzeugend. Danach konnte man entweder annehmen, daß die höheren Wesen, die den interplanetaren Raum bevölkerten, unkörperlich und daher unsichtbar waren, oder daß es unter den vielen Sternen einige Planeten gab, auf denen Übermenschen lebten. Kant hielt es für denkbar, daß auf den der Sonne näheren Planeten körperlich trägere und daher weniger geistige Geschöpfe als die irdischen Wesen lebten und auf den entfernteren Planeten solche, mit denen es sich umgekehrt verhielt. Denn da die ferneren Planeten weniger Wärme und Licht erhielten, würde ein geistiges Leben nur für Organismen aus ›leichterem und feinerem‹ Stoff möglich sein:

... daß die Trefflichkeit der denkenden Naturen, die Hurtigkeit in ihren Vorstellungen, die Deutlichkeit und Lebhaftigkeit der Begriffe, die sie durch äußerlichen Eindruck bekommen, samt dem Vermögen, sie zusammenzusetzen, endlich auch die Behendigkeit in der wirklichen Ausübung, kurz, der ganze Umfang ihrer Vollkommenheit unter einer gewissen Regel stehen, nach welcher dieselben, nach dem Verhältnis des Abstandes ihrer Wohnplätze von der Sonne, immer trefflicher und vollkommener werden ...

Die menschliche Natur, welche in der Leiter der Wesen gleichsam die mittelste Sprosse inne hat, siehet sich zwischen den zwei äußersten Grenzen der Vollkommenheit mitten inne, von deren beiden Enden sie gleich weit entfernt ist. Wenn die Vorstellung der erhabensten Klassen vernünftiger Kreaturen, die den Jupiter oder Saturn bewohnen, ihre Eifersucht reizet, und sie durch die Erkenntnis ihrer eigenen Niedrigkeit demütiget: so kann der Anblick der niedrigen Stufen sie wiederum zufrieden sprechen und beruhigen, die in den Planeten Venus und Merkur weit unter der Vollkommenheit der menschlichen Natur erniedrigt sein.[33]

Wer die englische Literatur studiert hat, kennt auch die berühmteste dichterische Darstellung dieser Lehre: Alexander Popes ›Versuch über den Menschen‹. Zwar kann die unkritische Art, mit der er die festgefügte Ordnung der Natur zur Rechtfertigung politischen Konservativismus benutzt, zum Zorn reizen:

Ordnung ist des Himmels oberstes Gesetz,
und gibt man dieses zu, so weiß man auch,
es müssen ein'ge größer, reicher, weiser sein
als andere ...[34]

33 Kant, Allgemeine Naturgeschichte und Theorie des Himmels, 3. Teil.
34 Alexander Pope, Essay on Man, 4. Brief.

Aber in einem der bekanntesten Abschnitte, in dem er die zwiespältige Stellung des Menschen mitten in der großen Kette beschreibt, gelingt es ihm, etwas von der bezwingenden Großartigkeit dieses Weltbildes deutlich zu machen:

Auf diesen Isthmus eines mittlern Stands gestellt,
ein Wesen, trüb und weise, groß, doch grob,
begabt mit zuviel Wissen, um zu zweifeln,
zu schwach, den Stolz der Stoiker zu haben,
schwebt er dazwischen; schwankend, ob handeln oder ruhen,
schwankend, ob sich als Gott zu schätzen oder als ein Tier,
schwankend, ob Körper oder Geist zu wählen sei,
geboren, um zu sterben, vernünftig, und doch immer irrend,
unwissend stets, mag er viel denken oder nicht,
ein Chaos wirrer Leidenschaften und Gedanken,
sich selbst betrügend und sich selbst erkennend,
geschaffen, halb zu steigen, halb zu sinken,
großer Herr der Dinge und doch ein Raub von allen,
einz'ger Richter der Wahrheit, in endlosen Irrtum geschleudert,
der Stolz, das Rätsel und das Spiel der Welt.[35]

Noch ein Punkt muß in diesem Zusammenhang hervorgehoben werden. Weder die große Kette der Wesen noch ihre Vorläuferin, die Stufenleiter der Natur, schloß die Vorstellung der Genealogie, der Abstammung, ein. Die Annahme, alle organischen Arten seien, einmal geschaffen, unveränderlich, war sogar noch wichtiger als die Idee der großen Kette selbst. Die verschiedenen Arten von Lebewesen waren Aspekte des Schöpfungsplanes, waren (wie John Ray es ausdrückte) Zeugnisse für ›die Weisheit Gottes, die sich in den Werken der Schöpfung manifestierte‹. Ray gehörte zu den protestantischen Wissenschaftlern, die in der Natur Zeugnisse für den göttlichen Plan suchten, und sein ›Wisdom of God‹, 1691 veröffentlicht, war im Grunde eine wissenschaftliche Predigt. Er errechnete die Zahl der verschiedenen Arten von Vierfüßern und Vögeln, Fischen und Insekten und bemerkte: ›Je vollkommener ein *genus* oder eine Ordnung der Wesen ist, um so zahlreicher sind die *species*, die sie enthält.‹ Seiner Schätzung nach gab es außer rund 150 Arten von Vierfüßern und Schlangen und mehreren hundert Arten von Vögeln und Fischen (ausgenommen Muscheltiere) rund 10 000 In-

35 2. Brief.

sektenarten und wahrscheinlich mindestens 18 000 Arten von Pflanzen.

Was können wir aus all dem schließen? Wenn schon die Zahl der Geschöpfe so außerordentlich groß ist, wie groß, ja wie ungeheuer muß dann die Macht und Weisheit dessen sein, der sie alle schuf! ... So wie ein Mechaniker über weit mehr Können verfügen muß, wenn er Uhren, Pumpen, Mühlen, Granaten und Raketen herstellt, als wenn er nur ein einziges Gerät baut, so verrät der Allmächtige mehr Weisheit, wenn er eine solche Vielzahl verschiedener Geschöpfe gestaltet, alle bewunderungswürdig und untadelig, als wenn er nur wenige geschaffen hätte; denn daraus wird die Größe und Unbegrenztheit seines Wissens deutlich.

So sah also John Ray in der Vielgestaltigkeit der Welt das wichtigste Zeugnis für Gottes Weisheit, und da sich diese Weisheit ›in den Werken der Schöpfung‹ ausdrückte, schien es ihm sicher, daß die vorhandenen ›leiblichen Geschöpfe‹ eine dauernde Eigenschaft der Natur bildeten, daß sie nach dem göttlichen Schöpfungsplan geschaffen und seitdem so erhalten worden waren.

Das Bild von der großen Kette der Wesen und die Überzeugung von der Unveränderlichkeit der Arten gaben den Naturforschern und vergleichenden Anatomen manchen Anreiz für ihre Studien. Die einen bereisten unerforschte Gebiete der Erde, um bisher unbekannte Tiere und Pflanzen zu entdecken, wie Linnés Schüler Daniel Solander, der James Cook auf seiner ersten Weltumsegelung begleitete. Andere sezierten Tiere, so viele ihnen nur erreichbar waren, wie Edward Tyson, der 1699 die Anatomie eines jungen Schimpansen aus Angola beschrieb, im Glauben, dieser sei mit dem Orang-Utan gleichzusetzen, und es handele sich bei ihm um das missing link. Auf jeden Fall trugen sie alle dazu bei, das Wissen des Menschen von der großen Kette zu bereichern und das ganze Wunder der göttlichen Schöpfung aufzuzeigen.

Das anerkannte Weltbild des 18. Jahrhunderts

Auf den ersten Blick scheinen die Kartesianer und Deisten durch eine große Kluft von den protestantischen Wissenschaftlern und Naturphilosophen getrennt. Letztere interpretierten die Naturordnung theologisch, die anderen lehnten dies ab. Und doch hatten beide Gruppen einen gemeinsamen Ausgangspunkt. Sie erkannten dieselbe Naturordnung als Grundlage an und gingen von der Voraussetzung aus, daß die materielle Welt mit all ihren Aspekten bestimmten feststehenden Gesetzen unterworfen sei. Und in den Augen der damaligen Wissenschaftler war das Wort Natur›gesetz‹ keine bloße Metapher. Die Analogie zum bürgerlichen Gesetz wurde durchaus ernstgenommen. Die wissenschaftlichen Gesetze waren vom Allmächtigen für seine belebte Welt geschaffen worden. Auf dieser Grundlage bauten Wissenschaftler und Theologen eine statische und unhistorische Naturphilosophie auf, nach der sich die unveränderlichen Arten von Lebewesen und die massiven unzerstörbaren Atome den unveränderlichen Gesetzen anpaßten, die ihrerseits auf die unterschiedliche Beschaffenheit der vielen Arten zugeschnitten waren.

Das begrenzte biblische Zeitschema, das noch immer die Spekulationen der Menschen in seinen Fesseln hielt, befestigte dieses statische Bild noch. (Wenn auch im Mittelalter Gelehrte wie Albertus Magnus darüber diskutieren konnten, ob organische Arten absolut unveränderlich seien oder nicht – die Wissenschaftler des 17. Jahrhunderts hatten diese Freiheit nicht.) Infolgedessen wurde der Augenblick immer weiter hinausgeschoben, in dem man sich mit der Wahrheit über das wirkliche Alter der Welt auseinandersetzen und die Naturordnung als das vergängliche Endprodukt einer historischen Entwicklung erkennen mußte. Im Augenblick aber hatte noch niemand eine richtige Vorstellung von der sich in der Zeit entwikkelnden Natur. Nur im Bereich des menschlichen Lebens und Wirkens und bis zu einem gewissen Grade auch in der Geologie begann man den historischen Wandel in seiner ganzen Tragweite zu ermessen. Aber selbst in der Sozialwissenschaft gab es starke geistige Kräfte, die die Aufmerksamkeit von solchen Wandlungen ablenkten und stattdessen den Glauben an ›unveränderliche Gesetze‹ in der menschlichen Natur und im gesellschaftlichen Gefüge bestärkten. Um den Hintergrund für die Revolutionen innerhalb der Naturwissenschaft des 19. Jahrhunderts vollends deutlich zu machen, müssen wir uns den Ideen zuwenden, die seit 1600 die menschliche Geschichte und gesellschaftliche Theorien geformt haben.

Erneuerung der Geschichtsschreibung

Menschliche Lebensumstände sind viel stärker dem Wandel unterworfen als die Oberfläche der Erde oder die Formen der Lebewesen. Noch vor knapp 6000 Jahren lebten nur in wenigen Flußtälern Asiens und des Vorderen Orients Menschen in festen Städten und in einer entwickelten Gesellschaftsordnung. Die Kunst der Metallbearbeitung steckte noch in den Anfängen. Man sollte eigentlich annehmen, der Mensch hätte sich den Sinn für zeitliche Entwicklung zuerst und vor allem in denjenigen Wissenschaften angeeignet, die sich mit ihm selbst beschäftigen, indem er seine eigenen Schicksale aufzeichnete und darüber nachdachte, und hätte erst dann über die Möglichkeiten geologischer und zoologischer Veränderungen spekuliert.

Bis zu einem gewissen Grade ist das auch richtig. Um 1400 n. Chr. lassen sich die ersten Anzeichen dafür feststellen, daß man die bedeutenden Wandlungen gesellschaftlichen Lebens im Lauf der Jahrhunderte erkannte. Aber es tauchten doch immer wieder Schwierigkeiten auf, die den Menschen in Westeuropa daran hinderten, sich, so wie einst die ionischen Philosophen und die Epikuräer, mit den Ursprüngen der Familie, Gesellschaft, Sprache und der wichtigsten Handwerke zu beschäftigen. Das historische Bewußtsein bildete sich nur sehr langsam aus, auch in rein menschlichen Bereichen. Vor dem 19. Jahrhundert war sich kaum jemand darüber klar, welch tiefe Spuren die Zeit im menschlichen Leben und Wirken hinterlassen hatte und welche Konsequenzen die Frage nach der historischen Entwicklung nach sich zog. Erstaunlicherweise kam der letzte Anstoß zum Teil von den Naturwissenschaften. Die Ausdehnung des geologischen und zoologischen Zeitschemas gab den Historikern endlich mehr Freiheit, das Problem aufs neue anzupacken.

Die Geburt der historischen Textkritik

Sowohl in der Geschichtsschreibung wie auch in der Naturwissenschaft wurden dem Menschen durch eine Reihe ganz ähnlicher, immer wieder auftretender Probleme die Augen über die Tatsache historischer Veränderungen geöffnet. Jedes Mal war die Frage der Autorität im Spiel, das heißt die Frage des Rechtes kirchlicher und weltlicher Mächte, anderen ihren Willen aufzuzwingen und Gehorsam zu verlangen. Kirche und Staat, König und Parlament, Staatsgesetz und Volkswille – auf jeder Stufe erhob sich die Frage nach der Gültigkeit politischer Pflichten und rief ihrerseits die Frage nach ihrem historischen Ursprung hervor, und immer stand dahinter die Hoffnung, Ausmaß und Grenzen dieser Autorität möchten irgendwo in der Vergangenheit verankert sein.

Dieser Prozeß begann im 15. Jahrhundert. Lange vor Luthers verwegenem Angriff auf die Autorität des Papstes hatten bereits die Bemühungen der westlichen Kirche um eine Reform von innen her begonnen. In den Jahren nach 1431 war auf dem Basler Konzil vergeblich die Frage erörtert worden, welche weltlichen Gewalten der Papst rechtmäßig ausüben könne. Jahrhunderte lang hatte die Kirche politische Autorität über die Nachfolgerstaaten des westlichen Römischen Reiches gefordert, und der Papst hatte das Recht beansprucht, den ›Kaiser des Heiligen Römischen Reiches‹ zu ernennen und ihm dabei diese weltliche Macht zu übertragen. Der Anspruch auf ein weltliches Reich hatte die Grenzen zwischen weltlicher und kirchlicher Autorität und zwischen geistlicher und politischer Untertanentreue verwischt. Mit dem ihm eigenen, außergewöhnlich feinen Spürsinn erkannte Kardinal Nikolaus von Cues, wo der Kern des Problems lag, und empfahl, alle politischen Ansprüche aufzugeben, damit die Kirche zu ihrer ursprünglichen geistlichen Mission zurückfinde.

Sein Memorandum für das Basler Konzil war eins der ersten Beispiele für kritisch-historisches Denken innerhalb der gesamten europäischen Geistesgeschichte. Er wies darauf hin, daß die politischen Ansprüche des Papstes auf der Konstantinischen Schenkung beruhten, nach der Konstantin der Große angeblich im 4. Jahrhundert dem Bischof von Rom, Sylvester, und seinen Nachfolgern die kaiserliche Herrschaft über Italien abgetreten und seine eigene Macht auf das oströmische Reich beschränkt hatte, das von der neugegründeten Hauptstadt Konstantinopel aus regiert werden sollte. Bis damals, nach 1430, war die Echtheit der Urkunde niemals angezweifelt worden; sie hatte im politischen Denken des Mittelalters ungefähr den gleichen Rang eingenommen wie die amerikanische Unabhängigkeitserklärung in der Gegenwart.

Nun erklärte Nikolaus kühn, die Urkunde sei eine Fälschung. Von wem, wann und wo sie verfaßt worden war, konnte er nicht sagen, er beschäftigte sich nur mit der Tatsache als solcher. Auch wer nur geringe Kenntnisse über das Rom des 4. Jahrhunderts besaß, mußte erkennen können, daß sie nicht echt war. Die Termini, die darin verwendet wurden, die Befugnisse, die sie zu übertragen vorgab, die historischen und gesellschaftlichen Voraussetzungen, von denen sie ausging, alle Vorstellungen und Folgerungen sowie ihr Stil und Wortschatz, ja sogar die Wortformen waren sämtlich Anachronismen und mit ihrem vorgeblichen Ursprung im Rom des 4. Jahrhunderts nicht vereinbar. Ohne den Ausdruck ›Anachronismus‹ zu gebrauchen, um alle diese Widersprüche zu bezeichnen, wies Nikolaus besonders auf einen wesentlichen Grundsatz des modernen historischen Kritizismus hin: auf den Grundsatz von der organischen Einheit eines Zeitalters. Mit dem Blick auf diese Einheit konnte man sowohl echte Zeugnisse aus früherer Zeit von unechten als auch mögliche Vorstellungen von unglaubwürdigen unterscheiden. Einige Jahre später arbeitete sein Sekretär auf dem Konzil, Lorenzo Valla, Nikolaus' Entwurf zu einer eigenen Abhandlung aus. Er hatte seine Tätigkeit bei dem Kardinal aufgegeben und war in den Dienst des Königs Alfons I. von Aragon, Sizilien und Neapel getreten. Alfons hatte seine Gründe, des Papstes weltliche Ansprüche abzulehnen und jeden Beweis für die Unechtheit der Konstantinischen Schenkung aufzugreifen, denn seine eigenen Territorien in Italien waren Angriffen allzusehr preisgegeben. So wurde Vallas Abhandlung nicht nur ein Vorbild historischer Analyse, sondern auch eine nützliche politische Waffe.

Heute nimmt man an, daß die Schenkungsurkunde im 8. Jahrhundert verfaßt worden ist, wahrscheinlich um 760. Papst Paul I. war damals bestrebt, seine Beziehungen zu den Bilderstürmern in Byzanz abzubrechen. Zwar konnte Valla nichts Gültiges über den Ursprung der Fälschung aussagen, aber er brachte doch eine beträchtliche Zahl von Beweisen gegen ihre Echtheit zusammen. Er entledigte sich seiner Aufgabe mit Temperament und Schwung. Die Schenkung beruhte auf einer Legende, nach der Papst Sylvester den Kaiser vom Aussatz geheilt hatte, und zum Dank soll Konstantin die christliche Kirche in seinem Reich zur Staatskirche erklärt und dazu dem römischen Bischof kaiserliche Gewalt über ›die Stadt Rom, Italien und die westlichen Länder‹ übertragen haben. Mit ätzendem Sarkasmus widerlegte Valla in seiner historisch-kritischen Auseinandersetzung das Werk des Fälschers:

Du Verbrecher und Bösewicht! Dieselbe Geschichte [das Leben Sylvesters], die er als Zeuge beibringt, berichtet, daß lange Zeit niemand aus dem Senatorenstand die christliche Religion hat annehmen wollen und daß Konstantin den Armen den Anreiz einer Belohnung gegeben hat, damit sie sich taufen ließen. Und du sagst, gleich in den ersten Tagen hätten

Senat, Adel und Satrapen [ein persisches Wort, das im 8. Jahrhundert in Rom wieder aufkam], als ob sie schon Christen wären, gemeinsam mit dem Kaiser über eine Ehrung der römischen Kirche Beschlüsse gefaßt. Wie steht es damit, daß nach deiner Meinung Satrapen dabei waren? Du blöder Dummkopf! Ist das die Ausdrucksweise von Kaisern? Werden für gewöhnlich Beschlüsse in Rom auf diese Weise gefaßt? Wer hat jemals davon gehört, daß bei den Beratungen der Römer Satrapen erwähnt werden?[36]

Die Analyse war exakt und erbarmungslos. Zum Beispiel wurde in der Urkunde allen römischen Klerikern der Titel ›Konsul‹ verliehen. Spöttisch bemerkte Valla dazu:

Aber können etwa Kleriker Konsuln werden? Die lateinischen Kleriker haben sich das Eheverbot auferlegt und sollen Konsuln werden? Und wenn die Aushebung der Soldaten stattgefunden hat, werden sie sich dann mit den Legionen und Hilfstruppen in die Provinzen begeben, deren Verwaltung ihnen durch das Los zugefallen ist? Diener und Knechte sollen Konsuln werden, und zwar nicht nur je zwei, sondern zu Hunderten und Tausenden? Knechte, die der römischen Kirche dienen sollen, die sollen mit der Feldherrnwürde bedacht werden?[37]

Betrachtete man das Ganze unter einem historischen Gesichtswinkel, dann war es in der Tat lächerlich. Das traditionelle Konsulat – mit zweijährlich ernannten Konsuln – erhielt sich unverändert bis zum Einfall der Germanen im 5. Jahrhundert; erst viel später wurde die Bezeichnung ›Konsul‹ für einen bestimmten Rang in der Gesellschaftsordnung verwendet. Der Gebrauch des Wortes ›Konsul‹ in der Schenkung jedoch ist etwa mit der Vorstellung zu vergleichen, als weigerten sich die anglikanischen Kleriker im 20. Jahrhundert, ihre Steuern zu bezahlen, und hätten aus den Dokumenten in Canterbury eine angeblich von Heinrich VIII. unterzeichnete Urkunde beigebracht, in der der König erklärte, er erlasse ihnen die ›Einkommensteuer auf unbegrenzte Zeit‹.

Von 1450 an verschärfte sich der Gegensatz zwischen den totalen Ansprüchen der Kirche und den Forderungen eines weltlichen Zeitalters und gab dem wiedererwachten Interesse für Geschichtsschreibung neue Impulse. Während des ganzen 16. Jahrhunderts bildeten die Fragen nach der gesetzlichen Autorität die Triebkraft für die

36 Laurentius Valla, ›De falso credita et ementita Constantini Donatione declamatio‹, 12. Kap., § 39.

37 16. Kap., § 54.

historische Forschung. In Frankreich beispielsweise beschäftigten sich humanistische Rechtsgelehrte wie Jean Bodin und Jacques Cujas mit den Grundlagen des derzeitigen Rechtssystems, das sich auf Gesetzbücher aus römischer Überlieferung stützte. Was sie dabei verblüffte, war nicht die Geltung oder Echtheit der römischen Gesetze, sondern daß sie den veränderten Bedingungen ihres eigenen Landes und ihrer eigenen Zeit genau angepaßt waren. Diese Humanisten mochten wohl die Lehren des Lukrez und Epikur als atheistisch ablehnen, aber sie waren doch mehr weltliche als geistliche Gelehrte. Sie erklärten die scholastische Bildung für zu eng und trugen dadurch mit dazu bei, daß sich allmählich das Vorbild einer umfassenderen geistigen Erziehung durchsetzte, umfassender durch die Einbeziehung der neuentdeckten Klassiker, außerdem durch die neugegründeten Lateinschulen leichter zu erwerben. (Diese Schulen bekamen um 1500 mehr Zuschüsse und Stiftungen als die Kirche selbst.) Die Literatur erhielt eine ganz neue Bewertung; die antiken Meister der Geschichtsschreibung und historischen Erzählung wurden bald ebenso hoch geschätzt wie Eusebios und Hieronymus. So gewannen Herodot, Thukydides und Plutarch abermals beträchtlichen Einfluß auf das europäische Denken.

Verfall oder Fortschritt?

Trotz ihres Elans und ihrer Originalität konnten sich die Historiker der Renaissance dem ›gesunden Menschenverstand‹ des 16. Jahrhunderts ebensowenig entziehen wie ihre Kollegen von der Naturwissenschaft. In einer Zeit, in der man allgemein glaubte, die Welt gehe ihrem Ende entgegen, hatten sich historische und naturwissenschaftliche Theorien dem Gedanken der bevorstehenden Apokalypse anzupassen. So überrascht es uns nicht, wenn wir den tiefen Pessimismus, der uns schon in Theologie und Literatur begegnet ist, um 1600 in historischen Schriften wiederfinden. Viel erstaunlicher ist ein frischer Wind aus entgegengesetzter Richtung, nämlich die ersten Anzeichen für die ganz neue Vorstellung, gesellschaftliche und politische Bedingungen könnten sich im Lauf der Zeit verbessern. Hauptvertreter dieser beiden konträren Meinungen waren zwei englische Historiker Anfang des 17. Jahrhunderts. Beide waren bekannte Leute, hatten lange Zeit öffentliche Ämter bekleidet und waren am Ende ihrer Laufbahn in Ungnade gefallen. Sir Walter Raleigh begann seine ›History of the World‹ 1604, als er, wegen

Hochverrats zum Tode verurteilt, in London im Tower saß, und Francis Bacon schrieb seine ›History of the Reign of Henry VII.‹ 1621, als er ebenfalls die Enttäuschung eines in Ungnade Gefallenen zu spüren bekam.

Dieses Schicksal ist aber auch die einzige Gemeinsamkeit im Leben der beiden Männer. Obgleich Raleigh ein belesener und welterfahrener Mann war, entsprach seine geistige Einstellung doch noch ganz dem Denken des Mittelalters. Wie Augustinus tausend Jahre zuvor suchte er das Wirken göttlicher Vorsehung in historischen Ereignissen nachzuweisen. Seiner Meinung nach war das Gerüst der menschlichen Geschichte ein für allemal durch den Sündenfall und die Gnade Gottes festgelegt. Für ihn war die Heilige Schrift eine ebenso unangreifbare Autorität wie der Koran für den orthodoxen Mohammedaner. Er hielt es für völlig überflüssig, den biblischen Wahrheiten auf den Grund gehen zu wollen. Es wäre reine Zeitverschwendung und hieße, ›sozusagen bei Kerzenlicht in den zweifelhaften Fragmenten verschwundener Autoren‹ nach Wahrheiten zu suchen, ›die wir bei Tageslicht gefunden haben würden, wenn wir uns nur auf die Heilige Schrift verlassen hätten‹. Aufgabe des Historikers war vielmehr, dieses biblische Gerüst auszufüllen, indem er aus klassischer und moderner Zeit Geschichten sammelte, die uns ›durch Beispiele aus vergangener Zeit ihre Weisheit lehren und uns damit zu führen vermögen‹. Die Bedeutung historischer Ereignisse lag einzig und allein in ihrem Bezug auf Gottes Vorsehung. Wandlungen und Wechselfälle der Geschichte waren ›zweitrangig‹, sie waren nur die ›Instrumente und Rohre, die das weiterleiteten, was sie von der göttlichen Quelle empfingen‹. Auch die Chronologie fand er, wie Hieronymus und Luther vor ihm, in der Bibel. (Sein eigenes Datum für die Schöpfung war das Jahr 4032 v. Chr. Danach würde die Zeitspanne von rund 6000 Jahren bis 1968 reichen.)

Francis Bacons Ideen zur Geschichte bewegten sich – soweit es die Möglichkeiten seiner Zeit erlaubten – ins andere Extrem. In seinen Essays widmete er der göttlichen Vorsehung wenig mehr als ein Lippenbekenntnis, und in seinen Erörterungen über historische Methoden räumte er ihnen keinen großen Platz ein. Ziel der historischen Wissenschaft war seiner Meinung nach nicht, erbauliche Geschichten zur moralischen Belehrung zu sammeln, sondern die Grundlage für eine künftige Wissenschaft vom Menschen zu schaffen. Alle die ›zweitrangigen Ursachen‹, die für Raleigh weniger wichtig waren, wurden für Bacon zum Hauptgegenstand seines historischen Interesses:

›Vor allem möchte ich (denn das ist der Schmuck und die Seele der Geschichtsschreibung) alle historischen Ereignisse mit ihren Ursachen verknüpft sehen. Ich meine, man sollte eine Darstellung von den Eigenarten aller Völker und Landstriche und ihrer natürlichen Gegebenheiten usw. schreiben ... Das alles würde ich nach einer historischen Methode behandeln: kurz und bündig, wohl nach Art der Kritiker mit Lob und Tadel, aber doch in der Form einer einfachen historischen Erzählung mit zurückhaltendem eigenem Urteil.‹

Auf diese Weise würde die Geschichtsschreibung dem allgemeinen Ziel von Wissenschaft und Gelehrsamkeit dienen, ›damit das menschliche Leben mit neuen Entdeckungen und Kräften ausgestattet werde‹.

Bacon teilte die Vorliebe der Humanisten für die antiken griechischen und römischen Autoren nicht. ›Vorurteil‹ würde er sie genannt haben.

Wie in einer Art Verzauberung sind die Menschen am wissenschaftlichen Fortschritt gehindert worden: durch ihre Verehrung für die Antike, durch die Autorität von Männern, die in der Philosophie als Größen galten, und durch die allgemeine Stimmung der Zeit.

Die Vorliebe für die Antike erkläre sich großenteils, so behauptete er, aus einer gedanklichen Verwirrung: das Alter der aus klassischer Zeit überlieferten Quellen galt als Garantie für die Ehrwürdigkeit ihres Inhalts. In Wirklichkeit war das Gegenteil richtig: die ältesten Ideen repräsentierten die früheste Entwicklungsstufe menschlichen Denkens. Antiquitas seculi juventus mundi: das Zeitalter, das die Humanisten so sehr verehrten, war die Jugendzeit der Welt.

So wurde Bacon zu einem der ersten wirklich modernen Historiker. Anstatt sich auf die heilige Geschichte oder die griechisch-römische Antike zu beschränken, erkannte er bereitwillig Menschen und Geschehnisse seiner eigenen Zeit als bedeutsam auf Grund ihres eigenen Wertes an. Die Menschen der Gegenwart, erklärte er, haben auf den Errungenschaften der Antike aufgebaut und sie damit übertroffen. Erfindungen wie Buchdruck, Schießpulver und Kompaß ›haben Aussehen und Zustand der gesamten Welt verändert ... Kein Reich, keine Religionsgemeinschaft, kein Stern haben einen größeren Einfluß auf das menschliche Leben ausgeübt als diese mechanischen Erfindungen.‹ Es war auch nicht anzunehmen, daß das Zeitalter der Erfindungen schon vorüber sei: ›Diese Leistungen in Navigation und Mechanik lassen weitere Leistungen und Fortschritte in allen Wissenschaften erwarten‹, und durch ›kluge Befragung‹ der Natur konnte der Mensch seine Macht und seinen Verstand außerordentlich erweitern.

Bacons intellektueller Optimismus bedeutete einen völligen Bruch mit der mittelalterlichen Tradition. Auch wenn die restliche Lebensspanne der Welt wirklich nur noch kurz sein sollte, so war doch nicht einzusehen, warum diese letzten Jahre nicht die besten sein sollten. ›Im gleichen Maße, wie begangene Fehler in der Vergangenheit hinderlich gewesen sind, können sie uns Anlaß sein, auf die Zukunft zu hoffen‹, denn sie sind ein Ansporn, des Menschen Los in ganz weltlichem Sinne zu verbessern. Bacon sprach völlig unverblümt. Hatte Sir Walter Raleigh mit dem strengen Augustinianismus seiner ›History of the World‹ den Beifall der Puritaner hervorgerufen, so verkündete Bacon in ›De dignitate et augmentis scientiarium‹ und ›Nova Atlantis‹ frei und offen, Glück und Zufriedenheit in dieser Welt seien erstrebenswert um ihrer selbst willen, und der Mensch sei durchaus berechtigt, seine Macht über die Natur noch weiter auszudehnen, um beides zu erreichen. Diese neue weltliche Betrachtungsweise war von den düsteren Prophezeiungen Luthers und Calvins ebenso weit entfernt wie von der Resignation des Augustinus. Der Protestantismus war in einer unmerklichen, aber tiefgreifenden Wandlung begriffen: Die Idee der Gnade wich dem Gedanken der Selbsthilfe.

Wieviel Zeit war nun nach Bacons Meinung der Welt noch gegeben? Er sprach zwar von seinem eigenen Zeitalter als vom vorgerückten Alter der Erde, aber nirgends deutete er etwas davon an, daß er den letzten Weltbrand für nahe bevorstehend hielt. Er betrachtete den Tod der Welt genauso wie jeder Mensch seinen eigenen Tod betrachtet: Er wußte, daß er unausweichlich war, aber er ließ sich von dem Gedanken an ihn weder niederdrücken noch daran hindern, solange tätig zu sein, als er es eben vermochte. So bildete sich ein neues weltliches Lebensgefühl heraus – aber immer noch in den Grenzen des alten Zeitschemas. Die Menschheit war nicht, so meinte Bacon, sündhaft, liederlich oder gebrechlich geworden, sondern stand in reifem Alter, und das wichtigste war, aus den letzten Jahren das beste zu machen. Die Zukunft würde vielleicht nicht länger sein als man annahm, aber sie konnte besser sein.

In den folgenden Jahren wurde die Furcht vor einer bevorstehenden kosmischen Katastrophe spürbar geringer. George Hakewill leugnete in seiner ›Apologie or Declaration of the Power and Providence of God‹ (1627) rundweg, daß der Sündenfall die gesamte Natur in Mitleidenschaft gezogen habe. Zwar behauptete er nicht, die Welt sei ewig – das wäre eine aristotelische Ketzerei gewesen –, aber er meinte, das Ende der Welt werde allein durch einen übernatürlichen, also göttlichen Eingriff herbeigeführt, und man habe keinen Grund anzunehmen, es stehe schon nahe bevor:

Alle Geistlichen sind sich darüber einig, daß wenigstens zwei das Weltende ankündigende Zeichen unerfüllt geblieben sind: die Zerstörung Roms und die Bekehrung der Juden. Wann sie sich erfüllen werden, weiß Gott allein; soweit der Mensch es beurteilen kann, ist noch von keinem von beiden etwas zu bemerken.

Im praktischen Leben jedenfalls sollte man sich um den Weltuntergang nicht kümmern:

Das Warten auf den Weltuntergang zerstört des Menschen Hoffnungen und schwächt sein Streben ... Wir sollten uns von den eingebildeten Schatten eines unvermeidlichen Weltuntergangs nicht hindern lassen, von unseren edlen Vorfahren zu lernen und für unsere Nachfahren zu sorgen. So wie unsere Vorfahren für uns gesorgt haben, so wollen wir es für unsere Nachkommen tun, und sie werden uns dafür segnen; denn wir wissen nicht, wie viele Generationen noch nach uns kommen, ebensowenig wie unsere Vorfahren es zu ihrer Zeit gewußt haben.

Für die damalige Zeit klang das sehr radikal und konnte kaum ernstgenommen werden, aber vierzig Jahre später war die Furcht fast ganz verschwunden. Die Gründer der *Royal Society* rechneten zuversichtlich mit der Nachwelt, wenigstens insoweit, als sie überzeugt waren, es werde überhaupt eine Nachwelt geben, die die Früchte ihrer Arbeit genießen würde. So erklärte Joseph Glanvill: ›Wir müssen suchen und sammeln, beobachten und prüfen und bewahren für die Zeiten, die noch kommen.‹ Andrew Marvell konnte in seiner Ode ›An seine spröde Herrin‹ schon mit einer Zeitspanne spielen, die man zur Zeit seines Großvaters überhaupt noch nicht in Erwägung gezogen hatte. Der Schatten des Untergangs lag nur noch über dem Leben des Einzelnen.

Hätten wir nur Zeit und Raum,
deine Sprödheit würd mich kränken kaum ...
denn dich zu lieben fing ich dann
zehn Jahre vor der Sündflut an;
du könntest, wolltst du's, dich verwehrn,
bis man die Juden wird bekehrn,
und meine Liebe, wie ein Quell,
wüchs größer als Länder, nur nicht so schnell,

denn hundert Jahre gingen hin
zu preisen Augen und die Stirn,
zweihundert dann für jede Brust,
dem Rest wärn dreißigtausend Lust.
Ein Zeitalter für jedes Stück,
im letzten schenkst du alles Glück ...
Und hinter mir mit jedem Tag
braust näher der Zeiten Flügelschlag,
doch vor uns dehnt sich noch so weit
die Wüste einer Ewigkeit.[38]

Wandlungen menschlicher Normen

Durch die zunehmende Schnelligkeit gesellschaftlicher Wandlungen sahen sich die Historiker fast gewaltsam auf die von Francis Bacon vorgezeichnete Bahn gedrängt. In England lagen Krone und Parlament in dauerndem Kampf miteinander, und jeder zog die Geschichte zur Rechtfertigung seiner politischen Ansprüche heran. Es war ein allgemein anerkanntes Prinzip der Gesetzgebung, daß jeder Brauch und jede Einrichtung, die seit ›unvordenklichen Zeiten‹ bestanden, keiner formellen Bestätigung oder Rechtfertigung bedurften. So versuchten die Parlamentarier die Geschichte des Unterhauses bis zur angelsächsischen ›Volksversammlung‹ vor der normannischen Eroberung zurückzuverfolgen, während die Royalisten das Parlament für eine neue Einrichtung erklärten, deren gesetzliche Anerkennung von einem königlichen Erlaß abhänge; der früheste gehe auf Heinrich III. zurück. Beide Parteien hatten also gewichtige Gründe, die Geschichte parlamentarischer Befugnisse und königlicher Vorrechte zu studieren. So entstanden Anfang des 17. Jahrhunderts die ersten detaillierten Analysen der mittelalterlichen Gesellschaftsordnung; die bekannteste ist Henry Spelmans Studie über den Feudalismus.

Während die Krone ihre Ansprüche gegenüber dem Unterhaus zu verteidigen hatte, sah sich die Kirche den Angriffen der Laienwelt ausgesetzt. Die wichtigste Frage, die zur Erörterung stand, war das herkömmliche Recht der Kirche, den ›Zehnten‹ zu erheben. Mit der gleichen Sorgfalt, die Spelman seiner Arbeit über Feudalismus und Parlament gewidmet hatte, ging sein Zeitgenosse John Selden bei seiner ›History of Tithes‹ zu Werke, einem Buch, das

38 Andrew Marvell, ›To His Coy Mistress‹.

viele Leser als Angriff auf das Recht der Kirche verstanden, obwohl sich Selden bewußt auf die historischen Fakten beschränkte. In Wirklichkeit verhielt es sich so, daß die immer wieder vorgebrachten Argumente für den Zehnten schwach oder sogar unglaubhaft waren (zum Beispiel wurde Melchisedek angeführt) und sich die Sache im Lauf der Zeit so kompliziert hatte, wie es bisher gar nicht erkannt worden war. Keineswegs ließen sich die von der Kirche erhobenen Ansprüche durch einen einzigen Beweis rechtfertigen, vielmehr mußte jeder einzelne Anspruch in Zukunft für sich allein verteidigt werden.

Doch die historische Kritik beschränkte sich nicht auf die weltlichen Ansprüche der Kirche, sie blieb auch nicht ohne Einfluß auf das Verhältnis der Gläubigen zur geistlichen Autorität von Kirche und Bibel, so daß um 1700 ein Gebildeter sich der biblischen Überlieferung nicht mehr so fraglos beugen konnte wie Sir Walter Raleigh noch hundert Jahre vorher.

Für diese Wandlung gab es zwei Gründe. Erstens war es zweifelhaft geworden, wie denn überhaupt die exakte biblische Überlieferung lautete – denn als Humanisten wie Erasmus und Scaliger die lateinische Vulgata des Mittelalters mit griechischen Exemplaren, deren Alter nicht bezweifelt werden konnte, verglichen, stießen sie auf unerwartete Widersprüche zwischen den verschiedenen Versionen. Nun entspann sich ein Kampf zwischen Theologen und Bibelgelehrten; jeder versenkte sich tiefer und tiefer in Grammatik, Philologie und Kirchengeschichte, um die Ansicht seiner Gruppe als richtig zu beweisen. Ende des 17. Jahrhunderts war die Erörterung noch im Gange, als Pater Richard Simon mit seiner ›Histoire critique du vieux testament‹ die katholische Partei wider Willen und nicht ohne Besorgnis in die stürmischen Wasser ›höherer Kritik‹ stürzte.

Den zweiten Grund lieferte die Reformation. Luther hatte Lorenzo Vallas Abhandlung über die Konstantinische Schenkung als Waffe gegen die päpstliche Oberhoheit benutzt, und von dem Augenblick an waren die miteinander rivalisierenden Lehren der Katholiken, Lutheraner, Calvinisten und Anglikaner den Angriffen der historischen Kritik preisgegeben. Die Argumentation der Protestanten gründete sich auf die Geschichte und war also nur soweit gesichert, wie die historische Forschung sie beweisen konnte. Denn da man sich nun einmal auf eine Lehre berief, die angeblich reiner, zuverlässiger und älter war als die traditionelle katholische Lehre, war man genötigt, mit stichhaltigen historischen Argumenten nachzuweisen, in welcher Hinsicht der Katholizismus von der echten Lehre Christi abwich. So sah sich die Theologie, ebenso wie die Gesetzgebung und Politik, in den Netzen der Geschichtswissenschaft verfangen. Um einen anschaulichen Vergleich von Bacon zu gebrauchen: Man war gezwungen, die Wahrheiten der christlichen Lehre aus neu entdeckten Zeugnissen ›wie die Trümmer eines Schiffswracks ... aus der Sintflut der Zeit‹ zusammenzusuchen und zu rekonstruieren.

Was für Ursachen diese historischen Forschungen nun auch haben mochten, ihre Wirkung war in jedem Fall die gleiche. Man konnte nicht mehr umhin, die Veränderlichkeit gesellschaftlicher Gebräuche und damit die Relativität von Gesetzen und Verpflichtungen anzuerkennen. Ein Gesetzbuch des kaiserlichen Rom hatte für das Frankreich des 16. Jahrhunderts keine Geltung mehr, und ebenso mußte man jede Institution im Zusammenhang mit ihrer Umgebung betrachten. Spelman hat diese Tatsache in der Einleitung zu seiner Geschichte des Parlaments deutlich zum Ausdruck gebracht:

Wenn Staaten sich von ihrer ursprünglichen Konstitution entfernt haben und dieses Urbild durch den Lauf der Zeit aus der Erinnerung geschwunden ist, beurteilt man in den späteren Zeitaltern das Vergangene nach dem Gegenwärtigen: man glaubt, die frühere Konstitution gleiche der jetzigen, sieht sie aber dadurch in falschen Proportionen und zieht daraus falsche Schlüsse und Konsequenzen.

Jedes Zeitalter habe, fügte er hinzu, seinen eigenen Charakter und seine eigenen Bräuche, und diesen Unterschieden müsse man Rechnung tragen, ehe man seine Errungenschaften, Institutionen und Rechtssysteme exakt vergleichen könne. Wie der Chemiker Lavoisier im 18. Jahrhundert legte Spelman sein großes Werk als systematische Analyse der Terminologie seines Gegenstandes an, aber was als philologische Untersuchung begonnen hatte, endete bei beiden Gelehrten als umfassende Überprüfung von Prinzipien. Spelman hatte anfangs nur eine Sammlung der veralteten rechtssprachlichen Ausdrücke geplant, sah sich aber dann vor der Notwendigkeit, die gesamte Struktur der mittelalterlichen Gesellschaft zu untersuchen und die verschiedenen Fachausdrücke durch seine Analyse zu erklären. So wurden philologische Studien zu einem wichtigen Instrument für historische Studien, und es ist kein Zufall, daß der gelehrteste englischer Historiker dieser Zeit, John Selden, zugleich ein ausgezeichneter Sprachwissenschaftler war.

Selden war sich selbst vollkommen klar darüber, daß die Geschichtsforschung des neuen Zeitalters nach methodischen Prinzipien vorgehen mußte. Der Historiker sollte zunächst ein widerspruchsfreies, zusammenhängendes Bild vom Leben und von der Gesellschaft, von Recht, Religion und Sitten jeder Epoche und jedes Landes erarbeiten. Die Datierung und Echtheit eines historischen Denkmals sollte dann danach beurteilt werden, wieweit es sich in das Bild der Zeit und des Gebietes, denen es zugeschrieben wurde, einfügen ließ. Damit beschrieb und erweiterte er Lorenzo Vallas Methode, die dieser bei seiner Untersuchung der Konstantinischen Schenkung angewandt hatte. Historische Fragen wurden nach ihrem ›Synchronismus‹ beurteilt. Das Wort bedeutete ursprünglich soviel wie ›chronologischer Zusammenhang‹. Sein Gegensatz, ›Anachronismus‹, bedeutete zunächst einfach ›falsche Datierung‹ oder ›Fehlen eines chronologischen Zusammenhangs‹ – wenn also zum Beispiel die Unterschrift eines Mannes in eine Zeit nach seinem Tode datiert wurde. Aber Selden ging über den einfachen historischen Beweis eines Zusammenhangs oder das Fehlen eines solchen noch hinaus. Er bezog die ›falschen Schlüsse und Konsequenzen‹ mit ein, die sich aus den von Spelman kritisierten, ungenauen historischen Analogien ergaben. So entsprang aus der Erkenntnis historischer Epochen die Erkenntnis historischer Unstimmigkeiten, die Coleridge später ›praktische Anachronismen‹ nannte, in dem Sinne, wie wir das Wort heute noch gebrauchen.

Menschliche Natur und gesellschaftlicher Wandel

Die Entdeckung, daß jede Gesellschaft und jede Epoche ihren besonderen Charakter hat, führte nun aber nicht sofort zu der Erkenntnis historischer Entwicklung. Der nächste Schritt war, soweit wir es heute beurteilen können, folgender: Nachdem man gewisse Veränderungen von einem Zeitalter zum anderen erkannt hatte, lautete nun die Frage, wie sich die eine Phase aus der anderen entwickelt habe. Aber diese Überlegung – daß historische Perioden in einer fortlaufenden Reihe aufeinanderfolgen – kann man nur dann anstellen, wenn man die historischen Ereignisse bereits unter einem ›entwicklungsgeschichtlichen‹ Blickwinkel sieht, und zu diesem Standpunkt sind die Philosophen des 17. Jahrhunderts nicht so ohne weiteres gelangt. Wie in der Naturphilosophie gab es auch in der Geschichtswissenschaft vor unserer eigenen Entwicklungsstufe eine Zwischenstufe, auf der man den Ablauf der Geschichte nicht als langdauernde Evolution, sondern eher als Folge von Variationen über ein Thema betrachtete. Diese Zwischenstufe bildete sich um 1700 heraus und ist eine interessante Illustration für den ›Synchronismus‹ in der Geschichte des gesamten Denkens. Denn dieselben Gründe, die die Naturphilosophen bewogen, an eine festgelegte, statische Naturordnung zu glauben, waren auch für die Historiker und Gesellschaftswissenschaftler maßgebend. Nachdem man die Vorstellung von einem allgemeinen Verfall aufgegeben hatte, setzte man an ihre Stelle die Theorie, daß sich das Geschehen innerhalb der Gesellschaft nach festen Kausalgesetzen abspiele, die ihre Wurzeln in der menschlichen Natur hätten. Ein noch höheres Maß an Optimismus war damals schlechterdings nicht möglich.

Die Erörterung über Beständigkeit oder Verfall der menschlichen Natur war ursprünglich ein Nebenprodukt des Humanismus gewesen. Die Vorliebe der Renaissancegelehrten für die Antike ging so weit, daß viele von ihnen daran zweifelten, ob die Menschheit jemals wieder eine solche Blütezeit erleben würde. Sie bewunderten Sophokles und Cicero, Thukydides und Livius, Plato und Horaz ebenso sehr wie die mittelalterlichen Philosophen Aristoteles bewundert hatten, und eine Zeitlang trug diese Leidenschaft tatsächlich dazu bei, die Theologie in ihrem Glauben zu bestärken, die Menschheit sei in wachsender Verderbnis begriffen. Die nächste, weniger resignierte Gelehrtengeneration war weder mit der Meinung der Humanisten noch der Scholastiker einverstanden, und es kam zu langen literarischen Fehden zwischen den Anhängern der Antike und der Moderne.

Diese Kämpfe hielten mehr als hundert Jahre lang ununterbrochen an und hörten erst Anfang des 18. Jahrhunderts nach einem letzten, explosionsartigen Aufflammen durch Jonathan Swifts ›The Battle of the Books‹ allmählich auf. Am turbulentesten ging es dabei nach 1680 in Frankreich zu. Die beiden wichtigsten Wortführer waren Nicolas Boileau, der die Antike, und Charles Perrault, der die Moderne vertrat. Es war das Zeitalter Ludwigs XIV. Ganz im daseinsfrohen Geist seiner Zeit erklärte Perrault, die Modernen brauchten einen Vergleich mit Plato und Homer nicht zu fürchten, im Gegenteil, die Gegenwart sei in mancher Hinsicht viel aufgeklärter als die alte Zeit. Doch trotz all seinem Stolz auf die Moderne ging er nicht so weit, zu behaupten, die Menschen seiner eigenen Zeit seien begabter als ihre antiken Vorfahren. Es genügte ihm, sagen zu können, die menschlichen Fähigkeiten seien konstant:

Den Geist und die Gestalt formt die Natur
zu allen Zeiten mit stets neuer Kraft;
ihr Sein ist unveränderlich, der Schwung
des mühelosen Schaffens nie verbraucht...
Mit unbegrenzter Kraft bringt stets dieselbe Hand
und immer neu einander ebenbürtige Genies hervor.

Diese Vorstellung ließ sich ohne Schwierigkeiten dem kartesianischen System einfügen. Descartes' Grundsatz, die natürlichen Kräfte in der physikalischen Welt hätten sich seit der Schöpfung nicht verändert, fand außerhalb der Physik ein starkes Echo. Seine Zeitgenossen griffen ihn so bereitwillig auf, als sei damit zugleich die Grundlage für eine neue Betrachtung des menschlichen Lebens gegeben; denn warum sollten sich die geistigen und moralischen Fähigkeiten der Menschheit im Lauf der Zeit verringert haben, wenn die ›Quantität der Bewegung‹ in der physikalischen Welt gleichgeblieben war?

Das war jedenfalls die Einstellung eines guten Kartesianers wie Bernard de Fontenelle. 1683 veröffentlichte er seine ›Dialogues des morts‹, eine Folge fiktiver Gespräche, in denen sich Harvey und Erasistratos, Montezuma und Cortez, Sokrates und Montaigne gegenüberstehen. Durch eine originelle ironische Umkehrung läßt er Montaigne, den modernen Skeptiker, erklären, den großen Geistern der Antike komme keiner der heutigen gleich, während Sokrates für die modernen eintritt. (›Nirgends‹, sagt Sokrates, ›hat die Natur an Kraft eingebüßt. Die Bäume sind heutzutage ebenso groß wie sie immer waren – warum soll gerade der Mensch dem Verfall preisgegeben sein?‹) Als Fontenelle sich einige Jahre später wieder mit dem gleichen Thema beschäftigte, wies er noch nachdrücklicher auf die Verbindung zwischen der menschlichen Natur und der kartesianischen Physik hin. Geist und Materie sind, das gab er zu, verschieden, aber nichtsdestoweniger hängen unsere geistigen und moralischen Fähigkeiten vom Körper und Gehirn ab, mit denen die Natur uns ausgestattet hat. Das kartesianische System bezieht sich gleichermaßen auf Dynamik, Astronomie und Physiologie, und der Augenschein lehrt uns überall, daß Pflanzen, Tiere und Menschen noch dieselbe physiologische Struktur haben wie vor zweitausend Jahren. Wir müssen also daraus schließen, daß der Mensch der Neuzeit dem der Antike geistig ebenbürtig ist. Wenn sich die Errungenschaften in den verschiedenen Zeitaltern und Gesellschaften dennoch in Charakter und Wert unterscheiden, dann muß das an etwas anderem liegen als an der menschlichen Veranlagung, zum Beispiel an Klima und Wirtschaft, an Erfahrungen und Vorurteilen, gesellschaftlichen Bedingungen und kulturellem Austausch.

Anfang des 18. Jahrhunderts war, wie gesagt, der Krieg zwischen den Anhängern der Antike und der Moderne vorüber. Man war sich über die Beständigkeit der menschlichen Natur im großen und ganzen einig geworden, und die neue Aufgabe war nun, eine Erklärung für die Verschiedenheiten der Zeitalter und Völker zu finden. Konservative Gelehrte hielten es mit Jacques Bossuet, der in seinem ›Discours sur l'histoire universelle jusqu'à l'empire de Charlemagne‹ (1681) die gesamte menschliche Geschichte aus der Wirksamkeit der göttlichen Vorsehung ableitete. Aber dieser Angriff auf die Freigeister und Freidenker war der letzte. Um 1740 hatten sich die Mechanisten durchgesetzt, und Montesquieu konnte nun sein Werk ›Vom Geist der Gesetze‹ erscheinen lassen, eine Analyse der Unterschiede zwischen den Gesellschaftsordnungen, wobei er das Walten der Vorsehung als Ergebnis bestimmter ›allgemeiner Ursachen‹ erklärte.

Nach Montesquieu richtet sich die Gesellschaft nach festgelegten Gesetzen, die denen der physikalischen Welt ähnlich sind. Die Wechselfälle der politischen Geschichte ergeben sich weder aus Lohn und Strafe noch aus Zufällen, sondern aus ›allgemeinen moralischen oder physikalischen Ursachen, die in jedem [politischen System] wirksam sind und es emporkommen lassen, erhalten oder vernichten‹. Dieselben allgemeinen Ursachen sind auch in den verschiedensten anderen Situationen wirksam, und aus ihnen erklärt sich, wie der Mensch, zu allen Zeiten und an allen Orten, zu jenen Ansichten über Politik und Gesellschaft kommt, die alle zusammen den ›allgemeinen Geist‹ (esprit général) der betreffenden Zeit und des betreffenden Volkes ausmachen. In bezug auf Gesetzgebung und Gerichtsverfahren, die sich von einem Zeitalter zum anderen ja stark wandeln, sind Unterschiede nicht Ausdruck von Gegensätzen und Widersprüchen, sondern von ›notwendigen, aus der Natur der Dinge herrührenden Verhältnissen‹, das heißt, sie entsprechen ganz natürlich der sich wandelnden gesellschaftlichen Situation. Was verstand Montesquieu nun unter ›allgemeinen Ursachen‹? Er dachte an alles mögliche, hauptsächlich an geographische und klimatische Bedingungen:

Die kalte Luft zieht die äußersten Teile der äußeren Fibern unseres Körpers zusammen; dies vermehrt die Spannkraft und befördert die Rückkehr des Blutes aus den äußeren Teilen zum Herzen. Sie macht eben diese

Fibern kürzer und erhöht dadurch ihre Kraft. Die heiße Luft hingegen macht die äußersten Enden der Fibern schlaff und verlängert sie; folglich verringert sie ihre Stärke und Spannkraft. Man ist demnach in den kalten Himmelsstrichen kräftiger und munterer . . .[39]

In den kalten Ländern ist man wenig empfänglich für das Vergnügen, mehr schon in den gemäßigten und im allerhöchsten Grade in der heißen Zone. Wie man die Himmelsstriche nach den Graden der Breite unterscheidet, könnte man sie auch sozusagen nach den Graden der Sensibilität unterscheiden. Ich habe Opern in England und in Italien gesehen; es sind dieselben Stücke und dieselben Schauspieler, allein dieselbe Musik bringt auf beide Völker so verschiedene Wirkungen hervor – die eine ist so ruhig und die andere so außer sich, daß man es kaum begreifen kann.[40]

Die Unfruchtbarkeit des Bodens macht die Menschen fleißig, mäßig, unverdrossen zur Arbeit, tapfer und kriegerisch; sie müssen sich durch eigene Mühe verschaffen, was das Erdreich ihnen versagt. Die Fruchtbarkeit eines Landes bewirkt neben dem Wohlstand Weichlichkeit und macht, daß die Leute mehr am Leben hängen. Man hat bemerkt, daß die deutschen Soldaten, die in Gegenden geworben wurden, wo es reiche Bauern gibt, wie in Sachsen, nicht so gut sind wie die anderen.[41]

In den Mittelmeerländern könne man einen natürlichen Unterschied zwischen den Geschlechtern beobachten, da die Frauen dort sehr jung heirateten, noch ehe sie geistig voll entwickelt seien:

Verlangt die Schönheit die Herrschaft, so läßt der Verstand sie nicht zu, und könnte der Verstand sie verlangen, so ist die Schönheit dahin. Die Frauen bleiben also beständig in einem Zustand der Abhängigkeit, denn der Verstand kann ihnen in ihrem Alter die Herrschaft nicht verleihen, die die Schönheit ihnen in ihrer Jugend nicht gegeben hat.[42]

Wenn es die Religion nicht verbiete, erklärte Montesquieu, sei die natürliche Folge davon Polygamie. In gemäßigten Zonen dagegen glichen sich die Geschlechter mehr, weshalb dort Monogamie üblich sei. In außergewöhnlich kalten Ländern führten starke Getränke bei den Männern zu Ausschweifungen, und desto leichter gewännen die Frauen dort die Oberhand.

Neben Geographie und Klima zog Montesquieu auch gesellschaftliche Traditionen in Betracht. Überkommene Sitten und Gebräuche

39 Montesquieu, ›De l'Esprit des Lois‹, nach der Übersetzung von A. Ellisen, Leipzig 1848; 14. Buch, 2. Kapitel, S. 124.
40 S. 127.
41 18. Buch, 4. Kapitel, S. 71.
42 16. Buch, 2. Kapitel, S. 33.

prägten der Gesellschaftsstruktur und Rechtsprechung ihren Stempel auf. So betrachteten es zum Beispiel in manchen indischen Kasten die Frauen als ehrenrührig, lesen zu lernen; das war Sache der Sklaven, die in den Tempeln die Hymnen sangen. So gewannen Regeln, die ursprünglich vom Stolz diktiert waren, mit der Zeit die Geltung von Gesetzen. An diesem Punkt könnte man allerdings Montesquieu vorwerfen, er weiche von seinen eigenen Lehrsätzen ab. Bräuche und Vorurteile sollten nicht als ›Ursachen‹, sondern als ›gesellschaftliche Wirkungen‹ betrachtet werden. Indem er in die Liste seiner ›allgemeinen Ursachen‹ auch Traditionen aufnahm, gab er ja zu, daß die Gesellschaftsordnung nicht auf einem gleichbleibenden System von Ursachen beruht, sondern ein System von Beziehungen repräsentiert, das sich selbst im Lauf der Zeit entwickelt. Aber wenn auch seine Zusammenstellung von ›Ursachen‹ inkonsequent war, bildete der ›Geist der Gesetze‹ doch einen Markstein im soziologischen Denken. Dieses Werk war die erste ernsthafte Abhandlung in der Gesellschaftswissenschaft, und die darin aufgeworfenen Fragen haben die Wissenschaftler seitdem immer beschäftigt.

Einige von Montesquieus Bewunderern waren enttäuscht, daß er keine echte Konzeption von Fortschritt und Entwicklung gehabt habe und keinen Sinn dafür, daß die Zeit selbst bei den Wandlungen des gesellschaftlichen Lebens ein wirksamer Faktor sei. Anhänger der Antike, des Mittelalters und der Moderne, Asiaten, Südländer und Nordeuropäer – alle Menschen galten ihm eins. Später machten ihm Philosophen zum Vorwurf, er habe willkürlich Gesellschaften und Epochen vermengt, die überhaupt nicht miteinander vergleichbar seien, da sie verschiedene Stufen der gesellschaftlichen Entwicklung darstellten. Wenn Montesquieu die Idee des Fortschritts begriffen hätte, dann hätte er auch erkannt, daß die verschiedenen Gesellschaften keine willkürlichen Mischungen aus Bevölkerungen sind, die jede in ihrer Weise auf Unterschiede in Umgebung und Tradition reagieren, sondern eine geordnete Reihe, deren Glieder durch Herkunft und Wachstum miteinander verbunden sind: so viele Produkte eines einzigen, allumfassenden historischen Prozesses – so viele Meilensteine auf dem Weg der menschlichen Entwicklung.

Aber dieser Vorwurf ist nicht von Belang. Er ist die Antwort des 19. Jahrhunderts auf die Überlegungen eines Mannes, der die Gesellschaft aus der Sicht des 18. Jahrhunderts sah. Montesquieu hatte seine guten Gründe, warum er Gesellschaften aller Art und aller Epochen miteinander verglich und in Gegensatz zueinander stellte.

Wenn er ›gesellschaftliche Phänomene von ihren Bezügen zur Zeit abstrahierte‹, so war das nicht (wie Bury bedauernd sagte) ›ein grundlegender Mangel‹ seiner Methode. Es war vielmehr der erste wesentliche Schritt zur Gesellschaftswissenschaft, wie wir sie heute kennen, und spiegelte die Überzeugung seiner Zeit wider, nämlich die Überzeugung (die er mit Fontenelle und Descartes teilte) von der Beständigkeit der menschlichen Natur. Wenn Menschen jeder Rasse und jeder Epoche wirklich gleich sind, dann kann man auch die unterschiedlichsten Gesellschaftsordnungen gegeneinanderstellen und Verschiedenheiten auf äußere Faktoren zurückführen.

Montesquieus Anschauung von der Gesellschaft war ein ausgereiftes Produkt der neuen Philosophie. Gerade die Seite seiner Theorie, die moderne Kritiker angegriffen haben, weist ihn als echten Kartesianer aus. Descartes hatte auf den Einwand, seine Kosmologie stütze sich auf fragwürdige Voraussetzungen, geantwortet:

> Es ist kaum möglich, etwas zur Voraussetzung zu machen, das es uns nicht erlaubt, wie die entsprechenden Naturgesetze, auf dieselben Wirkungen zu schließen (wenn auch mit mehr Mühe); denn gemäß diesen Naturgesetzen muß die Materie nacheinander alle Formen annehmen, die sie anzunehmen vermag, und wenn wir diese Formen in ihrer Ordnung betrachten, stoßen wir schließlich auf die, die in diesem Weltall zu finden ist.

Alle Naturerscheinungen waren Veränderungen eines feststehenden Themas und so vielfältig wie die Klänge in einem Glockengeläut. Montesquieus Auffassung von der Gesellschaft glich diesem Bild: die Menschen sind, was sie einmal sind, und die Welt ist, wie sie eben ist; die menschliche Geschichte ist also ein Thema mit Variationen, wobei sich die verschiedenen Umweltfaktoren miteinander und nacheinander verbinden und sich in der Gesellschaft auswirken. Wir sehen uns die Goldberg-Variationen auch nicht daraufhin an, ob sie eine Entwicklung in der Zeit darstellen, die für den Satzaufbau der Sonate charakteristisch ist, noch ist dieser Mangel eines logischen Ablaufs in der Zeit bei Bach ein Grund, Kritik an ihm zu üben. Für Montesquieu läßt sich dasselbe Argument zur Rechtfertigung anführen. Er hatte, so könnte man sagen, die fundamentale Harmonie und den Kontrapunkt in der menschlichen Geschichte begriffen; aber die Dynamik gesellschaftlichen Wachstums und gesellschaftlicher Wandlungen zu entdecken, ebenso wie ›Entwicklung‹ in der Musik, konnte einer späteren Generation überlassen bleiben.

Der Mythos vom Gesellschaftsvertrag

In einer wichtigen Hinsicht war also Montesquieus Programm für die Gesellschaftswissenschaft unhistorisch. Zwar schätzte er den Wert von ›Geschichten und Fabeln‹ nicht so gering ein wie Descartes, denn man konnte schließlich die allgemeinen Ursachen gesellschaftlicher Erscheinungen nur dann untersuchen, wenn man manche historischen Berichte als wahr, glaubwürdig und interessant betrachtete. Aber das einzige, was in seiner Anschauung von der Gesellschaft historischen Charakter hatte, waren die Daten. Seine Interpretation war mechanistisch: Die Struktur jeder Gesellschaft beruhe auf dem Gleichgewicht der auf sie einwirkenden ›gesellschaftlichen Kräfte‹. Mit anderen Worten: seine Theorie war statisch, sie war keine Theorie der Entwicklung.

Doch für die meisten Gesellschaftstheorien des 18. Jahrhunderts war dieser unhistorische Charakter typisch. Die mittelalterliche Lehre von einem ›natürlichen Gesetz‹, dem die Natur des Menschen unterworfen sei, hielt sich bis nach 1760. Auf sie stützte sich William Blackstone in seinen ›Commentaries on the Laws of England‹. Trotz allen scheinbaren Variationen und Widersprüchen der Rechtsgeschichte, erklärte er, habe ›die Weisheit unseres alten Rechts‹ ... ›nichts vergeblich entschieden‹, denn ›der allgemeine Geist von Gesetzen und Prinzipien der universalen Jurisprudenz‹ sei fest und unverändert geblieben. In einem Zustand solcher Vortrefflichkeit seien alle Gegensätze zwischen den einzelnen Gesellschaften und Epochen nur scheinbar, denn die ›allgemeinen Prinzipien der universalen Jurisprudenz‹ gälten gleichermaßen für alle Menschen jeden Zeitalters.

Das wichtigste Ergebnis dieser statischen Auffassung von Mensch und Gesellschaft war wohl die Lehre vom ›Gesellschaftsvertrag‹, auf den nun alle politischen Verpflichtungen zurückgeführt wurden. Sie war ein spätes, aber typisches Beispiel für einen ›Rechtfertigungsmythos‹. Man kann den Versuch, die Vernünftigkeit der bestehenden Gesellschaftsordnung durch einen ›ursprünglichen Gesellschaftsvertrag‹ zu erklären, mit dem Mythos vom Demiurgen vergleichen, durch den Plato die Zweckmäßigkeit der bestehenden Naturordnung zu erklären suchte. Da Plato die Naturordnung als stabil und unveränderlich betrachtete, konnte er ihren Ursprung nicht als absolut historisch beschreiben, so als habe sich die gegenwärtige vernünftige Ordnung allmählich aus einem ursprünglichen Chaos durch eine Reihe von weniger rationalen und geordneten

Stadien hindurch entwickelt. Seiner Meinung nach konnte die Naturordnung *in der Zeit* nur auf eine einzige Art entstanden sein: auf einmal und ein für allemal. Es war auch gleichgültig, wann der Ursprung erfolgt sein mochte, wichtig war nur, daß er die gegenwärtige Naturordnung rational erscheinen ließ. Eine ähnliche Rolle spielte in der europäischen Gesellschaftswissenschaft der Gesellschaftsvertrag. Das Problem war, zu erklären, warum menschliche Wesen, die in einen vorgesellschaftlichen Zustand hineingeboren worden waren, den jetzigen politischen Autoritäten gehorchten und ein ganzes System von Gesetzen anerkannten, deren Gestaltung doch nicht in ihrer Macht lag. Nachdem die religiöse Basis politischer Verpflichtungen in Frage gestellt worden war, rückte nun dieses Problem in den Brennpunkt des Interesses, und die Theorie vom Gesellschaftsvertrag bot eine einleuchtende Lösung. In den frühesten Tagen seiner Geschichte führte der Mensch ein hartes und einsames Leben, jeder war des anderen Feind, die größte gesellschaftliche Einheit war die Familie. In diesem ›Naturzustand‹ war das Leben des Menschen (um Hobbes' einprägsame Formulierung zu gebrauchen) ›abstoßend, tierisch und kurz‹. Um einer unerträglichen Anarchie zu entgehen, schlossen sich die Menschen zu einer geordneten Gesellschaft zusammen. Die Gesellschaft entstand also aus des Menschen freier Wahl. In einem ›Gesellschaftsvertrag‹ verzichteten sie auf Gewaltanwendung und erkannten für sich und ihre Nachkommen eine allgemein verbindliche Gehorsamspflicht an. Durch diesen ›ursprünglichen Vertrag‹ waren die politischen Verpflichtungen in der Gegenwart gerechtfertigt.

Über seinen wirklichen Wortlaut jedoch waren Monarchisten und Demokraten verschiedener Meinung. Die einen behaupteten, die Gründungsmitglieder hätten ihre Hilfsquellen für eine kollektive Verteidigung vereinigt und einem einzigen Monarchen die absolute Oberherrschaft übertragen, der ihnen dafür allgemeine Sicherheit gewährleistete. Die anderen erklärten, der ursprüngliche Vertrag sei zwischen den damaligen Menschen jeweils einzeln abgeschlossen worden und habe die Grundlage für eine Konstitution abgegeben, die alle Bürger und ihre Interessen gleichermaßen schützen sollte.

Doch sei es nun, wie es wolle, in jedem Fall hätte Aristoteles gegen den Gesellschaftsvertrag dieselben Einwände erhoben wie gegen den ›Timaios‹. Die Existenz bindender politischer Verpflichtungen *heute* wurde von niemandem bezweifelt, das Problem war jedoch, zu zeigen, daß diese Tatsache verständlich und vernünftig war, und eben das konnte die Theorie nicht. Denn sie machte die

Geltung gegenwärtiger Verpflichtungen, die niemand in Frage stellte, von einem hypothetischen Vorgang zu irgendeinem unbestimmten Zeitpunkt in der Vergangenheit abhängig, von einem Vorgang also, dessen historische Echtheit fragwürdig war. Und was wäre gewesen, wenn die Historiker hätten nachweisen können, daß es niemals einen solchen Vertrag gegeben hatte? Wären dann alle politischen Verbindungen sofort aufgelöst worden? Wäre die Nichtexistenz des hypothetischen Vertrages gleichbedeutend gewesen mit der Nichtverbindlichkeit der politischen Verpflichtungen? David Hume war sich seiner eigenen Theorie von der menschlichen Natur so sicher, daß er behauptete, der ›Gesellschaftsvertrag‹ sei für alle Fragen über die gegenwärtige Gesellschaftsordnung ohne Belang. Die einzig sichere Grundlage politischer Verpflichtungen müsse in der gegenwärtigen menschlichen Natur liegen. Der ›Gesellschaftsvertrag‹ sei so, wie man ihn sich vorstellte, eine Fiktion.

Aber die eigentliche Schwäche der Lehre vom Gesellschaftsvertrag lag noch tiefer, als Hume annehmen konnte. Er ging von der Voraussetzung zweier einander völlig entgegengesetzter Lebensbedingungen aus: Entweder lebten die Menschen in einem ›Naturzustand‹ ohne jegliche gesellschaftliche Organisation, oder es bestand schon eine voll ausgebildete ›Gesellschaftsordnung‹. Der Gegensatz zwischen diesen beiden Bedingungen war absolut, und der Übergang vom einen in den anderen Status mit Hilfe des Vertrags hätte dann so abrupt und vollständig sein müssen wie die Einrichtung der Naturordnung durch Platos ›göttlichen Handwerker‹. Indessen haben wohl nur wenige Philosophen überhaupt einen in die menschliche Vorgeschichte datierbaren ›Naturzustand‹ in Erwägung gezogen. Dafür gab es einen Grund. Als Hobbes das vorgesellschaftliche Leben des Menschen als ›tierisch‹ bezeichnete, traf er mit dem Adjektiv den Kern der Sache. Denn der absolute Gegensatz zwischen Anarchie und gesellschaftlicher Ordnung spiegelte einen noch tieferliegenden Gegensatz wider: den zwischen vernünftigen menschlichen Wesen und unvernünftigen Tieren. Ohne Vernunft – so drückte man es damals aus – würde der Mensch wie ein Tier leben und leiden; mit Vernunft vermochte er die Vorzüge eines friedlichen Lebens in der Gesellschaft zu erkennen. Und solange Menschen und Tiere ihren einmal bestimmten Platz in der großen Kette der Wesen einnahmen, würde dieser Gegensatz eine permanente Eigenschaft der Natur sein.

Hier berührten sich also die Theorie vom Gesellschaftsvertrag und die Lehre von den unveränderlichen Arten, und die wenigen

Philosophen, die an der Einzigartigkeit der gesellschaftlichen Merkmale des Menschen zweifelten, mußten auch seinen einzigartigen zoologischen Status in Frage stellen. Monboddo zum Beispiel glaubte, man könne den Orang-Utan dazu abrichten, gewisse Arbeiten in der menschlichen Gesellschaft zu verrichten, weil es zwischen dem ›wilden Mann der Wälder‹ und dem zivilisierten Menschen der Städte keine zoologischen Unterschiede gebe (s. Abb. 8). Ähnlich verfuhr Rousseau, der zur Bekräftigung seiner politischen Theorien erklärte, der Mensch und die höheren Affen gehörten zur selben zoologischen Gattung. Ja, er stellte sogar die Meinung des 18. Jahrhunderts auf den Kopf, indem er behauptete, der Mensch im ›Naturzustand‹ sei gar nicht so abstoßend und gewalttätig. Damit nahm er schon die romantische Neigung zum ›natürlichen Leben‹ des von den Fesseln organisierter Gesellschaft freien ›edlen Wilden‹ voraus. Aber die Zahl derer, die so dachten, war nur klein. Für die meisten war der Gegensatz zwischen vernünftiger ›menschlicher Natur‹ und unvernünftiger ›tierischer Natur‹ ein Axiom, und die Kluft zwischen tierischem Herdenleben und menschlicher Gesellschaft blieb unüberbrückbar. Und die Auffassung der Epikureer, die menschliche Gesellschaft sei der letzte Abschnitt eines langwierigen historischen Prozesses, in dessen Verlauf das häßliche animalische Leben nur langsam und mühevoll überwunden wurde, das heißt also, daß die Gesellschaftsordnung eher die verfeinerte Fortsetzung als der Gegensatz einer früheren tierischen Ordnung sei – diese Auffassung wurde nahezu allgemein abgelehnt, da sie ›den Menschen auf die Stufe des Tieres herabsetzte‹.

Die Lehre vom Fortschritt

So konnte man Mitte des 18. Jahrhunderts auf einen langen Weg zurückblicken, der 150 Jahre vorher begonnen hatte. War man damals noch der Meinung gewesen, Mensch und Natur seien im Verfall begriffen und gingen ihrem Ende entgegen, so war man jetzt vielfach davon überzeugt, menschliche Fähigkeiten und Neigungen seien zu allen Zeiten gleich und bildeten einen permanenten Aspekt der Naturordnung. Aber es mußte noch ein weiteres Jahrhundert vergehen, bis die Vorstellungen des Menschen ebenso ›fortschrittlich‹ sein würden, wie sie um 1600 ›rückständig und um 1725 ›statisch‹ gewesen waren. Es wäre jedoch irreführend, hier nur eine Art Schnappschuß zu bringen, der die Denkweise des 18. Jahrhunderts lediglich in einer kurzen Zeitspanne festhält. Das Pendel hatte erst die Mitte seiner Schwingung erreicht und noch ein Stück Weg vor sich. Im dritten Viertel des 18. Jahrhunderts ließen sich bereits die Gedankengänge erkennen, die den Menschen weiterführen sollten. Die neugewonnenen Einsichten in die Geschichte, die Montesquieu in seiner Idee vom ›esprit général‹, der jeweils für eine Zeit und eine Gesellschaft charakteristisch sei, formuliert hatte, wirkten sich auf das gesamte westeuropäische Leben und Denken aus. Als sie in die Technik und Wissenschaft Eingang fanden, wurde es – wenigstens in diesen Bereichen – deutlich, daß sich menschliche Errungenschaften nicht zusammenhanglos von einer Epoche zur anderen verändert, sondern sich im Lauf der Zeit stetig höherentwickelt hatten. Am Ende des Jahrhunderts waren die Historiker in Wissenschaft und Technik überzeugt, daß Bacon mit seiner Annahme, die Erfindung von Buchdruck, Schießpulver und Kompaß lasse noch weitere, größere Erfindungen erwarten, recht hatte. Die Sprachwissenschaftler begannen mit ihren vergleichenden Untersuchungen, sie entdeckten die Verwandtschaft und gemeinsame Herkunft der indoeuropäischen Sprachen und damit (wie Dr. Johnson es nannte) den ›Stammbaum der Völker‹.

Man sieht, wie weit der Sinn für historische Zeitalter nun schon verbreitet war, und er griff nun auch auf Bereiche abseits von Gesellschaftswissenschaft und Jurisprudenz über. Nehmen wir als Beispiel die Stile in der Malerei. Auf mittelalterlichen Bildern, die antike Szenen darstellen (wie bei den flämischen Malern), erscheinen die Figuren ganz natürlich in mittelalterlichen Kostümen. Ein Maler des 14. Jahrhunderts gab sich keine Mühe, die Kleidung seiner Figuren der Zeit anzupassen, aus der er ein Ereignis darstellen wollte. Er sah gar keinen Grund dazu; Kleider waren eben Kleider. Warum sollte er Salomo, Holofernes, Augustinus oder einen Kaufmann seiner eigenen Zeit anders malen als in der ihm vertrauten Kleidung des 14. Jahrhunderts? In der Renaissance dagegen blieb die Leidenschaft für die Antike nicht ohne Wirkung auf die Malerei. Im 17. Jahrhundert stellten die Maler ihre Zeitgenossen in Togen oder mit römischen Waffen dar, und Mitte des 18. Jahrhunderts lehrte Sir Joshua Reynolds, ein Maler könne Vornehmheit einer Figur nur durch ein klassisches Kostüm zum Ausdruck bringen. Aber die nächste Künstlergeneration lehnte sich dagegen auf. Die sorgfältig drapierten Togen auf den konventionellen Bildern kamen ihnen nicht vornehm, sondern unangemessen und lächerlich vor. Zum ersten Mal hielten es Maler für wesentlich, die Kleidung dem Gegenstand anzupassen und die Anachronismen der früheren Stile zu vermeiden. Auch auf dem Theater machte sich ein neues Gefühl für Zeitepochen bemerkbar. Bisher hatte man die Gestalten in Shakespeares Dramen mit Kostümen aus ein und demselben Kleiderschrank ausstaffiert, ohne Rücksicht auf die Zeit, in der das Stück spielte. Niemand hatte es unpassend gefunden, Julius Cäsar im Kostüm des 17. Jahrhunderts auftreten zu lassen. Doch jetzt kam man auf einen neuen und aufregenden Gedanken. Zum ersten Mal machten es sich die Theaterprinzipale zum Grundsatz, Shakespeares historische Dramen in den Kostümen der betreffenden Zeit auf die Bühne zu bringen. Zunächst übten diese neuen Strömungen eine Schockwirkung wie eine avantgardistische Bewegung aus. Für das Publikum war es damals das gleiche verblüffende Erlebnis, Julius Cäsar im Kostüm seiner Zeit zu sehen, wie umgekehrt für die Theaterbesucher in den dreißiger Jahren, Cäsar im Kostüm *ihrer* Zeit zu sehen, nämlich in faschistischer Uniform.

Mittlerweile hatten einige radikale Philosophen wie Voltaire und Robert Jacques Turgot die Ideale des ›gesellschaftlichen Fortschritts‹ formuliert, die später im politischen Denken eine so große Rolle spielen sollten. Die Bedingungen menschlichen Lebens, erklärten sie, waren keineswegs unveränderbar und noch weniger in hoffnungslosem Niedergang begriffen, im Gegenteil, durch allgemeine Bildung und eine vernünftige Reform der Gesellschaftsordnung war es möglich, die Lebensbedingungen zu verbessern, ja zu vervollkommnen. Ihre Lehre wurde zum Ausgangspunkt der Reformpläne von Männern wie Helvetius und Condorcet, die ihre Hoffnungen an die Französische Revolution knüpften. Doch auch diese erste Konzeption einer progressiven Gesellschaft war noch immer nur halbhistorisch. Sie beruhte auf der traditionellen Meinung, menschliche Natur und Gesellschaft würden durch festgelegte Gesetze gelenkt, und tat nichts dazu, diese Meinung zu ändern. Für die Philosophen der Aufklärung lag die politische Zukunft nicht mehr in mysteriösem Dunkel; der Fortschritt, den sie im Sinne hatten, war immer ein Fortschritt der menschlichen Gesellschaft, wie Montesquieu ihn analysiert hatte. Das Grundproblem der Politik erhob sich unmittelbar aus dem zwiespältigen Status des Menschen: ›halb Engel und halb Tier‹. Vorausgesetzt, der Mensch würde durch Vernunft und Leidenschaft in zwei verschiedene Richtungen gedrängt, so galt es, die gesellschaftlichen Institutionen durch Gesetzgebung so zu gestalten, daß die vernünftige Hälfte der menschlichen Natur sich selbst auf Kosten der tierischen und abergläubischen Hälfte verwirklichen konnte. Wenn ein großer Teil der bisherigen Geschichte eine Geschichte des Elends und der Unterdrückung gewesen war, dann deshalb, weil Leidenschaft (die Habgier der Tyrannen) und Aberglaube (die Kulturfeindlichkeit der Kleriker) der Reform und Bildung im Wege gestanden hatten. Gesellschaftlicher Fortschritt war also nicht dadurch zu erreichen, daß man den Grundcharakter von Mensch und Gesellschaft veränderte, sondern daß man ihn verstand und kultivierte. Wenn man einmal die ›Gesetze‹ der menschlichen Natur, die ›Mechanismen‹ gesellschaftlicher Wechselwirkung und die in der Politik wirksamen ›Kräfte‹ erkannt hatte (alle diese Begriffe waren mehr oder minder bewußt der Descartesschen und Newtonschen Physik entlehnt), dann durfte die Vernunft regieren, und die Träume des Menschen konnten in idealem Zusammenspiel verwirklicht werden.

Das waren Vorstellungen, die eher einer Märchenwelt wie in der ›Zauberflöte‹ als dem wirklichen Leben entstammten. Die allzu große Vereinfachung von Montesquieus Analyse machte seine Nachfolger allzu optimistisch. Sie nahmen die elementaren Kräfte der menschlichen Natur als feste und unveränderbare Grundlage und unterschätzten deshalb die schöpferischen Kräfte der Geschichte und die Schwierigkeit, den Prozeß historischer Veränderungen durch Gesetzgebung zu beschleunigen. Ähnlich wie nach der russischen Revolution Anfang des 20. Jahrhunderts waren viele der geistig Führenden, wie zum Beispiel Condorcet, die zuerst die Französische Revolution als Werkzeug für den Fortschritt begrüßt hatten, von ihren Auswirkungen enttäuscht. Doch trotz ihrer Schwäche war diese naive Auffassung von der Politik als einer ›auf die Gesellschaft angewandten Physik‹ geistig produktiv. Unter ihrem Einfluß legten Adam Smith und die schottischen Geschichtsphilosophen die Grundlage für die Wirtschaftstheorie, wie wir sie heute kennen. Die Eigenschaften des Geldes, die Methoden von Produktion, Verteilung und Austausch, die Arbeitsteilung – alle diese Themen waren Ergebnisse der Erörterungen des 18. Jahrhunderts über die menschliche Natur und wurden dadurch Gegenstand ernsthafter theoretischer Diskussionen. Und wenn wir rückschauend die der Physik entnommenen Begriffe, wie ›Gesetze‹, ›Kräfte‹, ›Mechanismen‹, mit denen in den Erörterungen so oft gearbeitet wurde, auch fragwürdig finden mögen, so war doch die daraus entstehende Tradition systematischer Erforschung der Wirtschaft und gesellschaftlichen Institutionen ein sehr positiver Gewinn.

Das schöpferische Wirken der Zeit

Noch lange Zeit nachdem sich in der Wissenschaft die beschriebene Wandlung vollzogen hatte, hielt sich die alte statische Gesellschafts- und Naturanschauung lebendig, obwohl es nun schon genug Zeugnisse gab, die eine Erneuerung aus historischer Sicht gerechtfertigt hätten. Doch sie hielt sich nur so, wie etwa eine gesättigte Lösung gerade noch ihren homogenen, flüssigen Zustand beibehält. Sie war unstabil geworden; ein einziger Anstoß genügte – vergleichbar den wenigen Tropfen, die man der Lösung noch zusetzt –, und die Wandlung war im Gange. Man kann die neue Geschichtsauffassung, die sich nun in der folgenden Zeit herauskristallisierte, nicht auf einen einzelnen Wissenschaftler, Historiker oder Philosophen zurückführen. Aus den Theorien des 18. Jahrhunderts bildeten sich auf vielen Gebieten die verschiedensten Meinungen über die Geschichte. Aber allgemein erkannte man nun zum ersten Mal das volle Ausmaß der Zeit und das Phänomen der Entwicklung.

Vico – der Mendel der Geschichtswissenschaft

Da es also gewissermaßen keinen ›Entdecker‹ der geschichtlichen Entwicklung gibt, müssen wir den Ursprung der neuen Erkenntnis auf andere Weise suchen. In den wissenschaftlichen Erörterungen des 18. Jahrhunderts gibt es einige Punkte, an denen sich die Anfänge einer Wandlung ablesen lassen, zunächst im Hinblick auf die Geschichte des Menschen und dann auch in der Naturwissenschaft. Die ersten bedeutsamen Hinweise finden sich um 1725 im Königreich Neapel, wo drei Jahrhunderte vorher Lorenzo Valla Pionierarbeit geleistet hatte. Dort beschäftigte sich nun Giovanni Battista Vico, Professor der Rechtswissenschaft und einer der hervorragendsten Köpfe unserer gesamten geistigen Tradition, mit der menschlichen Gesellschaft und gelangte zu einer ganz neuen Sicht. Vico nannte seine Methode ›Scienza nuova‹. Obwohl er nicht eigentlich Schule machte, fand durch seine Bücher die Idee der historischen Entwicklung schließlich doch Eingang in Westeuropa. Zunächst hatte er es ebenso schwer, seine Meinung über Geschichte und Gesellschaft geltend zu machen, wie Mendel ein reichliches Jahrhundert später auf dem Gebiet der Biologie. Zwar erwarb er sich einen gewissen lokalen Ruhm in Neapel, und seine Bücher wurden auch über Neapels Grenzen hinaus bekannt – der mit ihm befreundete Abbé Conti empfahl sie Montesquieu –, aber nichts läßt darauf schließen, daß er noch vor dem 19. Jahrhundert einen unmittelbaren Einfluß ausübte. Den Grund dafür zu finden ist nicht schwer. Selbst diejenigen Elemente seiner Theorie, die uns heute höchst fortschrittlich anmuten, müssen seinen Zeitgenossen reaktionär vorgekommen sein. Denn sein hauptsächliches Ziel, das er gar nicht zu verbergen suchte, war, den alten Glauben von der menschlichen Geschichte als fortdauerndem Schöpfungsprozeß durch göttliche Vorsehung wiederherzustellen – allerdings auf einer neuen und festeren Basis – und damit den Schaden wieder gutzumachen, den Descartes seiner Meinung nach angerichtet hatte.

Vico wußte sehr wohl, daß er nicht einfach manche Teile des kartesianischen Systems anerkennen und zugleich andere ablehnen konnte. So beschloß er, sich davon ganz freizumachen, und setzte die Axt an die Wurzel. Gleich Plato hatte Descartes versucht, die Naturphilosophie von allen Zweifeln zu befreien, indem er ihr eine Grundlage von zeitloser Gültigkeit gab: die Geometrie. Wenn man die Naturphilosophie auf mathematische Axiome gründete, dann mußte, so glaubte er, etwas von deren unumstößlicher Sicherheit auf die Naturphilosophie übertragen werden können. Vico jedoch widersprach Descartes womöglich noch energischer, als Aristoteles Plato widersprochen hatte. In unseren Spekulationen über die Welt der Natur, so erklärte er, ist eine solche Art von Gewißheit, wie sie den mathematischen Lehrsätzen eigen ist, ausgeschlossen. Infolgedessen war Descartes' ganze Theorie von Anfang an falsch angelegt. Ohne Zweifel stellen sich uns die Axiome eines gut durchdachten mathematischen Systems mit einzigartiger Klarheit und Gewißheit dar. Aber das ist nicht deshalb so, weil – wie Descartes behauptet hatte – Gott uns in seiner Güte mit einem Vorstellungsvermögen ausgestattet hat, das mit den Realitäten der Natur in Einklang steht. Die Mathematik ist nur deshalb unserem Verstand so klar, weil sie unsere willkürliche Schöpfung ist. Man kann nur diejenigen Dinge vollkommen begreifen, die man selbst geschaffen hat. Wir haben die Mathematik gemacht, aber die Natur ist von Gott geschaffen worden. Eine so vollkommene wissenschaftliche Sicherheit kann nur Gott allein besitzen, und wenn Descartes glaubte, in der menschlichen Mathematik einen Bürgen für seine physikalischen Theorien zu finden, dann hatte er sich selbst getäuscht.

Trotzdem kehrte Vico nicht zu Montesquieus Skeptizismus zurück. Seiner Meinung nach vermögen die Methoden der Beobachtung, Klassifikation und Hypothetik wohl ein echtes, wenn auch bescheidenes ›äußeres‹ Wissen von der materiellen Welt zu vermitteln, und die Mathematik spielt dabei auch eine Rolle. Aber solches ›äußeres‹ Wissen kann immer nur bruchstückhaft und vorläufig sein, niemals endgültig, sicher und klar; und Descartes' Überzeugung, die Ergebnisse der mathematischen Physik seien sicherer als die der menschlichen Geschichtswissenschaft, beruhte auf einer falschen Voraussetzung. In Wirklichkeit ist das Gegenteil richtig. Die Welt der Völker ist eine menschliche Schöpfung, die Welt der Natur dagegen nicht. Deshalb verstehen wir die menschliche Gesellschaft sozusagen von innen her, und deshalb besitzt die Geschichte eine größere Sicherheit und Transparenz als die Physik sie jemals erreichen kann.

> Doch in dieser Nacht voller Schatten, die für unsere Augen das fernste Altertum bedeckt, erscheint das ewige Licht, das nicht untergeht, von jener Wahrheit, die man nicht in Zweifel ziehen kann: daß diese historische Welt ganz gewiß von den Menschen gemacht worden ist, und darum können (denn sie müssen) in den Modifikationen unseres eigenen menschlichen Geistes ihre Prinzipien aufgefunden werden.[43]

Der Historiker muß sich in die frühere Zeit und ihre Lebensbedingungen zurückversetzen und ihre Probleme mit den Augen der damals lebenden Menschen sehen. Dann vermag er auch zu erkennen, welche Theorie mit all dem, was wir über diese Zeit wissen, übereinstimmt und welche nicht. Damit wurde das Prinzip ›Synchronismus – Anachronismus‹ zum beherrschenden Prinzip in der historischen Forschung.

Inhaltlich kommt Vicos Beschreibung der Gesellschaftsentwicklung der von den Epikureern im Altertum vertretenen Ansicht erstaunlich nahe. Die verschiedenen ›Zeitalter‹, aus denen die menschliche Geschichte besteht, sind nicht Variationen über ein Thema, sondern aufeinanderfolgende Abschnitte eines fortlaufenden Prozesses, von denen jeder vom vorhergehenden abhängt und sich aus ihm entwickelt. Die ersten Menschen waren halbtierische Riesen, die noch nicht so viel Verstand besaßen, um einen ›Gesellschaftsvertrag‹ schließen zu können. Gesellschaftliche Einrichtungen entwickelten sich nur langsam und unter Schwierigkeiten, Gesetze entstanden nach und nach als Nebenprodukte von Barbarei und

43 Vico, ›Principi di una scienza nuova d'intorno alla commune natura delle nazioni‹, Übers. von Erich Auerbach, Hamburg 1966, 1. Buch, 3. Abteilung.

Tyrannei. – In geistiger Hinsicht unterschied sich Vicos Darstellung allerdings erheblich von der epikureischen Auffassung. Wo die Epikureer nur das Walten des Zufalls sahen, erblickte Vico die Hand der Vorsehung, die des Menschen selbstsüchtiges Tun für höhere Zwecke benützt, von denen sich der Mensch gar keine Vorstellungen machen kann. Doch trotz dieser Verschiedenheit waren sich die Endergebnisse beider Anschauungen auffallend ähnlich: Die ursprüngliche Anarchie war nur langsam und ohne menschliche Voraussicht überwunden worden. Handwerke, Künste und gesellschaftliche Einrichtungen wurden nacheinander erworben, als unbeabsichtigte – bei Vico: von der Vorsehung herbeigeführte – Ergebnisse menschlicher Selbstsucht.

Vicos neue historische Methode erforderte ein feines Gespür für sprachliche Nuancen und die tiefere Bedeutung von Mythen. Er nahm den alten Sagen ihre bilderreiche Einkleidung und deckte den darunterliegenden eigentlichen Sinn auf, der zur Entstehung der Sagen geführt hatte. Ursprünglich waren Mythen weder poetische Phantasien, noch Erfindungen von Priestern, noch Geschichten von Helden, deren Taten durch die lange, seither vergangene Zeit ins Übermenschliche gesteigert worden waren. Sie stellten vielmehr die ersten, noch ungeschickten, aber ehrlichen Versuche des Menschen dar, die Naturkräfte zu begreifen und mit ihnen in Einklang zu leben.

Mit ihren Sagen haben die Völker, noch unvollkommen und in der Sprache der Sinne, die Anfänge der Wissenschaften beschrieben, die uns später die Gelehrten in speziellen Untersuchungen durch Vernunftschlüsse und Abstrahierung erhellt haben.

Wenn das Denken in Mythen Ausdruck von Anthropomorphismus und Animismus war, dann war der Grund dafür nicht perverse oder überspannte Phantasie, sondern es war einfach natürlich. Es war das Denken von Menschen, die ein primitives Leben lebten, und war infolgedessen selbst primitiv. Denn die Menschen konnten die Welt der Natur nur nach dem Wissen beurteilen, das sie schon besaßen, und das war das Wissen von sich selbst.

Wenn die Menschen die natürlichen Entstehungsursachen der Dinge nicht kennen und sie auch nicht durch Analogie erklären können, so schreiben sie den Dingen ihre eigene Natur zu, wie etwa das Volk sagt, der Magnet liebe das Eisen.[44]

44 1. Buch, 2. Abteilung, Abschnitt 32.

In den zwanziger Jahren des 18. Jahrhunderts waren Vicos Ansichten nicht nur neu, sondern sie gingen sogar über das Vorstellungsvermögen seiner Zeitgenossen hinaus. Seine Scienza nuova ist mit originellen Gedanken vollgestopft wie ein Antiquitätenladen mit Altertümern und nimmt bereits eine Menge Erkenntnisse der Anthropologie, vergleichenden Rechts-, Literatur- und Religionswissenschaft und sogar der Sprachphilosophie voraus.

Vico besaß nicht nur ein Gespür für Bindeglieder, die alle Aspekte eines ›Zeitalters‹ miteinander verknüpfen, er hatte sich auch von der konventionellen Meinung des 18. Jahrhunderts freigemacht, menschliche Natur und Gesetze seien unveränderlich. Er wies nach, daß die Prinzipien von Gesetzgebung und Gesellschaftsordnung nicht permanenter Ausdruck unveränderlicher menschlicher Eigenart sind, sondern dem Wandel unterworfene Ergebnisse eines fortlaufenden historischen Prozesses. In jedem Zeitalter schafft sich jede Gesellschaft neue, ihrer eigenen Kultur gemäße Gesetze. Kultivierte Gesellschaften bauen auf den Ruinen weniger kultivierter auf; ihre Gesetzgebung wäre für die ersten, halbtierischen Menschenwesen unverständlich. Anstatt den Ursprung politischer Verpflichtungen in einem mythischen, für primitive Menschen viel zu komplizierten ›Vertrag‹ zu suchen, sollten wir unsere Achtung vor der Gesellschaftsordnung lieber auf dankbares Verständnis gegenüber der Vorsehung (oder Geschichte) gründen, die uns so weit über die primitive Anarchie hinausgeführt hat.

Aber schon bei einer flüchtigen Betrachtung von Vicos Werk muß man eine Einschränkung machen. Obwohl seine Denkmethode im großen und ganzen durchaus zukunftsgerichtet war, befand er sich eben doch noch in dem geistigen Milieu des ersten Drittels des 18. Jahrhunderts. Wie Hooke und Steno vor ihm, mußte er seine dynamische Auffassung von der Geschichte mit dem kurzen Zeitschema der biblischen Chronologie in Einklang bringen. (Nach seiner eigenen Rechnung war die Schöpfung in das Jahr 3995 v. Chr. zu datieren.) Also schloß er, ebenso unbekümmert wie die Geologen es getan hatten, einen Kompromiß. Unsere historischen Forschungen, erklärte er, sind in zweierlei Hinsicht begrenzt. Abgesehen davon, was uns das Alte Testament berichtet, wissen wir nichts über die Lebensbedingungen vor der Sintflut (die er auf 2339 v. Chr. datierte), da sie alle Spuren vordiluvialer Kultur vernichtet hat. Außerdem hat die Zersplitterung der Menschheit nach dem Turmbau zu Babel auf die einzelnen Völker in verschiedener Weise eingewirkt. Während alle nichtjüdischen Völker bestraft wurden, blieben die

Juden unversehrt. Dem jüdischen Volk hatte Gott seinen Willen offenbart; die Juden allein bewahrten sich moralisches Urteilsvermögen und politische Ordnung, während alle anderen Völker als unkultivierte, unwissende Wilde weithin zerstreut wurden. Vicos Theorie der historischen Entwicklung bezog sich also nicht auf die Juden, sie war eine Theorie der ›nichtjüdischen Geschichte‹. Obgleich die jüdischen Schriften heilig und die Gebote Mosis von Gott gegeben waren – gerade diese Tatsache machte ihm die Juden paradoxerweise weniger interessant, denn sie entzog sie dem menschlichen Verständnis. Vico interessierte sich nur für die nichtjüdische Geschichte, für den schrittweisen, mühevollen Aufstieg über eine Folge von Entwicklungsstufen, deren jede ihre eigenen Gesetze, Bräuche, Spracheigentümlichkeiten und Denkweisen hatte.

Ein solcher Mann mit einer solchen Auffassung konnte sich den führenden Geistern Frankreichs im 18. Jahrhundert kaum empfehlen. Für sie hing der gesellschaftliche Fortschritt davon ab, wieweit man die festgelegten Gesetze der menschlichen Natur zu entdecken vermochte und dieses Wissen bewußt anzuwenden verstand, so daß man primitives Gefühl und Aberglauben durch Vernunft und Aufklärung ersetzen konnte. Nach Vicos Meinung dagegen gab es keine festgelegten Gesetze zu verstehen, noch war eine kultivierte Gesellschaftsordnung das Ergebnis bewußter menschlicher Bemühung. Sie war ein von der Vorsehung gelenktes, unvereinbartes Nebenprodukt des Wechselspiels widerstreitender Eigeninteressen. Daher sprachen Vico und seine Zeitgenossen in zwei ganz verschiedenen Sprachen. Doch seine Botschaft blieb unter dem Eis des 18. Jahrhunderts lebendig; als dann das ›Tauwetter‹ begann, erstand die Anschauung von der ›lebendigen Kraft, mit der die Menschheit sich selber schafft‹ (wie sein Fürsprecher Michelet es ausdrückte) aufs neue und fand ihren Platz in der historischen Analyse und Gesellschaftstheorie des 19. Jahrhunderts.

Kant und die Entwicklung des Weltalls

Vicos Angriff auf die statische Vorstellung von der menschlichen Natur erstreckte sich jedoch nicht auf die physikalische Welt, denn er stützte sich auf die Überzeugung, daß menschliches Tun seine eigene ›innere‹ Triebkraft habe, die wir durch Einfühlung rekonstruieren können. Seiner Meinung nach war historische Entwicklung ein spezifisch menschliches Phänomen, für das es in der Welt der

Natur kein Gegenstück gab. Der Gedanke, das ganze Weltall als Ergebnis einer historischen Entwicklung zu erklären, kam woanders her: nicht aus der Gesellschaftstheorie, sondern aus der Astronomie, nicht vom Mittelmeer, sondern von der Ostsee. Es ist merkwürdig, daß die beiden großen denkerischen Revolutionen, die zur modernen Naturanschauung führten – die Ausdehnung des Raumes und dann der Zeit –, ihre Wurzeln in Ostpreußen hatten, dem so lange von Deutschen, Polen und Russen umkämpften Grenzgebiet. Kopernikus war Domherr in Frauenburg, Kant lebte, wirkte und starb in Königsberg, und Herder wurde in Mohrungen geboren und studierte ebenfalls in Königsberg.

Kant hat einige hochinteressante Beiträge zur Kosmologie geleistet, die jedoch gegenüber seinen drei berühmten ›Kritiken‹ in den Hintergrund getreten sind. Sein frühes Werk ›Allgemeine Naturgeschichte und Theorie des Himmels‹ (1755) war der erste systematische Versuch, einen entwicklungsgeschichtlichen Überblick über die kosmische Geschichte zu geben. Er beschrieb darin die gesamte Naturordnung nicht als etwas zur Zeit der Schöpfung Vollendetes, sondern als etwas, das noch immer im Entstehen begriffen war. Der Übergang vom Chaos zur Ordnung war nicht auf einmal geschehen, im Gegenteil:

> Die Unendlichkeit der künftigen Zeitfolge, womit die Ewigkeit unerschöpflich ist, wird alle Räume der Gegenwart Gottes ganz und gar beleben, und in die Regelmäßigkeit, die der Trefflichkeit seines Entwurfs gemäß ist, nach und nach versetzen ... Die Schöpfung ist niemals vollendet. Sie hat zwar einmal angefangen, aber sie wird niemals aufhören.[45]

Kants neue, vom alten Weltbild völlig abweichende Vorstellung beruhte auf einer ungeheuren Ausweitung der Newtonschen Lehre von der Gravitation. Newton hatte den freien Fall, die Gezeiten sowie die Kometen- und Planetenbewegungen durch die Schwerkraft erklärt. Kant wendete dessen Theorie nun in einem umfassenderen, spekulativen Sinne an und schloß auch den Aufbau der Milchstraße und sogar die Existenz anderer, viel weiter entfernter Milchstraßensysteme ein. Die Schwerkraft wurde zum Instrument, mit dem Gott allmählich Ordnung in das ungeordnete materielle Universum brachte.

Kant bezog sich dabei auch auf Thomas Wright, dessen Beschreibung der Milchstraße fünf Jahre vorher erschienen war:

45 Kant, Allgemeine Naturgeschichte und Theorie des Himmels, in: Gesammelte Werke, Bd. 1, Ausgabe Darmstadt 1963 in 6 Bänden, hrsg. von W. Weischedel, S. 335.

Das Systematische, welches in der Verbindung der Planeten, die um ihre Sonnen laufen, stattfand, verschwand allhier in der Menge der Fixsternen [sic!], und es schien, als wenn die gesetzmäßige Beziehung, die im Kleinen angetroffen wird, nicht unter den Gliedern des Weltalls im Großen herrsche; die Fixsterne bekamen kein Gesetz, durch welches ihre Lagen gegeneinander eingeschränkt wurden, und man sahe sie alle Himmel und aller Himmel Himmel ohne Ordnung und ohne Absicht erfüllen ... Dem Herrn Wright von Durham, einem Engelländer, war es vorbehalten, einen glücklichen Schritt zu einer Bemerkung zu tun ... Er betrachtete die Fixsterne nicht als ein ungeordnetes und ohne Absicht zerstreutes Gewimmel, sondern er fand eine systematische Verfassung im Ganzen, und eine allgemeine Beziehung dieser Gestirne gegen einen Hauptplan der Räume, die sie einnehmen.[46]

Die Milchstraße sei, erklärte Kant, ein dem Sonnensystem ähnliches, aber unendlich viel größeres System. Und wenn man annahm, daß unser eigenes Milchstraßensystem nicht das einzige ist, dann konnte man die Lehre von der Schwerkraft noch viel weiter fassen:

Wenn ein System von Fixsternen, welche in ihren Lagen sich auf eine gemeinschaftliche Fläche beziehen, so wie wir die Milchstraße entworfen haben, so weit von uns entfernet ist, daß alle Kenntlichkeit der einzelnen Sterne, daraus es bestehet, sogar dem Sehrohre nicht mehr empfindlich ist; wenn seine Entfernung zu der Entfernung der Sterne der Milchstraße eben das Verhältnis, als diese zum Abstande der Sonne von uns hat; kurz, wenn eine solche Welt von Fixsternen in einem so unermeßlichen Abstande von dem Auge des Beobachters, das sich außerhalb demselben befindet, angeschauet wird: so wird dieselbe unter einem kleinen Winkel als ein mit schwachem Lichte erleuchtetes Räumchen erscheinen, dessen Figur zirkelrund sein wird, wenn seine Fläche sich dem Auge gerade zu darbietet, und elliptisch, wenn es von der Seite gesehen wird. Die Schwäche des Lichts, die Figur und die kennbare Größe des Durchmessers werden ein solches Phaenomenon, wenn es vorhanden ist, von allen Sternen, die einzeln gesehen werden, gar deutlich unterscheiden.[47]

Diese Erscheinung, fuhr er fort, sei ›von unterschiedlichen Beobachtern deutlich wahrgenommen worden‹. Beispielsweise habe Maupertuis (1742) gewisse ›neblichte‹ Sterne beschrieben: ›Daß es kleine, etwas mehr als das Finstere des leeren Himmelsraumes erleuchtete Plätzchen sein, die alle darin überein kommen, daß sie mehr oder weniger offene Ellipsen vorstellen, aber deren Licht weit

46 S. 257.
47 S. 264.

schwächer ist, als irgend ein anderes, das man am Himmel gewahr wird.[48]

Kant identifizierte diese ›erleuchteten Plätzchen‹ sofort – nach unserer heutigen Auffassung völlig richtig – als andere Galaxien, die der unseren ganz ähnlich sind.

Weil diese Art von neblichten Sternen außer Zweifel am wenigsten eben so weit als die übrigen Fixsterne von uns entfernt sein muß: so wäre nicht allein ihre Größe erstaunlich, nach welcher sie auch die größesten Sterne viele tausendmal übertreffen müßten, sondern das wäre am allerseltsamsten, daß sie bei dieser außerordentlichen Größe, da es selbstleuchtende Körper und Sonnen sein, das allerstumpfste und schwächste Licht an sich zeigen sollten.

Weit natürlicher und begreiflicher ist es, daß es nicht einzelne so große Sterne, sondern Systemata von vielen sein, deren Entfernung sie in einem so engen Raume darstellet, daß das Licht, welches von jedem derselben einzeln unmerklich ist, bei ihrer unermeßlichen Menge in einen einförmichten blassen Schimmer ausschlägt ...

Alles stimmet vollkommen überein, diese elliptischen Figuren vor eben dergleichen Weltordnung, und, so zu reden, Milchstraßen zu halten, deren Verfassung wir eben entwickelt haben.[49]

Von nun an hatte der Mensch mit einer unendlichen Zahl von Galaxien zu rechnen, die im gesamten Weltraum verstreut und weiter voneinander entfernt sind als die Sterne in unserem eigenen Milchstraßensystem.

Kant hielt dieses neue System weder für erschreckend noch für nicht einleuchtend. Er war überzeugt, daß man es ohne weiteres aus den Newtonschen Prinzipien ableiten könne, und erklärte, es biete ›eine Vorstellung von dem Werke Gottes dar, die der Unendlichkeit des großen Werkmeisters gemäß‹ sei.[50] Die Schwerkraft erhalte zwischen den Sternen jeder Galaxie denselben Zusammenhang aufrecht wie innerhalb des Sonnensystems, und darüber hinaus hingen wahrscheinlich alle Galaxien durch dieselbe ›systematische Verbindung‹ miteinander zusammen. ›Das gesamte Universum, das All der Natur‹ sei ›in einem einzigen System, durch die Verbindung der Anziehung und der fliehenden Kraft zusammen‹gefaßt.[51]

Mit dieser Theorie vom Ursprung des Kosmos gestaltete er die

48 S. 265.
49 S. 265.
50 S. 267.
51 S. 331.

traditionelle Auffassung von der Schöpfung vollkommen um. Anfangs war die Materie im Raum ausgebreitet, ohne Form und Ordnung, aber doch den von Newton entdeckten Kräften unterworfen. Mathematisch ausgedrückt: Das Weltall war unendlich, es hatte keinen geometrischen ›Mittelpunkt‹. Da nun die Materie im Raum nicht gleichmäßig, sondern ungleichmäßig ausgebreitet war, sammelte sie sich um die dichteste Häufung, die nun zum Brennpunkt oder Mittelpunkt wurde, um den her sich nach und nach die Ordnung der Natur bildete.

So wird, in der ursprünglichen Regung der Natur, die Bildung zunächst diesem Centro angefangen, und dann, in fortschreitender Zeitfolge, der weitere Raum nach und nach Welten und Weltordnungen, mit einer gegen diesen sich beziehenden systematischen Verfassung, gebildet haben. Ein jeder endlicher Periodus, dessen Länge zu der Größe des zu vollbringenden Werks ein Verhältnis hat, wird immer nur eine endliche Sphäre, von diesem Mittelpunkte an, zur Ausbildung bringen; der übrige unendliche Teil wird indessen noch mit der Verwirrung und dem Chaos streiten, und um so viel weiter von dem Zustande der vollendeten Bildung entfernt sein, je weiter dessen Abstand von der Sphäre der schon ausgebildeten Natur entfernet ist.[52]

Die allmähliche Bildung der Ordnung aus dem Chaos nahm einen ungeheuren Zeitraum in Anspruch:

Es ist vielleicht eine Reihe von Millionen Jahren und Jahrhunderten verflossen, ehe die Sphäre der gebildeten Natur, darin wir uns befinden, zu der Vollkommenheit gediehen ist, die ihr jetzt beiwohnet; und es wird vielleicht ein eben so langer Perriodus vergehen, bis die Natur einen eben so weiten Schritt in dem Chaos tut: allein die Sphäre der ausgebildeten Natur ist unaufhörlich beschäftigt, sich auszubreiten. Die Schöpfung ist nicht das Werk von einem Augenblicke ... Es werden Millionen und ganze Gebürge von Millionen Jahrhunderten verfließen, binnen welchen immer neue Welten und Weltordnungen nach einander, in denen entfernten Weiten von dem Mittelpunkte der Natur, sich bilden, und zur Vollendung gelangen werden ... Die Unendlichkeit der künftigen Zeitfolge, womit die Ewigkeit unerschöpflich ist, wird alle Räume der Gegenwart Gottes ganz und gar beleben, und in der Regelmäßigkeit, die der Trefflichkeit seines Entwurfes gemäß ist, nach und nach versetzen ... Die Schöpfung ist niemals vollendet. Sie hat zwar einmal angefangen, aber sie wird niemals aufhören. Sie ist immer geschäftig, mehr Auftritte der Natur, neue Dinge und neue Welten hervor zu bringen. Das Werk, welches sie zu Stande bringet, hat ein Verhältnis zu der Zeit, die sie darauf anwendet. Sie braucht

52 S. 333.

nichts weniger, als eine Ewigkeit, um die ganze grenzenlose Weite der unendlichen Räume, mit Welten ohne Zahl und ohne Ende, zu beleben.[53]

So wurde der ewige Prozeß der kosmischen Schöpfung gleichgesetzt mit der Entwicklung der Natur.

Das war die Stimme eines neuen Zeitalters. Die Vorstellung einer fortdauernden Schöpfung – eine kosmische, in keinem irgendwie begrenzten Zeitraum endende Entwicklung – war ebenso visionär wie Vicos Ideen. Ganz bewußt hob Kant nun die von Newton so genau eingehaltene Trennung zwischen der ursprünglichen Schöpfung und der bis zum heutigen Tag erhaltenen Naturordnung auf. Die einzige Schöpfung, die wir uns vorzustellen haben, ist der durch unbegrenzte Zeit fortdauernde Sieg der Ordnung über das Chaos. Zwar steht Kants religiöse Gläubigkeit außer Frage, aber mit seiner Kosmologie setzte er die biblische Chronologie freimütig und mit einem Schlag außer Kraft. Um 1750 konnten die Menschen wohl mit einer Zukunft von vielen tausend Jahren rechnen, aber nie hatte bisher jemand so öffentlich und ernsthaft von einer Vergangenheit gesprochen, die ›Millionen Jahre und Jahrhunderte‹ umfaßte. Wenn das Werk der kirchlichen Verdammung entging, dann war es weniger der religiösen Fundierung seines Inhalts als der Protektion Friedrichs des Großen und dem Bankrott des Verlegers zu danken. Damals war sein Einfluß nur begrenzt, und nach Friedrichs Tod wurde Kant zum Widerruf gezwungen. Es ging ihm wie Vico: Obwohl sein Werk bekannt war, wurde es erst im 19. Jahrhundert wirklich gewürdigt.

Man sieht: Kants Kosmologie stand mehr unter dem Eindruck von Fontenelles ›Vielzahl der Welten‹ als dem des Alten Testaments. Bisher hatten sich biblische Überlieferung und physikalische Wissenschaft im Gleichgewicht gehalten, aber jetzt bekam die Physik eindeutig das Übergewicht. Hatte Burnet seine kosmische Geschichte noch auf der biblischen Überlieferung aufgebaut, nahm Kant nun die Astronomie und Dynamik zur Grundlage und schuf mit ihrer Hilfe ein Bild, so erbaulich und orthodox, wie es ihm nur möglich war. Fontenelles Marquise hatte sich von der Tatsache, daß Sonnen und Sterne verlöschen können, erschrecken lassen, doch Kant sah gerade in solcher Vergänglichkeit einen neuen Beweis für die in der Produktivität der Natur spürbare Hand des Schöpfers:

53 S. 334.

Man kann den unvermeidlichen Hang, den ein jegliches zur Vollkommenheit gebrachtes Weltgebäude nach und nach zu seinem Untergange hat, unter die Gründe rechnen, die es bewahren können, daß das Universum dagegen in andern Gegenden an Welten fruchtbar sein werde, um den Mangel zu ersetzen, den es an einem Orte erlitten hat. Das ganze Stück der Natur, das wir kennen, ob es gleich nur ein Atomus in Ansehung dessen ist, was über oder unserem Gesichtskreis verborgen bleibt, bestätiget doch diese Fruchtbarkeit der Natur, die ohne Schranken ist, weil sie nicht anders als die Ausübung der göttlichen Allmacht selber ist. Unzählige Tiere und Pflanzen werden täglich zerstört und sind ein Opfer der Vergänglichkeit; aber nicht weniger bringet die Natur durch ein unerschöpftes Zeugungsvermögen an andern Orten wiederum hervor und füllet das Leere aus. Beträchtliche Stücke des Erdbodens, den wir bewohnen, werden wiederum in dem Meere begraben, aus dem sie ein günstiger Periodus hervorgezogen hatte, aber an anderen Orten ergänzet die Natur den Mangel und bringet andere Gegenden hervor, die in der Tiefe des Wesens verborgen waren, um neue Reichtümer ihrer Fruchtbarkeit über dieselbe auszubreiten. Auf die gleiche Art vergehen Welten und Weltordnungen und werden von dem Abgrunde der Ewigkeiten verschlungen; dagegen ist die Schöpfung immerfort geschäftig, in andern Himmelsgegenden neue Bildungen zu verrichten, und den Abgang mit Vorteile zu ergänzen.[54]

In einer großartigen Vision öffnete Kant den Ausblick auf eine ›Götterdämmerung‹:

Man wird hier noch weniger zweifeln, daß die Vereinigung einer so unendlichen Menge Feuerschätze, als diese brennenden Sonnen sind, zusamt dem Gefolge ihrer Planeten den Stoff ihrer Massen, durch die unnennbare Glut aufgelöset, in den alten Raum ihrer Bildungssphäre zerstreuen und daselbst die Materialien zu neuen Bildungen durch dieselben mechanischen Gesetze hergeben werden, woraus wiederum der öde Raum mit Welten und Systemen kann belebet werden. Wenn wir denn diesen Phönix der Natur, der sich nur darum verbrennet, um aus seiner Asche wiederum verjüngt aufzuleben, durch alle Unendlichkeit der Zeiten und Räume hindurch folgen; wenn man siehet, wie sie sogar in der Gegend, da sie verfällt und veraltet, an neuen Auftritten unerschöpft und auf der anderen Grenze der Schöpfung in dem Raum der ungebildeten rohen Materie mit stetigen Schritten zur Ausdehnung des Plans der göttlichen Offenbarung fortschreitet, um die Ewigkeit sowohl, als alle Räume mit ihren Wundern zu füllen: so versenket sich der Geist, der alles dieses überdenket, in ein tiefes Erstaunen.[55]

54 S. 338.
55 S. 343.

Und er schloß seine Botschaft von dem göttlichen Wunder vor dem Hintergrund der Ewigkeit mit den Worten des ›philosophischen Dichters‹ Albrecht von Haller:

Unendlichkeit! wer misset dich?
Vor dir sind Welten Tag, und Menschen Augenblicke;
Vielleicht die tausendste der Sonnen wälzt jetzt sich,
Und tausend bleiben noch zurücke.
Wie eine Uhr, beseelt durch ein Gewicht,
Eilt eine Sonn', aus Gottes Kraft bewegt;
Ihr Trieb läuft ab, und eine andre schlägt,
Du aber bleibst, und zählst sie nicht.
Wenn denn ein zweites Nichts wird diese Welt begraben,
Wenn von dem Alles selbst nichts bleibet als die Stelle,
Wenn mancher Himmel noch, von andern Sternen helle,
Wird seinen Lauf vollendet haben:
Wirst du so jung als jetzt, von deinem Tod gleich weit,
Gleich ewig künftig sein, wie heut.[56]

Herder und die Entwicklung der Natur

Vico und Kant hatten beide Bedeutendes im Hinblick auf eine dynamischere Naturauffassung geleistet, indem sie erkannten, daß die Welt das vergängliche Produkt eines andauernden Prozesses und noch immer imstande war, etwas Neues hervorzubringen. Aber beide hatten die Sache jeweils bloß an einem Ende angepackt: Kant befaßte sich nur mit dem Makrokosmos der Gestirne, Vico nur mit dem Mikrokosmos menschlichen Lebens und menschlicher Gesellschaft. Beider Ideen wurden von einem Mann verschmolzen, der sich seine naturwissenschaftlichen Kenntnisse bei Kant in Königsberg erworben und seine Ansichten über Politik und Gesellschaft bei Kants Zeitgenossen Hamann gebildet hatte, einem der wenigen Philosophen vor 1800, die für Vicos Werk Verständnis aufbrachten. Dieser Mann war Johann Gottfried Herder.

Vicos und Kants Anschauungen miteinander zu verbinden, war nicht einfach, denn in mancher Beziehung waren sich beide genau entgegengesetzt. Vico glaubte, daß wirklich Neues nur im Lauf der Gesellschaftsentwicklung entstehen könne, da die Gesellschaft eine menschliche Schöpfung sei; in der Natur gebe es keinen entsprechen-

56 S. 335.

den Fortschritt. Für Kant verhielt es sich gerade umgekehrt. Die reine Materie in der Natur war in ständiger Entwicklung begriffen, und die systematische Ordnung breitete sich immer weiter im unendlichen Raum aus. Damit waren für ihn die Möglichkeiten zur Entwicklung erschöpft. Jede Andeutung einer genealogischen Beziehung zwischen verschiedenen Arten zum Beispiel erfüllte ihn mit Abscheu. Seiner Meinung nach existierte jede Art seit ihrer Schöpfung getrennt für sich und war auch nur in sich fortpflanzungsfähig.

Auch menschliche Gesetze und Sitten standen – oder sollten es doch – unter unveränderlichen Vernunftsidealen. Zwar gab es zweifellos in der menschlichen Geschichte seit ihrem biblischen Ursprung einen gewissen Fortschritt. Die Menschen hatten nicht immer nach denselben Vernunftidealen gelebt, und ihre irrationalen Triebkräfte waren von der Natur kultiviert worden, so daß aus der Anarchie eine vernünftige, durch Gesetze gelenkte Gesellschaftsordnung geworden war:

> Der Mensch will Eintracht; aber die Natur weiß besser, was für seine Gattung gut ist: sie will Zwietracht. Er will gemächlich und vergnügt leben; die Natur will aber, er soll aus der Lässigkeit und untätigen Genügsamkeit hinaus sich in Arbeit und Mühseligkeiten stürzen, um dagegen auch Mittel auszufinden, sich klüglich wiederum aus den letztern herauszuziehen.[57]

Aber nichtsdestoweniger waren die diesem historischen Prozeß innewohnenden Ideale doch unveränderlich; sie entsprangen der dem Menschen angeborenen Vernunft, und die in der Geschichte sichtbar gewordenen ›verborgenen Pläne der Natur‹ waren ebenso festgelegt und entdeckbar wie die Naturgesetze, die man in der Physik studieren konnte.

Herder lehnte Kants gesellschaftliche Ideale als zu statisch ab. Der Mensch verwirklichte seine Möglichkeiten nie ganz bewußt oder endgültig, die menschliche Geschichte war ein ebenso fortschreitender, schöpferischer und ewig unvollendeter Prozeß wie Kants Entwicklung des Kosmos. Von 1784 bis 1791 legte er in den vier Bänden der ›Ideen zur Philosophie der Geschichte der Menschheit‹ seine eigene Auffassung kosmischer Entwicklung dar, und sie umfaßte nun Planeten und Fixsterne, die Erde, Lebewesen und menschliche Gesellschaft. Herders ›Ideen‹ sind eher eine philosophische Vision

57 Idee zu einer allgemeinen Geschichte in weltbürgerlicher Absicht. Kant, Gesammelte Werke, Band 6, S. 38.

als eine wissenschaftliche Theorie, und es ist nicht schwer, seine Auffassung als romantisch und überspannt zu kritisieren. Aber sie hatte starken Einfluß. Die alte, statische Natur- und Gesellschaftsauffassung war in ihrer Art ebenso überspannt, und es war schon ein Verdienst, auch im Hinblick auf neue wissenschaftliche Erkenntnisse, zu zeigen, daß sowohl in der Naturwissenschaft wie auch in der Wissenschaft vom Menschen eine entwicklungsgeschichtliche Betrachtungsweise möglich war.

Wie alle Theorien in Zeiten des Übergangs war auch Herders Theorie ein Kompromiß zwischen Altem und Neuem. In seiner Sicht ist der Kosmos das Produkt einer historischen Entwicklung, aber er beschreibt diese Entwicklung in religiösen, ja theologischen Begriffen. Beginnend mit der Entwicklung der Galaxien, nimmt er sich der Reihe nach das Planetensystem, die Erde, die Lebewesen, den Menschen und schließlich die europäische Gesellschaft seiner eigenen Zeit vor. Diese Reihenfolge hat sowohl eine geistige als auch eine zeitliche Bedeutung. Da sich die Aufmerksamkeit auf einen Gegenstand nach dem andern konzentrieren muß, werden die verschiedenen Elemente des Kosmos stärker lokalisiert und in ihrer Entstehung lebendiger vor Augen geführt. Zuerst entstand die Milchstraße, dann die Sonne und das Planetensystem; unter den Planeten erwies sich die Erde als am geeignetsten für die Entstehung von Lebewesen, da sie weder zu heiß noch zu kalt war. Und schließlich entstanden auf der Erde nacheinander, gemäß Aristoteles' Stufenleiter der Natur, alle Lebewesen:

> Vom Stein zum Kristall, vom Kristall zu den Metallen, von diesen zur Pflanzenschöpfung, von den Pflanzen zum Tier, von diesen zum Menschen sahen wir die Form der Organisation steigen, mit ihr auch die Kräfte und Triebe des Geschöpfs vielartiger werden, und sich endlich alle in der Gestalt des Menschen, sofern diese sie fassen konnte, vereinen.[58]

So schuf jede Art für die später entstehende einen wesentlichen Teil der Umgebung. Damit erhielt die große Kette der Wesen, die bisher ein zeitloses Urbild der Wirklichkeit war, eine zeitliche Dimension; der geistige Übergang vom ›Niederen‹ zum ›Höheren‹ spiegelte nun auch eine Folge vom ›Früheren‹ zum ›Späteren‹ wider. Und der ganze geordnete Kosmos, der die Natur und die Gesellschaft gleichermaßen umschließt, wird durch ein harmonisches System von ›Kräften‹ zusammengehalten:

58 Herder, Ideen zur Philosophie der Geschichte der Menschheit, Darmstadt 1966, 5. Buch, 1. Kapitel, S. 131.

Die Kraft, die in mir denkt und wirkt, ist ihrer Natur nach eine so ewige Kraft als jene, die Sonnen und Sterne zusammenhält ... Wo und wer ich sein werde, werde ich sein, der ich jetzt bin, eine Kraft im System aller Kräfte, ein Wesen in der unabsehlichen Harmonie einer Welt Gottes.[59]

Manche Leute haben in Herders Zeitdimension bezüglich der Zoologie schon einen Vorgriff auf Darwin sehen wollen. Aber diese Vermutung ist unzutreffend, denn nichts deutet darauf hin, daß Herder glaubte, die späteren und höheren Tiere könnten sich aus den früheren und niedereren entwickelt haben. Er hebt nur hervor, daß die Existenz einfacherer Organismen eine wesentliche Voraussetzung für das Überleben komplizierterer Wesen ist.

Zuerst ist's offenbar der Natur entgegen, daß sie alles Lebendige in gleicher Anzahl oder auf einmal belebt habe; der Bau der Erde und die innere Beschaffenheit der Geschöpfe selbst macht dies unmöglich. Elefanten und Würmer, Löwen und Infusionstiere sind nicht in gleicher Zahl da; sie konnten auch uranfangs ihrem Wesen nach weder in gleichem Verhältnis noch auf einmal erschaffen werden. Millionen Muschelgeschöpfe mußten untergehen, ehe auf unserem Erdenfels Gartenbeete zu feinerem Leben wurden; eine Welt von Pflanzen geht jährlich unter, damit sie höheren Wesen das Leben nähre. Wenn man also auch von den Endursachen der Schöpfung ganz abstrahieret, so lag es schon im Stoff der Natur selbst, daß sie aus Vielem ein Eins machen und durch das kreisende Rad der Schöpfung Zahlloses zerstören mußte, damit sie ein Minderes, aber Edleres belebte ... Der Mensch also, wenn er der Bewohner der Erde und ein Gebieter der Schöpfung sein sollte, mußte sein Reich und Wohnhaus fertig finden; notwendig mußte er also auch spät und in geringerer Anzahl erscheinen als die, so er beherrschen sollte.[60]

Diese Unterscheidung ist wichtig. Organische Entwicklung hat, wie Darwin sie sich vorstellte, wenigstens drei Voraussetzungen: Erstens, kompliziertere Lebensformen erscheinen später auf der Erde als einfachere (Lehre von der Progression), zweitens, die späteren Formen stammen von den früheren ab (Lehre von der Transformation), und drittens – Darwins wesentlicher Beitrag –, die Abstammung der späteren Arten ist die Folge von Variation und natürlicher Zuchtwahl. Gleich manchen anderen von Darwins unmittelbaren Nachfolgern war Herder ›Progressionist‹ und nicht ›Transformist‹. Er lehnte den Gedanken der Entwicklung durch Abstammung aus-

59 1. Buch, 1. Kapitel, S. 46.
60 10. Buch, 2. Kapitel, S. 253.

drücklich ab und widersprach im besonderen Monboddos Behauptung, Menschen und Affen gehörten zur selben Gattung. Man konnte umgekehrt natürlich auch Transformist, nicht aber Progressionist sein, wie Robert Hooke, oder an natürliche Auswahl ohne Transformation glauben, wie Empedokles und Lukrez. Zwischen 1650 und 1850 neigte man allgemein zur Kombination von verschiedenen Meinungen, und erst nachdem alle anderen Anschauungen mit einiger Mühe ausgeschaltet worden waren, ließ man sich von Darwin überzeugen.

Nachdem das Menschengeschlecht auf der Erde erschienen war, erklärte Herder, konnten die ›Zwecke der Mutter Natur‹ erfüllt werden. Auf Grund seiner aufrechten Haltung wurde der Mensch Herr über die tierische Schöpfung (›der Gott der Tiere‹) und trat in den nächsten Abschnitt der kosmischen Entwicklung ein; indem er die Gesellschaft schuf, verwirklichte er die in ihm ruhenden Möglichkeiten. In den verschiedenen Erdteilen und Klimaten wuchsen die Menschen in ihren verschiedenen Rassen mit all ihren besonderen Eigenschaften und Fähigkeiten heran, und in den historischen Kulturen verwirklichten alle Völker und Gesellschaften ihre eigenen Möglichkeiten. Hatten Herders Vorläufer die menschliche Geschichte noch als Ausdruck ewiger Wahrheiten betrachtet, so wurde sie jetzt Gegenstand progressiver Entwicklung innerhalb der Natur, und jede Errungenschaft baute sich auf einer früheren auf und zog Nutzen aus ihr.

Daß dieser Zeitenfortgang auch auf die Denkart des Menschengeschlechts Einfluß gehabt habe, ist unleugbar. Man erfinde, man singe jetzt eine Iliade; man schreibe wie Äschylos, Sophokles und Plato; es ist unmöglich. Der einfache Kindersinn, die unbefangene Art, die Welt anzusehen, kurz, die griechische Jugendzeit ist vorüber. Ein gleiches ist's mit Hebräern und Römern; dagegen wissen und kennen wir eine Reihe Dinge, die weder Hebräer noch Römer kannten. Ein Tag hat den andern, ein Jahrhundert das andere gelehrt; die Tradition ist reicher geworden; die Muse der Zeiten, die Geschichte selbst spricht mit hundert Stimmen, singt aus hundert Flöten. Möge in dem ungeheuren Schneeball, den uns die Zeiten zugewälzt haben, so viel Unrat, soviel Verwirrung sein, als da will; selbst diese Verwirrung ist ein Kind der Jahrhunderte, die nur auf dem unermüdlichen Fortwälzen einer und derselben Sache entstehen konnte. Jede Wiederkehr also in die alten Zeiten, selbst das berühmte platonische Jahr, ist Dichtung, es ist dem Begriff der Welt und Zeit nach unmöglich. Wir schwimmen weiter; nie aber kehrt der Strom zu seiner Quelle zurück, als ob er nie entronnen wäre.[61]

61 15. Buch, 4. Kapitel, S. 412.

Mehr als ein Jahrhundert später zogen Nationalsozialisten des Dritten Reiches Herder heran, um die Vernichtung ›nichtarischer‹ Menschen durch ihre eigene ›Herrenrasse‹ zu rechtfertigen. Doch das war eine grausame Verdrehung von Herders tolerantem Internationalismus:

Der Geschichtsschreiber der Menschheit muß wie der Schöpfer unseres Geschlechts oder wie der Genius der Erde unparteiisch sehen und leidenschaftslos richten ... Nun hat die Natur die ganze Erde ihren Menschenkindern gegeben und auf solcher hervorkeimen lassen, was nach Ort, Zeit und Kraft irgend nur hervorkeimen konnte. Alles, was sein kann, ist; alles, was werden kann, wird; wo nicht heut, so morgen. Das Jahr der Natur ist lang; die Blüte ihrer Pflanzen ist so vielfach, als diese Gewächse selbst sind und die Elemente, die sie nähren. In Indien, Ägypten, China geschah, was sonst nie und nirgend auf der Erde geschehen wird; also in Kanaan, Griechenland, Rom, Karthago. Das Gesetz der Notwendigkeit und Konvenienz, das aus Kräften, Ort und Zeit zusammengesetzt ist, bringt überall andere Früchte.[62]

So verwandelte sich die große Kette der Wesen in Herders Werk zu einer Kette der Kulturen, in der sich die gesellschaftliche Entwicklung als Fortsetzung der kosmischen Entwicklung mit anderen Mitteln manifestierte.

An diesem Punkt wollen wir zunächst die allgemeine Geschichtsphilosophie verlassen. Herders Versuch, Natur und Gesellschaft zu einem einzigen Entwicklungsprozeß zu verschmelzen, war nicht das letzte Wort zu diesem Thema. Ein Teil seiner Nachfolger lehnte diese Verbindung so unterschiedlicher Vorgänge ab. Hegel zum Beispiel entschied sich für Vicos Auffassung, der die ständig wiederholten Naturvorgänge und den progressiven Ablauf menschlicher Geschichte als Gegensätze betrachtete; Marx und Engels andererseits stellten den Zusammenhang von Natur und Gesellschaft wieder her. Auf dieser Stufe ist die Diskussion heute noch im Gange. Jedenfalls waren aber Ende des 18. Jahrhunderts wenigstens alle Vorurteile gegen die Idee der Entwicklung beseitigt, und man betrachtete die Geschichte der Natur selbst unter einem neuen, empirischen Blickwinkel. Zwar konnte es immer noch vorkommen, daß man bei der Frage nach dem Ursprung der Erde in der alttestamentlichen Überlieferung steckenblieb, aber die biblische Chronologie war doch überwunden. Je zahlreicher die Entdeckungen in der Astronomie, Physik, Chemie und Naturgeschichte wurden, um so

62 12. Buch, 6. Kapitel, S. 326.

leichter ließ sich ein zusammenhängendes und in sich geschlossenes Bild von der Vergangenheit entwerfen, und es dauerte nicht mehr lange, bis das 6000-Jahre-Schema des Eusebios und Julius Africanus auseinanderbrach.

Die Erde bekommt eine Geschichte

Während der zweiten Hälfte des 18. Jahrhunderts hatten die philosophischen Auseinandersetzungen gezeigt, daß es durchaus möglich war, die statische Naturauffassung der Renaissance durch eine dynamische, entwicklungsgeschichtliche zu ersetzen. Aber die Philosophie allein konnte das alte Zeitschema nicht überwinden. Dazu mußte eine andere numerische Chronologie geschaffen werden, und zwar auf Grund wissenschaftlicher Beobachtungen. Also war es jetzt an den Naturwissenschaftlern, diese Möglichkeit in die Wirklichkeit umzusetzen und zu zeigen, wie die Natur im Lauf der Zeit ihre gegenwärtige Gestalt angenommen haben könnte. So begannen um 1800 die Geologen und Zoologen, sich wieder mit den Grundfragen zu beschäftigen, die 2300 Jahre zuvor Anaximander und seine ionischen Zeitgenossen in Milet aufgeworfen hatten. Der erste Wissenschaftszweig, der zu einer wirklich historischen Wissenschaft wurde, war die Geologie. Der Kampf zwischen der auf Tradition beruhenden biblischen und der auf dem ›Zeugnis der Dinge‹ beruhenden natürlichen Chronologie wurde auf dem Gebiet der Erdgeschichte ausgetragen. Wenn heute unsere Vorstellungen von der Vergangenheit nicht mehr durch die Zeitschranke früherer Zeitalter begrenzt sind, dann ist das der Geduld, dem Fleiß und der Findigkeit jener Männer zu danken, die zwischen 1750 und 1850 durch Untersuchung der Gesteinsschichten und Fossilien in der Erdkruste ein neues und ungeheuer erweitertes Zeitschema geschaffen haben. Damit soll nicht gesagt sein, daß die Motive der ersten modernen Geologen insgesamt oder vorwiegend historische Motive gewesen seien. Viele von ihnen beschäftigten sich nur mit der gegenwärtigen Beschaffenheit der Erdkruste, sie klassifizierten die einzelnen Gesteine und suchten festzustellen, ob innerhalb der Schichten verschiedener Länder und Regionen irgendeine zusammenhängende Ordnung bestand, und oft genug hatte ihr Interesse nur praktische Gründe, denn die Geologie ist zum großen Teil eine angewandte Wissenschaft und arbeitet mit Bergbau und Metallurgie zusammen. Die historische Bedeutung ihrer neuen Erkenntnisse ging ihnen erst allmählich auf. Anfangs war ihnen wohl kaum klar, daß die Erde überhaupt eine Geschichte hatte, das heißt eine, die über die Schöpfungsgeschichte und die Sintflut hinausging. Aber schon vor 1800 waren Zeugnisse bekannt, die man nach der alten Auffassung nur als Anomalien bezeichnen konnte. Einige davon, zum Beispiel fossile Seemuscheln in Inlandfelsen, kannte man schon seit klassischer Zeit, andere, wie die erloschenen Vulkane des französischen Zentralmassivs, wurden jetzt erst erkannt. Diese Anomalien wirkten auf den Glauben an die Schöpfungsgeschichte und an das überkommene Zeitschema wie der berühmte stete Tropfen. Wenn dieser Glauben nicht ins Wanken gebracht werden konnte, dann war es äußerst schwierig, den geologischen Ursprung solcher anomalen Bildungen zu erklären, und ebensowenig konnte man sie einfach als unverständliche Überbleibsel der Schöpfung abtun. Als aber einmal die Tatsache geologischer Veränderung zugegeben war, ließ sich auch die Frage nach der zeitlichen Folge dieser Veränderungen nicht mehr umgehen. Was für Kräfte waren die Ursache? Waren es dieselben, die heute auch wirksam sind? Wie lange hatte es gedauert, bis ihre Wirkungen sichtbar wurden? Diese Fragen führten zu weiteren Forschungen und diese wieder zu neuen Entdeckungen, die auf überkommene Ideen und Voraussetzungen zurückwirkten. So standen Theorie und Beobachtung in dauernder Wechselwirkung, und es bildete sich eine neue Zeitvorsellung heraus, der sich schließlich niemand mehr entziehen konnte.

Während der hundert Jahre, in denen alte Anschauungen über Bord geworfen und neue Synthesen geschaffen wurden, lebten die Menschen in einer so einschneidenden Unsicherheit und sahen sich vor so quälenden Problemen wie zu der Zeit, als Kopernikus seine umwälzenden Entdeckungen in der Astronomie gemacht hatte. In mancher Hinsicht war die Lage jetzt sogar noch komplizierter. Die neue Geologie konnte niemals hoffen, die gleiche mathematische Sicherheit zu erreichen, wie Newton sie in der Astronomie erreicht hatte. Wie bei der Aufdeckung eines Kriminalfalles führte die Geologie die Lösung nur durch das erdrückende Gewicht der Indizien herbei. Und obgleich man – wie bei der kopernikanischen Revolution – das neue System in großen Zügen schon früh erkennen konnte, vermochte es das alte doch erst dann zu verdrängen, als es bis ins Detail ausgearbeitet und unwiderlegbar geworden war. In einer solchen geistigen Situation ist das auch nicht anders möglich. Wo es um so grundlegende Fragen geht, genügt es nicht, alte Vorstellungen nur in Zweifel zu ziehen. Man muß eine Alternative vorweisen können, die ebenso vollkommen, ja, noch überzeugender ist. Bis dahin aber kann man es niemandem zum Vorwurf machen, wenn er sich nicht von langgehegten Traditionen lösen kann.

Wir können in diesem Rahmen nicht die gesamte Entwicklung

von 1750 bis 1850 aufzeigen. Stattdessen werden wir uns auf die Fakten konzentrieren, die für unser allgemeiner gestelltes Thema wichtig sind: wie der Mensch dazu kam, seinen Sinn für Geschichte zu schärfen und das Ausmaß der Vergangenheit zu erkennen.

Die ›Epochen der Natur‹

Von der Mitte des 18. Jahrhunderts an begann man sich allmählich darüber klar zu werden, daß es auf der Erde, so wie sie jetzt aussah, irgendwelche sehr alten Spuren geben mußte, die in frühere, vielleicht sogar vormenschliche Zeiten zurückführten, und daß diese Spuren – könnte man sie nur richtig deuten – ein ebenso unmittelbares und zuverlässiges Zeugnis für die Vergangenheit sein würden wie jede menschliche Tradition. Aber die Deutung kam noch immer einer Herausforderung gleich, wie eh und je. Menschliche Aufzeichnungen mochten verderbt und dadurch unglaubwürdig sein, aber sie waren immerhin doch ›Zeugnis‹ im wörtlichen Sinne, das heißt unverhüllte Äußerungen über die Vergangenheit. Gesteinsschichten und Fossilien dagegen waren ›Zeugnisse‹ nur im übertragenen Sinne: Ihr gegenwärtiges Aussehen konnte nur dem als Schlüssel für Vorgänge in früheren Zeiten dienen, der die wissenschaftliche Voraussetzung zur Interpretation besaß. Nach wie vor stellte sich die gleiche Frage: Was sind es denn überhaupt für Prinzipien, mit deren Hilfe man Rückschlüsse auf die Vergangenheit ziehen und damit eine geistige Brücke zu ihr schlagen kann?

Zur Beantwortung dieser Frage wurden im wesentlichen zwei Wege eingeschlagen. Die einen packten das Problem von einem umfassenderen Standpunkt an, die anderen vom Detail her. Die einen suchten die Geologie in Newtons weitgespanntes System physikalischer Gesetze einzufügen: Wenn wir die Eigenschaften und Dimensionen unseres Planeten als gegeben annehmen, was besagt dann die Newtonsche Physik über seine Geschichte? Die anderen versuchten es mit Kleinarbeit. Sie studierten die Struktur der Erdoberfläche im Detail und hofften dadurch die Entwicklungsstufen zu rekonstruieren, in deren Verlauf die Erde ihre heutige Gestalt angenommen hatte. Wenn es gelang, jedem Fossil und jedem Gesteinsstück seine eigene Geschichte zu entlocken, dann konnte man diese Zeugnisse zu einem geschlossenen Bild der Erdentwicklung vereinigen. Später versuchte man noch einen dritten Weg zu gehen, indem man sich auf biologische Prinzipien statt auf physikalische stützte, und tatsächlich wurde das moderne, erweiterte Zeitschema durch Verbindung von geologischen und entwicklungsgeschichtlichen Untersuchungen gewonnen.

Das erste Ergebnis einer Exkursion in die physikalische Erdgeschichte war eine fundierte numerische Darstellung, die nach 1770 von einem hervorragenden, mutigen und ideenreichen Wissenschaftler veröffentlicht wurden: Georges Louis Leclerc, Comte de Buffon. Buffon kannte keine wissenschaftlichen Vorurteile. Er hatte nie daran gezweifelt, daß die Erde eine sehr lange Geschichte habe und daß der Mensch mit seinem Verstand in der Lage sei, sie zu rekonstruieren. Sein umfassendes Forschungsprogramm reichte weit über seine detaillierte Argumentation hinaus. Mit eleganter Leichtigkeit ging er an die wissenschaftlichen Probleme heran, die sich aus der ›Zeitschranke‹ für die Naturhistoriker ergaben, und legte überzeugend dar, daß eine auf den anerkannten physikalischen Prinzipien beruhende geologische Geschichte auch bei vorsichtigster Schätzung eine Zeitspanne von mindestens 168 000 Jahren umfassen würde. (Seine eigene private Schätzung belief sich auf eine halbe Million Jahre.)

Wie Aristoteles und Linné war Buffon kein wissenschaftlicher Einzelgänger, sondern pflegte eine umfangreiche Korrespondenz, und seine Bibliothek war der Treffpunkt zahlreicher Briefpartner. Seine ›Naturgeschichte‹ war ein Lebenswerk; die ersten drei Bände erschienen 1749, und sie war noch nicht vollendet, als er 1788, kurz vor der Französischen Revolution, starb. Seine Absicht war gewesen, eine wissenschaftliche Enzyklopädie zu schreiben, in der er das Planetensystem, die Erde, die Menschen und die verschiedenen Bereiche der übrigen Lebewesen behandeln wollte. Bei seinem Tod war der Band über die Vögel vollendet, die Klassifizierung der Fische halb fertig. In so dürren Worten mitgeteilt, scheint sein Werk vielleicht nicht sonderlich interessant, aber in Wirklichkeit stellte er die ungeheure Menge von Einzelheiten in einen größeren, originellen Zusammenhang. Außerdem enthält das Werk ausführliche, scharfsinnige Exkurse über wissenschaftliche Theorie und Methode und liest sich dadurch fast wie ein wissenschaftlicher ›Tristram Shandy‹. Jeden irgendwie interessanten oder seltsamen Tatbestand in der Natur (zum Beispiel die Unfruchtbarkeit der Maulesel) nützte er als Gelegenheit zu ausführlicher theoretischer Erörterung. Aber hinter diesen scheinbar unwichtigen Abschweifungen steht ein System. Seine Bücher spiegeln eine etwa vierzigjährige Laufbahn wider, und die theoretischen Randbemerkungen zeigen, wie sich sein Stand-

Abb. 1. Der Stein von Palermo (um 2500 v. Chr.) mit Jahresannalen aus der ägyptischen Geschichte.

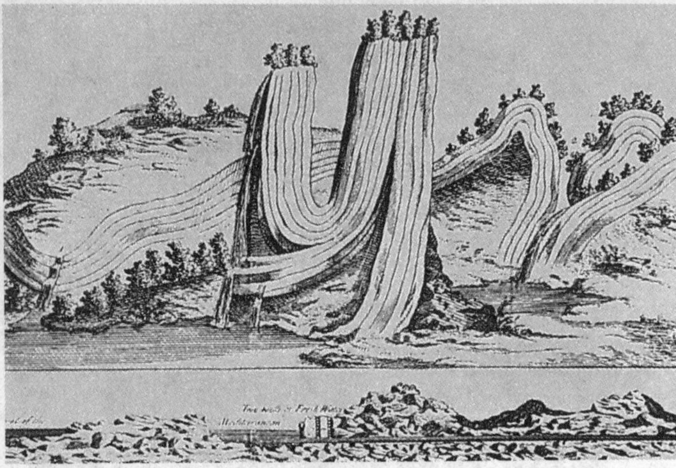

Abb. 2 und 3. Frühe Darstellung geologischer Formationen (oben) und der Versteinerung eines Farns (unten) (aus ›Nature Display'd‹, 3. Aufl., 1740).

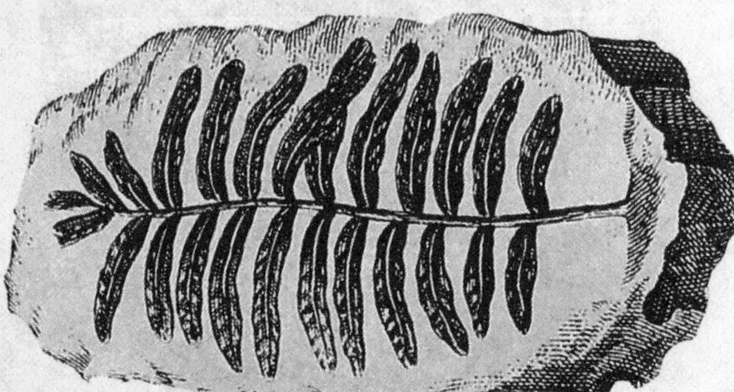

Abb. 4. Das Tal von Montpézat (Ardèche) mit einer typischen, nacheinander von Flüssen durchschnittenen Basaltschicht (aus G. P. Scrope, ›The Geology and Extinct Volcanoes of Central France‹, 2. Aufl., 1858).

Abb. 5. Fossiler Armfüßer (Cyrtospirifer) aus dem Oberen Devon; Alter etwa 400 Millionen Jahre.

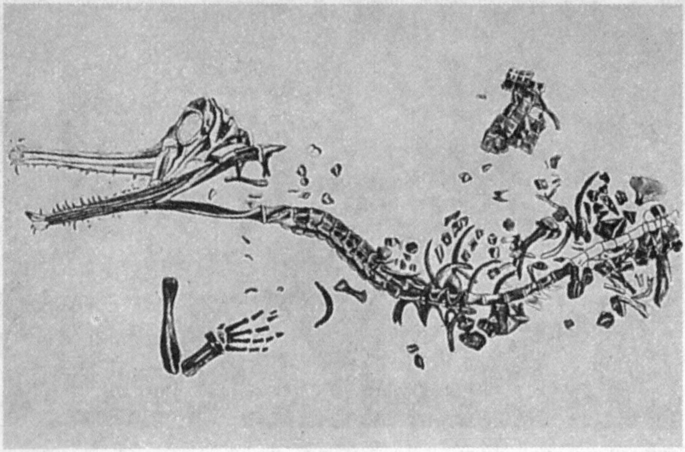

Abb. 6. Illustrationen aus Cuviers ›La Règne Animale‹;
oben: fossile Reste des *Crocodilus Priscus*
unten: Rekonstruktion des Megatheriums.

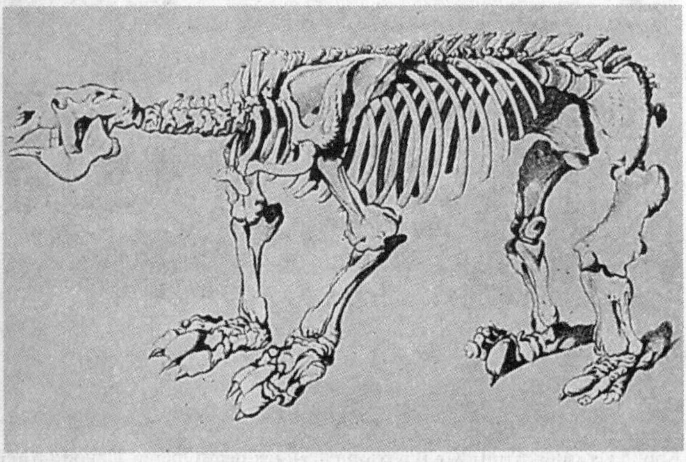

Abb. 7. Darwins Finken; sie zeigen die Varianten innerhalb der auf den Galapagos-Inseln gefundenen Arten (mit freundlicher Genehmigung von David Lack und der Cambridge University Press).

Abb. 8. Illustration aus dem ›Punch‹ vom 25. Mai 1861.

Abb. 9. Helle und dunkle Form *(carbonaria)* des Birkenspanners *(Biston betularia)* auf einem von Flechten überzogenen Baumstamm auf dem freien Land (oben) und auf einem mit Ruß bedeckten Stamm in der Nähe von Birmingham (unten) (mit freundlicher Genehmigung von Dr. H. B. D. Kettlewell).

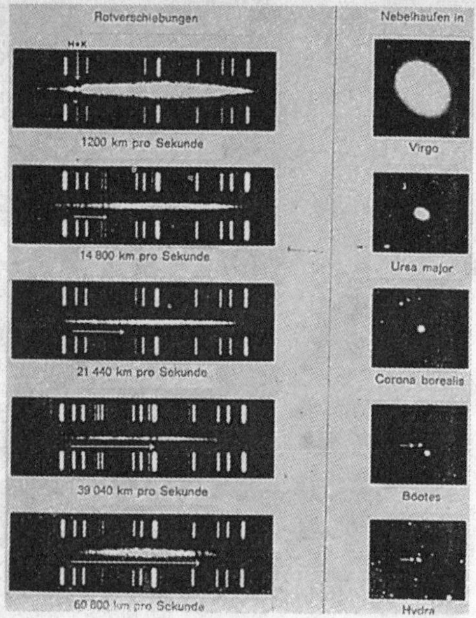

Abb. 10. Das Verhältnis von Rotverschiebung und Entfernung für außergalaktische Nebel; die Abb. zeigt die Verschiebung der Absorptionslinien des Kalziums zum roten Ende des Spektrums. Die geschätzten Entfernungen der betreffenden Nebel verhalten sich wie 1 (Virgo) : 13 : 17 : 31 : 47 (Hydra). Nach der Doppler-Interpretation entsprechen diese Rotverschiebungen den angegebenen Geschwindigkeiten der Nebel.

Abb. 11. Galaxienhaufen im Sternbild Herkules, aufgenommen mit dem 5-m-Spiegel.

punkt im Lichte neuer Entdeckungen und Auseinandersetzungen von Jahrzehnt zu Jahrzehnt entwickelt hat.

Buffons ›Histoire Naturelle‹ entspricht unserem hier verwendeten Begriff der Naturgeschichte. Seine frühe Hypothese über den Ursprung des Sonnensystems war als Einführung zu einer Geschichte gedacht, die die kosmische, geologische und zoologische Entwicklung umfassen sollte. Aber die Theologen der Sorbonne vereitelten diesen Plan, und Buffon sah sich zu einem formellen Widerruf gezwungen. Während der nächsten fünfundzwanzig Jahre behielt er seine unorthodoxen Spekulationen für sich; 1774 jedoch war er sich sicher genug, um nochmals auf dieses gefährliche Thema zurückzukommen. In seiner Einleitung zur ›Naturgeschichte der Minerale‹ beschrieb er eine Reihe von Experimenten über die Geschwindigkeiten, mit denen sich Kugeln von verschiedener Größe und Substanz abkühlen, und in einem langen Anhang fügte er seine Berechnungen über die Zeit an, die vergangen sein mußte, bis sich die einzelnen Planeten und ihre Monde von der Weißglut bis zu einer für Lebewesen erträglichen Temperatur abgekühlt hatten. Er verzichtete auf jede Rechtfertigung, als ob seine Theorie von der Erde niemals verdammt worden wäre, aber er verbarg seine Absicht teils unter sorgfältigen arithmetischen Berechnungen, teils unter der beruhigenden Überschrift ›Partie hypothétique‹. Durch die Aufnahme des Buches ermutigt, ließ er ihm 1778 eine umfassendere Darstellung folgen: die ›Epochen der Natur‹, in der er beschrieb, wie sich die Erde mutmaßlich entwickelt habe. Kaum jemals ist das Grundproblem der Naturwissenschaft klarer formuliert worden, wie er es in seiner Einleitung tat:

Wie man in der Geschichte die Urkunden befragt, die Münzen untersucht, die alten Inschriften entziffert, um die Zeitpunkte der Umwälzungen im Menschengeschlecht zu bestimmen und den Tag der Ereignisse in der Sittenwelt zu erweisen, ebenso muß man in der Naturgeschichte die Archive der Welt durchwühlen, aus den Eingeweiden der Erde die alten Denkmäler herausholen, ihre Trümmer auflesen und alle Spuren der physischen Veränderungen, die uns zu den verschiedenen Zeitaltern der Natur zurückführen können, in eine Sammlung von Beweisen vereinigen. Dieses ist das einzige Mittel, in dem unermeßlichen Raum einige Punkte festzusetzen und an der ewigen Straße der Zeit eine Anzahl Meilensteine aufzustellen.

Die Vergangenheit ist wie die Entfernung; unser Blick nimmt darin ab und würde sich ebenso darin verlieren, hätte nicht die Geschichte (und Chronologie) Leuchttürme und Fackeln an den dunkelsten Orten aufgestellt. Aber ungeachtet dieser Lichter der geschriebenen Überlieferung, welche Unsicherheit in den Tatsachen, wenn man einige Jahrhunderte zurückgeht! Und welch tiefes Dunkel umgibt die Zeit vor dieser Überlieferung! Außerdem hat sie uns nur die Taten einiger Völker, das heißt eines sehr geringen Teils des Menschengeschlechts überliefert; alle übrigen Menschen sind für uns, sind für die Nachwelt wie nicht vorhanden ...

So erstreckt sich die Geschichte, auf der einen Seite durch die Finsternisse einer der unsrigen ziemlich nahen Zeit begrenzt, auf der anderen Seite nur über die kleinen Gebiete der Erde, die nacheinander die auf ihre Tradition bedachten Völker bewohnt haben. Die Naturgeschichte dagegen umfängt alle Räume, alle Zeiten auf gleiche Weise, und hat keine anderen Grenzen als die des Weltalls.[63]

Wie unveränderlich sich auch die Natur dem menschlichen Auge darstellen mochte, ihr gegenwärtiger Zustand war zweifellos ganz anders als ihr ursprünglicher, und während der dazwischenliegenden Zeit mußte sie mehrere Phasen von mehr oder weniger langer Dauer durchlaufen haben. Diese Phasen nannte er ›Epochen‹ und versuchte sie zu rekonstruieren, indem er drei verschiedene Arten von Zeugnissen heranzog:

Die Oberfläche der Erde hat nach und nach verschiedene Formen angenommen; die Himmel selbst haben sich verändert, und alle Dinge des physischen Alls sind wie die der sittlichen Welt in einer beständigen Bewegung allmählicher Veränderungen ... Da es sich hier aber darum handelt, die Nacht der Zeiten zu durchdringen, durch die Anschauung der gegenwärtigen Dinge das frühere Dasein der vernichteten zu erkennen und durch die bloße Kraft der bestehenden Tatsachen zur geschichtlichen Wahrheit der begrabenen zurückzugehen; da es sich, mit einem Wort, darum handelt, nach der bloßen Gegenwart nicht allein die jüngste Vergangenheit, sondern auch die älteste zu beurteilen ..., so sollen wir drei wichtige Mittel gebrauchen: 1. die Tatsachen, die uns dem Ursprung der Natur näherbringen können, 2. die Denkmäler, die man als die Zeugnisse ihrer ersten Zeitalter ansehen kann, 3. die Überlieferungen, die uns einigermaßen eine Vorstellung von den nächstfolgenden Zeitaltern verschaffen können; darauf werden wir das Ganze durch Analogien zu verknüpfen und damit eine Kette zu bilden suchen, die vom Gipfel der Zeitleiter bis auf uns herabreichen wird.[64]

Unter ›Tatsachen‹ verstand er die physikalischen Eigenschaften, auf die er seine Beweise für die Abkühlung der Planeten gründete, mit

63 Buffon, ›Histoire Naturelle‹, in: Sämtliche Werke in 9 Bänden, Köln 1840, nach der Übersetzung von H. J. Schaltenbrand; Von den Zeitpunkten der Natur (2. Band).

64 Ebenda.

›Denkmälern‹ meinte er Fossilien, Muscheltiere und Mammutknochen, und durch den Bezug auf ›Überlieferungen‹ hoffte er der kirchlichen Opposition zuvorzukommen, indem er seine wissenschaftliche Meinung dadurch mit dem Alten Testament in Einklang brachte, daß er die Anfangskapitel der Genesis rational interpretierte. Das Buch der Genesis, erklärte er, sei nicht für Wissenschaftler geschrieben worden, sondern für Ungelehrte. Die Schöpfungstage können nicht ›Tage‹ in unserem Sinne gewesen sein – mit 24 Stunden –, da ja der Wechsel von Tag und Nacht erst am dritten ›Tag‹ nach der Erschaffung der Sonne entstanden ist. Stattdessen sollten wir das biblische Wort ›Tag‹ als unbegrenzte Zeitspanne verstehen, auf deren Dauer sich Moses nicht festgelegt habe. Damit sei die Genesis von der Gefahr befreit, im Widerspruch zu den Naturtatsachen und zu vernünftigen Schlußfolgerungen zu stehen.

Nach dieser Präambel begann er dann mit seiner Darstellung der geologischen Epochen entsprechend den sieben Schöpfungstagen. Jede Epoche umfaßte eine Zeitspanne von 3000 bis 35 000 Jahren; demnach betrug die Erdgeschichte bisher etwa 75 000 Jahre, und es würde weitere 93 000 Jahre dauern, bis alles Leben infolge der Abkühlung aufhören würde. In der ersten Epoche war es, wie er früher schon einmal ausgeführt hatte, zwischen der Sonne und einem Kometen fast zur Kollision gekommen, in der zweiten hatte sich die Erde verfestigt, während der dritten waren alle Kontinente von Wasser bedeckt, in der vierten zogen sich die Ozeane zurück, und infolge von Eruptionen baute sich das Festland auf, in der fünften waren tropische Tiere über die gesamte Erde verbreitet, während der sechsten teilte sich das Festland in die einzelnen Kontinente, und in der siebenten entstand schließlich der Mensch.

Betrachtet man jede Epoche für sich, so war eigentlich keine wirklich neu konzipiert. Descartes hatte schon von der Entstehung der Planeten aus glühenden Sternen gesprochen, Leibniz hatte diesen Gedanken in seiner ›Protogaea‹ weitergeführt, und auch Newton hatte ihn herangezogen, um die Abflachung der Erde an beiden Polen zu erklären. (Sie sei infolge der Zentrifugalkraft entstanden, während der Planet noch heiß und formbar war.) Die Idee, die Schöpfungstage als geologische Epochen zu deuten, war schon früher aufgekommen, nämlich nach 1690, nachdem Burnet mit seiner ›Sacred Theory of the Earth‹ Aufsehen erregt hatte. Auch sein erweitertes Zeitschema war bereits von Benoît de Maillet in seinem postum erschienenen Dialog ›Telliamed‹ vorausgenommen worden. Der ›indische Weise‹, dem Maillet seine eigenen Spekulationen in den Mund legte, erklärt darin, wir sollten ›nicht einen Anfang festsetzen für etwas, das vielleicht gar keinen hat. Messen wir doch nicht die verflossene Dauer der Welt an derjenigen unserer eigenen Zeit.‹ Und schließlich hatte Newton bereits Experimente durchgeführt, auf Grund derer er seine Erkenntnisse über die Abkühlung von Körpern gewonnen hatte. Nach diesem Vorbild baute dann Buffon seine eigenen Versuche auf. Schon Newton hatte in einer kurzen Notiz ausgerechnet, wie lange eine glühende Eisenkugel von der Größe der Erde zur Abkühlung brauchen würde, und war zu einem ähnlichen Ergebnis wie Buffon gekommen: etwa 50 000 Jahre. Aber da sich das nicht mit seiner religiösen Überzeugung vereinbaren ließ, zog er den Schluß, daß seine Berechnungen falsch sein müßten – vielleicht seine Voraussetzung, eine große Kugel kühle sich viel langsamer ab als eine kleine –, und fügte hinzu: ›Ich wäre froh, wenn das wahre Verhältnis durch Experimente erforscht werden würde.‹

Was Buffons ›Epochen der Natur‹ auszeichnete, war die Überzeugungskraft seiner Argumentation. Erstens vereinigte er alle die Ideen, die vorher unabhängig voneinander hier und da geäußert worden waren, zu einem Ganzen, und zweitens berechnete er mit großer Geduld die genauen Zahlen der Zeitperioden, die man auf Grund einer physikalischen Theorie der Erdentwicklung annehmen konnte.

In der Voraussetzung, daß, wie alle Naturereignisse anzudeuten scheinen, die Erde sich einst in einem durch das Feuer verursachten Zustand der Flüssigkeit befunden hat, ist es durch unsere Versuche erwiesen, daß die Kugel, wenn sie ganz aus Eisen oder eisenhaltigem Stoff bestünde, sich erst in 4026 Jahren bis zum Mittelpunkt verdichtet, in 46 991 Jahren so weit, daß man sie, ohne sich zu verbrennen, berühren könnte, und erst in 100 696 Jahren bis zu dem gegenwärtigen Wärmestand abgekühlt haben würde. Da uns aber die Erde in allem, was wir kennen, aus schmelzbaren und kalkartigen Stoffen zu bestehen scheint, die sich in kürzerer Zeit als die eisenhaltigen abkühlen, so müssen wir, um der Wahrheit so nahe wie möglich zu kommen, die betreffenden Zeiten der Abkühlung dieser verschiedenen Stoffe in Betracht ziehen, wie wir sie in den Versuchen der zweiten Abhandlung gefunden haben ... dann wird man finden, daß sich die Erdkugel in ungefähr 2905 Jahren bis zum Mittelpunkt verdichtet, in ungefähr 33 911 Jahren so weit, daß man sie berühren konnte, und in ungefähr 74 047 Jahren bis zur gegenwärtigen Wärme abgekühlt hat.[65]

65 Naturgeschichte der Minerale (2. Band), 2. Teil, 1. Abhandlung, Forschungen über die Abkühlung der Erde und der Wandelsterne.

Die letzte Zahl änderte er in 74 832 Jahre, mit Rücksicht auf die Strahlungswärme der Sonne. In ähnlicher Weise rechnete er aus, wie lange die verschiedenen Planeten und ihre Monde gebraucht haben mußten, um sich auf eine für Lebewesen erträgliche Temperatur abzukühlen (s. Tabelle S. 174).

Mögen diese Berechnungen auch stark vereinfacht sein, so waren sie doch ein Anfang. Newton hatte nicht erklären können, wie der Erdball innerhalb einer Zeitspanne von wenigen Jahrhunderten (wie es das biblische Zeitschema verlangte) bewohnbar geworden sein sollte. Buffon erwiderte, das sei auch gar nicht möglich gewesen, außer durch einen irrationalen, übernatürlichen Eingriff. Zwar bewegten sich seine Zahlen in viel größeren Ausmaßen als die der biblischen Überlieferung, aber sie widersprachen deshalb nicht aller Vernunft. Die Menschen ließen sich längst nicht mehr von der ungeheuren Ausdehnung des Raumes erschrecken, noch fanden sie es (zum Beispiel) unvorstellbar, ein Vermögen von 100 000 Pfund zu besitzen, warum sollten sie sich dann nicht auch mit dem Gedanken an 70- oder 100 000 Jahre vertraut machen können? Allerdings waren die von Buffon errechneten Zahlen das absolute Minimum, das man für die Bildung der Erde ansetzen konnte, und wenn es schwerfiel, sie zu begreifen, dann mußte man sich klarmachen, daß es keinen Unterschied gab ›zwischen Wahrheiten, die Gott uns offenbart, und denen, die durch Untersuchung und Beobachtung zu enthüllen er uns erlaubt hat‹.

In einer Beziehung blieb Buffon jedoch im Denken des 18. Jahrhunderts befangen. Bei aller Modernität seiner Argumentation und seines Stils hielt er doch daran fest, daß ›alles, was sein kann, auch ist‹. Es genügte, zu berechnen, wann jeder Körper im Sonnensystem eine zum Leben mögliche Temperatur erreicht und wann sich daraufhin mutmaßlich Leben entwickelt hatte. Wie für Fontenelle war auch für ihn die Vielzahl von Welten gleichbedeutend mit der Vielzahl bewohnter Welten.

Aus dieser (letzten) Tafel (die der Wahrheit am nächsten kommt) sieht man:

1. daß die organische Natur, wie wir sie kennen, auf dem Jupiter, dessen Wärme jetzt noch zu groß ist, als daß man seine Oberfläche berühren könnte, noch nicht ins Leben getreten ist und erst in 40 791 Jahren [d. h. 115 632 – 74 832, vgl. Tabelle] lebende Wesen auf ihm bestehen können, dann aber, einmal ins Dasein gerufen, 367 498 Jahre lang auf diesem großen Wandelstern dauern würden;

2. daß die lebende Natur, wie wir sie kennen, auf dem 5. Trabanten des Saturn seit 27 274 Jahren, auf dem Mars seit 14 506 Jahren und auf dem Mond seit 2318 Jahren erloschen ist...

So will ich in der folgenden Abhandlung ... entwickeln [wie ich] die allgemeine Folge gezogen von dem wirklichen Dasein der organisierten und empfindenden Wesen auf allen Körpern des Sonnensystems und von dem mehr als wahrscheinlichen Dasein der gleichen Wesen auf allen anderen Körpern, welche die Systeme der anderen Sonnen bilden, was den Umfang der lebenden Natur fast ins Unendliche vermehrt und zugleich das größte aller Denkmale zur Ehre des Schöpfers aufbaut.[66]

Anfang, Ende und Dauer der Existenz lebender Organismen auf den Planeten

[Anm.: Der Ursprung der Planeten wird vor 74 832 Jahren angenommen, also 73 058 v. Chr.]	Anfang (nach Entstehung des Planeten)	Ende	Gesamtdauer	noch verbleibende Lebenszeit
5. Trabant des Saturn	5 161	47 558	42 389	[ausgestorben seit 27 274]
Mond	7 890	72 514	64 624	[ausgestorben seit 2318]
Mars	13 685	60 326	56 641	[ausgestorben seit 14 506]
4. Trabant des Saturn	18 399	76 525	58 126	1 693
4. Trabant des Jupiter	23 730	98 696	74 966	23 864
Merkur	26 053	187 765	161 712	112 933
Erde	35 983	168 123	132 140	93 291
3. Trabant des Saturn	37 672	156 658	118 986	81 826
2. Trabant des Saturn	40 373	167 928	127 655	93 096
1. Trabant des Saturn	42 021	174 784	132 763	99 952
Venus	44 067	228 540	184 473	153 708
Saturnring	56 396	177 568	121 172	102 736
3. Trabant des Jupiter	59 483	247 401	187 918	172 569
Saturn	62 906	262 020	199 114	187 188
2. Trabant des Jupiter	64 496	271 098	206 602	196 266
1. Trabant des Jupiter	74 724	311 973	237 249	237 141
Jupiter	115 623	485 121	367 498	[noch nicht begonnen]

66 Ebenda.

Nach unserem heutigen Wissen hat Buffon die Lebensdauer der Erde nicht zu lang, sondern viel zu kurz bemessen. Aber wo lag der Fehler? Er wußte, daß die gegenwärtige Temperatur jedes Planeten oder Mondes durch zwei verschiedene Faktoren bestimmt ist: durch die Strahlungswärme der Sonne und seine eigene, noch von seinem flüssigen Zustand herrührende Hitze. Er bemühte sich nun, beide Faktoren in ihrem relativen Verhältnis richtig zu beurteilen. In den Jahren nach 1770 kannte man die Gesetze normaler Abkühlung recht gut, aber die Strahlungswärme war noch ziemlich wenig erforscht. Deshalb unterschätzte Buffon die Sonnenstrahlung im Vergleich zur Eigenwärme der Erde. Wenn er genau das Gegenteil getan hätte, wäre er zu besseren Ergebnissen gelangt. Denn die gegenwärtige Temperatur eines Planeten oder Mondes hängt fast ausschließlich vom Grad der einfallenden Sonnenstrahlung ab. Für eine erste grobe Schätzung kann man sogar die Eigenwärme des Planeten ganz außer acht lassen. Darüber wurde man sich bald nach 1800 klar, als man die Sonnenstrahlung eingehender zu erforschen begann, und vierzig Jahre später waren Buffons Berechnungen durch Fourier völlig überholt.

In rein wissenschaftlicher Hinsicht war also Buffons Versuch, das Alter der Erde auf Grund physikalischer Prinzipien zu bestimmen, ein Fehlschlag gewesen. Sein Kompromiß mit der Religion hatte keine von beiden Parteien befriedigt. So könnte man rückschauend seine ›Epochen der Natur‹ bestenfalls als eine großartige Ruine betrachten. Aber ein so vernichtendes Urteil wäre ungerecht. Wohl waren seine Zahlen falsch, aber er hatte doch schon einen Blick in die Zukunft getan, und seine Bücher wurden viel gelesen. Und vor allem hatte er etwas Wichtiges gezeigt: Die Zeitschranke konnte durchbrochen werden. Mit Hilfe physikalischer Gesetze, nach denen allgemein bekannte Prozesse, wie zum Beispiel die Abkühlung, ablaufen, konnte man vom gegenwärtigen Zustand der Dinge auf die frühere Beschaffenheit der Natur schließen und die Daten von viel früheren physikalischen Vorgängen bestimmen als die ersten überlieferten Aufzeichnungen es getan hatten. Wenn Buffon die nächsten fünfzig Jahre geologischer Forschung noch erlebt hätte, wäre er sicher zufrieden gewesen. Denn nach 1820 war der engstirnige Fundamentalismus in vollem Rückzug begriffen, und die Verfechter der Orthodoxie nahmen dankbar ihre Zuflucht zu seiner Interpretation der Schöpfungstage. Die Einzelheiten seiner Argumentation konnte man getrost beiseite lassen, aber die wichtigen Punkte, auf die es ankam, hatte er jedenfalls herausgestellt.

Die Tatsache des geologischen Wandels

Im Lauf der Zeit wurde deutlich, daß Buffons Theorie über das Alter der Erde die eigentliche Geologie nur wenig vorangebracht hatte, und man ließ bald davon ab, dem Problem von der Kosmologie her näherkommen zu wollen. Denn Buffons Methode war spekulativ und allgemein, er suchte die Erdgeschichte mittelbar aus einer umfassenden Planetentheorie abzuleiten und nicht, sie direkt aus den tatsächlichen Ergebnissen geologischer Forschung zusammenzusetzen. Naturphilosophen der Newtonschen Schule mochten aus seiner Theorie gewisse abstrakte Erkenntnisse gewonnen haben, aber Männer der Praxis konnten damit nicht viel anfangen und konnten sie auch nicht mit den Ideen in Zusammenhang bringen, die ihnen von ihren Vorgängern her geläufig waren. Aber diese Diskrepanz zwischen Kosmologie auf der einen und Geologie und Zoologie auf der anderen Seite läßt sich, wie wir noch sehen werden, bis weit ins 20. Jahrhundert hinein verfolgen.

Inzwischen waren aber bereits andere am Werke, die Erdoberfläche im einzelnen zu untersuchen und die Wirkkräfte zu erforschen, die ihre jetzige Gestalt geprägt hatten. Zunächst ließen sie sich, wie wir schon sagten, nicht von historischen Motiven leiten, sondern waren nur bemüht, die Gesteinsschichten an verschiedenen Stellen der Erde kartographisch aufzuzeichnen und festzustellen, ob es zwischen den übereinanderliegenden Formationen in verschiedenen Ländern und Gebieten irgendeinen Zusammenhang gab. Und als man eine weitgehende *geographische* Ordnung innerhalb der Erdkruste entdeckt hatte, erkannte man auch, daß diese Ordnung nicht das Urbild der Schöpfung widerspiegelte, sondern daß man aus ihr eine *zeitliche* Ordnung von Prozessen ablesen konnte, durch die sich die Gesteine gebildet hatten. Doch es dauerte noch fast ein Jahrhundert, bis es den Geologen gelang, herauszufinden, was für Kräfte bei diesen Prozessen wirksam gewesen waren, wie man das Alter von geographisch weit auseinanderliegenden Schichten miteinander vergleichen mußte und wie man aus der gegenwärtigen Form der Erdkruste und ihrem Bestand an Fossilien ein zusammenhängendes Bild ihrer Geschichte gewinnen konnte.

Zunächst gab es zwei Hauptzentren geologischer Forschung, eins in Deutschland und eins in Frankreich. Seit dem Mittelalter hatten deutsche Handwerker in der Mineralogie und im Bergbau eine Tradition geschaffen, und so leisteten die Deutschen mit ihren praktischen Erfahrungen den ersten Beitrag zu der neuen Wissenschaft.

Denn jeder, der im Bergbau gearbeitet hatte, wußte etwas über die Lagerung von Gesteinsschichten, und es war schon viel damit gewonnen, zunächst einfach die verschiedenen Arten von Gesteinen und Gesteinsschichten zu beschreiben und zu bezeichnen. Der Hauptvertreter dieser Arbeit war der sächsische Geologe Abraham Gottlob Werner. Wie der holländische Mediziner Boerhaave gehörte Werner zu den hervorragenden Lehrern, die es verstehen, das Interesse ihrer Studenten zu wecken, und wie Linné beeindruckte er seine Schüler weniger durch reine Theorie als vielmehr durch seine profunde und detaillierte Kenntnis des Stoffes. Denn zuallererst brauchte das 18. Jahrhundert, sowohl in der Geologie, als auch in der Zoologie und Botanik, eine vollständige und genaue Klassifikation sowie eine präzise Nomenklatur. Beides hat Werner für die Geologie geschaffen. Er teilte die übereinandergelagerten Gesteinsschichten in vier oder fünf Hauptarten ein und gliederte diese wieder in mehrere Dutzend Unterarten – vom Granit und Gneis, in denen niemals Fossilien gefunden worden waren, über die verschiedenen fossilientragenden Schichten bis hinauf zu Sand, Ton und vulkanischer Lava der Oberflächenschichten. Und er erkannte, daß die Überlagerung der Schichten auch eine historische Bedeutung haben müsse: Wahrscheinlich waren die fossilientragenden Gesteine jünger als Granit und die Oberflächengesteine die jüngsten von allen.

In Frankreich wurden zur gleichen Zeit andere Spuren verfolgt. In Montélimar unterbrach 1751 J. E. Guettard, aus Süditalien kommend, seine Reise. Er hatte plötzlich bemerkt, daß das Straßenpflaster aus einem Stein – hexagonalem Basalt – bestand, wie er ihn so ähnlich kurz vorher in dem vulkanischen Gebiet um den Vesuv gesehen hatte, und er erinnerte sich, daß die Meilensteine und auch manche Gebäude ebenfalls aus solchem vulkanischen Stein bestanden hatten. Er forschte nach, woher die Steine stammten, und wurde in die Berge westlich der Rhône gewiesen. Hier stieß er auf ein Gebiet mit steilen Flußtälern und schroffen, wie Orgelpfeifen nebeneinanderstehenden Basaltfelsen. Die Täler führten auf ein von konisch geformten Bergspitzen beherrschtes Plateau. Auf einem der Berge, dem Puy de Dôme, hatte Pascal seine Experimente zur Erforschung des atmosphärischen Drucks durchgeführt. Bei dem nahen Dorf Volvic wurde schon seit Jahrhunderten ein dauerhafter, schwarzer Stein gebrochen. Man hatte ihn zum Bau der Kathedrale von Clermont-Ferrand verwendet, und noch heute werden die Kilometersteine an den französischen Straßen aus diesem schwarzen

Stein hergestellt. Bis zu dem Tage, an dem Guettard dort ankam, hatten die Steinbrüche von Volvic und die benachbarten Berge allerdings ihr wichtiges Geheimnis bewahrt. Es konnte ja auch nur von jemandem gelüftet werden, der es mit den richtigen Augen ansah. Guettard erkannte sofort, daß die Berge ringsumher Kegel erloschener Vulkane waren, und im umliegenden Gebiet konnte man den Verlauf der Lavaströme deutlich wahrnehmen. Man brauchte sich nur die Vegetation und die oberste Bodenschicht wegzudenken, dann hatte man ein weites Feld vulkanischer Tätigkeit vor Augen.

Wie die Entzifferung eines bisher unlesbaren Schriftdenkmals zog Guettards Entdeckung eine ganze Kette nach sich. Als der erste Schritt getan war, ergaben sich die nächsten ganz von selbst.

Während der folgenden Jahrzehnte wurden in vielen Teilen der Welt ähnliche Gebiete mit erloschenen Vulkanen entdeckt, manche in Verbindung mit hexagonalem Basalt, wie er für den Riesendamm (Giant's Causeway) in Irland charakteristisch ist. Doch das Rätsel blieb: Wenn die Lebensspanne der Erde tatsächlich nicht einmal 6000 Jahre betrug, wie konnten dann solche gewaltigen vulkanischen Bewegungen vor sich gegangen sein, ohne daß die Überlieferung von ihnen berichtet? Es schien unmöglich, daß diese heftigen Eruptionen während der kurzen Zeitspanne vor den ersten historischen Aufzeichnungen stattgefunden hatten. Angesichts solcher Zeugnisse sah man sich schließlich doch zu der Schlußfolgerung gedrängt, der man sich so lange widersetzt hatte: Der gegenwärtige Abschnitt der Erdgeschichte war nur der letzte in einer Reihe langer Epochen, und das Gesicht der Erde hatte sich von einem Zeitalter zum anderen radikal verändert.

Die Triebkräfte geologischer Veränderungen

Obwohl bis 1790 die Tatsache geologischer Wandlungen nicht allgemein zugegeben wurde, gab es doch schon viele Geologen, die sich vom Augenschein überzeugen ließen. Aber über die zugrunde liegenden Kräfte waren sie verschiedener Meinung. Nach und nach bildeten sich im wesentlichen zwei Schulen heraus. Es war seit langem bekannt, daß das Aussehen der Erde im gegenwärtigen Zeitalter durch Hitze und Wasser verwandelt wurde, und vermutlich war es in vergangenen Zeiten ebenso gewesen. Nun schieden sich die Geister in der Frage, welche von beiden Kräften die größere Rolle gespielt hatte. In diesem Punkt wich Werner – vielleicht leider – von seinen eigenen, auf Erfahrung beruhenden Anschauungen ab. Obwohl er vor allem beobachtender Geologe war, stand er doch stark unter dem Einfluß der biblischen Überlieferung von der Sintflut, und das wirkte sich auf seine Interpretation geologischer Tatsachen aus. Gesteinsschichten hatten sich, so glaubte er, allgemein durch Sedimentation gebildet. Winzige Teilchen lagerten sich in Schichten auf dem Meeresgrund ab, traten an die Oberfläche, als sich das Wasser zurückzog, und wurden durch Regen und Flüsse verwittert und zerteilt. Werner nahm an, Vulkane seien (historisch) ein vergleichsweise junges Phänomen, so daß vulkanisches Gestein (geologisch) deshalb auch nur eine oberflächliche Eigenschaft der Erdkruste sein konnte. Trotz des häufigen Vorkommens von Basalt in Vulkangebieten glaute er nicht, daß man daraus etwas über seinen Ursprung schließen könne. Denn an manchen Stellen liegt Basalt sehr tief in der Erde, und wenn man einen ›eruptiven‹ Ursprung des Basalts annahm, so bedeutete das, daß die Periode vulkanischer Bewegungen bis zu einer Epoche zurückreichte, in der (seiner Meinung nach) die gesamte Erdoberfläche von Meer bedeckt war.

Da Werners Schüler in ganz Europa beheimatet waren, wurde seine Theorie in gewisser Weise zu einer ›orthodoxen‹ Lehre. Mit dem ›Neptunismus‹ konnte man offensichtlich den Ursprung der meisten Gesteinsschichten erklären, und er war ein Ausweg, jenem rätselhaften Überbleibsel seinen Platz in der Erdgeschichte zuzuweisen. Außerdem hatte die Theorie den Vorteil, daß man die biblische und geologische Geschichte miteinander in Einklang bringen konnte, denn Werners Ozean wurde mit der Sintflut gleichgesetzt. Trotzdem gab es natürlich noch genügend ungelöste Probleme. Wohin zum Beispiel war das überschüssige Wasser verschwunden, als es sich von den Kontinenten zurückzog? Auch das Zeitschema blieb ein Rätsel, denn Ablagerung ist schließlich ein sehr langsamer Vorgang. Aber je größer diese und andere Schwierigkeiten wurden, um so notwendiger schien es, an dem einen Punkt der Übereinstimmung festzuhalten. Noch bis 1825 suchten manche Geologen in der Hoffnung, die Genesis mit der Geologie in Harmonie bringen zu können, nach einer neptunistischen Erklärung sogar für jene Formationen, die sich viel leichter durch den Einfluß von Hitze hätten deuten lassen.

Die ›Vulkanisten‹, die einen großen Teil der geologischen Veränderungen auf die Einwirkung von Hitze in jeder Epoche der Erdgeschichte zurückführten, setzten sich weniger der wissenschaftlichen Kritik, als dem allgemeinen Spott aus (Es war ja auch bedauerlich, daß die Bibel gerade eine große Flut erwähnt, denn vulkanische Bewegungen gehen viel rascher vor sich als Ablagerungen, und der Vulkanismus hätte nicht solche Schwierigkeiten mit dem Zeitschema gehabt.) Für die Neptunisten stand viel zu viel auf dem Spiel, als daß sie eine gleichrangige Wirkkraft hätten anerkennen können. So machte Goethe in seinem ›Faust‹, als er auf diese Kontroverse anspielte, Mephisto zum Wortführer der vulkanischen Theorie:

Die Teufel fingen sämtlich an zu husten,
von oben und von unten auszupusten;
die Hölle schwoll von Schwefelstank und -säure,
das gab ein Gas! Das ging ins Ungeheure,
so daß gar bald der Länder flache Kruste,
so dick sie war, zerkrachend bersten mußte.[67]

Faust begnügt sich dagegen damit, die Gebirge als Teil der ursprünglichen Schöpfung anzusehen, und verlangt von der Geologie nur eine Erklärung für das spätere Entstehen der Täler:

Gebirgesmasse bleibt mir edel-stumm,
ich frage nicht woher? und nicht warum?
Als die Natur sich in sich selbst gegründet,
da hat sie rein den Erdball abgeründet,
der Gipfel sich, der Schluchten sich erfreut
und Fels an Fels und Berg an Berg gereiht;
die Hügel dann bequem hinabgebildet,
mit sanftem Zug sie in das Tal gemildet.
Da grünt's und wächst's, und um sich zu erfreuen,
bedarf sie nicht der tollen Strudeleien.[68]

Besonders ein Mann wurde das Opfer dieser von Emotionen nicht freien Auseinandersetzung. Im Unterschied zu Werner, der sein ganzes Leben in Sachsen verbracht hatte, war James Hutton viel gereist. Er kannte die geologischen Wirkungen von Meer, Fluß und Regen sehr wohl, aber er war nicht davon überzeugt, daß sie die vorherrschende Rolle bei der Bildung der Erde gespielt hatten. Die Wirkung des Wassers war fast immer destruktiv: Steine auf einem höheren Niveau fielen herab, wurden weggeschwemmt und weiter unten in alluvialen Ebenen, in Deltas oder am Meer abgelagert.

67 Goethe, Faust II, 4. Akt, Hochgebirg, Vers 1081.
68 Vers 1095.

Aber Bergketten und andere aufragende Elemente der Erdkruste konnten nur durch eine konstruktive Kraft entstanden sein. Da Hutton Schüler von James Black in Edinburgh war, hatte er einen Blick für die Wirksamkeit von unterirdischer Hitze, die imstande war, Oberflächengestein auszudehnen, zu krümmen und schließlich emporzuschleudern. Für uns ist der Vulkanismus oder Plutonismus in dieser Form eine natürliche Ergänzung zum Neptunismus, und so sah ihn auch Hutton. In der allgemeinen Stimmung der damaligen Zeit jedoch schien seine ›Theory of the Earth‹ den Neptunismus nicht zu ergänzen, sondern zu leugnen, und er sah sich plötzlich einer viel heftigeren Opposition gegenüber, als er erwartet hatte. Die schroffe Ablehnung, die Hutton von seinen Gegnern erfuhr, läßt sich heute nur verstehen, wenn man sich die damalige geistige Situation nach der Französischen Revolution klarmacht. Schon vor 1789 war das Klima für jegliche radikale Spekulation in der Geologie nicht günstig gewesen, und die Hüter der Rechtgläubigkeit traten damals für dasselbe ein, was Joseph Townsend später ›die Glaubwürdigkeit Mosis als Historiker‹ nannte. Die Auswirkungen der Französischen Revolution verstärkten ihre Befürchtungen noch. Offenbar, so meinten sie, waren alle die Schrecken und Gewalttaten, unter denen ganz Frankreich in den neunziger Jahren zu leiden hatte, Folgen der Unfrömmigkeit und Freidenkerei, die sich schon vorher unter den führenden Köpfen in Frankreich verbreitet hatte. Denn in der nächsten Generation schwang in dem bisher kühlen Ton, wie er bisher bei den Erörterungen des klassischen 18. Jahrhunderts geherrscht hatte, ein neuer, fast hysterischer Oberton mit. Die Französische Revolution war eines der großen Traumas der Geschichte, das den optimistischen Glauben der Philosophen des 18. Jahrhunderts ebenso erschüttert hatte, wie die Reformation den der Katholiken im 16. Jahrhundert und wie später die russische Revolution die liberalen Demokraten des 20. Jahrhunderts erschüttern sollte. Wieder einmal hatte sich die Wissenschaft in den Fesseln der Ideologie verfangen, und Lehrmeinungen wurden nicht so sehr wegen wissenschaftlicher Unzulänglichkeit kritisiert, sondern wegen angeblich unmoralischer ›Tendenzen‹.

James Hutton selbst bekam die ganze Härte dieser Einstellung durch Richard Kirwan zu spüren, der, obwohl ein kenntnisreicher Chemiker, sich bemüßigt fühlte, die biblische Geschichte Wort für Wort gegen Hutton in Schutz zu nehmen (ebenso wie Chateaubriand in seinem ›Génie du Christianisme‹ Buffon gegen Moses ausgespielt hatte). Kirwans erbitterte Ablehnung ist unverkennbar:

Wie die letzten Erfahrungen gezeigt haben, sind durch die Dunkelheit, in der bisher die Philosophie bezüglich des [ursprünglichen] Zustands [der Erde] herumgetappt ist, verschiedene atheistische oder irrgläubige Lehren allzu sehr begünstigt worden, denn sie lassen einen Hang zu Übersteigerung und Unmoral erkennen.

Gerade Huttons Vorsicht und maßvolle Haltung erregte Anstoß. Wenn er den Fundamentalismus direkt angegriffen oder wenn er wie Buffon versucht hätte, ihn den geologischen Erkenntnissen anzupassen, dann hätten die Orthodoxen natürlich Grund gehabt, ihn zu kritisieren. Aber seine Haltung beleidigte sie noch viel mehr; denn er ignorierte einfach die geheiligte Tradition, und sein Schweigen gegenüber Moses und der Sintflut wurde ihm, obwohl es aus Zurückhaltung geschah, als Geringschätzung ausgelegt.

Die Perspektive der unendlichen Zeit

Es war alles sehr ungerecht. Die Art, wie Hutton die geologischen Zeugnisse behandelte, mochte revolutionär sein, aber seine Bestrebungen waren konservativ und religiös. In seiner philosophischen Anschauung stand er dem hundert Jahre älteren Newton ebenso nahe wie dem vierzig Jahre jüngeren Charles Lyell. Er verschloß seine Augen nicht vor den historischen Aspekten der neuen Geologie, und nichts anderes als Ehrlichkeit trieb ihn zu der Äußerung, die Geologie weise keine Spur der ursprünglichen Schöpfung auf; aber in mancher Hinsicht neigte er doch dazu, die orthodoxe protestantische Vorstellung von der Natur als dem geregelten Produkt göttlicher Weisheit zu bestätigen und zu vervollständigen. Hatte Newton die von der Vorsehung beherrschte Stabilität des Sonnensystems mit dem Gleichgewicht zwischen Anziehungs- und Zentrifugalkraft erklärt, so wurde für Hutton die Erde durch ein ähnliches, von der Vorsehung gelenktes Wechselspiel geologischer Kräfte während einer unbegrenzten Zeit in bewohnbarem Zustand gehalten.

Hutton betrachtete die von den Geologen zutage geförderten Zeugnisse mit nüchternem Blick. Offensichtlich war der Mensch ein ziemlich junger Bewohner des Erdballs, und alle Entdeckungen sprachen für ein sehr hohes Alter der Erde, die schon vor unserem eigenen Zeitalter lange Epochen durchlaufen hatte. Über ihre Beschaffenheit während dieser früheren Epochen vermochte man nur in ganz großen Zügen etwas auszusagen. Auf Grund der heute sichtbaren geologischen Eigenschaften der Erde ließ sich der Weg zu ihrem Ursprung nur zu einem Teil zurückverfolgen. Man konnte auch keinen scharfen Trennungsstrich zwischen einer jüngeren, vulkanischen Epoche und einer vom Wasser beherrschten ziehen (wie es Buffon und Werner getan hatten). Im Gegenteil, alle Zeugnisse sprachen dafür, daß die heute wirkenden Kräfte in jeder vergangenen Epoche ebenso wirksam gewesen waren. Außerdem arbeiteten diese Kräfte nur sehr langsam. Die Veränderungen, die ein Mensch im Lauf seines Lebens selbst beobachten konnte, waren nur ein winziger Bruchteil jener großen Veränderungen, die von diesen Kräften – unbegrenzte Zeit vorausgesetzt – hervorgebracht werden konnten. Der Mensch sah gewissermaßen nur ein einziges Standfoto aus dem langen Filmstreifen geologischer Wandlungen. Und doch konnte man sich – Zeit vorausgesetzt – die Kräfte sehr wohl vorstellen, die alle jene uns vertrauten geographischen Merkmale geschaffen hatten:

Große Dinge kann man erst dann verstehen, wenn man viele Vorgänge analysiert und viele aufeinanderfolgende Ereignisse mit der *Zeit* in Verbindung bringt.

Hier lag der Keim für Lyells ›aktualistische‹ Methode. Wenn ›Zeit‹ die einzige Konzession wäre, die wir den geologischen Zeugnissen machen müßten, dann wäre dieses Zugeständnis nicht so schwer, und es ließe sich die Spanne, in der sich vermutlich Erdbewegungen abgespielt haben, leichter begrenzen. Schwierig ist jedoch, die geographischen Wirkungen geologischer Veränderungen überhaupt zu entdecken. Selbst wir mit unserem weit größeren Wissen, als es die antiken Autoren besaßen, können noch immer nicht das Alter der Kontinente bestimmen:

Es ist ein vergebliches Unterfangen, eine Quantität messen zu wollen, die sich unserer Beobachtung entzieht und die zeitlich nicht bestimmt werden kann. Die Entfernung der Sterne voneinander ohne Parallaxe messen zu wollen, ist genauso vergeblich, wie die Zerstörung des festen Landes zu berechnen, ohne einen Maßstab für das Ganze zu haben.

Doch so langsam die geologischen Veränderungen auch vor sich gehen mochten – sie waren nicht zu leugnen. Feuer, Hitze, Wasser und Witterung konnten, wenn wir ihnen nur genügend Zeit ließen, jede geologische und geographische Veränderung bewirken, die wir nur wollten.

Die Lehre von den durch eine ›unendliche Folge von Zeitaltern‹ hindurch wirkenden Kräften war zwar durchaus fortschrittlich, aber bei Hutton war sie mit einer religiösen Philosophie verbunden. Seine Zeitgenossen bezichtigten ihn fälschlich, den oberflächlichen französischen Atheismus, den Baron von Holbach in seinem ›Système de la nature‹ vertrat, in Schottland eingeführt zu haben. Aber in Wirklichkeit gab es in Huttons Lehre – abgesehen von einer unbegrenzten Chronologie – nichts, was irgendwie hätte verletzend wirken können. Er teilte die Meinung von John Ray, daß der Aufbau der Welt die Weisheit ihres Schöpfers widerspiegele. Alle geologischen Veränderungen, denen die Kontinente ihre gegenwärtige Form verdankten, hatten dazu beigetragen, die Erde für den Menschen bewohnbar zu machen. Die große Zeitspanne, die dazu nötig war, sollte uns nicht zu dem Glauben verführen, das Wirken der Natur sei ohne Ziel oder überflüssig:

Zwar sind wir, als wir das Wirken der Natur in großen Zügen aufgedeckt haben, auf jene umwälzenden Vorgänge gestoßen, die uns zunächst wohl mit Staunen und Zweifel erfüllen mögen. Wir dürfen daraus jedoch nicht den Schluß ziehen, daß solche ungeheuren Gewalten ihre Wirkung in kurzer Zeit hervorgebracht haben. In der Natur finden wir weder Mangel an Zeit noch Grenzen der Gewalt. Aber die Zeit verfließt deshalb nicht umsonst, und auch die Naturgewalten sind nicht überflüssig, sondern sind in Weisheit zu einem allgemeinen Zweck bestimmt.

Die Erde war mehr als nur eine zufällige Sammlung von materiellen, durch physikalische Kräfte bewegten Gegenständen. Sie war bewiesenermaßen ein ›System‹, und zwar ein ebenso kompliziertes, ausbalanciertes und sich selbst regulierendes wie das Planetensystem.

Man kann das System des Himmels nur verstehen, wenn man berechnete Zeiträume und fixierte Standorte sich drehender Körper miteinander in Verbindung bringt. Erst dann wird man die Systematik (oder die Weisheit) erkennen, mit der Kräfte in bestimmter Absicht wirksam sind. Ebenso kann man das System des Erdballs nur dann verstehen, wenn man den Fortschritt der Dinge erkennt, der durch die Zeit bewirkt worden ist, und wenn man die Wirksamkeit der Natur auf der Erde mit der am Himmel vergleicht.

Das Gleichgewicht der Kräfte von Hitze und Wasser, die ständig verschiedene Teile der Erdkruste so auf- und abbauen, daß sie für Tiere und Menschen bewohnbar bleiben, dieses Gleichgewicht legte immer wieder Zeugnis ab für des Schöpfers Plan und Voraussicht. Zwar vermochten die Geologen nicht die gesamte Vorgeschichte der Erde zu rekonstruieren, aber das war kein großer Schaden. Es genügte zu zeigen, wie die in systematischer Wechselwirkung stehenden geologischen Prozesse ihre Rolle innerhalb des Vorsehungsplanes spielten:

Wir sind nun am Ende unserer Beweisführung angelangt; wir können aus dem, was wirklich ist, nichts weiteres mehr schließen. Aber wir haben genug erkannt, wir haben die Befriedigung, zu wissen, daß in der Natur Weisheit, System und Beständigkeit herrschen. Wir haben in der Naturgeschichte dieser Erde eine Folge von Welten erkannt und können daraus schließen, daß es in der Natur ein System gibt; ebenso wie wir aus der Umlaufbewegung der Planeten auf ein System schließen können, nachdem diese Umläufe immer weiter vor sich gehen. Aber wenn diese Aufeinanderfolge von Welten im System der Natur festgelegt ist, dann werden wir im Ursprung der Natur vergeblich noch etwas Höheres suchen. Das Ergebnis unserer Untersuchung ist deshalb dies: Wir finden kein Zeichen für einen Anfang und keine Aussicht auf ein Ende.

So waren Buffon und Hutton, obwohl von zwei verschiedenen Standpunkten ausgehend, zum selben Schluß gekommen: Die Erde bestand schon viel länger, als man bisher angenommen hatte. Für Buffon ergab sich dieser Schluß aus einer Spekulation über den Ursprung der Erde. Hutton ließ alle Fragen über den Ursprung beiseite und kam über das Studium fortlaufender geologischer Prozesse zum selben Ergebnis. Er legte seine Meinung sehr bescheiden dar und hütete sich, seine Behauptungen zu übertreiben und orthodoxe Vorurteile anzugreifen. Er leugnete also keineswegs eine ursprüngliche Schöpfung, er behauptete nur, die zeitgenössische Geologie habe bewiesen, daß es ›kein Zeichen eines Anfangs‹ gebe, sondern vielmehr Zeugnisse für eine ›Zeit von unbegrenzter Dauer‹. (Damit ergänzte auch Hutton das von Newton begonnene Bild der Natur. Nach Newtons Lehre vom Planetensystem waren die Umlaufbahnen durch göttlichen Eingriff festgelegt worden, und ihre gegenwärtige Form besagte nichts über den Schöpfungsvorgang selbst. Nach Huttons Lehre besagte die gegenwärtige geologische Ordnung nichts über den Ursprung der Erde.)

Wenn Hutton weniger Neigung für die protestantische Naturphilosophie gehabt hätte, wäre er sicher noch einen Schritt weiter gegangen. So aber langte er schließlich, wie Newton, auf dem Standpunkt von Platos ›Timaios‹ an, indem er die stabile, vernünftige Ordnung in der Natur als die Folge einer hypothetischen Schöpfung zu irgendeinem Zeitpunkt in ferner Vergangenheit erklärte. Aber in seiner Theorie lagen auch noch andere Möglichkeiten. Er hätte mit ebensolcher Folgerichtigkeit die hypothetische Schöpfung völlig außer acht lassen und seine Argumentation auf Grund seiner Entdeckungen dahingehend weiterführen können, daß die Vergangenheit nicht nur unbestimmt, sondern unbegrenzt sei. Dem hätte im Altertum Aristoteles' Standpunkt entsprochen, der die aus der Platoschen Theorie entspringenden Schwierigkeiten zu umgehen suchte. Während des Mittelalters und der Renaissance war die aristotelische Lehre von Katholiken und Protestanten gleichermaßen als Ketzerei betrachtet worden, und Hutton vermied es, diesen letzten Schritt zu tun. Das blieb einem seiner jüngeren Bewunderer überlassen, dem Arzt George Hoggart Toulmin. Dieser veröffentlichte von 1780 an, unmittelbar vor Huttons Schrift, eine Reihe von Abhandlungen über Alter und Dauer der Welt.

Der vorsichtige Hutton hatte nur davon gesprochen, daß es in der Geologie kein Zeugnis für den Ursprung und das turbulente Ende der Erde gebe, Toulmin deutete die geologischen Zeugnisse für die Stabilität der Erde positiv, nämlich als Beweis dafür, daß die Erde ewig sei:

> Eine solche Folge von Ereignissen, wie wir sie ständig beobachten können, hat *immer* stattgefunden; die Natur ist durch einen unendlichen Zeitraum hindurch nach festen und unveränderlichen Gesetzen gelenkt worden. Deshalb suchen wir in dem weiten Kreis des Seins vergeblich nach einem Anfang der Dinge. Wie fruchtlos ist jeder Versuch zur Berechnung der Sterne und des ursprünglichen Seins der Natur! Unsere Vorstellungskraft läßt uns im Stich, ungeheure Zahlengrößen, von denen wir uns unmöglich ein Bild machen können, halten die Dinge in unendlicher Entfernung von uns fest.

Eine Menge Tatsachen deuteten auf das Alter der Erde, der Tiere, der Menschheit und des gesellschaftlichen Lebens hin, und gleich Aristoteles sah Toulmin trotzdem keinen Grund, die Macht der Natur dadurch einzuschränken, daß man die Zeit ihrer Wirksamkeit begrenzte. Wenn die Naturgesetze unveränderlich waren, dann war es nur vernünftig, zu folgern,

> daß der Mensch, die Welt, die Sonnen, die Planeten und die höchsten geistigen Wesen des Weltalls keinen Anfang gehabt, sondern mit allen ihren Modifikationen seit ewiger Zeit ungeschaffen existiert haben.

Diese aristotelische Auffassung war der logische Endpunkt einer Entwicklung, auf den die orthodoxe Naturanschauung das ganze 18. Jahrhundert hindurch zugesteuert war.

So konnte man die geologischen Zeugnisse, wie sie Ende des 18. Jahrhunderts bekannt waren, entweder dazu benutzen, die Platosche, von Hutton vertretene Auffassung der Schöpfung ›auf einen Schlag‹ zu untermauern, oder die aristotelische, von Toulmin verfochtene Auffassung vom ›unveränderlichen Zustand‹. (Sie konnten aber auch ebensogut für die neostoische Theorie einer zyklischen Welt verwendet werden, nach der Feuer und Wasser in einer endlosen Folge geologischer Prozesse wechselweise wirksam waren.) Das war kein Zufall. Denn, wie Hutton richtig zugab, die geologischen Zeugnisse erlaubten nur einen begrenzten Überblick über die Vergangenheit, das heißt über eine Zeitspanne, in der die Naturkräfte in immer gleicher Weise gewirkt hatten. Die historische Zeitschranke früherer Jahrhunderte war nur durch eine geologische, weiter in der Vergangenheit liegende Zeitschranke ersetzt worden. Nach wie vor tappte die Geologie im Dunkeln. Die neue Wissenschaft erklärte nur die Wirkkräfte, die für bestimmte geographische Eigenschaften der Erdkruste oder für die Gesteinsformationen verantwortlich waren, doch die Frage, ob die Erde als Ganzes zu irgendeinem weit zurückliegenden Zeitpunkt geschaffen worden war oder nicht, konnte sie nicht beantworten. Mangels weiterer stichhaltiger Zeugnisse und Beweise konnte sie nur mit a-priori-Spekulationen arbeiten, und an diesem Punkt kamen Newton und Hutton nicht über Plato und kam Toulmin nicht über Aristoteles hinaus. Auch Buffons Darstellung war bei all ihren arithmetischen Details nur eine neoionische Theorie und ein physikalisch-wissenschaftlicher Essay. Die Wahl zwischen einem Augenblick der Schöpfung, einer ewigen Ordnung, einem zyklischen Kosmos oder einem eingleisigen Prozeß blieb, was sie von jeher gewesen war: eine philosophische Entscheidung, der die Fakten der Beobachtung untergeordnet wurden. Sie war keine empirische Schlußfolgerung, an der man diese Fakten hätte messen können.

Die Zeitschranke wird durchbrochen

Nachdem sich der theologische Entrüstungssturm in den neunziger Jahren wieder gelegt hatte, hielten es die Geologen für geraten, künftig lieber Stillschweigen zu bewahren. Während der nächsten zwanzig Jahre verzichteten sie deshalb auf kühne Spekulationen und konzentrierten sich stattdessen darauf, die Grundlagen ihrer Wissenschaft zu festigen. Das war eine normale Reaktion. Es gibt in der Entwicklung jeder Wissenschaft Zeiten, in denen die Philosophie alles getan hat, was sie vermochte, um die fundamentalen Fragen deutlich zu machen, und dann ist die Arbeit einer ganzen Generation nötig, bis man hoffen kann, diese Fragen adäquat beantworten zu können. In dieser Lage befand sich Werner, der vor verfrühtem Theoretisieren warnte und seinen Schülern empfahl, hinauszugehen und die Gesteinsschichten der Erdkruste an Ort und Stelle – mit schmutzigen Schuhen und erdigen Händen – zu untersuchen. Um 1800 hatte sich die Situation noch nicht geändert; die Debatte zwischen den Neptunisten und Vulkanisten war noch in vollem Gange.

Doch jetzt witterten die Fundamentalisten Gefahr, denn jeden Moment drohte der Kampf um die Chronologie auszubrechen. Im 8. Buch von Miltons ›Verlorenem Paradies‹ hatte der Erzengel Raphael Adam nur ermahnt, keine Fragen über Kosmologie zu stellen und nicht in etwas einzudringen, was nur Gott allein anging. Jetzt, 1785, sprach William Cowper im 3. Buch seines epischen Gedichts ›The Task‹ mit einiger Strenge über die wiederauflebende Neugier bezüglich des Ursprungs der Welt:

So mancher schreibt Geschichten über Kriege
und große Taten kaum bekannter Helden
und nennt den Schwulst ›Geschichte‹ ... ein andrer,
der gräbt und bohrt in unsrer festen Erde
und weist uns Schicht um Schicht und zeigt dabei,
daß der sie schuf und ihren Ursprung einst
enthüllt' dem Moses, ihr Alter auch nicht weiß.
Und manche, die noch fleißiger und klüger,
ersinnen eine Schöpfung neu, sie steigen
empor zur höchsten Spitze der Natur
und sagen uns, woher die Sterne kommen,
warum die einen stehn, die andern kreisen,
was ihres Laufs und ihres Lichtes Quelle.
Sie wirbeln auf viel Staub mit ihrer großen
Gelehrsamkeit; die Wahrheit aber verbirgt sich.
Und so verrinnt des Lebens Zeit, sie spielen
Versteck mit der Natur, sie finden Regeln
für ferne Welten, und ihre eigne ist nur ein Scherz.

Es war keineswegs notwendig, das ehrfürchtige Staunen angesichts der göttlichen Schöpfung durch die Wissenschaft zu untergraben, aber leider taten die Wissenschaftler (wie Cowper es sah) absichtlich nichts dazu, einen Konflikt mit der Religion zu vermeiden:

Gott wollte nicht, daß Menschen Himmel messen
mit ihrem eignen Geist. In seinem Wort,
in seinem wunderbaren Werke mahnt er,
ihn selbst zu suchen, wo die Gnade leuchtet ...
Doch niemals hat der Philosophen Streben,
das der Planeten unsichtbare Welten
dem Forscher deutend näherbringt, ihn selbst
entdeckt, der alles lenkt; ein Schleier hüllt
das Aug' des Sterblichen; blind von Geburt,
erblickt er nie das Göttliche. Zu eng
ist unser Geist, je mehr er lernt von der
Natur, je mehr entzieht ihr Schöpfer sich.
Und sei der Mensch auch noch so stolz, die Welt
zu kennen, er wird dennoch ständig irren.

In der theoretischen Auseinandersetzung war eine Waffenruhe eingetreten. Als 1807 die Londoner Geologische Gesellschaft gegründet wurde, geschah dies mit der festen Absicht, in der Diskussion über die Theorie der Erde nicht Partei zu ergreifen, sondern jeden fundierten Beitrag, gleichgültig, welcher geologischen Richtung, anzunehmen, oder aber gar keinen. Die heftigen Debatten von Edinburgh wurden abgelöst durch zurückhaltendere – aber produktivere – Forschung.

Abgesehen von allen Theorien, hatten Werner und Hutton den Weg gewiesen, auf dem die Geologie weitergehen konnte: Werner durch seine Forderung nach Detailstudien an Ort und Stelle und genauer Klassifizierung, Hutton durch seine ›aktualistische‹ Methode. Man konnte geologische Veränderungen, wie Playfair in seinen ›Illustrations of the Huttonian Theory‹ erklärte, nur dann befriedigend interpretieren, wenn man sie mit anderen Naturphänomenen verglich, die man in der Gegenwart beobachten konnte:

Wenn einmal feststeht, daß die Theorie der Erde kein anderes Ziel haben sollte, als die Gesetze zu entdecken, nach denen die Veränderungen auf der Oberfläche und im Inneren des Erdballs ablaufen, dann bleibt der Gegenstand im Bereich von Beobachtung und Analogie; und es besteht kein Grund anzunehmen, daß der Mensch, der die Sterne gezählt und ihre Kräfte gemessen hat, sich diesen Forschungen nicht gewachsen zeigen wird.

Diese methodischen Grundsätze wurden von Sir James Hall noch untermauert. Hutton hatte gefürchtet, die zur Schichtenbildung führenden Vorgänge seien zu gewaltig, als daß man sie im Laboratorium wiederholen könnte. Hall beseitigte diese Furcht. Außerdem entschied er einen besonders strittigen Punkt zu Huttons Gunsten. Daß eine geographische Beziehung zwischen Basaltbildungen (Riesendamm) und tätigen oder erloschenen Vulkanen bestand, war seit Guettard allgemein bekannt. Aber es war niemals beobachtet worden, daß ein Vulkan Basaltströme ausgeworfen hätte, die dann zu Säulen erstarrten, noch hatte sich abkühlende Lava auf der Erdoberfläche hexagonale Form angenommen. Damit war Huttons Theorie, Basalt habe sich durch unterirdische vulkanische Bewegung gebildet, unbewiesen geblieben. Jetzt gelang es James Hall, die physikalisch-chemischen Bedingungen herzustellen, die eintreten, wenn ein Lavastrom in einen Spalt zwischen unterirdischen Schichten gezwängt wird: starke Hitze und ungeheurer Druck, ohne Abzug für die entstehenden Gase. Wenn sich dann geschmolzene Minerale langsam abkühlten und fest wurden, nahmen sie tatsächlich die Form regelmäßiger Kristalle an, wohingegen Lavaströme an der Oberfläche zu formloser Schlacke oder tuffähnlichem Stein erstarrten. So wurde die Geologie von einer rein beobachtenden zu einer zugleich experimentellen Wissenschaft. Indem die Geologen die neuentdeckten Kräfte, die sie bisher nur theoretisch dargelegt hatten, nun auch experimentell demonstrierten, gelang es ihnen endlich, eine Brücke in die Vergangenheit zu schlagen.

Stratigraphie

Währenddessen war eine vielleicht sogar noch bedeutsamere Forschungsmethode entwickelt worden, und zwar von einem Mann, der zunächst gar nicht als Geologe galt. William Smith, Sohn eines Hufschmieds und ursprünglich ebenfalls Handwerker, war Selfmademan. Nachdem er als Gehilfe bei einem Landvermesser gearbeitet hatte, bekam er in Bath den Auftrag, die Kohlevorkommen zu ermitteln und den Kohlekanal von Somerset zu bauen. (Es war die Zeit der Kanalbau-Manie.) Seine Arbeit führte ihn durch ganz England, und nach und nach machte er sich einen Namen als ausgezeichneter Praktiker. Doch von Kindheit an galt sein eigentliches Interesse der Geologie. Jedes Mal, wenn er in einer Kohlenmine oder beim Bau eines Kanals beschäftigt war oder sich auf einer Überlandfahrt befand, notierte er sorgfältig die Lagerung aller Schichten (Kohle, Kalkstein, Sandstein, Bleicherde, Kreide) und sammelte die in jeder Schicht vorkommenden organischen Versteinerungen. Als er 1794 durch ganz England nach Norden reiste, stieß er immer wieder auf ähnliche Schichtenfolgen. Zwei Jahre später war ihm klar, daß in allen Teilen des Landes die einander entsprechenden Schichten die gleichen Fossilien enthielten. 1799 bereitete er die erste seiner systematischen geologischen Karten vor, deren berühmteste die große Karte von England und Wales im Maßstab 1 : 300 000 ist (1815)[69]. Somit war Smith der Erfinder der ›Stratigraphie‹, und diese Methode trug mehr als alles andere dazu bei, die Geologie zu einer historischen Wissenschaft zu machen. Denn seine Arbeit überzeugte die Geologen, daß die Schichten der gesamten Erdkruste immer in derselben Folge übereinanderliegen: Kambrium, Ordovizium, Silur, Devon usw., und daß diese Folge nicht nur eine geographische Tatsache ist, sondern ebenso die zeitliche Ordnung widerspiegelt, in der die Gesteine sich gelagert haben. In jedem Gebiet waren jeweils nur wenige Teile der ganzen Folge vorhanden, aber stets waren die untersten zugleich auch die ältesten. Bestätigt wurde diese Beobachtung der immer wieder gleichen Folge von Schichten durch eine zweite: die immer gleiche Folge von Versteinerungsarten, die man in den Schichten fand. Man konnte sogar aus den Fossilien noch genauere Rückschlüsse auf die relative Lage und das relative Alter von Schichten ziehen als aus den darin enthaltenen Mineralen. So schuf Smith durch seine stratigraphischen Untersuchungen eine Art Stufenleiter, auf der man bis in die fernste Vergangenheit hinabsteigen konnte.

Damit wurde nun aber eine schwierige zoologische Frage aufgeworfen. Hatten sich die Lebewesen auf der Erde von einem Zeitalter zum anderen so auffallend geändert, oder hatten nur einige Fossilien die Zeiten überdauert und andere nicht? Und wenn die Lebewesen sich wirklich veränderten, bedeutete das eine Folge neuer Schöpfungen, oder änderten sie ihre Formen? Doch im Augenblick hatte man zunächst noch genug mit den Tatsachen an sich zu tun, und die Geologen gingen mit Eifer daran, ihre Erkenntnisse über die historische Schichtenfolge zu vervollständigen und zu vertiefen.

Allerdings waren Smiths Entdeckungen nicht ganz neu. Schon Steno hatte eine gewisse Beziehung zwischen Schichten und Fossilien bemerkt, und Werner hatte festgestellt, daß man aus dem Vorhandensein oder Fehlen von Fossilien auf ihr relatives Alter schließen konnte. Aber erst Smith demonstrierte überzeugend, wie man die fossilen Formen benützen konnte, um ›Reihenfolge und Zusammenhang der Schichten in ihrer Übereinanderlagerung festzustellen‹. Infolgedessen nahmen nun ›paläontologische‹ Studien einen

69 5 Meilen : 1 Zoll.

wichtigen Platz in der Geologie ein, und es wurde möglich, das vergleichsweise Alter von Formationen in verschiedenen Ländern und Gebieten ungefähr zu bestimmen.

Nach 1820 hatte die Geologie die Struktur und Komplexität einer vollausgebildeten Naturwissenschaft erreicht. Von nun an schauten die Geologen nicht mehr so viel in die Bibel, sondern wendeten ihre Aufmerksamkeit vor allem auf die Vorgänge, die sie vermuteten, auf die Zeit, die diese Vorgänge benötigt haben mußten, und darauf, ihre Ergebnisse als richtig zu erweisen. Das bedeutete jedoch nicht, daß sie die religiösen Aspekte ihrer Wissenschaft hätten außer acht lassen dürfen. Smiths Freund Joseph Townsend hegte große Hoffnungen, die neue Stratigraphie werde das Alte Testament bestätigen. Aber wenigstens hatten es die Geologen nicht mehr nötig, den ganzen Pentateuch Seite für Seite und Vers für Vers in den Gesteinen wiederzufinden.

Katastrophenthorie

Das Ergebnis war unvermeidlich. Nach und nach entstand ein Bild von der Erdgeschichte, das sich nur noch auf das ›Zeugnis der Dinge‹ gründete und nicht mehr auf die fünf Bücher Mosis. Bis 1780 waren die wissenschaftlichen Exkursionen in die Vergangenheit nur Einzelerscheinungen geblieben, einzeln jeglichem Angriff preisgegeben, doch als nach 1800 eine die andere bestätigte, entstand allmählich ein sich ständig steigernder Druck. Wie Pflanzen aus dem dunklen Erdreich, so drängten die geologischen Entdeckungen immer mächtiger gegen die begrenzte alttestamentliche Chronologie, förderten ihre schwachen Stellen zutage und zerstörten ihre Einheit. Noch zu Beginn des 19. Jahrhunderts gab es nur wenige Männer wie Jean Baptiste Lamarck, die, von Natur aus Häretiker, ausrufen konnten:

> Wie ungeheuer ist doch das Alter unserer irdischen Welt, und wie klein sind die Gedanken derer, die glauben, seit der Entstehung unserer Erde bis zum heutigen Tag seien nicht mehr als sechstausend und ein paar hundert Jahre vergangen! Der Naturphilosoph und der Geologe sehen die Dinge in dieser Hinsicht ganz anders; denken wir nur an die Beschaffenheit der Fossilien, die sich in so großer Zahl auf der ganzen bloßliegenden Erde finden, die Zahl und Gliederung der Schichten oder die Art und Anordnung der Materie, aus der sich die Erdrinde aufbaut ... Sie haben mannigfache Gelegenheit, sich davon zu überzeugen, daß das Alter unserer Erde weit über die Vorstellungskraft des Menschen hinausgeht.

Aber schon binnen weniger Jahrzehnte konnten auch die Orthodoxen nicht mehr umhin, ihren Zeitbegriff wesentlich zu erweitern. Lamarcks Rivale, Georges Cuvier, hielt zwar daran fest, daß die biblische Sintflut ›nicht viel mehr als fünf- oder sechstausend Jahre zurückliegen kann‹, aber er forderte doch, den Zeitraum der vordiluvialen Geschichte unbeschränkt auszudehnen:

Genie und Wissenschaft haben die Grenzen des Raums gesprengt, und einige wenige, durch stichhaltige Beweise gestützte Beobachtungen haben die gesetzmäßigen Abläufe des Weltalls enthüllt. Wäre es nicht auch eine Ruhmestat für den Menschen, ebenso die Grenzen der Zeit zu sprengen, die Geschichte dieser Welt und die Ereignisse, die der Geburt des Menschen vorausgehen, zu erforschen?

Ohne Zweifel sind die Astronomen den Naturforschern voraus, und die gegenwärtige Theorie von der Erde befindet sich etwa auf dem gleichen Stand wie die jener Philosophen, die annahmen, der Himmel bestünde aus Steinblöcken und der Mond habe die Größe des Peloponnes. Aber nach Anaxagoras kamen Männer wie Kopernikus und Kepler, die den Weg für Newton freimachten. Warum sollte die Naturgeschichte nicht eines Tages auch ihren Newton haben?

Trotzdem schien es während der nächsten zwanzig Jahre immer noch möglich, die Erkenntnisse der Geologie mit der Bibel in Einklang zu bringen, und unter Führung von Cuvier in Frankreich und William Buckland in England kam es zu einer letzten Auseinandersetzung. Beide Männer brachten die zwei Meinungen über die Vorgeschichte noch einmal auf einen gemeinsamen Nenner, indem sie die Sintflut mit der letzten großen Überschwemmung identifizierten, die ihre Spuren in den betroffenen Schichten Westeuropas hinterlassen hatte. Zuversichtlich erklärte Buckland:

Die imposante Tatsache einer allgemeinen Sintflut in nicht allzu ferner Vergangenheit stützt sich auf so stichhaltige und unwiderlegliche Beweise, daß die Geologie, auch wenn wir niemals aus der Bibel oder sonst einer Quelle von einem solchen Ereignis erfahren hätten, von sich aus die Theorie von einer ähnlichen Katastrophe hätte zu Hilfe nehmen müssen, um das Phänomen diluvialer Vorgänge zu erklären, mit denen wir allenthalben konfrontiert werden und die ohne den Bezug auf eine verheerende Überschwemmung etwa zur Zeit jener, von der die Genesis berichtet, unverständlich bleiben würden.

Mit seiner Erweiterung des vordiluvialen Zeitraums gab Cuvier der Geologie eine wesentlich größere Bewegungsfreiheit, aber er selbst war von seinem Kompromiß so überwältigt, daß er in die

Gefahr verfrühten Spekulierens geriet. Er hatte in allen Einzelheiten die geologischen Schichten des Pariser Beckens aufgezeichnet und erkannte ganz richtig, daß die zuoberst liegende Gesteinsformation starke Unterschiede aufwies. Untersuchte man einen Abschnitt dieses Gebietes in vertikaler Richtung, so stieß man nach einer Schicht, die Fossilien von Meerestieren enthielt, unvermittelt auf solche mit Süßwasserfossilien und danach ebenso übergangslos auf weitere, die überhaupt keine enthielten. Als er andere geologische Untersuchungen zu Rate zog, fand er ähnliche Ergebnisse. Nirgends, so schien es, zeigte die Erdkruste eine so stetige Stufenordnung, wie man sie nach Huttons ›aktualistischer‹ Geologie hätte erwarten können. Diese geologischen Unregelmäßigkeiten waren jedoch nun belegt, und fünfzig Jahre lang bedeuteten sie ein wirkliches Problem. (Charles Darwin zum Beispiel schrieb sie häufig der ›Unvollständigkeit geologischer Aufzeichnungen‹ zu.) Von unserem eigenen Standpunkt aus betrachtet, ist die Erklärung nicht schwer. Wie einheitlich und beständig die geologischen Umwandlungen auch vor sich gehen mögen, so wirken sie doch nur selten so weit zusammen, daß an jedem Punkt eine neue Schicht aus ihnen entsteht, und diese begrenzten Perioden geologischen Aufbaus lassen nur einen Bruchteil der gesamten Erdgeschichte erkennen. Ein Ausschnitt aus der Erdkruste an irgendeinem Punkt entspricht geologisch, sagen wir: einer ägyptischen Chronik, die, aufs Geratewohl aus verschiedenen Dynastien zusammengestellt, jeweils nur wenige Jahre umfaßt.

Cuvier war von seiner Entdeckung tief beeindruckt. Die Unregelmäßigkeiten waren seiner Ansicht nach mehr als nur zufällige Nebenprodukte eines kontinuierlichen Prozesses. Solche unerwarteten Wirkungen mußten ebenso unerwartete Ursachen haben – konvulsivische Umschichtungen der Erdkruste, bei denen ganze Kontinente von Eis verschlungen oder ins Meer gerissen wurden.

> Dies läßt sich leicht am Fall der letzten dieser Katastrophen beweisen, bei der eine zwiefache Welle über die heutigen Kontinente oder wenigstens große Teile unserer heutigen Erde hinweg- und wieder zurückflutete. In den nördlichen Ländern sind noch die Kadaver riesiger Vierfüßer aus dieser Zeit vorhanden, sie haben sich bis heute mitsamt Haut, Fleisch und Fell im Eis erhalten. Wenn sie nicht sofort nach ihrem Tod gefroren wären, würden sie der Verwesung anheimgefallen sein . . . Sie sind also genau zu dem gleichen Zeitpunkt getötet worden, als die Länder, in denen sie lebten, sich mit Eis bedeckten. Es geschah plötzlich und ohne Übergang. Was an dieser Katastrophe so leicht nachgewiesen werden kann, ist ebenso gültig für die übrigen, die ihr vorausgingen.

Der Mensch existierte offenbar nur während der letzten beiden Zeitalter. Aus tieferliegenden Gesteinen konnte man auf vormenschliche Zeitalter schließen, die durch Fossilien einfacher Organismen gekennzeichnet sind; unter diesen wiederum lagen fossilienlose Schichten (zum Beispiel Granit), die sich zu Gebirgszügen emporschoben und eine Art ›Skelett und groben Umriß der Erde‹ formten. Nach dieser Auffassung bestand die Erdgeschichte aus einer Reihe von ereignislosen Zeitaltern, in denen die Naturvorgänge ungestört nach den heute bekannten Gesetzen abliefen. Diese Perioden wurden jedoch von gewaltigen Katastrophen unterbrochen, deren Ausmaße über die der heutigen Naturkräfte weit hinausgingen. Da sich innerhalb der menschlichen Erfahrung nichts Vergleichbares abgespielt hatte, mußten diese Konvulsionen übernatürliche Ursachen gehabt haben, und die Sintflut – deren göttlicher Ursprung durch die Bibel bestätigt wurde – war anscheinend die letzte einer langen Reihe.

Buckland unterstrich diese erbauliche Lehrmeinung noch. Obwohl die Astronomie ›die bewunderungswürdigsten Beweise für die der Schöpfung ursprünglich verliehene Zweckgerichtetheit und Vernunft‹ dargelegt habe, mache sie nichtsdestoweniger den Fehler, zu behaupten, ›daß das Weltall durch die der Materie von Anfang an mitgegebene Wirkungskraft von Gesetzen in Gang gehalten wird, ohne daß der Schöpfer von neuem einzugreifen oder die Welt ständig zu lenken genötigt ist‹. Die Geologie liefere aber einen ›unmittelbaren und handgreiflichen Gegenbeweis‹: Gott hat wiederholt in den Naturablauf eingegriffen, denn der Aufbau der Erde ›ist offensichtlich das Ergebnis vieler und heftiger, auf ihre ursprüngliche Formierung folgender Erschütterungen‹.

Wenn wir also annehmen, daß die sekundären Ursachen dieser Erdstöße in aufeinanderfolgenden Perioden gewirkt haben, nicht blind und nicht zufällig, sondern zweck- und zielgerichtet, dann erkennen wir auch sofort eine über allem stehende, ständig lenkende und verwandelnde Vernunft, die das Wirken der von ihr eingesetzten Kräfte dauernd überwacht.

War nun also die letzte geologische Katastrophe mit der überlieferten Sintflut identifiziert, so konnte der Mensch nur als Schöpfung der letzten Jahrtausende begriffen werden. Wenn diese Annahme stimmte, dann war den Geologen – und den Astronomen – freie Hand gegeben, so viel Zeit für die ›frühere Schöpfungsperiode‹ anzusetzen, wie sie wollten.

So stand jetzt nicht mehr die Geschichte der Erde im Brennpunkt der religiösen Auseinandersetzungen, sondern die Geschichte des Menschen, und als Darwin mit seiner Auffassung von der tierischen Abstammung des Menschen hervortrat, waren heftige Kontroversen unvermeidlich.

Aktualismus

Dieser Kompromiß der Katastrophentheorie war zu wenig fundiert, als daß er auf die Dauer hätte überzeugen können. Schon 1830 wurde er durch die Veröffentlichung des jungen Charles Lyell, ›Prinzipien der Geologie‹, ins Wanken gebracht. Lyell faßte darin dreißig Jahre geologischer Entdeckungen zusammen und zeigte, daß sie sich alle – genügend große Zeiträume vorausgesetzt – mit den Begriffen vertrauter Naturvorgänge erklären ließen. Zwar war Lyell Schüler von Buckland gewesen, aber nach der Beschäftigung mit Lamarck und George Scrope (der Guettards Werk über die erloschenen Vulkane Mittelfrankreichs überarbeitet und vervollständigt hatte) gelangte er zu einer Auffassung, die der von James Hutton nahekam: daß es nämlich unnötig sei, eine Erklärung in den Katastrophen zu suchen, und daß die Geologie besser auf sie verzichte. Schon jetzt begann die große Zahl von Katastrophen, auf die man bei genauem Studium der geologischen Berichte stieß (nach manchen Zählungen siebenundzwanzig), zu einer Fessel zu werden; denn ein so häufiges Eingreifen der göttlichen Macht war nur noch lächerlich. Lyell brauchte also die Katastrophentheorie gar nicht direkt anzugreifen. Stattdessen bewies er mit gutmütigem Spott, daß sie sowohl für die Theologie wie auch für die Wissenschaft überflüssig war.

Cuviers Versuch, geologische Erschütterungen als Erklärung für Unregelmäßigkeiten in der Erdkruste heranzuziehen, erwies sich demnach als Irrtum. Erstens waren die Unregelmäßigkeiten selbst nur lokaler Natur:

Wenn der plötzliche Übergang von einer Art von Fossilien zu einer anderen auf eine Unterbrechung der zusammenhängenden Formation in einem Gebiet hindeutet, so wird die Lücke oft in einem anderen Gebiet durch andere wichtige Schichtengruppen wieder geschlossen. Je gründlicher wir den europäischen Kontinent studieren, um so häufiger finden wir die Ausbreitung der ganzen Folge geologischer Formationen. Und erst wenn wir uns entschließen können, gewissermaßen einige neue, lange Zeiträume einzuschieben, wird es uns gelingen, den geologischen Kalender zu vervollständigen und die Merkmale der physikalischen Vorgänge in eine chronologische Ordnung zu bringen.

Zweitens gab es in der Katastrophentheorie einen Trugschluß. Da die geologischen Kräfte im großen und ganzen nicht nur konstruktiv, sondern auch ebenso destruktiv wirkten, konnte man von den geologischen Aufzeichnungen keine Vollständigkeit erwarten. Es mußte große Zeiträume gegeben haben, während derer in jedem bekannten Gebiet die geologischen Schichten mehr zerstört als aufgebaut wurden.

Nehmen wir an, wir hätten am Fuß des Vesuvs zwei verschüttete Städte entdeckt, eine unmittelbar über der anderen, mit großen Mengen von Tuff und Lava dazwischen, so als wenn Portici und Resina, die über Herculaneum liegen, mit Asche bedeckt wären. Ein Archäologe könnte vielleicht aus den Inschriften an öffentlichen Gebäuden schließen, daß die Einwohner der unteren, älteren Stadt Griechen waren, die der oberen, jüngeren dagegen Italiener. Aber er wäre voreilig, wenn er obendrein folgern würde, daß in der Campagna ein plötzlicher Wechsel von der griechischen zur italienischen Sprache stattgefunden habe... Auf die Geologie übertragen heißt das: Wenn wir annehmen könnten, daß es unter anderem in der Absicht der Natur liegt, in jedem Landstrich der Erde eine lückenlose Reihe von Zeugnissen zu erhalten, um an die Wandlungen in der organischen Entwicklung zu erinnern, dann könnten wir auch auf das plötzliche Aussterben mancher Arten und das gleichzeitige Entstehen anderer schließen, so oft wir zwei unmittelbar beieinanderliegende Formationen entdecken, die unterschiedliche organische Fossilien enthalten. Aber wir müßten schon blind sein für das ganze System von vorhandenen Ursachen – sei es durch Ablagerung im Wasser, durch Feuer oder organische –, wenn wir uns nicht klarmachen würden, daß dies *nicht* die Absicht der Natur sein kann.

In der Katastrophentheorie, erklärte Lyell, sehen wir ›den alten Geist der Spekulation Urstände feiern und den unverkennbaren Wunsch, den gordischen Knoten lieber zu zerhauen als geduldig aufzuknüpfen‹. Was ihn selbst betraf, so war er bestrebt, sich

soweit wie möglich nur auf die bekannten oder möglichen Wirkungen bestehender Ursachen zu stützen... da uns die Geschichte der Wissenschaft lehrt, daß diese Methode die Geologen stets auf den Weg zur Wahrheit geführt hat, indem sie Theorien zuließ, die, mochten sie anfangs auch noch unvollkommen sein, sich dann doch als verbesserungsfähig erwiesen haben und schließlich allgemein anerkannt worden sind.

Mit dieser Erklärung begann Lyell seine Rekonstruktion der Erdgeschichte, vom Jungtertiär an bis zu den Urgesteinen.

Wie schon Hutton vierzig Jahre vorher, ließ er die Frage nach dem Ursprung der Erde beiseite und konzentrierte sich nur auf ihre Entwicklung. Er war sich sehr darüber im Zweifel, ob man überhaupt hoffen konnte, jemals Genaueres über den Ursprung der Erde zu erfahren. Geologische Zeugnisse und Denkmethoden brachten kein Licht in die Sache, und kosmologische Schlußfolgerungen (wie diejenigen Buffons) blieben in anfechtbaren Vermutungen über die Quelle der Erdwärme stecken. Der einzige zuverlässige Weg, die Vergangenheit zu erforschen, war der, zu überlegen, wie die heute bekannten physikalischen Wirkkräfte das gegenwärtige Gesicht der Erde gestaltet haben könnten. Diese aktualistische Methode war weniger eine Annahme als eine geistige Notwendigkeit. Was mit diesen Begriffen nicht erklärt werden konnte, war überhaupt nicht wirklich erklärt. In mühevoller, emsiger Arbeit suchte er zu zeigen, wie die Herausbildung aller bekannten geologischen Merkmale durch Witterung, Vulkanausbrüche, Ablagerung, Erosion und ähnliche Prozesse plausibel begründet werden konnten. Wenn es für den Menschen trotzdem noch schwierig war, das Wirkungsvermögen dieser einfachen Kräfte zu begreifen, dann aus zwei Gründen. Erstens reichte seine Vorstellung noch nicht aus, das gesamte Ausmaß der Vergangenheit zu erfassen, und zweitens war er nicht in der Lage, die große Mehrzahl konstruktiver geologischer Vorgänge selbst zu beobachten, da sie sich unterirdisch oder auf dem Meeresgrund abspielten. In dieser Beziehung war die Position des Menschen als Landbewohner ein Hemmnis für die Wissenschaft; Tiefseefische würden die Ablagerungsprozesse, die den Meeresboden ständig aufbauten, besser verfolgen können.

Lyells Standpunkt unterschied sich von dem Huttons nur in zwei wichtigen Punkten. Erstens: er legte weniger Gewicht auf den Vorsehungscharakter der geologischen Umwandlungen; er begnügte sich damit, die Dinge so zu nehmen, wie er sie vorfand, ohne sich sofort bemüßigt zu fühlen, in ihnen die Weisheit und Voraussicht des Schöpfers zu erkennen. Zweitens: wo Huttons Darstellung der geologischen Entwicklung nicht anders als schematisch hatte ausfallen können, war die seine sorgfältig durchgearbeitet und detailliert. Die dazwischenliegenden vierzig Jahre waren deutlich spürbar. In den letzten Jahren vor 1830 war Europa in seiner geologischen Struktur kartographisch erfaßt, vor allem die Britischen Inseln, Sachsen, das Pariser Becken und die vulkanischen Gebiete Frankreichs und

Italiens, und in der übrigen Welt war ebenfalls vieles entdeckt worden. Lyell hatte also viel mehr und verschiedenartigere Beispiele zur Verfügung, und auch die Vorgänge, die er darstellen und nachweisen konnte, waren zahlreicher und vielgestaltiger. Anstelle des einfachen Gegensatzes von Feuer und Wasser konnte er die geologischen Wirkungen von einem Dutzend verschiedener Kräfte zeigen, die entweder miteinander oder gegeneinander arbeiteten, und das Überschreiten des Gleichgewichts zwischen ihnen gab jedesmal den Ausschlag, ob an einem Punkt der Erde ihre Kruste aufgebaut oder zerstört wurde.

Lyells aktualistische Erdgeschichte setzte sich nicht überall sofort durch. Viele Leute waren noch zu tief in der alten Tradition verwurzelt, und gewisse Probleme blieben auch jetzt noch ungelöst, zum Beispiel das Vorkommen jener Findlinge, von denen man heute weiß, daß sie einst durch Gletscher mitgetragen worden sind. (Louis Agassiz formulierte seine Eiszeittheorie erst in den vierziger Jahren des 19. Jahrhunderts.) Aber Lyell sah seine Mühe belohnt, als sein alter Lehrer Buckland ihm in einem der entscheidenden Punkte recht gab – ohne allerdings dabei den Versuch ganz aufzugeben, die Geologie und die Bibel miteinander in Einklang zu bringen: daß nämlich der Zeitraum, den man für die geologische Entwicklung der Erde ansetzte, die orthodoxe biblische Chronologie weit übertraf. Lyell selbst verglich diese Ausdehnung des Zeitbegriffs mit der Revolution, die im 17. Jahrhundert die neue Raumvorstellung im Denken der Menschen ausgelöst hatte:

> Erst als Descartes seine Theorie von der unendlichen Ausdehnung des Weltraums darlegte und die bisher angenommenen Grenzen des Weltalls beseitigte, brach sich eine Auffassung über die relative Entfernung der Himmelskörper Bahn; und ehe wir uns nicht entschließen, die Möglichkeit eines unbestimmten Ablaufs der Zeitalter innerhalb der jüngeren Abschnitte der Erdgeschichte in Erwägung zu ziehen, werden wir immer Gefahr laufen, die Geologie aus falscher und lückenhafter Sicht zu betrachten.

Und die Fülle geologischer Überreste im Massif Central veranlaßte George Scrope zu dem Ausruf:

> Der wichtigste Gedanke in unserer gesamten Forschungsarbeit, der jede neue Beobachtung begleitet, und der Ruf, der dem Naturforscher fortwährend von überallher aus der Natur entgegenschallt, ist
>
> Zeit! – Zeit! – Zeit!

Die Zeit vor Darwin

Die revolutionäre Umgestaltung des Geschichtsbildes in der Geologie rief eine ähnliche Wandlung in der Zoologie hervor, denn sowohl die Probleme wie auch die aufgefundenen Zeugnisse beider Wissenschaften standen in engem Zusammenhang. Um 1820 rückte die Paläontologie in den Mittelpunkt geologischer Forschung, und als Lyell die Zeitschranke endgültig durchbrach, war auch den Zoologen die nötige Freiheit gegeben, sich theoretisch mit Problemen auseinanderzusetzen – zum Beispiel mit einer entwicklungsgeschichtlichen Genealogie –, wie es bisher noch nicht möglich gewesen war.

Die geistige Situation vor 1815 hatte Fragen über den Ursprung von Arten in der *Zeit* keineswegs begünstigt. Da im 18. Jahrhundert die Naturforscher noch nicht über die neuen geologischen Erkenntnisse verfügten, war ihr Gesichtskreis zu eng, als daß sie schon eine umfassende Darstellung von der historischen Entwicklung organischen Lebens hätten geben können. Sie waren bei der Erforschung der Arten noch mit ganz anderen Fragen beschäftigt als später Darwin. Ihre Gedanken kreisten in gewisser Hinsicht noch mehr um Grundfragen, und zwar weniger um den Ursprung der Arten als vielmehr um deren Vorhandensein überhaupt. Zwischen 1600 und 1780 war man sich über die Existenz echter organischer ›Arten‹ durchaus noch nicht im klaren. Viele Zoologen des 18. Jahrhunderts zweifelten daran; sie hielten die Einteilung von Lebewesen in bestimmte Gruppen für höchst fragwürdig. Eine ›Art‹ war eine Fiktion, keine Realität: ›Die Natur kennt nur Individuen.‹

Hätte man diese Auffassung allgemein akzeptiert, dann hätte man damit die Welt der Organismen zu einem ungeordneten Vielerlei gemacht, in der es keine bestimmten Arten gab, die ›abstammen‹ oder ›sich entwickeln‹ konnten. So war der Beweis, daß es in der Natur wirklich verschiedene Arten von Lebewesen gibt, ein echter Fortschritt, und die – mit dem Namen Linné verbundene – Erörterung über die Realität bestimmter und gleichbleibender Arten trug wesentlich zur Bildung der geistigen Grundlage bei, auf der im 19. Jahrhundert die neue historische Zoologie aufbauen konnte.

Unsere Aufgabe sollte es nun sein, die wichtigsten Strömungen im Bereich der Forschung aufzuspüren, die schließlich bis zu Darwins Lehre geführt haben, und damit die Voraussetzungen zu schaffen, die zum Verständnis seiner Evolutionstheorie nötig sind. Vier Problemgruppen werden uns besonders interessieren: die Realität organischer Arten, ihre geographische Verbreitung, die zeitliche Aufeinanderfolge von Fossilien und die Gesetzmäßigkeiten von Vererbung und Embryonalentwicklung. Zwischen 1740 und 1830 wurde zum großen Teil die Grundlage für Darwins ›Ursprung der Arten‹ geschaffen, und Lyells ›Prinzipien der Geologie‹ steuerten das letzte unerläßliche Element bei. Trotzdem dauerte es noch weitere dreißig Jahre, bis das Problem der organischen Arten endgültig gelöst war, denn die theoretische Erörterung geriet immer noch einmal in eine Sackgasse und schob dadurch die Umgestaltung des Geschichtsbildes in der Zoologie wieder hinaus.

Gibt es gleichbleibende Arten?

Wenn man sieht, wie groß die Ähnlichkeit zwischen der Auffassung Linnés in den vierziger Jahren des 18. Jahrhunderts und derjenigen des Aristoteles zweitausend Jahre zuvor ist, dann könnte man versucht sein zu glauben, es habe sich in der Zwischenzeit nichts geändert, das heißt, Linné habe Aristoteles' Lehre unkritisch übernommen und wiedergegeben. Es gab tatsächlich Leute, die annahmen, der Glaube an die Beständigkeit der Arten sei schon sehr früh ins europäische Denken eingedrungen, und zwar infolge der Autoritätsgläubigkeit der mittelalterlichen Gelehrten, die sich allzusehr auf Aristoteles verlassen hatten. In Wirklichkeit war es aber nicht so, daß die Zoologen des 18. Jahrhunderts die aristotelische Lehre einfach nachredeten. Sie hatten vielmehr durch eigene Bemühungen einen Standpunkt erreicht, der dem des Aristoteles nahekam, und fühlten sich in ihrer Überzeugung von der Unveränderlichkeit organischer Arten sicherer als die Gelehrten der vergangenen Jahrhunderte. Im Mittelalter war die Beständigkeit der Arten durchaus nicht dogmatisch akzeptiert worden. Albertus Magnus zum Beispiel, einer der einflußreichsten Gelehrten des 13. Jahrhunderts, war nicht abgeneigt gewesen zu glauben, daß einige Arten von Lebewesen (insbesondere Pflanzen) sich vermischen und dadurch verändern können. Obwohl viele mittelalterliche Gelehrte solchen angeblichen ›Veränderungen‹ skeptisch gegenüberstanden, wurde die Möglichkeit organischer Umwandlungen jahrhundertelang ohne Schärfe und Spott diskutiert. Andererseits war es im Mittelalter kaum möglich, die Beständigkeit der Arten nachdrücklich zu behaupten, weil man gar keine klaren Kriterien besaß, Arten voneinander zu unterscheiden. Die moderne Taxonomie als objektive Wissenschaft entstand erst Ende des 16. Jahrhunderts. Auf jeden Fall ist eins klar: Die Lehre von der absoluten Beständigkeit erhielt ihr klassisches Gepräge erst nach der Renaissance.

In den neunziger Jahren des 17. Jahrhunderts hatte John Ray, damals die führende Autorität in der Klassifizierung von Tieren und Pflanzen, den Reichtum der organischen Natur als Beweis für die Weisheit Gottes erklärt. Er war zu zwei wichtigen Schlüssen gekommen: Erstens, daß die wesentlichen Merkmale jeder Pflanzenart durch den Samen, aus dem sie sich entwickelt, bestimmt ist, und zweitens, daß eine Pflanze der einen Art niemals aus dem Samen einer anderen Art entsteht. Der zweite Schluß bot ihm ein Kriterium, ›wirkliche Arten‹ in der Natur zu unterscheiden. Zwei Pflanzenindividuen gehören zur selben Art, wenn entweder eine aus dem Samen der anderen entstanden ist oder wenn sie einen gemeinsamen Vorfahren haben, das heißt, wenn sie sich genealogisch auf denselben Samen zurückführen lassen.

Die Grenzen zwischen botanischen Arten schienen also klar und fest umrissen. Genau genommen konnte man natürlich niemals absolut sicher sein, ob zwei Pflanzen, die offensichtlich verschiedenen Arten angehörten, nicht doch irgendeinen gemeinsamen Vorfahren besaßen, aber wenn man nur sechstausend Jahre zu überblicken hatte, konnte man mit einiger Gewißheit annehmen, daß es praktisch nicht vorkam.

In der Praxis machten sich daher die Naturforscher John Rays Auffassung bereitwillig zu eigen. Auf theoretischer Ebene jedoch rief sie Widerspruch hervor. Die Kritik richtete sich nicht gegen die Beständigkeit der angenommenen Arten, sondern dagegen, daß Ray der unbeschränkten Verschiedenartigkeit organischer Formen anscheinend Grenzen setzte. Obwohl er seiner Freude an der ›Gestaltungskraft des Schöpfers‹, die sich in den 18 000 bekannten Pflanzenarten bekundete, deutlich Ausdruck gab, meinte man, selbst diese Grenze sei noch zu eng gezogen. Diese 18 000 ›Arten‹ waren doch wohl nur eine systematische Gedächtnisstütze in einer Welt, deren Reichtum und Verschiedenartigkeit über alles zählbare Maß hinausging. Charles de Bonnet äußerte dazu:

Wenn es in der Natur keine Einteilungen gibt, so gelten unsere Klassifikationen auch nicht für sie. Sie sind rein nominell, und wir sollten sie als ein durch unsere Bedürfnisse und die Grenzen unseres Wissens bedingtes Hilfsmittel betrachten. Ein höher organisierter Verstand als der unsere würde vielleicht zwischen zwei Individuen, die wir derselben Art zuordnen, mehr

Unterschiede finden als wir zwischen weit auseinanderliegenden Arten. Ein solcher Verstand sieht daher in der Skala unserer Welt so viele Stufen wie es Individuen gibt.

Die allgemein anerkannte Auslegung der großen Kette der Wesen gab dem Glauben, die Einteilung in Arten sei eine künstliche Einteilung, wieder neue Kraft. Wenn man unmerkliche Übergänge in der Stufenleiter der Natur voraussetzte, dann mußten in der Tat die Individuen der organischen Natur durch die Maschen jeder vom Menschen erdachten Klassifikation hindurchschlüpfen.

Der einzige gangbare Weg, diese Schwierigkeit zu überwinden, war der, Rays Klassifizierungsprogramm auf alle biologischen Bereiche auszudehnen und festzustellen, ob seine Auffassung von den ›Arten‹ auf die gesamte Natur anwendbar war. Und eben das versuchten die Zoologen des 18. Jahrhunderts, indem sie nach einer ›natürlichen‹ statt einer ›künstlichen‹ Klassifizierung suchten. Sie hofften, jedes Lebewesen durch eine Kombination von Eigenschaften, die die ihm innewohnende Eigenart ausdrückten, zu kennzeichnen. Für eine Generation, die noch wenig vom Ablauf der Fortpflanzung wußte, war das nicht einfach, und während des ganzen 18. Jahrhunderts blieb das Problem der Arten mit den Fragen der Urzeugung und Präformation verknüpft.

Mitte des Jahrhunderts beherrschten zwei Männer den Schauplatz: Linné in Schweden und Buffon in Frankreich. Sie repräsentierten die am besten fundierten Anschauungen ihrer Zeit. Jeder versuchte auf seine Weise, eine enzyklopädische Darstellung der Natur zu schaffen, und jeder hinterließ ein hochinteressantes Bild seiner geistigen Entwicklung. Obgleich sie von ganz verschiedenen Standpunkten ausgingen – Linné verfolgte von Anfang an das Ziel einer systematischen Klassifikation, während Buffon sie ablehnte –, kamen sie zuletzt zu bemerkenswert ähnlichen Ergebnissen.

Um mit Buffon zu beginnen: Das gesamte Programm der Systematiker, erklärte er, beruhe auf einem metaphysischen Irrtum, ›auf dem gescheiterten Versuch, die Vorgänge in der Natur zu begreifen, die immer in Stufen vor sich gehen‹. Wie viele seiner Zeitgenossen glaubte er damals (1749), die der großen Kette der Wesen innewohnende Kontinuität sei mit der Existenz von Arten unvereinbar:

Man kann in nahezu unmerklichen Abstufungen vom vollkommenen Geschöpf bis zur formlosen Materie hinabsteigen ... Diese unmerklichen Schattierungen sind das große Werk der Natur, man findet sie nicht nur in den Größen und Formen, sondern auch in den Bewegungen, der Fortpflanzung und Aufeinanderfolge jeder Art ... Die Natur, die in unbekannten Abstufungen fortschreitet, kann sich nicht zu solchen [taxonomischen] Einteilungen hergeben ... Man wird eine große Zahl von Zwischenarten und von Objekten finden, die halb zur einen Klasse und halb zur anderen gehören. Solche Objekte, denen man unmöglich einen Platz zuweisen kann, bringen notwendig den Versuch eines allumfassenden Systems zum Scheitern ... Je weiter man die Unterteilung der Naturprodukte treibt, um so näher kommt man der Wahrheit, denn in Wirklichkeit existieren in der Natur nur Individuen.

Als er seine ungeheure Arbeit der Naturbeschreibung begann, war er durchaus gewillt, diese Beschränkung vorurteilslos hinzunehmen, aber in der Praxis erwies es sich doch als schwierig, seinen Standpunkt zu behaupten. Um 1760 fand er sich schon bereit, Arten als Realitäten anzuerkennen, wenn er auch nach wie vor jede größere Klassifikation als fragwürdig ablehnte. Unterschiedliche Arten, erklärte er nun, seien ›so alt und so gleichbleibend wie die Natur selbst‹, und vergleichsweise sei ›ein Individuum im Universum nichts‹. Weiter wollte er nicht gehen. Er war ein guter Empiriker und betrachtete alle Versuche, ein ins einzelne gehendes Klassifizierungssystem auszuarbeiten (mit Gattungen, Familien, Ordnungen usw.), als voreiliges Unterfangen, dessen Probleme der Mensch noch nicht zu lösen imstande sei:

Die Verwandtschaft zwischen Arten ist eins jener tiefen Mysterien der Natur, die der Mensch nur durch Experiment ergründen kann, die, je schwieriger sie werden, um so länger fortgesetzt werden müssen.

Ein entscheidender Prüfstein für die Beständigkeit der Arten war für ihn die Verwandtschaft zwischen Pferd und Esel. Vielfach hatte man geglaubt, der Esel sei aus einer entarteten Form des Pferdes entstanden; doch 1753 machte sich Buffon über diese Meinung lustig. Es gab ein Dutzend Schwierigkeiten, unter denen sich besonders zwei heraushoben: erstens die Unfruchtbarkeit von Mauleseln, die ›eine Vereinigung [von Pferd und Esel] – sei es, um eine gewöhnliche Art zu erzeugen oder doch eine Zwischenart, die sich selbst fortpflanzen kann – unmöglich machen‹, und zweitens die lächerlichen Konsequenzen, die sich daraus ergeben würden, wenn man an diesem Punkt keine Grenze zöge. Dann könnte man ja ebensogut behaupten, daß ›nicht nur Esel und Pferd, sondern auch Menschen, Affen, Vierfüßer und alle übrigen Tiere eine einzige Familie bilden‹ – und das betrachtete Buffon einfach als absurd.

1766 jedoch (als er im 14. Band seiner ›Naturgeschichte‹ die Abhandlung über die ›Abänderung von Tieren‹ veröffentlichte) war er so weit, die Möglichkeit in Betracht zu ziehen, daß die zweihundert existierenden Arten von Vierfüßern von einigen dreißig Urtypen abstammen könnten; die gegenwärtig lebenden seien unter dem Einfluß von Veränderungen ihrer Umwelt ›degeneriert‹ (das heißt von der ursprünglichen Form abgewichen). Als die rotglühende Erde sich soweit abgekühlt hatte, daß Leben auf ihr gedeihen konnte, hatten die Elterntypen sich ›spontan‹ gebildet, wobei ihre Formen durch die ›Hüllen‹ oder ›Hohlformen‹ bestimmt wurden, in denen sie entstanden waren. Was an gegenwärtigen Spielarten existiere, sei durch die ›natürliche Auswahl‹, wie Lukrez sie beschrieb, auf uns überkommen.

Zunächst war der Nachwuchs in der lebenden Natur sehr unvollständig, denn im Lauf der Zeit pflegten alle Geschöpfe, die zur Fortpflanzung nicht fähig waren, zu verschwinden; alle unvollkommen ausgebildeten und alle schwachen Arten gingen unter, und es blieben nur, wie heute auch, die mächtigsten und am besten entwickelten Formen übrig, seien es nun Pflanzen oder Tiere. Und diese neuen Wesen pflegten den alten ähnlich zu sein, denn da die lebende Materie immer dieselbe bleibt, erhalten sich auch derselbe allgemeine Bau und dieselben Spielarten innerhalb bestimmter Formen.

Nach dieser Hypothese muß man allerdings annehmen, daß diese neue Natur [der später durch Urzeugung entstandenen Wesen] kleiner geworden ist, denn die Erdwärme ist eine Kraft, die den Umfang der Hohlformen beeinflussen kann; und da diese Wärme heutzutage geringer ist als am Anfang der Natur, konnten die größten Arten nicht entstehen oder nicht ihre frühere Größe erreichen.

Solange die Erdwärme ausreichte, Leben zu erzeugen, hatte die Erde ständig neue Formen hervorgebracht, wenn diese auch im Vergleich zu den ursprünglichen Geschöpfen zwergenhaft waren. Mittlerweile jedoch ist eine spontane Entstehung in großem Ausmaß nicht mehr möglich, da die erforderlichen ›organischen Moleküle‹ sich nicht mehr so ungehindert entwickeln können, wie sie es auf einem unbevölkerten Erdball einst konnten.

In diesem Stadium seiner Arbeit war zweifellos eine entwicklungsgeschichtliche Vorstellung in Buffons Gedankengänge eingedrungen, und die Ansichten seiner mittleren Schaffensperiode über die Beständigkeit der Arten lag weit hinter ihm. Doch diese Totalvision einer sich abkühlenden Erde, die spontan eine erste Generation verschiedener organischer Typen hervorgebracht habe, aus denen sich die späteren Formen ›abänderten‹, war, wie wir noch sehen werden, mit Darwins Auffassung unvereinbar. Man kann in ihr allenfalls einen fragmentarischen Vorgriff auf Darwin sehen, eingespannt in einen von älteren Naturphilosophen übernommenen Rahmen. Denn Buffons Theorie vom Ursprung der Arten – ähnlich den dilettantischen Bestrebungen von Lord Monboddo und Erasmus Darwin (Charles Darwins Großvater) – beruhte einerseits auf antiken Philosophen wie Empedokles und Lukrez und nahm andererseits schon Darwin und Mendel voraus.

Eine ähnliche Denkentwicklung ist bei Linné zu beobachten. Er war ohne Frage der größte unter den modernen ›Systematikern‹. Indem er John Rays Klassifizierungsprogramm vervollständigte, öffnete er den Weg, noch darüber hinauszugehen. Gleich Ray empfand er das vielfältige Wunder der Natur und fühlte dabei den Drang in sich, es geistig zu bewältigen. Er lebte im Zeitalter der Entdeckungen. Mit jedem Jahrzehnt fügten die Naturforscher den schon bekannten Tier- und Pflanzenarten neue hinzu, und die Notwendigkeit, sie zu klassifizieren, wurde immer dringender. In Ermangelung einer befriedigenden natürlichen Klassifikation begnügte sich Linné mit einer vergleichsweise künstlichen, indem er als Kriterium für die Verwandtschaft zum Beispiel den Bau der Pflanzen und Samenkapseln wählte, die die Fortpflanzungsorgane der Pflanzen bilden. Und als die Entdeckungen sich häuften, arbeitete er unausgesetzt, um in seiner ›Systema Naturae‹ von einer Auflage zur anderen seine Klassifikation mit dem gesamten Reichtum der Natur in Einklang zu bringen. In den frühen Auflagen, bis 1751, beharrte er immer wieder darauf, daß die vorhandenen Arten Produkte der ursprünglichen Schöpfung seien und daß die Zeit nicht nachträglich ihre Zahl noch vergrößert habe. Umweltunterschiede mochten die lokalen Urtypen einer Art beeinflußt haben – sie konnten ihre Farbe, ihren Duft oder ihren Wuchs verändern –, aber diese Veränderungen waren seiner Ansicht nach vorübergehend und wechselnd. So drückte er dem theologischen Glauben an die Beständigkeit der göttlichen Schöpfung das Siegel wissenschaftlicher Gültigkeit auf, und um 1750 wurde die Auffassung von den gleichbleibenden Arten weithin für einen unerläßlichen Bestandteil dieser Lehre gehalten.

Doch mit der Zeit brachten ihn seine eigenen Erfahrungen zu einer gemäßigteren und flexibleren Anschauung. In den vierziger Jahren hatte er eine neue Form des Leinkrauts untersucht, die offenbar aus der normalen Pflanze als Veränderung der Art entstanden war oder (wie er es nannte) als ›Mutation‹ und die sich rein weitervererbte. Diese ›pelorienhafte‹ Form des Leinkrauts mit seinen auffallenden Blütenköpfchen kam auch in anderen Teilen Europas vor und wird heute als Produkt einer einfachen und häufigen Mutattion (im modernen genetischen Sinne) betrachtet. Daraufhin untersuchte Linné noch viele weitere Exemplare von sich rein vererbenden Hybriden, und 1760 erklärte er:

Es ist unmöglich, daran zu zweifeln, daß durch Bastardbildung neue Arten entstehen ... Viele Pflanzenarten derselben Gattung können anfangs nur eine Pflanze gewesen sein und sind [aus dieser] durch Bastardbildung entstanden.

1762 scheint er den Gedanken erwogen zu haben, ob Gott ursprünglich die Eltern nicht jeder Art, aber jeder Gattung oder Ordnung geschaffen habe und ob die verschiedenen Arten danach als Varianten dieser ursprünglichen Formen ins Leben getreten seien. Bald darauf strich er stillschweigend in der letzten Auflage seiner ›Systema Naturae‹ die Behauptung von der Beständigkeit der Arten – nullae species novae –, und 1770 (in seinem Todesjahr) vermochte er den Möglichkeiten der Kreuzung und Bastardbildung keine Grenzen mehr zu setzen. Vielleicht waren alle Arten ›Kinder der Zeit‹.

Ebenso wie bei Buffon sollte man auch bei Linné den Wandel der Auffassung weder ignorieren noch übertreiben. Zu welchem Endergebnis er auch gekommen sein mochte – zu einer Auffassung im Darwinschen Sinne gelangte er jedenfalls nicht. Wenn er und Buffon in anderen Dingen nicht übereinstimmten, so betrachteten sie es doch als selbstverständlich, daß die gegenwärtig lebenden Wesen – mit Variationen – von Eltern abstammten, die mindestens so kompliziert und hochentwickelt waren wie sie selbst. Diese ersten Vorfahren konnten spontan aus ›organischen Molekülen‹ entstanden (wie Buffon vermutete) oder vom Allmächtigen zu Anfang besonders geschaffen worden sein (wie Linné annahm). In jedem Falle aber war die gegenwärtige Gesamtheit der Lebewesen durch bloße Variation aus Urtypen hervorgegangen. Aber keiner der beiden großen Naturforscher konnte sich vorstellen, daß sich aus primitiven Urtypen einfachster Organismen nach und nach kompliziertere Wesen entwickelt haben könnten. Das war in der Abstammungslehre immer der große Hemmschuh gewesen, und sowohl Buffon als auch Linné ersetzten ihren anfänglichen Glauben an die Beständigkeit der Arten nur durch die Auffassung von einer organischen Veränderung im Sinne von Variation eines ursprünglichen Themas.

Die zeitliche Aufeinanderfolge der Formen

Daß weder Buffon noch Linné die Möglichkeit organischer Entwicklung in Betracht zogen, hatte zum Teil seinen Grund darin, daß ihnen nur sehr spärliche Zeugnisse aus früheren Zeiten zur Verfügung standen. Über die geographische Verbreitung der vorhandenen Arten waren beide gut informiert, und sie verstanden dieses Wissen auch ausgezeichnet für ihre Beweisführung zu nutzen, aber von fossilen Organismen konnten sie – vor Werner und Hutton – nur sehr bruchstückhafte Kenntnisse haben. Beide waren 1707 geboren, Linné starb 1778, Buffon zehn Jahre später. Aber auch 1780 war es Buffon nicht möglich, die zeitliche Aufeinanderfolge organischer Formen aus der Folge von Fossilien in der Erdkruste zu rekonstruieren oder die zunehmende Kompliziertheit von Organismen im Laufe der geologischen Zeitalter zu erkennen. Als er starb, steckte die von Werner vorangetriebene Forschung im Gelände noch in den Anfängen, und es dauerte weitere zwanzig Jahre, bis Lamarck, Cuvier und William Smith eine echte wissenschaftliche Paläontologie schufen, bis man die fossilen Überreste ausgestorbener Organismen zusammensetzte, verglich und in chronologische Ordnung brachte.

Im Laufe der Zeit spielte die paläontologische Beweisführung eine wesentliche Rolle beim Aufbau der Evolutionstheorie, aber ihre ersten Auswirkungen waren widersprüchlich. Lamarcks Evolutionstheorie organischer Veränderungen war Teil einer umfassenden Naturphilosophie; er benutzte seine paläontologischen Untersuchungen nur dazu, seine grundlegenden Ideen zu illustrieren und zu bekräftigen. Cuvier hielt sich mehr an seine Erfahrungen, argumentierte direkt von den paläontologischen Zeugnissen her, und am Ende hatte er ein Vorurteil gegen den Evolutionsgedanken aufgebaut, das noch dreißig Jahre nach seinem Tode unter den französischen Geologen lebendig war.

Beide Männer waren stark von Buffon beeinflußt; Lamarck hatte sogar mit ihm zusammengearbeitet. Er sah klarer als Buffon den Zusammenhang zwischen dem Problem des Ursprungs der Arten und dem der geologischen Veränderung. Die Grundfrage in beiden Fällen war, wie das Rohmaterial der Natur seine jetzige Organisation erreicht hatte. Er stand Buffons Annahme, die erste Tiergeneration habe sich unmittelbar aus ›organischen Molekülen‹ in terrestrischen ›Hohlformen‹ gebildet – eine Vorstellung, die durch die fossilen Funde nicht bestätigt wurde – skeptisch gegenüber. Er fand, man sollte eine absolute Unterscheidung zwischen organischer und anorganischer Materie vermeiden und lieber nach Prinzipien suchen, die für die Organisation in beiden Bereichen zutrafen. Wenn man voraussetzte, daß die Erde ursprünglich eine formlose, feurige Masse gewesen war, kam man an der entwicklungsgeschichtlichen Frage nicht vorbei: Durch welche natürlichen Prozesse hatte die ursprünglich formlose Materie der Welt ihre jetzige Stufe physikalischer, chemischer und biologischer Organisation erreicht?

Soweit entspricht Lamarcks Fragestellung schon dem Denken des 20. Jahrhunderts. Unglücklicherweise jedoch ließ er sich gleich darauf in eine Erörterung über die Prinzipien der Chemie verwickeln, in der er sich – kühn, aber ungeschickt – gegen die erfahrensten Chemiker seiner Zeit wandte (siehe Band II: ›Materie und Leben‹). Der Schauplatz war schlecht gewählt, und das Hauptopfer war Lamarcks eigener Ruf. Bis an sein Lebensende litt er an dieser Wunde, die er sich selbst zugefügt hatte, und noch nach seinem Tod wurde die Entwicklungstheorie nur zögernd angenommen, weil er sie unterstützt hatte. Seinem rechtgläubigen und diplomatischen Kollegen Cuvier dagegen schlug bis 1860 alles zum Vorteil aus. Die Situation war beinahe tragisch. Denn gerade als Lamarcks allgemeine Philosophie gründlich in Verruf geriet, hatte er endlich ein Arbeitsgebiet gefunden, auf dem er positive Ergebnisse vorweisen konnte. Zunächst hatte er sich intensiv bemüht dahinterzukommen, wie die Materie durch einen universalen Entwicklungsprozeß ihre chemische Eigenschaften erlangt hatte, und hatte deshalb dem Phänomen geologischer Veränderung nur wenig Aufmerksamkeit geschenkt. Aber 1790, als er die Fünfzig fast erreicht hatte, war er an die Abteilung für Wirbellose im Pariser Museum berufen worden. Damit hatte er ein Betätigungsfeld gefunden, auf dem sich seine spekulative Begabung entfalten konnte, und während der nächsten fünfundzwanzig Jahre setzte er seine Erfahrung und sein Wissen über die wirbellosen Fossilien der Kreideschichten rund um Paris daran, um ›die allmähliche Vervollkommnung der Organisation‹ von Lebewesen darzustellen – über Zeiträume hinweg, ›die unser Denken weit übersteigen‹.

Will man Lamarcks Beitrag zur Erörterung über die Evolutionstheorie würdigen, so muß man drei Problemkomplexe unterscheiden: die historischen Tatsachen, die Interpretation und die Abläufe der Prozesse. Was die grundlegenden, von der Paläontologie aufgedeckten Fakten betrifft, so ist heute Lamarcks Position unbestritten. Je älter die Gesteine, desto einfacher die in ihnen enthaltenen Formen von Lebewesen; Spuren von höheren Tieren sind auf geologische Schichten vergleichsweise jüngeren Datums beschränkt. Damit hat die Paläontologie die Lehre von der organischen Progression, für die schon Herder mit philosophischen Argumenten eingetreten war, bestätigt. (Über diesen Punkt stimmten Lamarck und Cuvier, der Experte für fossile Wirbeltiere war, überein.) Aber als es daran ging, diese Progression zu interpretieren, war Lamarck eine wahre Kassandra. Die zeitliche Folge organischer Formen – die von einer geologischen Epoche zur anderen schrittweise komplizierter wurden – war für ihn ein klarer Beweis dafür, daß die später entstandenen Tiere tatsächlich von den früheren abstammten. Setzte man nur einen genügend großen Zeitraum voraus, dann war die Idee einer entwicklungsgeschichtlichen Genealogie von geradezu mathematischer Wahrscheinlichkeit. Da waren keine ›besonderen Schöpfungen‹ oder ›organische Moleküle‹ mehr notwendig, und auf die mysteriösen Vorstellungen, die Buffons und Linnés Theorien überschattet hatten, konnte man verzichten. Das ganze Problem der Verwandtschaft zwischen Arten, das Buffon für nahezu unerforschbar gehalten hatte, konnte in zwei einfachen Fragen neu formuliert werden. Erstens: wie hatte die schöpferische Tätigkeit der Natur am Rohmaterial seine ursprüngliche Gliederung geben können?, und zweitens: welche Kräfte bewirkten das Fortschreiten von einer Stufe der Organisation zur nächsthöheren und -komplizierteren? Überzeugt, daß dies die fundamentalen Probleme waren, veröffentlichte Lamarck in seiner ›Zoologischen Philosophie‹ (1809) den ersten entwicklungsgeschichtlichen Stammbaum und zeigte darin die Verzweigungen, durch die die komplizierten Organismen der Gegenwart auf die früheren, einfacheren Lebensformen zurückgeführt werden konnten und damit zu dem hypothetischen Punkt der ›ersten Anfänge der Organisation‹.

Lamarcks zwei Fragen waren nicht leicht zu beantworten. In den zwanziger Jahren des 19. Jahrhunderts konnte man kaum etwas Genaues über den Ursprung des Lebens sagen. Ohne das geringste Wissen von Biochemie erklärte Lamarck ihn durch ›Hitze und Feuchtigkeit‹. Bei der zweiten und vielleicht noch wichtigeren Frage nach den Kräften wurde ihm abermals seine Ungeduld zum Verhängnis. Er glaubte anscheinend, daß – nachdem die Hypothese der Abstimmung nun zugegeben war – ein Dutzend möglicher Abläufe für das Erscheinen und Überleben neuer und komplizierterer Formen verantwortlich seien, und erkannte offenbar nicht, daß gerade die Anerkennung der Abstammungstheorie sich auf die Erkenntnisse *wirklicher* Abläufe aufbauen mußte. Spekulativ wie immer, behandelte er die Frage im Sinne von Lukrez und füllte seine Bücher mit schwach fundierten Erklärungen immer neuer Abläufe anstatt mit kritischen *Beweisen* eines einzigen. Zuweilen machte er auch äußere Faktoren verantwortlich:

Arten weisen in ihren Eigenschaften nur eine begrenzte oder vorübergehende Beständigkeit auf, und ... es gibt keine Art, die absolut konstant ist. Zweifellos bestehen sie an ihren Wohnplätzen so lange unverändert fort, als die auf sie einwirkenden Umstände sich nicht ändern und sie nicht zwingen, ihre Lebensweise zu ändern.

Manchmal hielt er die Entwicklung neuer Gliedmaßen oder Organe für die mehr oder weniger unbewußte Reaktion, wenn Tiere in einer neuen Umgebung neue Lebensgewohnheiten annehmen mußten. Manchmal schrieb er die organische Progression der ›universalen Kraft‹ zu, die für die ganze Organisation in der Natur verantwortlich war. Nur gelegentlich erwähnte er den Wettstreit zwischen Arten als Ursache für Veränderungen des tierischen Körperbaus und für Varietäten. Und so fuhr er fort, immer neue plausible Abläufe organischer Variation aufzuzählen, ohne aber einen einzigen wirklich überzeugend darzustellen.

Der Haken war nun aber, daß nur wenige seiner Zeitgenossen bereit waren, seine Abstammungshypothese zu akzeptieren, und sei es auch nur zur theoretischen Erörterung. Grob gesprochen, wollten sie der Variation keinen größeren Bereich einräumen, als Buffon und Linné es getan hatten, und einige wie Cuvier erkannten die Existenz von Varietäten nur innerhalb einer gegebenen Art an. Selbst diejenigen, die die Veränderlichkeit von Arten anerkannten, fanden es leichter, eine auf organischer Abänderung beruhende Theorie anzuerkennen, als eine, nach der sich die höheren Tiere progressiv aus den niedereren gebildet hatten. Umsonst versuchte Lamarck seine Theorie durch allgemeine Begriffe, wie Gebrauch und Nichtgebrauch, sich anpassende Variation und Umwelteinflüsse, attraktiver zu machen, und das ›universale schöpferische Prinzip‹ nützte ihm noch viel weniger. Je mehr Erklärungen er anführte, um so mißtrauischer wurden seine Kritiker. Was sie störte, war nicht seine Annahme der Vererbung erworbener Eigenschaften – heute noch der Haupteinwand gegen den Lamarckismus –, sondern die geistige Kluft zwischen seinen Beweisen und der Theorie, mit der er sie begründete. Sie hätten sich nur dann davon überzeugen lassen, daß die organische Progression der Beweis für die entwicklungsgeschichtliche Abstammung sein *konnte*, wenn sie überzeugt gewesen wären, daß sie es sein *mußte*. Diese Gewißheit hat erst Darwin gegeben. Lamarck selbst begann mit einer vorgefaßten Meinung zugunsten der Evolution; die meisten seiner Zeitgenossen jedoch waren entgegengesetzter Ansicht, und seine unsicheren Argumente bestärkten sie nur in ihrer Opposition.

Das traf besonders auf seinen erfolgreichen Rivalen Cuvier zu. Der Gegensatz zwischen den Lebenswegen der beiden Männer entbehrt nicht einer gewissen tragischen Ironie. Jean Baptiste Pierre Antoine de Monet, Chevalier de Lamarck, verfügte über alle Vorteile einer guten Herkunft und Erziehung, und obendrein ermöglichte ihm der große Buffon einen leichten Start. Doch dann verspielte er seine Chancen, und als er im Alter von über achtzig Jahren starb – blind und von seinen Kollegen unbeachtet –, war seine Naturanschauung gründlich in Verruf geraten. Sein verfrühtes Eintreten für eine aktualistische Geologie mit ihrem erweiterten Zeitschema trug ihm im Ausland die Bezeichnung ›der französische Atheist‹ ein, und seine eifrige Fürsprache für die Französische Revolution bestätigte dieses Urteil noch. Im Gegensatz zu ihm wich Georges Cuvier, obwohl ein ›Außenseiter‹, sein Leben lang keinen Schritt vom Wege ab. Er stammte aus einer protestantischen Schweizer Familie und wuchs in Stuttgart auf. 1795 kam er nach Paris, und dort begann seine durch nichts behinderte, erfolgreiche Laufbahn als einer der ›neuen Männer‹ der nachrevolutionären Zeit. Hinzu kamen sein außergewöhnliches administratives Talent und sein geschliffener Stil, so daß er zum Requêtenmeister im Staatsrat ernannt wurde. Als Sekretär der Académie Française beherrschte er das geistige Leben Frankreichs, und seine geologische Katastrophentheorie wurde allgemein begrüßt als eine Möglichkeit, ›die Geologie vor den Atheisten zu retten‹.

Cuviers Arbeitsgebiet, die fossilen Wirbeltiere, war natürlich viel aufregender im Vergleich zu Lamarcks bescheidenerem Gebiet der Wirbellosen. Mammuts, Mastodone, ausgestorbene Formen des Rhinozeros, Flußpferds, Hirschs und Krokodils – alle die entschwundenen Riesen einer früheren Zeit nahmen unter Cuviers Händen wieder Gestalt an, und die ganze gelehrte Welt staunte über den Reichtum dieser unvermuteten Fauna. Am Ende seines Lebens war ihm der Knochenbau der Wirbeltiere so vertraut, daß er (so rühmte er sich jedenfalls), zeigte man ihm einen versteinerten Knochen einer unbekannten Art, das ganze Tier daraus rekonstruieren konnte (Abb. 6). Er starb 1833, vier Jahre nach Lamarck, und hinterließ als sein Lebenswerk zwölf große Bände über die fossilen Knochen von Vierfüßern. Seine Ideen, besonders seine ausdrückliche Ablehnung der entwicklungsgeschichtlichen Abstammung, überschatteten viele Jahre lang die französische Wissenschaft.

Im Rückblick müssen uns Cuviers wissenschaftliche Errungenschaften als verzögerndes Moment erscheinen, denn wir wissen heute, daß die Überzeugungskraft seiner Ideen trügerisch und seine Argumentation irreführend waren. Aber in seiner Zeit war sein Standpunkt beachtlich, und manche Aspekte des Problems der Arten konnte er besser beurteilen als Lamarck. Denn dieser hatte sich allzu ausschließlich auf die höchsten Formen jeder Epoche konzentriert und neigte dazu, das Schicksal der einfacheren Formen, die in früheren Epochen ins Leben getreten waren, zu ignorieren. Wahrscheinlich hatten sie in irgendeiner Form überlebt, indem sie sich, wo es notwendig war, ihrer sich wandelnden Umwelt anpaßten. Die Möglichkeit, sie könnten völlig ausgestorben sein, widersprach seinem Denken und seiner Vorstellung von der Natur als der universalen Schöpferin:

> Kann man hieraus mit irgendwelchem Schein von Berechtigung schließen, daß die Arten, die wir im versteinerten Zustande vorfinden, von denen aber kein lebendes, vollständig ähnliches Individuum uns bekannt ist, nicht mehr in der Natur vorhanden sind? Es gibt noch so viele Teile der Erdoberfläche, wohin wir noch nicht gelangt sind, so viele andere, welche die beobachtungsfähigen Menschen nur flüchtig besucht haben und noch so viele andere, bei welchen es ... uns wenig möglich ist, die sich dort aufhaltenden Tiere wahrzunehmen, daß diese Orte wohl die Arten, die wir nicht kennen, verbergen könnten.
> Wenn es wirklich ausgestorbene Arten gibt, so kann dies ohne Zweifel nur unter den großen Tieren, welche die trockenen Teile der Erde bewohnen, der Fall sein, wo der Mensch durch seine unumschränkte Herrschaft die Individuen einiger Arten, die er nicht erhalten oder zähmen wollte, austilgen konnte ...[70]

Cuvier dagegen mit seinem größeren Wissen über die höheren Tiere konnte die Sache besser beurteilen. Die Paläontologie der Wirbeltiere lieferte den klaren Beweis, daß häufig ganze Arten, ja sogar Gattungen ausgestorben waren. Es genügte also nicht, zu erklären, wie die niedersten Lebensformen entstanden und durch welche Pro-

70 Lamarck, Zoologische Philosophie, 3. Kapitel, Über den Artbegriff bei den Organismen, übers. von Arnold Lang, Jena 1876.

zesse neue und kompliziertere Organismen in jeder Epoche hervorgebracht worden waren, sondern man mußte ebenso erklären, wie Lebewesen *jeder Art* sich derart vollkommen ihrer augenblicklichen Umgebung angepaßt hatten und warum ähnliche Arten aus früheren Epochen von der Erde verschwunden waren.

Das war eine gute Fragestellung, denn die Beziehung zwischen Anpassung und Aussterben war eins der Hauptprobleme, von denen Darwin später ausging. Cuviers eigene Antwort stimmte mit seiner geologischen Theorie überein. Die Lücken in der Aufeinanderfolge von Schichten, die den Geologen Cuvier auf seine Katastrophentheorie gebracht hatten, waren bei den Fossilien ebenfalls zu beobachten und stellten ihn vor ein Problem, das der Paläontologe Cuvier auf genau die gleiche Weise anpackte. Wenn die fossilen Arten aus geologischen Schichten verschiedener Zeitalter sich so stark voneinander unterschieden, dann mußten auch die lebenden Tiere, die damals die Erde bevölkerten, sich von einer Epoche zur anderen auffallend verändert haben. Denn es gab für einen allmählichen Übergang von einer Fauna zur andern auch nicht mehr Beweise als für graduelle geologische Übergänge von einer Schicht zur andern; im Gegenteil, alle Geländestudien ergaben eine Reihe schroffer Gegensätze zwischen langen Zeiten gleichbleibender Bedingungen und plötzlichen, vielleicht sogar sehr schnellen Umgestaltungen. Offenbar zeigte jede Epoche ein anderes Bild der Kontinente und Ozeane, einen anderen Aufbau der Berge und Ebenen; außerdem war jede Epoche durch ihre eigene ausgestorbene Fauna gekennzeichnet, und die Katastrophe, die am Ende jeder Epoche die Erde neu gestaltete, vernichtete – wenn nicht völlig, so doch zum großen Teil – die Tierarten der vergangenen Zeit.

Das Leben auf der Erde ist durch diese schrecklichen Ereignisse oft in Mitleidenschaft gezogen worden. Zahllose Lebewesen sind die Opfer dieser Katastrophen geworden. Die auf dem Lande lebenden Tiere sind von den Fluten verschlungen worden, und die Wassertiere gerieten aufs trockene Land, wenn der Meeresboden sich plötzlich hob. Ganze Rassen sind für immer vernichtet worden, und es ist nichts weiter von ihnen geblieben als die wenigen Überreste, die selbst die Naturforscher kaum deuten können. Solche Schlußfolgerungen drängen sich uns auf, wenn wir die Objekte betrachten, auf die wir bei jedem Schritt stoßen. Wir können sie in fast allen Ländern und wann immer wir wollen nachprüfen. Diese großen und schrecklichen Ereignisse haben überall ihre Spuren hinterlassen, und jeder kann sie deutlich erkennen, sofern er die Geschichte dieser Ereignisse in ihren Denkmälern [das heißt in den Gesteinen] zu lesen versteht.

Cuvier ging sogar noch weiter. Es gab nicht nur keinen Beweis für die Kontinuität von Lebewesen, sondern man konnte auch gar keinen erwarten. Cuvier übernahm von Buffons Ideen gerade die, die Lamarck fallengelassen hatte, zum Beispiel die Annahme, daß Bastarde unfruchtbar seien und daß bei Variationen auftretende Extreme in den folgenden Generationen zu verschwinden pflegten. Die unmittelbare Erfahrung lehrt, erklärte er, daß ein Urtyp von Pflanzen oder Tieren nur lebenskräftig bleibt, wenn Kreuzung ausgeschaltet wird, und vermutlich ist es immer so gewesen. Demnach konnte eine *neue* Fauna und Flora in einem neuen geologischen Zeitalter nicht aus den Tieren und Pflanzen der vorhergehenden entstehen, sondern mußte wieder neu geschaffen werden und sich der neuen Umwelt anpassen. Das traf vor allem für den Menschen zu. Der Mensch war erst vor wenigen tausend Jahren neu geschaffen worden und hatte die letzte katastrophale Flut nur dank der göttlichen Vorsehung überlebt.

Doch Cuviers Theorie schuf eine neue Schwierigkeit. Nach Lamarcks Abstammungstheorie waren Mammut und Elefant genealogisch miteinander verwandt, was ihre Ähnlichkeit verständlich machte, und Lamarcks Schwierigkeit hatte nun darin bestanden, eine überzeugende Erklärung für organische *Veränderung* zu finden. Cuviers Problem war genau entgegengesetzt. Wenn es nach jeder Katastrophe neue organische Schöpfungen gab, durch die sich die Unterschiede zwischen den Tieren verschiedener Zeitalter erklären ließen, wie kam dann ihre Ähnlichkeit untereinander zustande? Da er die Genealogie ablehnte, mußte er die Lösung woanders suchen. Zu diesem Zweck griff er auf eine frühere – heute vergessene – Naturauffassung zurück. In jedem Zeitalter traten Fossilien auf, die sich in vier erkennbare ›Zweige‹ aufgliedern ließen: Wirbeltiere, Weichtiere, Gliedertiere (wie die Insekten) und eine Gruppe von radialsymmetrischen Tieren, die er ›Radiata‹ nannte. Diese vierfache Einteilung der tierischen Grundstrukturen war, so lehrte Cuvier, ein wesentlicher Zug der ›idealen Spezifikation‹, nach der die Natur alle ihre Schöpfungen gestaltete. Zu Anfang jeder geologischen Epoche wurden von der Natur der neuen Umgebung angepaßte Wesen ›ins Leben gerufen‹, und ihre schöpferische Tätigkeit bewegte sich immer nach diesem vierspurigen Grundplan. So oft das geologische Kaleidoskop auch durcheinandergeschüttelt wurde, blieben diese vier Grundmodelle der tierischen Schöpfung von einer Epoche zur andern immer dieselben.

Diese Seite von Cuviers Theorie übte eine starke religiöse Anziehungskraft auf das Publikum seiner Zeit aus. Wenn die geologischen Katastrophen durch übernatürliche Kräfte ausgelöste Unterbrechungen der Naturordnung waren, dann hatten auch die darauffolgenden Neuschöpfungen organischen Lebens übernatürliche Ursachen, und Cuviers Erkenntnis der vier Grundmodelle tierischer Lebewesen war eine Ergänzung zu dem schon vorliegenden Beweis der rationalen Spezifikation, wie sie in der göttlichen Schöpfung verwirklicht war. Wissenschaftlich betrachtet jedoch ging Cuvier einer Frage aus dem Wege, zu der man später unweigerlich zurückkehren mußte. Buffon und Lamarck hatten jeder auf seine Weise zu erklären versucht, wie die erste Generation von Lebewesen entstanden war. Lamarck hatte eine spontan entstandene Generation niederster Lebewesen angenommen, Buffon vermutete den Ursprung höherer Tiere aus ›organischen Molekülen‹. Cuvier jedoch ließ den Prozeß, durch den jedes Mal die neue Tier- und Pflanzenwelt entstand, völlig im Dunkeln. William Whewell brachte in seiner Besprechung von Lyells ›Prinzipien der Geologie‹ die außerordentliche Schwierigkeit dieser Frage zum Ausdruck:

> Um sein System wenigstens theoretisch stichhaltig zu beweisen, wäre es notwendig, daß uns Mr. Lyell eine Methode an die Hand gäbe, mit der wir uns von einer Welt, die mit einer einzigen Art von tierischen Formen erfüllt ist, in eine andere begeben können, in der sie im Überfluß vorhanden sind, womöglich ohne eine einzige mit den andern übereinstimmende Art ... von den Plesio- und Pterosauriern des Lias bis zu den Geschöpfen, die die Oolithen oder den Eisensand kennzeichnen. Er müßte uns zeigen, wie wir von ihnen zu Formen wie Paläotherium und Megatherium gelangen sollen. Allein schon eine plausible Hypothese aufzustellen, die diesen Mangel wettmachen würde, wäre eine schwierigere Aufgabe als die, die Mr. Lyell jetzt bewältigt hat.

Immerhin, seit Lyell gezeigt hatte, daß Cuviers geologische Unregelmäßigkeiten ganz leicht durch die aktualistische Theorie zu erklären waren, blieben die dementsprechenden Unregelmäßigkeiten in Cuviers Paläontologie ein brennendes Problem, dem sich die aktualistischen Zoologen zu gegebener Zeit würden zuwenden müssen.

Das Problem der Vererbung

Bis hierher haben wir uns nur auf die beiden Hauptfragen konzentriert, mit denen sich die Zoologen um 1800 beschäftigten und für deren Untersuchung ihnen schon Zeugnisse zur Verfügung standen, jedenfalls soweit es das Problem der Arten betraf: mit der geographischen Verbreitung von Arten in der Alten und Neuen Welt und mit der zeitlichen Aufeinanderfolge von Lebewesen, wie sie sich aus den Fossilienfunden ergab. Aber das ist nur ein Teil des Materials, das wir zur Erklärung des Ursprungs der Arten heranziehen müssen. Zweifellos ist die Verbreitung der Arten in Raum und Zeit ein wichtiges Element dieses ganzen Fragenkomplexes, in gewissem Sinne sogar das primäre. Wie es kommt, daß die heute in den verschiedenen Teilen der Welt existierenden Arten einander ähneln und sich voneinander unterscheiden und in welchem Zusammenhang sie – wenn überhaupt – mit ausgestorbenen, ihnen vorausgehenden Arten stehen – diese zwei Fragen betreffen die historische Seite des Artenproblems. Aber darüber hinaus ist die Frage nach dem Ursprung der Arten immer auch mit bestimmten anderen Fragen verknüpft gewesen: Fragen der Vererbung, der Embryonalentwicklung und der allgemeinen Physiologie. Und es ist interessant, festzustellen, daß schon um 1750 manche Wissenschaftler mit dieser Frage viel besser zu Rande kamen als mit dem historischen Problem.

Besonders zwei Fragen sind ausführlich erörtert worden: die Frage der Urzeugung und der Keimesgeschichte. Die Theorien von Buffon und Cuvier beruhten letztlich auf dem Glauben an eine spontane Entstehung höherer Tiere (entweder zu einem Zeitpunkt, als sich die Erde genügend abgekühlt hatte, oder immer aufs neue nach jeder Katastrophe). Doch schon lange vor 1700 hatten Francesco Redi und Jan Swammerdam nachgewiesen, daß alle Vermutungen über spontane Entstehung – von Mäusen in schmutzigen Hemden oder von Maden in faulendem Fleisch usw. – falsch waren, und viele Physiologen nahmen es bereits als feststehend an, daß – jedenfalls im gegenwärtigen Zeitalter – Lebewesen nur von anderen Lebewesen derselben Art geboren werden. Einzig am untersten Ende der Stufenleiter hielt sich ein letzter Zweifel; denn die Möglichkeit, daß die einfachsten Formen von Protozoen unmittelbar aus nichtlebender Materie entstanden sein könnten, kam niemandem in den Sinn (vergl. Band II: ›Materie und Leben‹). Erst Virchows Zellentheorie, die fast gleichzeitig mit Darwins ›Ursprung der Arten‹ bekannt wurde, räumte die Theorie der spontanen Entstehung (auch auf der Entwicklungsstufe der Zelle) und damit das letzte Element der Schöpfungslehre endgültig beiseite.

Auch in Lamarcks System scheint uns heute die Tatsache, daß er die Auffassung von der spontanen Entstehung (außer bei den primitivsten Lebewesen) überwand, der am meisten ins Auge springende Punkt zu sein. Aber damals wurde diese Wandlung nicht sogleich erkannt. Diejenigen, die an eine ›Biogenese‹ glaubten, das heißt an die Lehre, daß Lebewesen nur von ähnlichen Lebewesen geboren werden können, sahen durch die neue Theorie nur die Auffassung von der Beständigkeit der Arten bestätigt. Ende des 18. Jahrhunderts suchte man die Fähigkeit von Organismen, ihre eigene Art hervorzubringen, allgemein durch gewisse vorgebildete Samen oder Keime zu erklären, die in jeder Generation die Elemente aller ihrer Nachkommen bereits in sich trugen. Diese Überzeugung, daß alle Lebensformen durch die bereits festgelegten Eigenschaften ihrer Samen im wesentlichen bestimmt seien, widersprach nachdrücklich dem Gedanken organischer Veränderung. Und tatsächlich hing die endgültige Anerkennung der Evolution von einer besseren Kenntnis der Embryologie ab, und diese wurde von 1827 an durch die Arbeit Karl Ernst von Baers gewonnen. Bis zur Synthese von Vererbungslehre und Evolutionstheorie war es dann noch ein weiter Weg. Doch manche Gedankengänge, die schließlich zu dieser Synthese führten, waren schon in den vierziger und fünfziger Jahren des 18. Jahrhunderts entwickelt worden, und zwar von Pierre Louis Moreau de Maupertuis, einem hervorragenden, vielseitigen Wissenschaftler, der 1740 von Friedrich dem Großen zum Präsidenten der Berliner Akademie der Wissenschaften berufen wurde und dieses Amt mehr als zehn Jahre lang innehatte. Seine Beobachtungen von Spiralnebeln wurden zum Ausgangspunkt für Kants Kosmologie.

Maupertuis mußte jedoch erleben, daß in einem kritischen Augenblick sein Ruf zerstört wurde, nämlich durch die satirische Feder Voltaires, der früher sein großer Bewunderer gewesen war. 1752, nach einer heftigen Kontroverse über die Leitung der Berliner Akademie, benutzte Voltaire in seiner satirischen Schrift ›Diatribe du Docteur Akakia‹ zwei offene Briefe Maupertuis', in denen dieser eine Reihe wissenschaftlicher Untersuchungen vorgeschlagen hatte, zu einem äußerst boshaften Angriff, den Maupertuis nie mehr ganz überwand. Schließlich hatte er ja viele wesentliche genetische und embryologische Fragen aufgeworfen, vor allem über die Vorgänge, durch die die Identität der Arten zunächst erhalten, dann aber im Lauf der Evolution allmählich verändert wird. Bis dahin war noch niemand darauf gekommen, daß es bestimmte Vorgänge geben könnte, auf Grund derer beide Elternteile gleichermaßen ihren Nachkommen gewisse Eigenschaften mitgeben. Maupertuis selbst ließ sich durch die hypothetischen ›Animalcula‹, die man mit dem gerade entdeckten Mikroskop feststellen konnte, nicht dazu verleiten, das zu leugnen, was jeder Tierzüchter genau wußte: daß beide Elternteile an der Vererbung beteiligt sind. Stattdessen nahm er jede Gelegenheit wahr, die Vererbung direkt zu untersuchen, und faßte seine Ergebnisse schließlich in einer Erklärung von genetischen Vorgängen zusammen, mit der er der modernen Chromosomentheorie erstaunlich nahekam. (Und in einer letzten Untersuchung begann er sich bereits zu fragen, ob durch einen solchen Vorgang nicht sogar neue Arten hervorgebracht werden könnten.)

Maupertuis' Studien zur Vererbung bewegten sich in der Hauptsache in zwei Richtungen. Erstens untersuchte er systematisch bestimmte vererbbare menschliche Eigenschaften. Damals hatte die Ankunft eines weißen Negers aus Afrika ganz Paris in Staunen versetzt. Maupertuis war davon so fasziniert, daß er sich damit zu beschäftigen begann. Berichten zufolge war im Senegal das Phänomen des Albinismus nichts Ungewöhnliches; es trat dort in bestimmten Familien auf. Es muß also, schloß Maupertuis, bei Negern (ebenso wie bei Vögeln) in dieser Hinsicht eine erbliche Eigenschaft geben, und wenn man die Art und Weise der Vererbung einer solch auffallenden Besonderheit herausfinden konnte, dann hätte man damit einen wichtigen Punkt im gesamten Vorgang der Vererbung entdeckt. Als er nach Berlin kam, stellte er dort Nachforschungen an und wurde bald mit einem Arzt zusammengebracht, Jacob Ruhe, der mit einem überzähligen Finger an jeder Hand und einer überzähligen Zehe an jedem Fuß geboren war. Sein Vater war völlig normal, doch seine Mutter und seine Großmutter mütterlicherseits sowie drei seiner sieben Geschwister wiesen die gleiche Anomalie auf. Zwei von seinen sechs Kindern hatten ebenfalls überzählige Finger, obwohl seine Frau normal und auch in ihrer Familie keine Abnormität bekannt war. Daraus ließen sich zwei interessante Schlüsse ziehen. Eine solche ›Polydaktylie‹ war auffallend und selten, sie kam nach Maupertuis' Schätzung höchstens einmal unter 20 000 Menschen vor. Zufall allein konnte bei einer dreimaligen Wiederholung in drei aufeinanderfolgenden Generationen nicht dafür verantwortlich sein, denn die Wahrscheinlichkeit für eine solche Anomalie auch nur einmal in jeder Generation stand acht Milliarden zu eins – ›eine Zahl, die so groß ist, daß selbst die Sicherheit der am besten bewiesenen physikalischen Theorien nicht diesen Grad an Wahrscheinlichkeit erreicht‹. Darüber hinaus konnte man keinen besseren Beweis für die Vererbung durch beide Elternteile finden, denn die Anomalie hatte sich erst durch die weibliche und dann durch die männliche Linie vererbt.

Von nun an ging Maupertuis zu wirklichen Züchtungsexperimenten über, und zwar an den verschiedensten Tierarten. Obwohl er bei weitem nicht die Möglichkeiten hatte, wie sie Mendel zur Verfügung standen, um ausreichendes Zahlenmaterial für eine statistische Analyse zusammenzubringen, gelangte er doch zu einer bemerkenswert klaren Vorstellung von den Vererbungsmustern und den zugrunde liegenden Vorgängen. Im Prozeß der geschlechtlichen Erzeugung, schloß er, tragen sowohl Vater als auch Mutter eine gewisse Zahl von ›Teilchen‹ (particules) bei. Einander entsprechende Teilchen jedes Elternteils besitzen eine besondere ›Affinität‹ zueinander, vergleichbar der ›Wahlverwandtschaft‹ in der Chemie des 18. Jahrhunderts, und wenn sich zwei von ihnen vereinigt haben, spielt jedes Paar eine bestimmende Rolle bei der Entwicklung des Nachkommen. In jedem Paar kann entweder das väterliche oder das mütterliche Teilchen dominant sein, so daß eine Besonderheit, die von einem einzigen Elternteil vererbt wird, nur nach mehreren Generationen wieder auftreten kann. Die Teilchen sind im allgemeinen unveränderlich, aber gelegentlich können abnorme Teilchen auftreten, deren Einfluß durch künstliche Zuchtwahl dominant gemacht werden kann. Auf diese Weise züchten Menschen jedes Jahr

neue Arten von Hunden, Tauben und Kanarienvögeln, die in der Natur ursprünglich nicht existierten. Zunächst waren es nur Zufallsprodukte; künstliche Einwirkung und Weiterzucht haben daraus Arten gemacht.[71]

Wie diese Zufallsprodukte zustande kamen, darüber war sich Maupertuis nicht klar. Vielleicht übte die Umwelt einen Einfluß aus.

Zumindest meiner Ansicht nach findet sich die Grundlage aller dieser Verschiedenheiten (Varietäten) in der Samenflüssigkeit, wobei ich den Einfluß des Klimas und der Ernährung nicht ausschließen will. Es scheint, daß die Hitze in den tropischen Zonen eher geeignet ist, die Haut dunkel zu pigmentieren, als das Klima einer gemäßigten Zone, das die Haut weiß läßt, und ich weiß nicht, wie weit der Einfluß von Klima und Ernährung noch nach vielen Jahrhunderten gehen kann.[72]

71 Maupertuis, Vénus physique, III. Kapitel.
72 V. Kapitel.

Sehr klar sah er aber die Beziehung zwischen dem Problem genetischer Vererbung und dem der Arten, und am Schluß seines ›Système de la Nature‹ warf er die geradezu prophetische Frage auf:

Könnte man nicht damit erklären [mit dem zufälligen Auftreten mutierender ›Teilchen‹], wie es von den beiden einzigen Individuen zur Vermehrung der verschiedenen Arten gekommen ist? Ihre erste Entstehung verdanken sie nur dem Zufall, in dem die Elementarteilchen nicht an der Ordnung festhielten, die sie in den Vater- und Muttertieren besaßen. Jede zufällige Abweichung davon bestimmte eine neue Art. In der Folge der wiederholten Abweichungen kam es zu der unendlichen Vielfalt der Tiere, die wir heute sehen und die wahrscheinlich noch zunehmen wird, aber im Lauf der Jahrhunderte wird die Zunahme vielleicht nur noch schwach wahrnehmbar sein.[73]

Anfangs wurde Maupertuis' genetische Auffassung von Buffon und Bonnet ernsthaft diskutiert, danach aber bald vergessen. Erst im 20. Jahrhundert entdeckte man sie neu. Man könnte versucht sein, die Schuld an dieser zeitweiligen Nichtbeachtung Voltaire zuzuschreiben, aber er war nicht allein dafür verantwortlich. Denn Maupertuis gehörte zu den Menschen, die sich nicht mit sicheren Erkenntnissen innerhalb gewisser Grenzen zufriedengeben oder denen es genügt, die Grenzen der Wissenschaft einen Schritt weiter vorzuschieben. Sein ganzes Leben lang verfolgte er Ziele, die weit über die Möglichkeiten seiner Zeit hinausgingen, und beschäftigte sich mit Problemen, die aufzugreifen nur wenige seiner Zeitgenossen bereit waren. Einem solchen Mann gegenüber liegt es immer nahe, zu fragen: ›Was hätte er alles noch erreichen können, wenn . . .?‹ Wenn sich zum Beispiel die moderne Geologie fünfundsiebzig Jahre früher entwickelt hätte, dann hätte Maupertuis die Erkenntnisse von Darwin und Mendel vorwegnehmen und die Evolutionstheorie von Anfang an auf genetischer Grundlage aufbauen können. Aber wir lernen mehr aus dem, was wirklich geschehen ist, als aus dem, was hätte geschehen können. Was bei Maupertuis wichtig war, ist nicht die Wirkung seiner Analyse oder der Weitblick seiner Theorie, sondern gerade die Tatsache, daß seine Zeitgenossen sein Werk nicht zu würdigen wußten. Mitte des 18. Jahrhunderts waren die Biologen für die ganze Tragweite der Evolutionstheorie noch nicht vorbereitet; die Physiologie steckte noch in den Anfängen, die Biochemie existierte überhaupt noch nicht, die Embryologen hatten sich in

73 Système de la Nature, XLV.

Erörterungen über die Präformation festgefahren, Untersuchungen über die Vererbung waren etwas völlig Neues, und vor allem die infolge des geologischen Zeitschemas immer noch vorhandenen Hindernisse waren allzu groß. Maupertuis stieß also mit seinen Beweisen ins Leere, denn seine Kollegen hatten für seine Erkenntnisse wenig Sinn.

Die letzte Sackgasse

Wir wir schon gesehen haben, hatte Charles Lyell 1830 durch seine aktualistische Theorie die letzte und hartnäckigste dieser Schwierigkeiten beseitigt. Doch es sollten noch fast dreißig Jahre vergehen, bis der nächste Schritt getan wurde, durch den die Zoologie bezüglich der Entwicklung organischer Arten eine ebenso historische Wissenschaft wurde wie die Geologie im Hinblick auf die Entwicklung der Erdkruste. Während dieser dreißig Jahre teilten sich die Wissenschaftler in zwei rivalisierende Parteien, von denen keine – soweit wir es heute beurteilen können – völlig recht hatte, doch keine sah eine Möglichkeit, einen Schritt vorwärtszukommen, ohne der Gegenpartei beschämende Zugeständnisse machen zu müssen. Erst Darwin gelang es, die Weichen wieder richtig zu stellen.

Die Schlüsselfigur in diesem theoretischen Kampf war Lyell. Darwin verdankte Lyells ›Prinzipien der Geologie‹ mehr als irgendeinem anderen Werk, mehr als selbst Malthus' ›Essay on the Principle of Population‹. Er war glücklich und stolz, als wissenschaftlicher Assistent bei Lyell arbeiten und aus seiner eigenen geologischen Erfahrung einiges dazu beitragen zu können, die Richtigkeit von Lyells Prinzipien zu bestätigen. Und die entwicklungsgeschichtliche Erklärung des Ursprungs der Arten schien ihm die natürliche Fortsetzung von Lyells ›aktualistischer‹ Beweisführung in der Geologie zu sein. Lyell selbst sah es allerdings anders. In seinen Augen bedeutete die aktualistische Lehre mehr, als sie später für Darwin und für uns bedeutete. Wenn er im hohen Alter über seine erste Reaktion auf den ›Ursprung der Arten‹ sprach, dann bezeichnete er seine Bekehrung zu Darwins Theorie nicht als die Erfüllung seiner früheren Anschauung, sondern als ihre Preisgabe. ›Es hat mich einen Kampf gekostet, meinen alten Glauben aufzugeben.‹

Wie jeder andere, der in die theoretischen Kontroversen in den dreißiger und vierziger Jahren verstrickt war, beobachtete Lyell einerseits scharf die geologischen Forschungen, während er zugleich die Gegenpartei nicht aus den Augen ließ. Die sich daraus ergebenden zwiefachen Erkenntnisse bereiteten ihm erhebliche Schwierigkeiten. Denn er sah sich gezwungen, sowohl die Idee der organischen Progression abzulehnen – weil für die Geologie irrelevant –, als auch die Theorie, daß sich die Erde langsam abkühle. Die Schwierigkeit war halb sachlicher, halb ideeller Art. Seine eigene Grundüberzeugung war, ›daß man alle früheren Veränderungen der organischen und anorganischen Schöpfung auf eine ununterbrochene Folge physikalischer Ereignisse zurückzuführen hat, die durch die heute wirkenden Naturgesetze gelenkt worden sind‹. Diese Tatsache erklärte er durch die Gleichartigkeit von Ursachen und Wirkungen. Er nahm erstens an, daß die Gestaltung der Erde und ihrer Bewohner zu allen Zeiten durch dieselben physikalischen Kräfte verursacht worden sei, und zwar mit einer Gewalt, die kaum über die Grenzen der Gewalten, die wir heute beobachten können, hinausgegangen sei; und zweitens vermutete er – da es unwiderlegliche Beweise für das Gegenteil nicht gab –, daß die Wirkungen dieser Kräfte in allen Epochen so konstant und gleichartig gewesen seien wie die Kräfte selbst. Allein auf Grund dessen müsse sowohl die Theorie der organischen Progression als auch Buffons Abkühlungstheorie fallengelassen werden.

Zwar hatte Buffon, das gab Lyell zu, mit seiner Argumentation (deren Zahlen später durch Fouriers Berechnungen richtiggestellt worden waren) nicht ganz unrecht, doch es gab keinen Beweis dafür, daß die Abkühlung der Erde, wenn sie wirklich zutraf, irgendeine erkennbare Spur in den geologischen Erscheinungen hinterlassen hatte, und noch viel weniger war sie, wie manche glaubten, ›die Hauptursache für Klimaänderungen‹:

›Im Gegenteil, Laplace hat gezeigt – und er bezog sich dabei auf astronomische Beobachtungen von Hipparch –, daß in den letzten zweitausend Jahren keine spürbare Zusammenziehung der Erdkugel durch Abkühlung stattgefunden hat; denn wenn das auch nur im allergeringsten Maße der Fall gewesen wäre, dann hätte sich die Tageslänge um ein Merkliches vermindert, doch sie hat sich innerhalb dieser Zeit ganz gewiß nicht mehr als um $^{1}/_{300}$ Sekunde verringert.

Auch Fouriers Argument, die Erde müsse sich abkühlen, da sie ständig durch Ausstrahlung an Wärme verliere, war nicht ganz schlüssig:

Dieses Argument mag einleuchtend erscheinen, wenn wir uns nicht klarmachen, wie wenig wir über die Quellen vulkanischer Wärme und überhaupt über die Beschaffenheit von Licht und Wärme im allgemeinen wissen. Aber ebenso kann man sagen, daß Wärme ohne Unterbrechung von der Sonne ausstrahle, und wir wissen nicht, ob es irgendwelche ausgleichenden Kräfte gibt, die sie diesem leuchtenden Körper wieder zurückerstatten. ›Es ist fast unmöglich‹, sagt Herschel im Hinblick auf die Sonne, ›sich vorzustellen, wie ein so ungeheurer Feuerbrand aufrechterhalten werden kann. Alle Entdeckungen in der Chemie lassen uns hier völlig im Stich, ja, es hat sogar den Anschein, als rückten sie die Möglichkeit einer Erklärung in immer weitere Ferne.‹

Mit dem Phänomen der Sonne vor Augen konnte man damals allerdings nicht annehmen, daß man schon alles über die Erdwärme wisse. Im Gegenteil, alle die ›kuriosen Experimente‹ Buffons und Fouriers ›über die Abkühlung weißglühender Körper‹ konnten sich für die Theorie von der Erde als unerheblich erweisen, wenn die ausgestrahlte Wärme ständig durch unterirdische, bisher unbekannte Prozesse wieder ausgeglichen wurde. Hier war Lyells Vorsicht tatsächlich begründet. Wie weit radioaktive Erwärmung zur Gebirgsbildung beitrug und auch die Quelle der Sonnenenergie wurden erst im 20. Jahrhundert geklärt, und bis dahin stand über dem für die geologische und organische Entwicklung notwendigen Zeitablauf immer noch ein Fragezeichen.

Aber Lyells Einwände gegen die Abkühlungstheorie waren nicht nur sachlicher Natur. Cuvier und die Katastrophentheoretiker hatten der Theorie Buffons eine Wendung gegeben, die sie einem guten Aktualisten wie Lyell verdächtig machen mußte. Mit kurzen Worten: Buffons Vermutung, ein an der Sonne vorbeifliegender Komet habe die Materie, aus der sich dann die Planeten bildeten, von der Sonne losgerissen, paßte genau in Cuviers Konzeption; denn der gerade noch vermiedene Zusammenstoß ließ sich als einer der heftigen, hypothetischen Kataklysmen erklären, auf die sich seine Theorie gründete. 1750 hatte die Idee einer Anfangskatastrophe die Theologen als allzu mechanistisch abgestoßen, aber nach 1820 kam sie den rechtgläubigen Geologen entgegen. Denn sie lieferte einen dramatischen Beweis für die göttliche Macht und hatte auch einen Hauch von Vorsehung an sich, der ihnen sehr willkommen war. Mochte die langsame Abkühlung der Erdmasse auch ein rein physikalischer Prozeß sein, so kam sie doch gerade recht, um eine Umgebung zu schaffen, in der Lebewesen – und schließlich auch der Mensch – eine Heimstatt finden konnten.

Lyells Einwände gegen die Idee der organischen Progression gründeten sich ebenfalls auf den offensichtlichen Bezug zur Vorsehung. Nach 1780 erklärte Herder, es seien auf der Erde nacheinander immer kompliziertere Organismen erschienen, und deutete diesen Fortschritt zugleich als ein wesentliches Element im ›Plan‹ der Natur; dieser reichte bis hinauf zum Menschen, der ›ein Bewohner der Erde und ein Gebieter der Tiere‹ sein sollte. Von Schelling und Lorenz Oken weiterentwickelt, führte Herders Denksystem zu den biologischen Theorien, die als ›Naturphilosophie‹ bekannt sind. Danach war der gegenwärtige Zustand der Natur die Verwirklichung eines bestimmten ›idealen Planes‹, der als Entwurf für die schöpferische Tätigkeit der Natur diente. Schellings und Okens Naturphilosophie berührte sich mit Cuviers Ideen, und beide Anschauungen wurden von Louis Agassiz – der Cuviers halbvollendetes Werk über fossile Fische zu Ende führte – vereinigt. Vor seiner Zusammenarbeit mit Cuvier hatte Agassiz bei Oken in München studiert. Während der nächsten dreißig Jahre war er der führende Vertreter der Katastrophentheorie und der organischen Progression. Seiner Auffassung nach lieferten beide Lehren den Beweis für Gottes Plan der Welt.

Lyell reagierte auf diese Verbindung von Progression, Katastrophenlehre und Vorsehungsglaube mit äußerstem Mißtrauen gegen die ›Theorie von der ständigen Entwicklung von tierischem und pflanzlichem Leben und seinem Fortschreiten zur immer größeren Vervollkommnung‹. Offensichtlich widersprach diese Theorie seinem Glauben an ›eine ununterbrochene Folge physikalischer Ereignisse, die durch heute wirkende Naturgesetze gelenkt worden sind‹, und er durchforschte die geologischen Zeugnisse mit grimmiger Sorgfalt nach irgendwelcher Progression. Sir Humphrey Davy zum Beispiel hatte erklärt:

In den am tiefsten liegenden und infolgedessen am frühesten abgelagerten Schichten sind Reste von Lebewesen, sogar von Pflanzen, selten. Muschel- und Pflanzenreste findet man erst in der nächsten Ordnung, Knochen von Fischen und eierlegenden Reptilien in der folgenden Klasse; wieder in der nächsten sind die Reste von Vögeln, auch von den schon erwähnten Gattungen, zu finden, ausgestorbene Arten von Vierfüßern erst in einer jüngeren Klasse, und erst in den lockeren und weniger kompakten Schichten von Kies und Sand und in den sogenannten diluvialen Formationen findet man außer den Überresten ausgestorbener Tiere auch Reste von solchen, wie sie heute auf dem Erdball leben ... Es scheint sozusagen eine stufenweise Annäherung an das gegenwärtige System der Dinge und eine Folge von Zerstörungen und Schöpfungen stattgefunden zu haben, mit denen die Existenz des Menschen vorbereitet worden ist.

Davys Argumentation konnte Lyell jedoch nicht überzeugen. Die Lehre von der Progression, antwortete er, ›ist, obwohl allgemein akzeptiert, in Wirklichkeit nur sehr schwach begründet‹. Mit derselben Vorsicht, mit der er zuerst die ›katastrophische‹ Ursache für die von Cuvier entdeckten Unregelmäßigkeiten abgelehnt hatte, hielt er auch jetzt mit einem Urteil zurück. Denn die bloße Tatsache, daß man vorwiegend um so einfachere Fossilienarten findet, je weiter man die Epochen zurückverfolgt, galt ihm noch nicht als Beweis dafür, daß die Pflanzen und Tiere, die in diesen Epochen wirklich lebten, ausschließlich aus diesen aufgefundenen Arten bestanden. Die Chancen, daß ein bestimmter Organismus als Fossil bis in spätere Zeiten erhalten blieb, hingen von vielen Faktoren ab:

Fast alle Tiere, die in Unterwasser-Ablagerungen vorkommen, sind solche, die in Sümpfen, Flüssen oder an Seeufern leben, wie Rhinozeros, Tapir, Flußpferd, Rind, Hirsch, Schwein usw. Auf Bäumen lebende Arten sind als Fossilien äußerst selten. Und wir haben bis jetzt noch nicht genügend Material, um zu bestimmen, eine wie große Zahl der einen Art wir finden müssen, ehe wir das Recht haben, ein einziges Individuum der anderen Art zu erwarten.

Wenn man sich alle Zeugnisse kritisch betrachtete, schien es ihm unmöglich, etwas Schlüssiges über die Tendenz oder Richtung der Veränderung auszusagen:

Von den Pflanzen verdienen diejenigen zuerst besondere Aufmerksamkeit – wenn wir von den unklaren und undeutlichen Abdrücken in den ältesten fossilienführenden Gesteinen absehen, die keine sicheren Schlüsse zulassen –, die die große Karbongruppe kennzeichnen. Sie sind keineswegs auf die einfachsten Vegetationsformen begrenzt, sondern gehören im Gegenteil sämtlich zu den wichtigsten Gruppen des Pflanzenreiches ... Wenn wir dann die tierischen Überreste der ältesten Formationen betrachten, finden wir in dem alten roten Sandstein und sogar in dem darunterliegenden Übergangs-Kalkstein Knochen und Skelette von Fischen. Mit anderen Worten, es gibt bereits in den ältesten Schichten Wirbeltierfossilien, von denen wir sagen können, daß wir sie genau kennen ...

[Hinsichtlich der Vierfüßer] können wir kein Zeichen einer progressiven Entwicklung der Organisation entdecken, kein Anzeichen dafür, daß die Fauna des Eozäns weniger vollkommen war als die des Miozäns oder die des Miozäns weniger vollkommen als die des Pliozäns.

Zwar gab Lyell (in den früheren Ausgaben seiner ›Prinzipien‹) zu, daß der Mensch erst vor kurzer Zeit auf dem geologischen Schauplatz erschienen war, aber auch das konnte weder seine aktualistischen Prinzipien umstoßen noch der Lehre von der Progression mehr Gewicht verleihen:

Die Überlegenheit des Menschen hängt nicht von den Fähigkeiten und Eigenschaften ab, die er mit den niedereren Tieren gemeinsam hat, sondern mit seiner Vernunft, durch die er sich von ihnen unterscheidet. Wenn man sagt, daß der Mensch einen weit höheren Rang einnehme als alle vorher auf der Erde existierenden Wesen, dann tut man das auf Grund seiner geistigen und moralischen Eigenschaften, die nur ihm eigen sind; und man kann keinesfalls behaupten, daß seine Organisation ihm eine entschiedene Überlegenheit verleihen würde, wenn sie, statt auf der Kraft seiner Vernunft, nur auf den Instinkten beruhte, die die niedereren Tiere auch besitzen.

Wenn man das zugibt, dann kann man nicht daraus folgern – selbst wenn es für die Theorie progressiver Entwicklung genügend Zeugnisse gäbe –, daß der Mensch das letzte Glied einer einzigen Kette sei. Denn der plötzliche Umschlag von einem unvernünftigen zu einem vernünftigen Tier ist eine viel ausgeprägtere Erscheinung als der Übergang von einfacheren zu komplizierteren Formen tierischer Organisation und tierischen Instinkts. Zu behaupten, solch ein Schritt, oder besser Sprung, könne Teil einer regelmäßigen Reihe von Veränderungen innerhalb der tierischen Welt sein, würde heißen, die Analogie über alles vernünftige Maß hinaus zu übertreiben.

Diese Äußerungen spiegeln Lyells Standpunkt bald nach 1830 wider. Doch in den nächsten zwanzig Jahren gelang es den Geologen beider Parteien, ihre gemeinsame Wissenschaft wieder einen Schritt vorwärtszubringen. Louis Agassiz, der Katastrophentheoretiker, erbrachte den Nachweis von Eiszeiten, in denen langanhaltende Kälteperioden die Gesteinsoberflächen zertrümmert hatten und riesige Steinblöcke von Gletschern weit von ihren ursprünglichen Standorten davongetragen worden waren. Und Charles Darwin als Aktualist deckte die schwachen Punkte in Lyells Theorie der Gebirgsbildung auf, indem er von zwei Erdbeben in Chile berichtete, die er selbst miterlebt hatte und durch die die Ausläufer der Anden in einem einzigen Augenblick um mehr als zehn Meter gehoben worden waren. (Eine solche Umwälzung war entschieden heftiger als alle, die Lyell in der ersten Auflage seiner ›Prinzipien‹ ange führt hatte.) So haben die Forschungsergebnisse der Geologie ineinandergegriffen und einander ergänzt. Die ›gleichartigen Kräfte‹, von denen Lyell sprach, nahmen allmählich an Gewalt zu, bis sie fast ein ›katastrophisches‹ Ausmaß annahmen, während Agassiz' ›Katastrophen‹ kleiner und regelmäßiger wurden, so daß sie schließlich eine eigene ›Gleichartigkeit‹ erreichten. Jedoch in den Grundfragen der Wissenschaft blieben die Differenzen nach wie vor bestehen. Noch 1851 leugnete Lyell die organische Progression. ›Es gibt keinen Beweis für eine Verfeinerung der Organisation, der auf eine progressive Vervollkommnung der Flora [oder Fauna] vom Eozän bis zu unserem eigenen Zeitalter schließen ließe.‹ Nichts von alledem, was seit dem ersten Erscheinen seiner ›Prinzipien‹ geschehen war, konnte ihn von seiner Überzeugung abbringen. Was das Problem des Ursprungs betraf, so stand er noch auf demselben Standpunkt wie James Hutton:

In der ersten Auflage seiner Theorie erklärte Hutton, daß wir weder den Anfang noch das Ende jener ungeheuren Reihe von Erscheinungen absehen können, die wir als Geologen zu erforschen haben. Nach sechzig Jahren immer neuer Forschungen ... besteht meiner Ansicht nach diese Behauptung noch immer zu Recht.

Solange die Meinungen über diesen Punkt auseinandergingen, konnte natürlich der Gedanke organischer Abstammung in der Wissenschaft nicht Fuß fassen. Denn die Abstammungslehre vereinigte zwei scheinbar einander widersprechende Auffassungen: die Ablehnung übernatürlicher Ursachen (ein aktualistischer Grundsatz) und die Lehre von der organischen Progression (die von den Katastrophentheoretikern vertreten wurde). Bis 1859 vermochte die Mehrheit der europäischen und amerikanischen Wissenschaftler entweder die Idee der Gleichartigkeit der Naturkräfte oder die der Progression anzuerkennen, aber nicht beide zugleich. Nur eine kleine Minderheit vertrat den Gedanken der Evolution, aber diese Leute wurden als verrückt oder töricht abgetan. Die Sache wurde nicht besser, als 1844 Robert Chambers, ein Gelehrter aus Liebhaberei und Herausgeber der ›Chambers' Encyclopaedia‹ anonym eine Verteidigung der Evolution unter dem Titel ›Vestiges of the Natural History of Creation‹ veröffentlichte. Das Buch wies viele der gleichen grundlegenden Schwächen auf wie Lamarcks ›Zoologische Philosophie‹; es wurde viel gelesen, allgemein abgelehnt und verstärkte das ungünstige Urteil über die Abstammungslehre nur noch. Bis 1850 galt auch unter den ernsthaftesten Wissenschaftlern die Evolutionstheorie als Fehlzünder.

So fand sich Darwin einer zweifachen Aufgabe gegenüber: einmal der richtigen Auswahl und zum andern der Versöhnung. Hinsichtlich der Methode ließ er sich von Lyells Gleichartigkeit der natürlichen Ursachen überzeugen, aber andererseits leuchtete ihm auch die organische Progression ein. Er erkannte sehr bald, daß die genealogische Verwandtschaft zwischen den Arten verschiedener Epochen die Verbindung herstellen würde, die er für seine aktualistischen Prinzipien brauchte. Das Hauptproblem, das Lamarck nicht hatte lösen können, bestand in der Frage des Ablaufs, das heißt darin, zu erklären, wie innerhalb der Grenzen geologischer Zeit die winzigen Variationen, die erwiesenermaßen zwischen den Individuen verschiedener Arten auftreten, hatten dominant werden und sich in einem solchen Maße hatten anhäufen können, daß durch sie wiederholt neue und deutlich unterschiedene Arten entstanden waren.

Die gemeinsame Schwierigkeit lag für die Geologen der dreißiger und vierziger Jahre nur zum Teil in der sachlichen Argumentation. Wie immer mußten auch hier wissenschaftliche Forschungsergebnisse interpretiert werden, und die unterschiedlichen Interpretationen wurden häufig von viel weniger greifbaren Erwägungen beeinflußt. Hinter den einander widersprechenden Schlußfolgerungen von Lyell und Agassiz stand ihre philosophische Einstellung, mit der sie an die Zeugnisse herangingen. In Lyells Denkweise steckte noch etwas von Newton und Hutton; er vertrat ein stabiles Gleichgewicht von Naturkräften, die auf der Erde dieselbe Ordnung aufrechterhielten, wie sie für das Planetensystem kennzeichnend war. Cuvier und Agassiz dagegen hofften in der Naturgeschichte Raum für übernatürliche Eingriffe zu finden; ihrer Meinung nach war die gegenwärtige Ordnung durch die Vorsehung geschaffen worden – nicht auf einmal, aber durch eine progressive Folge schöpferischer Akte. Lamarck war als ›Deist des 18. Jahrhunderts‹ bezeichnet worden; seine genealogische Folge organischer Wesen war – über einen weiten Zeitraum hinweg – das Produkt von zwei entgegengesetzten Naturkräften, einer destruktiven und einer konstruktiven, und beide waren gleichermaßen Teil der ursprünglichen Ordnung aller Dinge. Jede dieser drei philosophischen Positionen hatte ihren Vorläufer in einer Zeit vor 1700, und jede förderte und hemmte zugleich die Wissenschaftler bei ihren Forschungen. Auch in dieser Beziehung überwand Darwin die alten Denkmodelle und schuf eine ganz neue Anschauungsweise.

Das Leben bekommt einen Stammbaum

Hindernisse in der Wissenschaft werden meist umgangen, nicht eigentlich überwunden. In den wissenschaftlichen Diskussionen der älteren Generation prallen die Meinungen oft hart aufeinander, die Jüngeren dagegen packen die Probleme dann von einer anderen Seite her an und vermeiden so einen Zusammenstoß. Doch diese Umorientierung ist manchmal nicht einfach. Sie verlangt eine besondere Art von Originalität; der Betreffende muß sich, wenn er sich von den Problemen und dem Standpunkt der Älteren gelöst hat, unbehindert von ihren Schwierigkeiten auf seine eigenen neuen Ideen konzentrieren können.

Für einen solchen Mann mag ein gewisser Mangel an äußerer Qualifikation sogar ein Vorteil sein, da er ihn vor den Vorurteilen älterer Wissenschaftler schützt. So war es jedenfalls bei Charles Darwin. Er begann seine Laufbahn in einer Zeit, als das wissenschaftliche Forschen zu einem Beruf mit eigenen Methoden und Techniken geworden war, und blieb immer ein Privatgelehrter. Wollte man sich damals wissenschaftlicher Arbeit widmen, so konnte man das entweder auf dem Weg über die Mathematik und Physik oder über die Medizin und Physiologie. Darwin ging keinen von beiden. Die Vorliebe für das Landleben, die er von seiner Mutter geerbt und die sich in seiner Jugend entwickelt hatte, verließ ihn nie, die herkömmliche klassische Bildung langweilte ihn, die Arbeit in den Präpariersälen der Universität Edinburgh drehte ihm den Magen herum. So schob er den Vorsatz, in die Fußstapfen seines Vaters und Großvaters zu treten und Medizin zu studieren, beiseite, wandte sich dem Priesterberuf zu und versuchte es einige Jahre lang mit der Theologie. Doch schon bald nachdem er nach Cambridge und mit den dortigen Naturwissenschaftlern ins Gespräch gekommen war, fühlte er sich von der Theologie ebenso abgestoßen wie vorher von der Medizin. Die meiste Zeit verbrachte er beim Reiten.

Der Widerspruch zwischen Darwins offenkundiger Begabung und seiner Unfähigkeit, etwas aus ihr zu machen, stellte seinen Vater auf eine harte Geduldsprobe. Was sollte aus Charles werden? Er hatte seine Absicht, den Priesterberuf aufzugeben, nie offen ausgesprochen. Sie wurde nur mit der Zeit immer deutlicher. Nach sechs Jahren vergeblichen Studiums für zwei verschiedene Berufe, von denen keiner nach seinem Geschmack war, wurde ihm schließlich klar, daß seine Interessen ausschließlich auf naturwissenschaftlichem Gebiet lagen, und es hieß nun, eine Tätigkeit für ihn zu finden, bei der diese Interessen sinnvoll angewendet werden konnten. Durch einen glücklichen Zufall hatte sein Lehrer, Professor Henslow, Gelegenheit, ihm einen Posten als Naturforscher auf dem Expeditionsschiff ›Beagle‹ (›Spürhund‹) zu verschaffen, das nach Südamerika segeln sollte. Zuerst widersetzte sich Darwins Vater dem Plan, stimmte dann aber doch zu. Wenigstens war der junge Mann dann einige Jahre lang aufgehoben.

Bevor Darwin Henslow getroffen hatte, war ihm die Geologie ebenso langweilig gewesen wie die klassische Philologie, aber Henslow verstand sein Interesse dafür zu wecken, indem er ihm zeigte, wie eng die Geologie mit der Naturwissenschaft seiner eigenen Zeit zusammenhing. Als Darwin sich von ihm verabschiedete, empfahl ihm Henslow, ein Exemplar von Lyells eben erschienenen ›Prinzipien‹ mit auf die Reise zu nehmen, ›aber nicht etwa, um die darin vorgebrachten Ansichten zu übernehmen‹. Am 27. Dezember 1831 stach die Beagle in See, mit Charles Darwin an Bord. Er war damals dreiundzwanzig Jahre alt.

Was Darwins Vater als Mangel an Zielstrebigkeit und Konzentrationsfähigkeit angesehen hatte, erkennen wir heute als das Suchen eines eigenwilligen Geistes nach dem ihm gemäßen Betätigungsfeld. Als Darwin an Bord der Beagle England verließ, hatte er seine Lebensaufgabe noch nicht gefunden, aber der Umweg hatte ihn doch darauf vorbereitet. Da das Schwergewicht seiner Ausbildung mehr auf den humanistischen Fächern als auf der Mathematik beruhte, beherrschte er die Physik nie besonders gut, und infolge seiner Abneigung gegen die Medizin erwarb er sich keine Kenntnisse in der Physiologie und Mikroskopie, die er sich ohne weiteres in Frankreich oder Deutschland hätte aneignen können. So fühlte er sich nie – obwohl er Altersgenosse von Claude Bernard, Schwann und Virchow war – zur Arbeit im Labor oder am Mikroskop hingezogen. Sein Interesse für die theoretischen Wissenschaften war immer nur sekundär und dem Interesse für die Naturgeschichte untergeordnet. Später eignete er sich zwar das notwendige Wissen über die Embryologie und Zellentheorie durch Lektüre an, aber von der Physiologie im allgemeinen verstand er nicht mehr als jeder Laie. Fremdsprachliche Texte – besonders deutsche – las er mit Mühe, und was er von den Werken europäischer Forscher wissen mußte, kannte er nur aus Übersetzungen oder durch die Hilfe von Freunden. Es war eine glückliche Fügung, daß er Henslow begegnete, denn um seinen Interessen Richtung und Festigkeit zu geben, brauchte er Kenntnisse in der Geologie. Abgesehen davon war seine wissenschaftliche Ausbildung völlig unsystematisch, sie erhielt ihre Grundlage nicht im Hörsaal und Laboratorium, sondern auf den Feldern und Bauernhöfen, im Gespräch mit Tierzüchtern, auf Streifzügen durch den Wald und wenn er während einer Jagdpause die unzähligen, vom Wind verwehten Distelsamen beobachtete.

Dank seiner Reise mit der Beagle konnte er seine in England begonnenen Studien in Südamerika und auf den Galapagos-Inseln fortsetzen. Dort spürte er den ihm wichtigen Fragen nach, unvoreingenommen und unbelastet von überkommenen Vorstellungen der Physiologie, Embryologie und Genetik. Wie sich zeigen sollte, war seine Unwissenheit ein ebenso großer Vorteil wie sein Wissen.

Darwin entdeckt sein Problem

Die Beagle war fast fünf Jahre lang unterwegs und lief Anfang Oktober 1836 in Falmouth wieder ein. Darwin war mit der konventionellen Auffassung von der Beständigkeit der Arten ausgezogen, denn eine andere Auffassung konnte ihm seine Zeit nicht vermitteln, und bestärkt hatte ihn darin Henslow, der strenger Anhänger der Katastrophentheorie war. Doch als er Lyell las, ging er sehr bald zum Aktualismus über. Bei der Abfahrt hatte er nur den ersten Band der ›Prinzipien‹ bei sich, den zweiten mit den Kapiteln über Zoologie erhielt er im November 1832 mit der Post in Montevideo. Von da an sah er die lebendige Natur mit denselben Augen an wie Lyell die Gesteine – er bekam einen Blick für Zusammenhänge und Ähnlichkeiten zwischen gegenwärtig lebenden Arten und ihren fossilen Vorfahren. Endlich hatte er eine seiner Begabung entsprechende Aufgabe gefunden, nämlich die ›Aufeinanderfolge organischer Typen‹ in Raum und Zeit zu erklären, und zwar so natürlich und ›aktualistisch‹ wie Lyell die geologische Entwicklung erklärt hatte. Immer wieder betonte er, daß ihn ›die geographische Verbreitung und die geologischen Beziehungen ausgestorbener Erdbewohner in Südamerika zuerst darauf gebracht‹ hätten. Als er an der argentinischen Küste entlang nach Süden fuhr, beeindruckte ihn ›die Art, wie eng verwandte Tiere einander ablösen‹, so als seien sie nicht gänzlich ausgestorben, sondern seien alle von einem gemeinsamen ursprünglichen Typ abstammende Varietäten. Wenn die Umwelt sich veränderte, wurden auch bestimmte Gliedmaßen anders verwendet als bisher, zum Beispiel werden die Flügel, die von den meisten Vögeln zum Fliegen benutzt werden, vom Strauß als Segel und vom Pinguin als Schwimmflossen gebraucht. Und gegenwärtig lebende Arten des Gürteltieres weisen eine außerordentliche Ähnlichkeit mit einem riesigen, in der Pampa gefundenen Fossil von zehnfacher Größe auf.

Sein Aufenthalt auf den Galapagos-Inseln lieferte ihm dann schließlich das letzte Element zur Lösung seines Problems. Bisher hatte man immer nur das Phänomen der Beständigkeit im Auge gehabt, die stetige Veränderung organischer Formen im Zusammenhang mit allmählichen Veränderungen der Umwelt. Das hatte Darwin, wie auch Buffon und Lamarck vor ihm, dazu verführt, nach den Vorgängen zu suchen, auf Grund derer die Umwelt selbst eine einzige ursprüngliche Fauna bzw. Flora in ein Dutzend verschiedener Arten verwandelte. Aber nun erwies sich das Problem noch um einen Grad komplizierter. Die verschiedenen Inseln des Galapagos-Archipels, eine Gruppe winziger Häufchen vulkanischer Schlacke mitten im Ozean tausend Kilometer westlich von Ekuador, eine so gleichartige Sammlung von Mikro-Umwelten, wie man sie sich nur vorstellen konnte, waren alle denselben physikalischen Einflüssen ausgesetzt, bestanden alle aus derselben schwarzen Lava und lagen dicht, oft sogar in Sichtweite, beieinander. Und doch hatte jede Insel – jedenfalls schien es so – ihre eigene besondere Flora und Fauna. Die riesigen, unförmigen Schildkröten wiesen auf den einzelnen Inseln geringe Unterschiede auf, und die Eingeborenen konnten auf den ersten Blick sagen, von welcher Insel die eine oder andere Art stammte. Die Pflanzen variierten ähnlich, doch am auffallendsten war es bei den Finken; man konnte auf verschiedenen Inseln der ganzen Gruppe deutlich voneinander abweichende Arten finden. Sie unterschieden sich in ihren Formen, Lebensgewohnheiten und ihrer Ernährungsweise. Manche hatten scharfe, schmale Schnäbel, andere stumpfe und gekrümmte (Abb. 7).

Diese Unterschiede von einer Insel zur andern verblüffte Darwin aufs höchste. Er hatte bis jetzt wahllos Exemplare gesammelt, ohne sich ihre Heimatinsel zu notieren:

Ich hätte mir niemals träumen lassen, daß Inseln – fünfzig oder sechzig Meilen voneinander entfernt, genau aus demselben Gestein bestehend, unter nahezu gleichen klimatischen Bedingungen – so unterschiedliche Bewohner haben können.

Doch als seine Aufmerksamkeit einmal geweckt war, erkannte er auch schnell die Bedeutung dieser Varianten, und von da an notierte er sich sorgfältig alle Daten. Und er hielt sich immer vor Augen, daß unter völlig gleichen Umweltbedingungen eine Menge voneinander abweichende Arten entstehen können, deren Unterschiede nicht allein durch klimatische und geographische Einflüsse erklärbar sind. Wenn er nun die ihm allmählich aufsteigende Erkenntnis, daß gegenwärtig existierende Arten die lebenden Generationen eines historischen Stammbaums bilden, beweisen wollte, dann mußte er eine neue Theorie ausarbeiten, mit der er zweierlei erklären konnte: wie in Raum und Zeit eng zusammenhängende Arten so verschieden, andere dagegen, die geographisch und geologisch weit getrennt sind, einander so ähnlich sein können.

Auf dem Heimweg von den Galapagos-Inseln berührte die Beagle Tahiti, Neuseeland, Australien und Mauritius. Dabei hatte Darwin Gelegenheit, die Korallenformationen der Kokos-Inseln im Indischen Ozean zu untersuchen und sich dabei ein eigenes (und großenteils richtiges) Bild von der Entstehung solcher Koralleninseln zu machen. Allein diese Untersuchungen würden genügt haben, ihm einen Platz in der Wissenschaft des 19. Jahrhunderts zu sichern, aber für ihn selbst blieben die Beobachtungen in Südamerika das überwältigende Ergebnis dieser Reise. Die Erinnerung an die Finken und Schildkröten der Galapagos-Inseln ließ ihn nach seiner Rückkehr nicht mehr los, und die damals aufgetauchten Fragen beschäftigten ihn unausgesetzt. Jetzt hatte er endlich ein Ziel.

Darwin war nun siebenundzwanzig Jahre. Seine weitere Lebensgeschichte ist rasch erzählt. Der größte Einschnitt in seinem Leben war das Erscheinen des ›Ursprungs der Arten‹ 1859. Nach seiner Rückkehr lebte er kurze Zeit in London, wo er Lyell persönlich kennenlernte. In der Geologischen Gesellschaft erregte er großes Aufsehen mit seinem Vortrag über die Korallenformationen. Aber es hielt ihn nicht in der ›scheußlichen und verräucherten Stadt‹, und so zog er sich nach seiner Heirat in das Dorf Downe in Kent zurück. Sein Wohnhaus ist heute noch unverändert dort zu sehen. Von nun an arbeitete er mit einer Konzentration, wie es ihm in seiner Studentenzeit nie möglich gewesen war. Er hatte seine Berufung entdeckt und war entschlossen, sie zu erfüllen. Mit ganzer Kraft widmete er sich seinen naturwissenschaftlichen Forschungen und konnte nun endlich auch den hohen Ansprüchen seines Vaters genügen. Seine Frau hielt alle Störungen von ihm fern, und seine angegriffene Gesundheit – vielleicht ein wenig übertrieben – erlaubte es ihm, sich der Tyrannei eines viktorianischen Familien-, Gesellschafts- und Berufslebens ungestraft zu entziehen. (Man erinnere sich an Florence Nightingale, jene hervorragende hypochondrische Frau, die nach ihrer Rückkehr von der Krim vom Krankenbett aus bis ins Alter von neunzig Jahren weitreichenden Einfluß auf die militärische und zivile Krankenpflege ausübte.) Seine Furcht vor überhandnehmenden Belastungen war begründet genug. Es gelang ihm nie ganz, die Anforderungen, die er an sich selbst stellte, mit den äußeren Verpflichtungen, die seine gesellschaftliche Stellung ihm auferlegte, gleichzeitig zu erfüllen. Wenn seine Befürchtungen schließlich neurotische Formen annahmen, so ist das schon verständlich. Dieser Konflikt – oder die chronische Krankheit – machte ihn (zum Glück für uns) nur gesellschaftlich untauglich. Er konnte sich immer in seine schöpferische wissenschaftliche Arbeit flüchten. Von 1836 an ging er nur noch den Ideen nach, die ihm auf seiner Reise mit der Beagle gekommen waren, und was er veröffentlichte, beruhte fast ausschließlich auf den Forschungen, die er auf dieser Reise um die Welt an Ort und Stelle betrieben hatte. Als es ihm gelungen war, die auf ihn einstürmenden Gedanken nach und nach zu ordnen und zu klären, erkannte er schnell, daß man gar nicht anders konnte, als die organische Evolution als feststehende Tatsache anzuerkennen:

Nach meiner Rückkehr im Herbst 1836 ging ich sofort daran, mein Tagebuch für die Veröffentlichung vorzubereiten, und da sah ich denn, wie viele Fakten für die gemeinsame Abstammung der Arten sprechen.

Im Augenblick war er sich allerdings noch nicht darüber im klaren, wie es zu dieser Entwicklung durch Abstammung gekommen war. Deshalb begann er im Juli 1837, sich ständig Notizen über die ›Abänderung von Arten‹ zu machen:

Ich ging dabei nach echt Baconscher Methode vor und sammelte – ohne jede Theorie – in großem Umfang Fakten, ... die sich auf die Veränderung von Tieren und Pflanzen in der Natur und im Zustand der Züchtung beziehen.

Mehr als ein Jahr arbeitete er angestrengt, um Beobachtungen – sei es aus eigener Erfahrung oder durch Lektüre – zu sammeln. De Candolle, ein Schweizer Botaniker, hatte bereits auf die Wichtigkeit des Wettstreits zwischen Arten hingewiesen, und Lyell berichtete in den dreißiger Jahren von seinen Beobachtungen:

Alle Pflanzen eines Landes leben im Krieg miteinander. Diejenigen, denen es zuerst gelingt, sich in einem bestimmten Gebiet zu behaupten, neigen dazu – allein dadurch, daß sie den Platz für sich in Anspruch nehmen –, andere Arten fernzuhalten; die größeren erdrücken die kleineren, die langlebigeren verdrängen die kurzlebigen, die fruchtbareren machen sich allmählich zum Beherrscher des Bodens, den sonst andere, sich weniger rasch vermehrende einnehmen würden.

Lyell hatte allerdings diesen ›Wettstreit der Pflanzen‹ als ›allgemeinen Kampf ums Dasein‹ aufgefaßt, in dem ›das Recht des Stärkeren schließlich siegt; die Kraft und Ausdauer der Rasse hängt hauptsächlich von ihrer Fruchtbarkeit ab‹:

Jede Art, die sich von einem Punkt aus über ein großes Gebiet verbreitet, kann ... das nur durch Verminderung oder Ausrottung einer anderen Art und muß ihren Boden durch erfolgreichen Kampf gegen vordringende andere Pflanzen und Tiere behaupten.

Lyell betrachtete diese ›Ausrottung‹ nur als Instrument, mit dem eine andere Art ausgemerzt wird; durch die sich daraus ergebende Auswahl wurden also existierende Arten vernichtet – ein Vorgang, der ihm ausgesprochen mysteriös blieb.

Darwin entdeckte jedoch bald, daß man dieses Grundproblem von zwei verschiedenen Seiten zu betrachten hatte. Man mußte erstens erklären, wie an dem auf diese Weise behaupteten Platz neue Varianten von Tieren und Pflanzen entstehen konnten, und zweitens, warum bestimmte Arten in der Lage waren, sich auf Kosten ihrer Rivalen durchzusetzen. Lyells Gedanke vom ›Kampf ums Dasein‹ warf etwas Licht auf die zweite Frage, und mit ihr beschäftigte sich Darwin besonders im Oktober 1838, als er Malthus' ›Essay on the Principle of Population‹ las. Malthus' Pionierarbeit für die Bevölkerungstheorie war 1795 erschienen – als volkswirtschaftliche Predigt über die Eitelkeit der menschlichen Wünsche. Er behauptete, alle Versuche, die menschliche Gesellschaft zu vervollkommnen, seien auf Grund einer unvermeidlichen Tatsache zum Scheitern verurteilt. Die menschliche Gesellschaft habe die Tendenz, im Lauf der Zeit nach ›geometrischen Gesetzen‹ anzuwachsen (wie Zins und Zinseszinsen), wohingegen die Mittel zum Leben nur ›arithmetisch‹ anwachsen (wie einfache Zinsen). Was der Mensch auch tun möge, die Bevölkerung werde immer ihre Ernährungsmöglichkeiten übersteigen. Jedes Mittel, den gesellschaftlichen Wohlstand zu vermehren, werde auch die Fruchtbarkeit erhöhen und damit den Druck der Bevölkerung auf die Lebensmittelquellen verstärken. Liberale Bemühungen, die Gesellschaft zu verbessern, müßten also immer schneller zu Elend, Hunger und Krieg führen, wodurch die überschüssige Bevölkerung schließlich vernichtet würde. Dieses Unheil könne nur durch ›moralische Beschränkung‹ vermieden werden. Wie Vico in seinen düstersten Augenblicken, war Malthus davon überzeugt, daß die gesellschaftlichen Bedingungen durch die Vorsehung geschaffen worden seien und daß diejenigen, die sie zu überwinden suchten, eine ebenso vorbestimmte Strafe auf sich zögen.

Für Malthus' soziale Botschaft hatte Darwin kein Interesse. Was ihn an dem Essay fesselte, war die Genauigkeit, mit der Malthus die Wirkungen des Kampfes ums Überleben beschrieb, desselben Phänomens also, das de Candolle und Lyell bezüglich der Pflanzen und Tiere erwähnt hatten. Malthus konnte Darwin nicht eigentlich neue Erkenntnisse vermitteln, aber durch seine eindringliche Argumentation wurde der Kampf ums Überleben gewissermaßen zum Brennpunkt, um den Darwins Gedanken über das Entstehen neuer Formen sich sammelten:

> Da ich durch fortgesetzte Beobachtungen der Lebensgewohnheiten von Pflanzen und Tieren mit dem Kampf ums Dasein, der überall vor sich geht, wohl vertraut war, kam mir [beim Lesen von Malthus] der Gedanke, daß unter diesen Umständen begünstigte Varianten erhalten und nicht begünstigte vernichtet werden können. Das Ergebnis pflegt die Bildung neuer Arten zu sein. Damit hatte ich endlich eine Theorie, mit der ich arbeiten konnte.

Dieser autobiographische Bericht schildert die Dinge natürlich sehr komprimiert. Ende 1838 war sich Darwin über folgendes klar geworden: *Wenn* Varianten, die von späteren Generationen weiter vererbt wurden, genügend oft auftraten und *wenn* solche variierenden Individuen in einer Umwelt lebten, in der ihre Chance, sich auf Kosten der anderen Lebewesen zu vermehren, durch eben diese Variationen vergrößert wurden (ohne daß die Variationen durch Kreuzung unterdrückt wurden), dann würde man auch mit einer Theorie im Sinne Malthus' erklären können, warum die den Kampf ums Dasein überlebenden Tiere vorwiegend aus den ›bestangepaßten‹ Exemplaren bestanden. Außerdem würden dann – genügend Zeit vorausgesetzt – von denselben Eltern abstammende, aber verschiedenen physikalischen Bedingungen und Konkurrenten ausgesetzte Tiere Merkmale entwickeln, die ebenso unterschiedlich wären wie diejenigen, die durch planmäßige Züchtung erreicht werden. Diesen Vorgang nannte Darwin ›natürliche Zuchtwahl‹ – bewußt im Unterschied zur ›künstlichen Zuchtwahl‹, wie sie von Züchtern angewendet wird.

Die Bedeutung dieser neuen Theorie lag in dem zweifachen Auswahlprozeß. Danach waren Fauna und Flora zwei zusammenwirkenden Faktoren ausgesetzt: der physikalischen Umwelt (Boden, Klima usw.) und der biologischen Umwelt (Nahrungsbeschaffung, Konkurrenten und räuberische Feinde). Die Erkenntnis dieser gemeinsamen Wirkung der beiden sich ergänzenden Umwelteinflüsse gab Darwins südamerikanischen Beobachtungen erst ihren Sinn. Die allmählichen Übergänge zwischen den (fossilen und lebenden) organischen Formen auf dem Festland spiegelten den gröberen Auswahlprozeß durch Wechsel des Klimas und Lebensraumes über weite Zeitspannen hinweg wider. Die kleinen Unterschiede zwischen den Finken und Schildkröten auf den Galapagos-Inseln spiegelten das feine biologische Gleichgewicht wider, das auf der einen Insel samen- und auf einer anderen insektenfressende Vögel begünstigt hatte. Seit Malthus ihm mit seiner Beweisführung den Rücken gestärkt hatte, fühlte sich Darwin nun sicher genug, um seine Theorie im großen auszuarbeiten.

›Der Ursprung der Arten‹ entsteht

Fünf Jahre lang war Darwin damit beschäftigt, das Gerüst für sein Werk aufzubauen. Die meisten seiner fundamentalen Erkenntnisse waren ihm schon Ende 1839 gekommen, aber er sammelte weiter Zeugnisse und Beispiele für seine These, und das Gewicht dieser Beispiele allein reichte aus, um dem Buch seine ungeheure Wirkung zu verleihen. Mitte 1842 konnte er den ersten kurzen Abriß (35 Seiten) seiner Theorie zusammenstellen. Er behielt das Manuskript für seinen eigenen Gebrauch zurück, es wurde erst 1896 unter seinem Nachlaß entdeckt. Das Kernstück seiner Theorie war damals offenbar die Analogie zwischen der Zuchtwahl domestizierter Tiere und den vermutlichen Auswirkungen des natürlichen Wettstreits unter den wildlebenden Tieren:

I. Die Prinzipien der Abänderung im Zustand der Züchtung
II. Die mögliche und wahrscheinliche Anwendung dieser Prinzipien auf die Tiere im Naturzustand und daraus folgend die mögliche und wahrscheinliche Entstehung von Rassen im Na-

turzustand, analog zu den Rassen domestizierter Tiere und Pflanzen

III. Die Gründe für und gegen den Glauben, daß solche Rassen, aus denen sich die sogenannten Arten gebildet haben, wirklich entstanden sind.

1844 war dieser erste Abriß auf 231 Seiten angewachsen, und man sollte annehmen, daß Darwin ihn nun hätte herausgeben können. Es dauerte jedoch noch fünfzehn Jahre, bis der ›Ursprung der Arten‹ schließlich an die Öffentlichkeit gelangte. Wie Newton mit seinen ›Principia‹, ging Darwin lange mit seinem Werk schwanger, und es war ein äußerer Anlaß nötig, um es schließlich ans Licht der Welt zu bringen. 1858 erhielt er einen Brief von Alfred Russell Wallace, mit dem er regelmäßig korrespondierte, in dem ihm dieser eine im wesentlichen gleiche Theorie unterbreitete wie seine eigene. Wallace war Botaniker und Spezialist für Orchideen des Malaiischen Archipels. Dort war ihm dieselbe merkwürdige Verbindung von Unterschieden und Ähnlichkeiten aufgefallen, wie sie Darwin auf den Galapagos-Inseln festgestellt hatte. Zwar wußte Wallace von Darwins Arbeit auf der Beagle, und sie hatten viele Briefe über biologische Fragen gewechselt, doch hat sich Darwin ganz sicher niemals offen über die Vorgänge der Evolution ausgesprochen. Nun hatte Wallace aber auch Malthus gelesen und kam unabhängig von Darwin auf die Idee der ›natürlichen Zuchtwahl‹. So sah sich also Darwin durch die äußeren Umstände zum Handeln gedrängt. Beide Männer schlossen ein Gentleman's Agreement und überreichten der Linné-Gesellschaft gemeinsam einen vorbereitenden Überblick. Danach ging Darwin sofort daran, seine voll ausgearbeitete Theorie zur Veröffentlichung fertigzustellen. Mitte 1859 lag die erste Auflage des ›Ursprungs der Arten‹ zum Druck vor.

Warum hatte Darwin so lange gezögert? Konnte oder wollte er sein Buch nicht früher veröffentlichen? Entsprangen seine Gründe bestimmten Überlegungen oder seinem zurückhaltenden Wesen? Wie bei Newtons ›Principia‹ scheint beides eine Rolle gespielt zu haben. Im gleichen Jahr, als er seinen zweiten, größeren Abriß schrieb (1844), erschienen Chambers' ›Vestiges of Creation‹, und der allgemeine Aufschrei, den das Buch auslöste, belehrte Darwin, daß seine Zeitgenossen für entwicklungsgeschichtliche Ideen noch nicht wirklich aufnahmefähig waren. Denn die ›Vestiges‹ waren keineswegs unbedeutend. Ihr anonymer Autor scheiterte zwar ebenso wie Lamarck bei dem Versuch zu erklären, wie neue Arten aus älteren hervorgehen und diese ablösen können, aber er machte deutlich, wie man mit Smiths und Cuviers Entdeckungen Lamarcks spekulative Theorie der organischen Abstammung untermauern konnte. Aber gerade aus der Nachdrücklichkeit seiner Argumentation erklärt sich die giftige Reaktion seiner Kritiker, unter denen auch Thomas Henry Huxley war, der später seine Meinung revidierte und Darwins wichtigster Fürsprecher wurde. Sogar die Anonymität des Werkes trug zur Verbreitung dieser skandalösen Lehre bei; es wurde gemunkelt, der Autor sei Albert, Prinz Consort. Aber vielleicht hatten die ›Vestiges‹ das Feuer nur schüren müssen, damit schließlich der Weg für Darwin frei wurde. Man hatte von 1844 bis 1859 Zeit genug, um ernsthaft über die unbewältigten Schwierigkeiten der Evolutionstheorie nachzudenken. Im Augenblick jedoch ließ sich Darwin diesen Aufruhr eine Lehre sein. Eine halbfertige Theorie wäre nicht nur nutzlos, sondern schädlich gewesen. Bevor er eine Veröffentlichung riskierte, mußte die Theorie so gut fundiert und belegt sein wie nur irgend möglich.

Denn es gab immer noch einige Schwierigkeiten zu überwinden. 1844 wurde ihm klar, wie durch das ›Überleben des Tüchtigsten‹ im ›Kampf ums Dasein‹ die natürliche Zuchtwahl das zahlenmäßige Gleichgewicht zwischen konkurrierenden Arten radikal verändern konnte. Aber es blieben noch andere grundlegende Fragen übrig, von denen er einige nie zu lösen vermochte, zum Beispiel das wirkliche Ausmaß der Variabilität in der Natur sowie das Ausmaß, in dem begünstigte Varianten in der Natur Kreuzungen lange genug überleben können, um sich schließlich durchzusetzen und damit die Vorteile der Auswahl zu nutzen. Jeder weiß auf Grund allgemeiner Beobachtungen, daß in jeder Art die Individuen sich leicht unterscheiden. Ob es für diese Varianten aber eine absolute Grenze gab, war schwer zu sagen. Lyell hatte zugegeben, daß es a priori keine Grenze für die Variabilität gebe, aber sogar er neigte zu der Annahme, daß es praktisch doch eine geben könne. Auch Darwin, obwohl stark beeindruckt durch die ungeheuren Veränderungen, die durch Zucht erreicht worden sind, war nie ganz davon überzeugt, daß das Ausmaß der Variation in der Natur dem unter den ›unnatürlichen‹ Bedingungen der Züchtung erreichten Ausmaß nahekomme. (Wallace war nicht so skeptisch.) Es dauerte geraume Zeit, bis Darwin völlig erkannte, daß verschiedene physikalische und biologische Umweltbedingungen positive Möglichkeiten (die man heute ›ökologische Nischen‹ nennt) für die Entwicklung neuer Varianten schaffen und so Abweichungen und adaptive Radiation begünstigen können.

Da es noch keine überzeugende Theorie von Vererbung und Veränderung gab, konnte Darwin nur zwei Gegebenheiten zum Beweis heranziehen: die unbezweifelbaren Fakten der Veränderung bei domestizierten Tieren und Pflanzen und die Macht des Menschen, die Formen der verschiedenen Arten ohne Beeinträchtigung ihrer Fruchtbarkeit zu ändern. (Die Auffassung, Bastarde und andere künstlich erzeugte Formen seien unfruchtbar, ließ sich nur schwer überwinden.) Darwin begnügte sich also zunächst damit, eine auf vorläufigen Vermutungen über Erblichkeit und Veränderung beruhende Anschauung zu entwickeln. Und als Wallace' Brief ihn 1858 erreichte, sah er die Notwendigkeit zur Herausgabe ein und übergab den ›Ursprung‹ der Öffentlichkeit.

Der Aufbau des ›Ursprungs der Arten‹

Die lange Wartezeit war nicht umsonst gewesen. Zwanzig Jahre Vorbereitung hatten sich gelohnt, und das Ergebnis war ein Muster an englischem Stil und geistiger Architektur. Manche wissenschaftliche Theorie von großer Tragweite hatte sich halbfertig oder entstellt durch die schwerfällige Sprache gelehrter Zeitschriften in die Welt geschlichen. Darwins Theorie, daß natürliche Zuchtwahl ›die Erhaltung begünstigter Rassen im Lebenskampf‹ zur Folge habe, hatte einen besseren Start. 1858 hatte er alle die sich gegenseitig ergänzenden und durchdringenden Gedankengänge, auf denen sich seine Theorie aufbaute, so gründlich durchgearbeitet, wie es damals überhaupt möglich war. Er hatte auch Zeit genug gehabt, seinen Stil zu formen und zu glätten – nicht daß es ihm um stilistische Eleganz gegangen wäre, aber er bemühte sich um eine einfache und unaufdringliche Ausdrucksweise, die der gedanklichen Klarheit gemäß war. Bei einer Abhandlung von solcher Spannweite und Neuheit hätte die Gefahr einer geschwollenen Redeweise nahegelegen, aber Darwin behielt die Bescheidenheit und durchsichtige Klarheit seiner Diktion bis zu Ende bei, und gerade dadurch bewies er seine geistige Überlegenheit. Man sah sofort: hier war etwas, das man nicht wie Chambers' ›Vestiges‹ als die Bemühung eines Dilettanten abtun konnte. Darwins Argumente waren jedes für sich so einfach und überzeugend, daß sie buchstäblich Anerkennung herausforderten, und alle zusammen zwangen sie zu Schlußfolgerungen, die man bisher als unerhört zurückgewiesen hätte. Der Evolutionsgedanke war jetzt nicht mehr aufzuhalten.

Der ›Ursprung der Arten‹ war in der Entwicklung wissenschaftlichen Denkens ein entscheidendes Dokument, und wenn man auch Darwins absolute Originalität in Zweifel ziehen mag, seine historische Bedeutung wird das Werk doch immer behalten. Die Ähnlichkeit mit Newtons ›Principia‹ – es muß noch einmal gesagt werden – ist auffallend. Bei beiden Werken kann man die gesamte Beweisführung in einzelne Gedankengänge zergliedern, die frühere Autoren bis zu einem gewissen Grade schon vorweggenommen hatten, aber das verringert nicht den unbestreitbaren Wert des ganzen Werkes. Denn die Vorstellung, echte Wissenschaft sei eine Art geistiger Entdeckerarbeit, deren Verdienst nur darin bestünde, neue Flaggen in unbekanntem Gebiet aufzupflanzen, ist zum großen Teil eine Fiktion. Originalität allein genügt nicht. Zu unwiderruflichen Veränderungen im wissenschaftlichen Denken kommt es nur dann, wenn sich Originalität mit Weite und Überlegenheit des Geistes verbindet, und die neuen Ideen erhalten nur dann wirklich Gewicht, wenn der Gegenstand in seiner ganzen Breite und Tiefe durchgearbeitet und ausgeschöpft ist.

Die Überzeugungskraft und Ausführlichkeit seiner Beweisführung machen die Lektüre von Darwins ›Ursprung der Arten‹ noch hundert Jahre nach seinem Erscheinen zu einem Genuß. Aber deshalb ist es auch schwierig, eine Übersicht im großen zu geben. Besser ist es, aus jeder der kurzen Zusammenfassungen am Ende der Kapitel einen Abschnitt zu zitieren und damit einigen Gedanken nachzugehen und zugleich eine Probe seiner Offenheit zu geben, mit der er über die noch ungelösten Probleme sprach.

Er beginnt mit drei Kapiteln über Veränderungen im Naturzustand und im Zustand der Züchtung sowie über den ›Kampf ums Dasein‹, auf den schon Lyell und Malthus hingewiesen hatten, und benützt diese Phänomene, um den wichtigsten Teil seiner Theorie, die ›natürliche Zuchtwahl‹, zu erklären. Allerdings räumt er ein, daß die natürliche Zuchtwahl eine Hypothese sei, deren Stichhaltigkeit auf gewissen unbewiesenen Voraussetzungen beruhe. Alles, was er tun könne, sei, diese Voraussetzungen klar zu umreißen und so viele Zeugnisse beizubringen wie möglich, um sie einleuchtend zu machen.

Wenn die Lebewesen unter wechselnden Lebensbedingungen in fast allen ihren Teilen individuelle Unterschiede aufweisen (was nicht bestritten werden kann), und wenn unter ihnen infolge ihrer geometrischen Zunahme an Zahl in irgendeinem Alter oder zu irgendeiner Jahreszeit ein harter Kampf ums Dasein stattfindet (was gleichfalls nicht bestritten werden kann), so wäre es in Anbetracht der verwickelten Wechselbeziehungen zwischen den Lebewesen, sowohl unter sich wie zu ihren Lebensbedingungen (die wiederum große, nutzbringende Unterschiede der Struktur, Konstitution und Gewohnheiten hervorrufen) Zufall, wenn niemals Veränderungen vorkämen, die für das Gedeihen dieser Wesen ebenso nützlich sind, wie wir zahlreiche Veränderungen für den Menschen nützlich werden sahen. Wenn nun Veränderungen auftreten, die jedem dieser Lebewesen nützen, so werden sicher die damit beglückten Individuen am ehesten im Kampf ums Dasein erhalten bleiben; und nach dem Prinzip der Vererbung werden sie die Neigung haben, ähnlich charakterisierte Nachkommen hervorzubringen. Dieses Prinzip der Erhaltung oder das Überleben des Tüchtigsten nannte ich natürliche Zuchtwahl. Es führt zur Verbesserung eines jeden Geschöpfes gegenüber seinen organischen und anorganischen Lebensbedingungen und so in den meisten Fällen zu einem ›Fortschritt der Organisation‹.[74]

Wie bei jeder Hypothese war auch bei dieser ausschlaggebend, ob sie imstande war, die Tatsachen in der Natur auch wirklich zu erklären:

Ob die natürliche Zuchtwahl wirklich die verschiedenen Lebensformen an die mannigfaltigen äußeren Bedingungen und Aufenthaltsorte angepaßt hat, muß nach der folgenden in den Kapiteln gegebenen allgemeinen Darstellung sowie nach Prüfung der Beweise beurteilt werden. Doch sahen wir bereits, daß sie das Aussterben bewirkt, und welche Bedeutung dies in der Erdgeschichte hatte, lehrt uns die Geologie. Die natürliche Zuchtwahl führt auch zur ›Divergenz der Charaktere‹. Denn je mehr organische Wesen in Bau, Lebensgewohnheit und Konstitution divergieren, desto mehr können auf einem bestimmten Gebiet ihren Unterhalt finden, was die Bewohner eines kleinen Gebietes oder die eingebürgerten Tiere und Pflanzen in fremden Ländern beweisen ...

Aus diesen Prinzipien läßt sich meines Erachtens die Art der Verwandtschaft und die im allgemeinen klar ausgeprägte Unterschiedlichkeit zwischen den unzähligen Lebewesen der Erde erklären. Es ist wirklich wunderbar (nur die Gewohnheit läßt uns das Wunder übersehen), daß die Tiere und Pflanzen aller Zeiten und Orte so nahe verwandt sind, daß sie Gruppen bilden, die anderen Untergruppen übergeordnet sind, in der Weise nämlich, daß Varietäten einer Art am nächsten und daß Arten einer Gattung weniger eng und ungleichmäßig verwandt sind und Sektionen und Untergattungen bilden; daß Arten verschiedener Gattungen noch weniger verwandt sind, und daß Gattungen, die in verschiedenem Grade verwandt sind, Unterfamilien, Familien, Ordnungen, Unterklassen und Klassen bilden. Die verschiedenen untergeordneten Gruppen einer Klasse können nicht in eine Reihe gebracht werden, sondern scheinen um gewisse

74 Darwin, ›On the origin of species by means of natural selection or the preservation of favoured races in the struggle of life‹, übers. von Carl W. Neumann, Leipzig 1921, 4. Kapitel, S. 187.

Punkte und diese wieder um andere Mittelpunkte usw. in unendlich vielen Kreisen geordnet werden zu müssen. Wären die Arten unabhängig voneinander erschaffen worden, so wäre keine Erklärung für diese Einteilung möglich; sie erklärt sich jedoch aus der Vererbung und der Wirkung der natürlichen Zuchtwahl, die Aussterben und Divergenz der Charaktere zur Folge hat.[75]

Das Kapitel schließt mit einem langen Abschnitt, in dem er seine Hauptthese in einem anschaulichen Bild verdeutlicht, und dieses Bild bleibt dem Leser auch dann noch gegenwärtig, wenn er die Details der Ausführungen längst vergessen hat:

Die Verwandtschaft aller Wesen derselben Klasse wird oft in der Form eines Stammbaumes veranschaulicht, und dieses Bild entspricht, wie ich glaube, durchaus der Wirklichkeit. Die grünen und knospenden Zweige stellen die bestehenden Arten dar und die im vorhergehenden Jahre entstandenen Zweige die vielen ausgestorbenen Arten. In jeder Wachstumsperiode haben alle Zweige das Bestreben, sich nach allen Seiten hin zu erstrecken und die benachbarten Äste und Zweige zu überwachsen und zu unterdrücken, ebenso wie im großen Kampf ums Dasein Arten und Artengruppen andere Arten zu meistern suchen. Die Hauptäste mit ihren immer kleiner werdenden Verzweigungen waren einst, als der Baum jung war, ebenfalls knospende Zweige, und die Verbindung der früheren mit den jetzigen Knospen durch sich verästelnde Zweige veranschaulicht gut die Einteilung der erloschenen und lebenden Arten in Gruppen und Untergruppen. Von den vielen Zweigen, die blühten, als der Baum noch ein Strauch war, leben nur noch zwei oder drei als große Äste, die die anderen Zweige tragen. So ist es auch mit den Arten, die in vergangenen geologischen Epochen lebten: Nur wenige hinterließen lebende und veränderte Nachkommen.

... So wie Knospen durch Wachstum neue Knospen erzeugen, und diese wieder, wenn sie lebenskräftig sind, ausschlagen, zu neuen Zweigen werden und schwächere Zweige zu überwinden suchen, so glaube ich, geschieht es auch seit Generationen am großen Lebensbaum, der die Erdrinde mit seinen toten, dahingesunkenen Ästen erfüllt und die Erdoberfläche mit seinem ewig neu sich verästelnden schönen Gezweige belebt.[76]

Doch bevor Darwin zu seinem eigentlichen Anliegen übergehen konnte – zur Anwendung seiner Idee der natürlichen Zuchtwahl auf die geographische Verbreitung, geologische Aufeinanderfolge, anatomische Ähnlichkeit, tierischen Instinkte und Embryonalentwick-

75 S. 188, 189.
76 S. 190.
77 5. Kapitel, S. 231, 233.

lung –, waren noch gewisse Schwierigkeiten in Betracht zu ziehen. Die Vererbungstheorie befand sich noch immer in einem unbefriedigenden Stadium:

Unsere Unkenntnis der Gesetze der Abänderung ist groß. Kaum in einem von hundert Fällen können wir sagen, wir wüßten den Grund, warum eigentlich dieser oder jener Teil sich verändert. Wo immer wir aber Vergleichsmöglichkeiten besitzen, da ergibt sich, daß die Erzeugung geringer Unterschiede zwischen Varietäten derselben Art und größerer zwischen Arten derselben Gattung von den gleichen Gesetzen beherrscht wird. Veränderte Lebensbedingungen bringen gewöhnlich nur geringe Schwankungen hervor, haben aber mitunter auch direkte und dauernde Wirkungen, und diese können im Laufe der Zeit scharf ausgeprägt werden; der Beweis dafür fehlt uns allerdings. In vielen Fällen scheint die Gewohnheit bei der Hervorbringung konstitutioneller Eigentümlichkeiten, der Gebrauch der Organe bei ihrer Verstärkung, der Nichtgebrauch bei ihrer Schwächung und Verkümmerung eine wirksame Rolle gespielt zu haben ...

Was schließlich immer die Ursache der geringen Unterschiede zwischen Nachkommen und Eltern sein möge (und eine Ursache muß immer vorhanden sein): Wir haben Grund zu der Annahme, daß es die stete Anhäufung nützlicher Unterschiede war, was alle wichtigen Modifikationen des Körperbaus in Beziehung zu den Lebensgewohnheiten einer jeden Art entstehen ließ.[77]

So wie Newton einst die Ursache der Gravitation, mußte Darwin jetzt die Ursache der Variation einstweilen bis zu einem späteren Zeitpunkt zurückstellen. Wie die Tatsache der Gravitation, konnte auch das Auftreten erblicher Varianten im Augenblick nur als Hypothese akzeptiert werden, deren Bedeutung und Konsequenzen noch zu erforschen waren. Im zweiten Teil des ›Ursprungs‹ befaßte sich Darwin mit diesen Konsequenzen. Dort zeigte er, daß die Auffassung von der natürlichen Zuchtwahl den geologischen und geographischen Fakten ihren Sinn gab. Auch auf diesem Gebiet bestanden noch bestimmte Schwierigkeiten, zum Beispiel die Seltenheit von fossilen Übergangsformen zwischen Arten der genauer bekannten Epochen, und dadurch sah er sich gezwungen, abermals etwas einfach vorauszusetzen, nämlich daß die gegenwärtig sichtbaren Gesteine der Erdkruste ein noch unvollständigeres Bild von der geologischen Vergangenheit vermittelten, als Lyell angenommen hatte. Aber auch hier war die Voraussetzung wohl durch ihre Konsequenzen gerechtfertigt:

Ich habe nachzuweisen versucht, daß die geologischen Urkunden sehr unvollständig sind; daß nur ein kleiner Teil der Erde geologisch sorgfältig untersucht ist; daß nur bestimmte Klassen organischer Wesen lange fossil erhalten blieben; daß die Zahl der in unseren Sammlungen aufbewahrten Individuen und Arten gar nichts bedeutet im Vergleich zu der Zahl der Generationen, die während einer einzigen Formationszeit untergingen; daß zwischen den meisten Formationen große Zeiträume verstrichen sein müssen ... Dies alles zusammen erklärt uns, warum wir trotz der Entdeckung mancherlei Bindeglieder nicht endlose Varietätenreihen auffinden, die zwischen ausgestorbenen und lebenden Arten in feinsten Übergängen vermitteln. Man muß stets im Auge behalten, daß jedes ermittelte Bindeglied zwischen zwei Formen für eine neue Art gehalten werden wird, sofern sich die Kette nicht vollständig herstellen läßt, denn wir besitzen leider kein sicheres Mittel, um Arten und Gattungen zu unterscheiden.

Wer die Voraussetzung einer Unvollständigkeit unserer geologischen Urkunden verwirft, verwirft damit meine ganze Theorie. Vergeblich wird er dann nach all den zahlreichen Übergangsgliedern fragen, die früher die in den aufeinanderfolgenden Schichten einer großen Formation liegenden verwandten oder repräsentativen Arten verbanden.[78]

Abgesehen von diesen Schwierigkeiten ermöglichte es die ›Abstammungslehre mit Modifikation durch Variation und natürliche Zuchtwahl‹, die Ergebnisse der Geologie und Paläontologie überzeugend und im Zusammenhang zu interpretieren. Dazu sei nur ein Beispiel zitiert:

Aus denselben Gründen verstehen wir, wie ich nachzuweisen versuchte, warum ozeanische Inseln nur wenige, aber unter diesen verhältnismäßig viele nur dort vorkommende Bewohner haben, und warum ferner im Zusammenhang mit den Transportmitteln die eine Gruppe von Wesen nur endemische Arten aufweist und die andere, vielleicht gar zur selben Klasse gehörende nur solche, die auch die benachbarten Gegenden bewohnen. Wir verstehen, warum ganze Organismengruppen, wie die Batrachier und Landsäugetiere, auf ozeanischen Inseln fehlen, während selbst die isoliertesten Inseln ihre besonderen Arten fliegender Säugetiere, das heißt Fledermäuse, besitzen. Wir verstehen, warum ein gewisser Zusammenhang zwischen mehr oder weniger abgeänderten Säugetieren und der Meerestiefe zwischen solchen Inseln und dem Festland vorhanden ist.[79]

So gewann Darwins Argumentation unaufhaltsam an Boden. Er gab nie vor, etwas zu beweisen, was er nicht beweisen konnte. Er begnügte sich damit, seine Schlußfolgerungen auf plausible Voraussetzungen zu gründen. Am Schluß seines ›Ursprungs‹ hatte er weder eine Sammlung neuer Entdeckungen vorgelegt, noch ein

78 11. Kapitel, S. 511.

euklidisches System exakter Beweise aufgebaut, aber er hatte ein Gefüge von einleuchtenden Beziehungen geschaffen. Von jetzt an konnte man die Welt der Geologie, Paläontologie und Zoologie in einem neuen, nämlich historischen Licht sehen. Vieles, was bisher als Wunder erschienen war, erwies sich jetzt als ›nur natürlich‹. Auch die organische Welt konnte nun in das System der gleichartigen Ursachen und Kräfte eingebaut werden, das Lyell schon für die Geologie entworfen hatte.

In einer wichtigen Hinsicht war Darwins Theorie sogar noch ›historischer‹ als Lyells Theorie. Die aktualistische Geologie hatte ein unendliches Gleichgewicht zwischen den konstruktiven und destruktiven Kräften, die die Erde geformt hatten, angenommen. Diesem Gleichgewicht fügte Darwin ein neues, progressives Element hinzu, das im Zusammenhang mit der allmählichen Entwicklung organischer Arten stand. Wenn sich seine Voraussetzungen als richtig erwiesen, dann war die Schranke zwischen Aktualisten und Katastrophentheoretikern durchbrochen, und Huttons ewige Folge geologischer Zyklen, deren Anfang und Ende nicht abzusehen waren, konnten als fortlaufende Entwicklung neu interpretiert werden. *Ob* sich seine Voraussetzungen als richtig herausstellen würden, konnte man natürlich noch nicht sagen. Im Augenblick glich Darwin einem, der sich bemüht, eine bisher unentzifferbare Geheimschrift zu entschlüsseln. Doch diese Entzifferung hing von vielen glücklichen Zufällen ab, und 1860 war sie noch immer nicht beendet. Immerhin war soviel sicher: Mochte an Darwins Theorie manches auch ergänzt, verändert oder verworfen werden müssen, so war sie doch die erste gründliche Darstellung von der Entwicklung der Arten durch ›Abstammung mit Modifikation‹. Wenn sie sich bewährte, dann konnte man das Zeitschema der Naturwissenschaft weit ausdehnen, und die Geschichte der Natur würde sich tatsächlich als Entwicklungsgeschichte erweisen. Wenn sie sich als falsch herausstellte, dann gab es trotzdem noch keine andere Möglichkeit der ›Entzifferung‹.

79 13. Kapitel, S. 583.

Wissenschaftliche Einwände

Wie Darwin vorausgesehen hatte, rief der ›Ursprung der Arten‹ heftigen Widerspruch hervor. In der allgemeinen Atmosphäre von Empörung und Protest war es nicht leicht, in den wissenschaftlichen Streitfragen die Proportionen nicht zu verschieben oder wenigstens – abgesehen von allen anderen Fragen – über die rein zoologischen Aspekte der Theorie zu diskutieren. Diejenigen, die die neue Lehre aus äußeren Gründen widerlegt sehen wollten, neigten dazu, die sachlichen Einwände zu übertreiben, indem sie die echten Schwierigkeiten, mit denen die Evolutionstheorie noch zu kämpfen hatte, überbewerteten, während Darwins Anhänger versuchten, diese Schwierigkeiten zu überspielen, um den voreingenommenen Gegnern nicht noch die Waffen in die Hand zu geben.

Aus einem Abstand von hundert Jahren kann man die Dinge nun gut genug überschauen, um die wirklich wissenschaftlichen Einwände gegen Darwins Lehre von den Vorurteilen, die ihr entgegenstanden, zu trennen. Es lohnt sich, Darwins Ideen einmal zu beleuchten und gleichzeitig auch denjenigen seiner Zeitgenossen Gerechtigkeit widerfahren zu lassen, die – wie vor allem Lyell – sich nicht sofort überzeugen ließen. Denn es gab mindestens neun Gegenargumente, die zum Teil auf logischen, zum Teil auf naturgeschichtlichen, physiologischen, genetischen, geologischen und thermodynamischen Erwägungen fußten. Keins davon entbehrte der Grundlage, und einige waren so stichhaltig, daß sogar Darwin selbst in ernste Sorge geriet.

Logische Einwände

Die Gegner der Evolutionstheorie haben immer wieder gefragt, ob man die Argumente für Darwins Theorie tatsächlich ›Beweise‹ nennen könne. Selbst wenn man die Erkenntnisse des 20. Jahrhunderts dazunimmt, bleiben die Zeugnisse, auf die sich die Theorie von der Entwicklung durch natürliche Zuchtwahl stützt, fragmentarisch und müssen mit Hilfe einiger weiterer Voraussetzungen interpretiert werden, und auch dann ist ihr Zusammenhang (behaupten die Kritiker) noch immer mehr oder minder locker; vom Standpunkt der Geometrie aus gesehen jedenfalls bieten sie keinen schlüssigen Beweis für Darwins Prinzipien. Dieser Einwand ist – wie Darwin selbst zugab – nicht von der Hand zu weisen. Gewiß reichte Darwins spekulative Vorstellungskraft ein gutes Stück über die in der

Mitte des 19. Jahrhunderts verfügbaren Daten hinaus. Er interpretierte in der Tat die bereits anerkannten Fakten neu, um ein neues Bild von der Natur zu schaffen. Zuerst bestand dieses Bild natürlich nur in seiner eigenen Vorstellung. Er mußte sich zuerst einmal selbst davon überzeugen, daß diese verfügbaren Daten in dem neuen Bild befriedigend angeordnet werden konnten, aber viele davon blieben isoliert wie eine Handvoll Teilstücke in einem großen Puzzlespiel. Deshalb ist es ungerecht, Darwins Gegner einen Vorwurf daraus zu machen, daß sie sich nicht gleich überzeugen ließen, oder Darwin selbst zu kritisieren, daß er nicht auf einen Schlag ein in jedem Punkt vollständiges und nachprüfbares Bild geschaffen hatte. Denn allein schon die Tatsache, daß seine Theorie aus einem Guß war, muß als Fortschritt gewertet werden. Ihr innerer Zusammenhang war ein Zeichen für die Richtigkeit seiner ›Entzifferung‹, und er konnte mit allem Recht darauf hinweisen, daß viele bisher mysteriösen Tatsachen in seinem neuen Bild einen offenbar richtigen Platz bekommen hatten. Letzten Endes war die natürliche Zuchtwahl freilich eine Hypothese und daher unbewiesen. Aber das war nicht ausschlaggebend:

Es ist kaum anzunehmen, daß eine falsche Theorie so ausgezeichnet die verschiedenen angeführten Tatsachen zu erklären vermöchte, wie die Theorie der natürlichen Zuchtwahl. Man hat behauptet, meine Art der Beweisführung sei unklar, allein ich verwende die gleiche Methode, die bei der Beurteilung der gewöhnlichen Lebenserscheinungen benutzt und oft von den größten Naturforschern angewandt worden ist. Auf dieselbe Weise gelangte man zu der Theorie von der Wellenbewegung des Lichts, und die Annahme, daß sich die Erde um ihre eigene Achse bewege, ist bis vor kurzem kaum durch einen direkten Beweis gestützt worden. Es ist kein begründeter Einwurf: die Wissenschaft habe bisher kein Licht über das viel höhere Problem vom Wesen oder vom Ursprung des Lebens verbreitet. Wer kennt denn das Wesen der Anziehungskraft oder der Schwerkraft? Niemand zögert, die aus dem unbekannten Element der Anziehung hergeleiteten Resultate anzuerkennen, obwohl einst Newton von Leibniz beschuldigt wurde, er habe ›geheime Eigenschaften und Wunder in die Philosophie eingeführt‹.[80]

Wie bei jeder ›Entschlüsselung‹ trat auch bei Darwins Interpretationen der Zusammenhang immer deutlicher hervor, je weiter die Grenzen gezogen wurden. Eine vollkommen wahrheitsgetreue Rekonstruktion der Naturgeschichte zu geben, war unmöglich.

80 15. Kapitel, S. 677.

Ein zweiter Einwand gegen die Evolutionstheorie erhob sich in Frankreich, wo Cuviers Lehre noch immer hoch geschätzt wurde. Der Grund war ein sprachliches Mißverständnis. Das französische Wort évolution bedeutet vor allem ›individuelle Entwicklung‹ (was die Biologen heute ›Ontogenese‹ nennen), während Darwin es im Sinne des französischen transformation bzw. transformisme gebraucht hatte. Diesen zweiten Einwand machte zum Beispiel Cuviers Schüler Jean Pierre Flourens in seiner ›Ontologie Universelle‹ geltend, im Zusammenhang mit einer Polemik gegen Lamarck und die Evolution im allgemeinen. Seit Ray, erklärte Flourens, pflege man jeweils zwei verschiedene Arten *genealogisch* zu unterscheiden; daher könne man die Theorie des transformisme überhaupt nicht als eine Theorie über ›Arten‹ bezeichnen, noch viel weniger könne sie Aufschlüsse über den Ursprung von Arten geben. Denn die Frage, ob ›die Katzen-Art und die Löwen-Art gemeinsame Vorfahren‹ hätten, sei genaugenommen weniger eine kühne Spekulation als ein Pseudoproblem, eine logisch unstatthafte Wortform. (»Diese sogenannten gemeinsamen Vorfahren – zu welcher Art gehörten sie? Zu den Katzen oder zu den Löwen? Wenn sie Katzen waren, konnten sie nicht die Vorfahren von Löwen sein, und wenn sie Löwen waren, konnten sie nicht die Vorfahren von Katzen sein. Die Annahme ist auf jeden Fall ein Widerspruch in sich.«) Mit solchen semantischen wie auch empirischen Argumenten zogen orthodoxe französische Zoologen etwas verspätet gegen Darwins Lehre zu Felde.

Aber hinter der etwas störrischen Dialektik verbarg sich eine ernster zu nehmende Schwierigkeit. Rays Vorstellung von einer ›Art‹ stellte mehr ein theoretisches Ideal dar als eine Naturtatsache, und organische Arten in diesem absoluten Sinne konnten nur dann ›eine reale Existenz in der Natur‹ haben, wenn man die Abstammungstheorie ablehnte. Doch mit seinem für ihn als Briten typischen Pragmatismus, über den sich die mehr an Descartes orientierten Franzosen so oft ereifert hatten, schrieb Darwin weiter über die Transformation von Arten, ohne Rücksicht darauf, daß er dabei das Kriterium für die Unterschiedlichkeit der Arten außer acht ließ. Ja, er trieb seine ›Inkonsequenz‹ sogar noch weiter, indem er behauptete, jede taxonomische Klassifikation beruhe auf fragwürdigen menschlichen Entscheidungen, wohingegen eine sich auf Evolution stützende Klassifikation zum ersten Mal die wahren Verwandtschaftsbeziehungen zwischen taxonomischen Gruppen aufdecke. Obgleich nicht weiter gefährlich, zeigte der Einwand der Franzosen doch, wie radikal Darwins Theorie war und wie weit ihre Konsequenzen gingen. Denn damit hatte Flourens recht: Wenn die Evolution als Tatsache anerkannt wurde, dann wurden die theoretischen Grundlagen für den Artenbegriff untergraben. Darwin konnte natürlich seinen Terminus als Näherungswert weiter verwenden, aber nur als ungenaue und vorläufige Bezeichnung, bis eine Neudefinition des Artenbegriffs im Lichte einer entwicklungsgeschichtlichen Betrachtungsweise gefunden war.

Diese Neudefinition ließ nicht mehr lange auf sich warten; Mayr, Dobzhansky und Simpson gaben sie in ihrer ›neuen Taxonomie‹. Durch ihre Arbeit wurde deutlich, daß der alte Begriff der ›Art‹ nur mit gewissen Einschränkungen in die neue entwicklungsgeschichtliche Zoologie übernommen werden konnte. Nehmen wir an, ein Paläontologe verfolgt eine Reihe von Fossilien durch die übereinanderliegenden Schichten einer geologischen Formation (zum Beispiel die ausgestorbene Seeigelgattung *Micraster*), dann wird er in jeder Lage eine Mischung fossiler Formen finden, und die Proportionen dieser verschiedenen Formen werden sich allmählich ändern, je weiter er in die Schichten vordringt. Würde er dann schließlich zu dem Ergebnis kommen, daß in zwei aneinandergrenzenden Schichten ›eine Art aufhört und eine andere beginnt‹, so wäre das höchst fragwürdig – selbst wenn man in Betracht zieht, daß die Exemplare aus zeitlich weit voneinander entfernten Schichten so verschieden sind, daß man geneigt sein könnte, sie verschiedenen Arten zuzuordnen. Ähnliche Schwierigkeiten treten bei der Klassifikation von Organismen auf, die sich ungeschlechtlich fortpflanzen, zum Beispiel bestimmte Arten des Löwenzahns und des Regenwurms. Nur für eine Fauna und Flora, deren Individuen sich geschlechtlich fortpflanzen und sich in einem zusammenhängenden Gebiet freizügig kreuzen, kann man zur Unterscheidung von Arten noch ein Kriterium anwenden, das den Forderungen der Biologen in der Zeit vor Darwin genügte, aber auch dieses Kriterium ist nur innerhalb eines bestimmten Geschichtsabschnitts präzis anwendbar.

Das Problem der Variation

Diese taxonomischen Überlegungen hingen mit einem weiteren Problem zusammen, über das sich Darwin in seiner Theorie ausschwieg: mit dem Vorgang der Variation und Vererbung. Vererbung und Mutation sind die wichtigsten Themen der modernen Genetik, und in den letzten Jahren haben die genetischen Entdeckungen mehr als alles andere dazu beigetragen, Darwins Theorie zu untermauern. Aber diese glückliche Verbindung ist erst eine Errungenschaft des 20. Jahrhunderts; in den ersten vierzig Jahren mußte sich die Evolutionstheorie ohne die Vererbungswissenschaft ihren Weg suchen, und in mancher Hinsicht standen beide Wissenschaften sogar gegeneinander.

Doch Darwin selbst erkannte bereits, daß man die Fortpflanzungs- und Vererbungsvorgänge zuerst überzeugend darstellen mußte, ehe man die Theorie von der Evolution durch Variation und natürliche Zuchtwahl vollenden konnte. Aber da er nie ein guter Physiologe war, klingen seine Darlegungen über dieses Thema – in ›The Variation of Animals and Plants under Domestication‹ (1868) – im Vergleich zu denen eines Fachphysiologen wie August Weismann recht laienhaft. Im ›Ursprung‹ hatte Darwin alle Vererbungsfragen sorgfältig umgangen, denn sie hätten die Verwirrung, die in den rein zoologischen Fragen, mit denen er sich beschäftigte, ohnehin schon groß genug war, nur noch vermehrt. Um das Fortbestehen gewisser neuer Varianten zu erklären, nannte er nur ›das wirksame Prinzip der Vererbung‹, aber warum manche Varianten vererbt wurden und manche wieder verschwanden oder wie die Eltern die Charaktere ihrer Nachkommen bestimmten, darüber sagte er nichts. In seinem Buch über die Variation unternahm er es endlich, auf diese Fragen einzugehen, aber es kam dabei nur eine kurzlebige Theorie heraus. Ihr Wert lag vor allem darin, daß sie eine neue kritische Überprüfung des Gegenstandes anregte, in deren Verlauf die Entwicklung der modernen Genetik durch Weismann einen starken Impuls erhielt.

Als Träger der Evolution betrachtete Darwin in seiner Theorie winzige Teilchen, die er ›Keimchen‹ nannte. Sie werden ständig in jedem Teil des ausgereiften Körpers erzeugt, dann an die Geschlechtsorgane abgegeben und in die Spermatozoen und Eier aufgenommen. Die Ursprungszellen, aus denen sich der Embryo entwickelt, repräsentieren also seiner Meinung nach den Zustand, in dem sich die Eltern zur Zeit der Zeugung befanden. Infolgedessen können Merkmale, die die Eltern während ihres Lebens angenommen haben, auf die Kinder übertragen werden. Das bedeutet, daß die Umgebung den Charakter der Nachkommen unmittelbar beeinflußt und damit auch den Lauf der Entwicklung. So kann eine vorübergehende Pigmentierung zur bleibenden Eigenschaft einer Art werden. Seit dem 20. Jahrhundert wird diese Theorie gewöhnlich im Zusammenhang mit Lamarck gesehen, weniger mit Darwin, und die Anschauung von der Entwicklung durch natürliche Zuchtwahl und Vererbung im Mendelschen Sinne (›Neodarwinismus‹) ist streng von der ›lamarckistischen‹ Theorie der Entwicklung mit Vererbung erworbener Eigenschaften getrennt worden. Doch dieser Gegensatz entstand erst durch Weismanns Kritik. Für Darwin bestand er noch nicht. Im Lauf der Zeit neigte er immer mehr dazu, Lamarck und der Auffassung von der Vererbung erworbener Eigenschaften rechtzugeben. In der endgültigen Ausgabe des ›Ursprungs‹ (1872) betonte er nachdrücklich die ›undarwinschen‹ Elemente seiner Theorie:

Ich habe nun die Tatsachen und Betrachtungen zusammengefaßt, die mich überzeugt haben, daß die Arten in langer Geschlechterfolge modifiziert worden sind. Dies geschah vorwiegend durch die natürliche Zuchtwahl mit zahlreichen aufeinanderfolgenden, geringen, aber nützlichen Abänderungen, unterstützt durch die erblichen Wirkungen des Gebrauchs und Nichtgebrauchs der Teile, in geringerem Grade (nämlich in bezug auf durch Anpassung erworbene Bildungen, gleichviel ob frühere oder jetzige) durch den unmittelbaren Einfluß äußerer Bedingungen, sowie durch Variationen, die wir infolge unserer Unkenntnis für spontane halten. Es scheint, daß ich früher die Häufigkeit und den Wert dieser Variationen, soweit sie zu dauernden, von der natürlichen Zuchtwahl unabhängigen Strukturabänderungen führten, erheblich unterschätzt habe.[81]

Jetzt mußte er seine große Entdeckung geradezu verteidigen:

Da aber meine Schlußfolgerungen neuerdings vielfach entstellt worden sind mit der Behauptung, ich mache die Abänderung der Arten ausschließlich von der natürlichen Zuchtwahl abhängig, so sei mir die Bemerkung gestattet, daß ich in der ersten wie in den folgenden Ausgaben dieses Werkes an einer auffälligen Stelle, nämlich am Schlusse der Einleitung, folgendes sagte: »Ich bin überzeugt, daß die natürliche Zuchtwahl das Hauptmittel, wenn auch nicht das ausschließliche Mittel der Abänderung war.« Das hat freilich gar nichts verschlagen. Die Macht fortwährender Mißdeutung ist groß, aber die Geschichte der Wissenschaft lehrt auch, daß sie glücklicherweise nicht von Dauer ist.[82]

Kennt man Darwins Theorie der ›Keimchen‹ oder der ›Pangenesis‹, dann wird einem auch deutlich, warum er für Lamarcks Ideen so aufgeschlossen war. Denn die Vererbung erworbener Eigenschaften war nicht nur durchaus möglich, sondern man mußte sie sogar erwarten. Der strenge Darwinismus, wie wir ihn heute kennen, um-

81 S. 676.
82 S. 677.

faßte nur die im ›Ursprung‹, nicht die in seinem Buch über die Variation vertretene Auffassung und nicht den Bezug auf erworbene Eigenschaften. Weismann und seine Nachfolger haben bewiesen, daß die Keimzellen, aus denen der Embryo entsteht, nicht den Zustand der Eltern zum Zeitpunkt der Zeugung repräsentiert, sondern ihre eigene ererbte Konstitution. In dieser ›Beständigkeit des Keimplasmas‹ sah Weismann den Schlüssel zu der außerordentlichen Formbeständigkeit, wie sie sich bei den organischen Arten zeigt. Damit wurde der Einfluß, den die Umwelt bei der Vererbung ausübt, auf ein Minimum reduziert, und man mußte sich woanders nach der letzten Quelle erblicher Varianten oder ›Mutationen‹ umsehen.

Moderne Genetiker haben in Darwins ursprünglicher Theorie noch zwei weitere Unstimmigkeiten entdeckt. Er hatte vermutet, daß ›zahlreiche aufeinanderfolgende, geringe, nützliche Variationen‹ allein schon genügten, um eine unbegrenzte Umwandlung organischer Formen durch natürliche Zuchtwahl hervorzurufen. In der sich daran entzündenden Erörterung erwies sich diese Vermutung jedoch als höchst unglaubwürdig. Wenn individuelle Mutationen so geringfügig waren, dann waren ihre selektiven Vorteile auch nur sehr klein, und ihre Wirkung wurde wahrscheinlich bei nachfolgenden Kreuzungen wieder aufgehoben. Allmählich gelangten die Evolutionisten zu der Überzeugung, daß die Variation in ›Sprüngen‹ vor sich gehe, wobei einige der daraus entstehenden Modifikationen eine bedeutende selektive Wirkung ausüben. Diese Auffassung ist seit Darwins Tod durch genetische Untersuchungen der Mutation bestätigt worden.

Die zweite Unstimmigkeit bezieht sich auf die Richtung der Variation. Obgleich Darwin erklärt hatte, die natürliche Zuchtwahl wirke auf ›zahlreiche geringe, aufeinanderfolgende, *nützliche* Variationen‹ ein, so geht doch aus seiner Lehre hervor, daß er die Variationen an sich weder als nützlich noch als nicht nützlich betrachtete, sondern einfach als geschehen. Ob sie wirklich nützlich waren oder nicht, das erwies sich erst im Kampf ums Dasein. In diesem Punkt wurde Darwin in die Enge getrieben, und er zog sich immer weiter auf Lamarckschen Boden zurück, obwohl das, wie spätere Entdeckungen gezeigt haben, nicht nötig gewesen wäre. Wenn Variationen in der Natur selten und überraschend auftraten, dann mußte das, um eine Entwicklung überhaupt möglich zu machen, nicht zufällig geschehen, sondern als unmittelbare Reaktion auf die Forderungen der Umwelt. In Wirklichkeit ist jedoch das Gegenteil der Fall. Hier bewies sein Kollege Wallace größeren Weitblick. In der Natur bestehe kein Mangel an Varianten, erklärte er und schrieb 1866 an Darwin:

Man sollte mit solchen Einschränkungen aufhören und lieber zuversichtlich behaupten (und ich bin überzeugt, daß es tatsächlich so ist), daß in der Natur Variationen fortwährend in jeder Form und bei jeder Art auftreten, und deshalb sind die nützlichen Varianten sofort da, wenn sie gebraucht werden. Sicher haben Sie genügend Material vorliegen, um das zu beweisen. Ich glaube, durch diese wichtige Tatsache wird fast immer die Modifikation und Anpassung an die Umstände ermöglicht.

Aber in dieser Beziehung wurde Darwin niemals zu einem ›strengen Darwinisten‹. Er kam später doch wieder auf den Gedanken zurück, daß Variation etwas Unnatürliches sei und unter den Bedingungen der Züchtung häufiger vorkomme als in der freien Natur und daß die Richtung der Variation – wenn sie günstige Ergebnisse zeitigen sollte – von den augenblicklichen Lebensumständen der Arten wesentlich beeinflußt werden müsse. Wie so manche großen wissenschaftlichen Neuerer blieb Darwin in Vorstellungen befangen, die später durch seine eigenen neuen Hypothesen völlig überholt wurden.

Embryologische Einwände

Zu den brennendsten Problemen gehörten die der Embryologie, denn hier tauchten einige verwirrende Fragen auf, die nach Meinung von Darwins Gegnern nicht durch entwicklungsgeschichtliche Theorien zu beantworten waren. Das Problem ist interessant und so kompliziert, daß man es nicht mit ein paar kurzen Worten umreißen kann. Will man wenigstens die Hauptpunkte herausgreifen, so kann man folgendes sagen. Erstens: die verschiedenen Tiere derselben Gruppe (zum Beispiel Wirbeltiere) gleichen einander in einem frühen Stadium der Embryonalentwicklung mehr als in ausgereiftem Stadium. Zweitens: diese embryonalen Formen ähneln in mancher Beziehung auch den Formen ausgestorbener Arten (von denen sie nach Darwins Ansicht abstammen), bis hin zu den rudimentären Organen, die sie entwickeln, wie zum Beispiel die Kiemenspalte, die weder für den Embryo, noch für das ausgereifte Tier eine Funktion hat. Die Parallelen zwischen Embryos unserer Zeit und ihren vermutlichen Vorfahren machten auf die Evolutionisten des 19. Jahrhunderts einen so tiefen Eindruck, daß sogar einer von ihnen, Ernst Haeckel, daraus ein Gesetz ableitete. ›Die Ontogenie wiederholt die Phylogenie‹ – das heißt, jeder Embryo durchläuft in seiner Entwicklung eine Reihe von Stadien, die seine ausgereiften Vorfahren in ihrer gesamten Entwicklungsgeschichte durchlaufen haben.

In dieser Form hielt die Lehre von der Rekapitulation genauerer Nachprüfung zwar nicht stand, aber trotzdem gaben die Entdeckungen der Embryologie den Zoologen manches spannende Rätsel auf. Für Louis Agassiz – der inzwischen zum Papst der Zoologen in Amerika geworden war wie sein Lehrer Cuvier in Frankreich – waren diese embryologischen Rätsel eine der schwersten Waffen in dem langen Kampf gegen den Darwinismus. Die Embryos seien, so erklärte er, fast vollkommen gegen jeden Einfluß der Umwelt geschützt, also könne die natürliche Zuchtwahl – wie er sie verstand – kaum einen Einfluß auf ihre Formen haben. Infolgedessen könne auch die Theorie von der natürlichen Zuchtwahl keinen Aufschluß über diese embryologischen Fragen geben. Wenn die Embryonalformen von Landsäugetieren vorübergehend Merkmale von Wassertieren aufwiesen, so könne das kein Kennzeichen für das ›Überleben‹ jener Säugetiere im ›Kampf ums Dasein‹ sein. Solche Ähnlichkeiten und Anomalien müßten also auf andere Weise erklärt werden. Wahrscheinlich seien sie ein Zeugnis für den großen Schöpfungsplan, für die Grundideen oder Entwürfe, nach denen die organischen Arten von der Gottheit nach jeder geologischen Katastrophe gebildet worden seien.

Damit sprach Agassiz vor allem diejenigen an, die das Mitwirken einer göttlichen Macht in der organischen Welt bewahrt wissen wollten. Aber die Form seines Einwandes verriet, daß er den dynamischen und historischen Charakter von Darwins Theorie nicht erkannt hatte. Natürlich, antworteten die Evolutionisten, ist nicht jede Eigenschaft einer bestehenden Art die Folge der unter den gegenwärtigen Lebensbedingungen wirkenden natürlichen Zuchtwahl. Der springende Punkt von Darwins Lehre war die historische Folge von Prozessen, in deren Verlauf über lange Zeit hinweg die lebenden Wesen Schritt für Schritt ihre jetzige Form angenommen hatten. War man sich darüber klar, dann konnte man Agassiz mit seiner eigenen Waffe schlagen. Er sagte ganz richtig, daß die Embryos höherer Tiere vor vielen selektiven Einflüssen, die sich im postnatalen Leben frei auswirken können, geschützt sind. Unter einem historischen Gesichtswinkel betrachtet, bedeutet das aber auch, daß funktionslose Organe im Embryonalzustand durch selektive Einflüsse weniger leicht beseitigt werden können als im postnatalen Leben. So wie die dicke Bodenschicht Fossilien Millionen Jahre hindurch vor der zerstörenden Kraft von Wind und Wetter geschützt hat, so schirmt der Mutterleib embryonale, von den Vorfahren überkommene Eigenschaften gegen die zerstörende Einwirkung der natürlichen Zuchtwahl ab, auch wenn diese Eigenschaften schon ihre positive Funktion verloren haben. Durch solche Argumentation wandelten sich die Rätsel der Embryologie allmählich in wichtige Beweise *für* die Evolutionstheorie.

Der Beweis für die natürliche Zuchtwahl

Damit waren aber die Schwierigkeiten, denen sich die Evolutionisten gegenüber sahen, noch keineswegs alle beseitigt. Wenn sie auch mit ihrer Theorie eine ganze Reihe von Fakten miteinander in Verbindung bringen konnten, wie es bisher noch nie geschehen war, so war es trotzdem sehr wünschenswert, einmal zu zeigen, wie die hypothetischen Kräfte in der Gegenwart eigentlich zusammenwirken. Denn, wie man mit Recht einwandte, es gab kein sichtbares Zeugnis für die Wirkungsweise der natürlichen Zuchtwahl. Allein dieser Mangel ließ zum Beispiel Lyell zurückhaltend bleiben. Er war in seiner geologischen Arbeit stets darauf bedacht gewesen, für seine Erklärungen nur diejenigen Kräfte und Bewegungen anzuführen, die man wirklich beobachten konnte: Wind, Regen, Vulkane usw. Doch im Falle der natürlichen Zuchtwahl hatte Darwin keinen Beweis für ihre fortdauernde Wirkung beibringen können. Obwohl seine Argumente, daß sie wirken *müsse*, durchaus einleuchtend waren – und im Lauf der Zeit sogar Lyell überzeugten –, fehlte eben ein positiver Beweis.

Dieser Beweis konnte erst sehr spät erbracht werden und stützte sich auf Untersuchungen aus jüngster Vergangenheit an bestimmten Insektenarten. Damit konnte man nun das Wirken der natürlichen Zuchtwahl über weite, aber doch übersehbare Zeiträume hinweg wirklich befriedigend demonstrieren. Gewisse Birkenspanner tragen auf ihren Flügeln ein Muster, das genau der Rinde jener Bäume gleicht, auf denen sie sich zum Ruhen niederlassen. Das Muster dient also zur Tarnung gegen Vögel, die auf sie Jagd machen (Abb. 9). Die Skala der Färbung und Musterung ist sehr groß und reicht von sehr hell bis sehr dunkel. Nun haben vor kurzem Biologen untersucht, in welchem Verhältnis die beiden Formen mit der verschiedenen Färbung in den einzelnen Gebieten Großbritanniens auftreten. Dabei zeigte sich, daß auf dem offenen Land in Nordwales zum Beispiel Falter mit dunklem Flügelmuster selten sind, in den angrenzenden Industriegebieten dagegen, wo die Bäume stärker vom Ruß verschmutzt sind, häufig, während die hellen Muster hier selten sind. Da die Bäume erst seit knapp zweihundert Jahren so dunkel geworden sind, kann man annehmen, daß im 18. Jahrhundert die Flügelmuster der Birkenspanner im ganzen Gebiet gleichmäßig verbreitet waren.

Für die Biologen ist dies eine ausgezeichnete Illustration dafür, wie die natürliche Zuchtwahl – hier im Fall der Tarnung – zum Überleben einer früher seltenen Form führt, bis diese schließlich vorherrschend wird. Dieser Vorgang ist in der Tat erstaunlich, doch muß noch etwas dazu gesagt werden. Die Exemplare mit dunklen Flügeln haben sich ganz gewiß die Bedingungen im Industriegebiet zunutze gemacht, aber sie haben sich nicht zu einer eigenen Art entwickelt. Wenn wir auch solchen ›Industrie-Melanismus‹ als Beispiel für die natürliche Zuchtwahl, wie sie heute wirksam ist, anführen können, so haben wir doch damit noch nicht gezeigt, auf welche Weise die natürliche Zuchtwahl zwei unterschiedliche Arten von Nachkommen aus einer einzigen wildlebenden ursprünglichen Art erzeugt.

Geologische Schwierigkeiten

Noch ein anderer, ähnlicher Einwand erhob sich 1899 gegen die Evolutionstheorie. Und zwar empfand man es als Mangel, daß sie keinen unmittelbaren Beweis für die fortlaufende Entwicklung organischer Formen während früherer geologischer Epochen lieferte. Wie wir gesehen haben, lag die Stärke der Katastrophentheorie in der Tatsache, daß die fossile Überlieferung so oft unterbrochen war. Obgleich gewisse Ähnlichkeiten zwischen – sagen wir: den fossilen Mammuts und den heutigen Elefanten bestanden, waren die Lücken in der Überlieferung doch viel größer, als daß man von genetischen Mutationen hätte sprechen können, so auffallend die Ähnlichkeit auch sein mochte. Wer die Abstammungstheorie anerkannte, mußte zugleich anerkennen, daß diese besonderen Formen aus irgendeinem Grunde verschwunden waren. Es gab mehrere Gründe dafür: Entweder hatten sich in dieser Phase der Evolution keine geologischen Formationen gebildet, oder die entwicklungsgeschichtlichen Veränderungen gingen so rasch vor sich, daß die Zahl der Zwischenformen vergleichsweise klein und die Chance, als Fossil erhalten zu bleiben, entsprechend gering war. Dieses Unvermögen zu zeigen, wie sich fossile Formen durch stufenweise und beständige Entwicklung von einer Art zur andern verwandeln, drängte die Evolutionisten unvermeidlich in die Defensive.

Erst A. W. Rowe erbrachte den fehlenden Beweis, und zwar durch seine vorbildliche Arbeit über die Seeigelgattung *Micraster*, die sich in den Kreideschichten Nordwesteuropas erhalten hat. Zoll für Zoll untersuchte Rowe die Kreideschichten von Beachy Head und sammelte fossile Exemplare aus jeder Lage. Nachdem er die zeitliche Aufeinanderfolge von etwa zweitausend Exemplaren festgestellt hatte, konnte er zeigen, daß es hier, wo die Bedingungen zur Bildung geologischer Formationen die Erhaltung einer repräsentativen Auswahl von Fossilien begünstigten, keine Unterbrechungen gab. Von der ältesten Schicht bis zur jüngsten entwickelten sich die Formen des Seeigels genau wie Darwins Theorie es verlangte.

Und trotzdem blieben immer noch ungelöste Fragen übrig, und zwar über das Ausmaß des geologischen Zeitraums. Darwin griff Lyells Analogie auf und beschrieb die geologischen Urkunden als

eine unvollkommene Geschichte der Erde, die in wechselnden Dialekten geschrieben ist; von dieser Geschichte besitzen wir nur noch den letzten Band, der von zwei oder drei Ländern berichtet. Von diesem Band blieben nur einzelne kurze Kapitel erhalten, von jeder Seite nur etliche Zeilen.[83]

83 10. Kapitel, S. 476.

Sogar unter den Wissenschaftlern, die Lyells geologischen Aktualismus anerkannten, waren viele, die die chronologischen Forderungen von Darwins ›biologischem Aktualismus‹ übertrieben fanden. So mußte Darwin schließlich zugeben:

Daß die geologischen Urkunden lückenhaft sind, wird allgemein zugegeben, daß sie aber bis zu dem von meiner Theorie geforderten Grad unvollständig sind, räumen nur wenige ein ... Ich selbst habe diese Schwierigkeit jahrelang zu deutlich empfunden, als daß ich ihr Gewicht bezweifeln könnte. Allein es verdient besondere Beachtung, daß sich die wichtigeren Einwände auf Fragen beziehen, über die wir eingestandenermaßen nichts wissen; wir ahnen nicht einmal, wie wenig wir wissen. Wir kennen nicht alle möglichen Übergangsstufen von einfachsten bis zu den vollkommensten Organen. Und ebensowenig kann man behaupten, wir kennten alle die mannigfaltigen Verbreitungsmittel, die in dem jahrtausendelangen Verlauf der Entwicklung zur Anwendung kamen, oder wir wüßten, wie unvollkommen unsere geologischen Urkunden sind. Wie schwerwiegend also die Einwände sein mögen, sie sind doch meines Erachtens nicht ernst genug, um die Theorie der Abstammung mit Modifikationen über den Haufen werfen zu können.[84]

84 15. Kapitel, S. 658, 659.

Lyell hatte die Vergangenheit der Erde nur als in ihrem Ausmaß ›unbegrenzt‹ bezeichnet. Darwins Forderung war viel entschiedener, er setzte mehrere Phasen von je mindestens zehn Millionen Jahren an. Seine Schlußfolgerung, die heute vorhandenen geologischen Formationen stellten nur einen winzigen Abschnitt der Erdgeschichte dar, war der härteste Brocken, den die Geologen zu schlucken hatten. In manchen Fällen, erklärte er, sei die Zeitspanne, die zwischen der Bildung zweier aneinandergrenzender Schichten liege, größer als die Zeitspanne, die zur Bildung jeder einzelnen der beiden Schichten nötig gewesen sei. Sogar Fachgeologen brauchten lange, bis sie diese Auffassung anerkennen konnten.

Das thermodynamische Zeitschema

Die Gründe für ihr Zögern lagen jedoch nicht nur in der Geologie. Der letzte und, wie Darwin zugab, ›wahrscheinlich einer der schwerwiegendsten aller bisherigen Einwände‹ gegen seine Theorie war Lord Kelvins thermodynamischer Beweis. Kelvin (damals Sir William Thomson) hielt die weitreichenden Konsequenzen von Darwins Theorie wohl für beunruhigend und brachte seinen Angriff auf Darwins Theorie mit einigem Feuer vor. Aber auch abgesehen von möglichen verborgenen Motiven waren seine Einwände gravierend genug. In einer Vorlesungsreihe von 1862 an holte er die Abkühlungstheorie von Buffon und Fourier wieder hervor. Angesichts der im 19. Jahrhundert bekannten Gesetze der Wärmeerzeugung und Ausstrahlung konnte man die Geschwindigkeit, mit der sich Erde und Sonne durch Verlust ihrer Eigenwärme abkühlten, berechnen. Und durch diese Berechnung schob sich – in Übereinstimmung mit den Prinzipien der klassischen Physik – die obere Grenze für das Alter von Sonne und Erde weiter hinaus. Gestützt auf diese theoretischen Erwägungen, errechnete Kelvin, daß die Sonne seit höchstens fünfhundert Millionen Jahren bestehe und daß auf der Erde infolge ihres Wärmeverlusts höchstens seit einigen zwanzig Millionen Jahren Leben möglich sein könne. Hutton und Lyell hatten sich getäuscht; zwar hatten Newton und seine Nachfolger bewiesen, daß das Planetensystem dynamisch stabil sei, doch sie konnten ihrerseits nicht beweisen, daß es auch *thermodynamisch* unveränderlich sei. Der Versuch, den Aufbau der Erdkruste durch ein beständiges Gleichgewicht von konstruktiven und destruktiven Kräften zu erklären, war irreführend gewesen, und die Geologen konnten nicht länger unbegrenzte Forderungen an das Alter der Erde stellen. Die Thermodynamik setzte dem, was möglich war, Grenzen, und die Naturgeschichte mußte sich diesen Grenzen anpassen.

Glücklicherweise fühlten sich Darwin und seine Anhänger nicht unwiderruflich an irgendwelche Schätzungen hinsichtlich der für die Entwicklung der Arten nötigen Zeit gebunden, und eine Weile taten sie ihr Möglichstes, um innerhalb der engen, von Kelvin gezogenen Grenzen weiterzuarbeiten. Doch diese physikalische Schranke, die sie nicht zu durchbrechen vermochten, hat der Evolutionstheorie nachhaltig den Weg verbaut. Zum Beispiel sah sich T. H. Huxley zu unnötigen Zugeständnissen an die Katastrophentheorie gezwungen, nur um die geologische Geschichte dem Kelvinschen Zeitschema anzupassen, und Darwin räumte ein, daß die organische Entwicklung in früheren Epochen wohl schneller vor sich gegangen sein müsse. Vierzig Jahre lang übte Kelvins Einengung der Zeitspanne für das irdische Leben den gleichen Druck auf das entwicklungsgeschichtliche Denken aus wie einst das biblische Zeitschema auf Hookes und Stenos Geologie.

Darwin sah keinen Weg, der an diesem Hindernis vorbeiführte, er konnte nur hoffen, daß es schließlich irgendwo von selbst weichen würde. In der letzten überarbeiteten Auflage des ›Ursprungs‹ schrieb er:

Was den Zweifel anlangt, als sei die Zeit seit dem Festwerden unserer Erde nicht ausreichend lang für die angenommene Zahl organischer Veränderungen (ein von W. Thomson geäußerter Einwand, der vermutlich der schwerwiegendste aller bisherigen ist), so kann ich nur sagen, daß wir erstens nicht wissen, in welchem Zeitraum (nach Jahren gemessen) die Arten sich änderten, und daß zweitens viele Gelehrte bis jetzt noch nicht werden zugeben wollen, daß wir bereits genügend von der Beschaffenheit des Weltalls und vom Innern unserer Erdkugel wissen, um uns mit Sicherheit über deren Vergangenheit äußern zu können.[85]

Auf längere Sicht erwies sich die Naturgeschichte als zuverlässiger als die physikalische Theorie. Die Entdeckung der Radioaktivität mehr als zehn Jahre nach Darwins Tod zeigte, daß noch keineswegs alle Quellen der physikalischen Energien in der Welt bekannt waren, und diese Entdeckung blieb nicht im Theoretischen stecken, sondern hatte praktische Auswirkungen. 1909 wies Philipp von Jolly nach, daß die Wärme der radioaktiven Minerale im Erdinnern ausreichte, um die Abkühlung der Erde so herabzusetzen, daß wahrscheinlich schon vor viel längerer Zeit, als Kelvin geschätzt

85 S. 658.

hatte, Leben auf dem Planeten entstanden war. Jolly ging sogar noch weiter. Diese ›radiogenetische‹ Wärme konnte thermische Unregelmäßigkeiten erzeugen, die die Erdkruste dehnten und krümmten und so Gebirgsbildungen zur Folge hatten. 1931 hatte sich die von Kelvin angenommene Zahl für das Erdalter bereits verhundertfacht, und heute setzt man einen Zeitraum von gut fünftausend Millionen Jahren seit dem Festwerden der Erde an, und die Erdkruste wird sich vor rund zweitausendachthundert Millionen Jahren gebildet haben. Auch Kelvins Zahlenangabe für das Alter der Sonne ist von der Beobachtung thermonuklearer Vorgänge überholt worden. Durch die Vereinigung von Wasserstoffatomen zur Bildung von Helium wird so viel Energie frei, daß sich die Sonne wahrscheinlich überhaupt kaum abkühlt. Damit hat sich Darwins Hoffnung wirklich erfüllt: Die theoretischen Hindernisse, die seiner Theorie im Wege standen, sind ohne sein Zutun zurückgewichen.

Darwinismus und Theologie

Für die meisten Leute waren die sachlichen Argumente der Evolutionstheorie unwichtig und berührten sie nicht sonderlich tief. Die Darwinsche Lehre wirklich anzuerkennen, bedeutete jedoch, die letzten Bindungen der Theologie an die Naturgeschichte aufzugeben, und es ist deshalb nicht überraschend, daß die streng religiösen Wissenschaftler sehr heftig darauf reagierten. Für Darwins alten Lehrer in Cambridge, Adam Sedgwick, war die Idee der organischen Entwicklung und Abstammung genauso erschreckend wie einst für Richard Kirwan Huttons ›Theory of the Earth‹. Er glaubte nach wie vor, das harmonische Gleichgewicht zwischen den Organismen und ihrer Umwelt werde durch periodisches Eingreifen der göttlichen Vorsehung aufrechterhalten. Chambers hatte in seinen ›Vestiges‹ mit diesen Eingriffen Schluß gemacht, seiner Meinung nach erhielt sich die Ordnung der lebenden Natur von selbst. Wenn solche Vorstellungen sich in der Gesellschaft durchsetzten, erklärte Sedgwick, könnten sie ›nur zu Verwirrung und Niedergang‹ führen. ›Sie werden das ganze moralische und gesellschaftliche Gefüge untergraben, und Zwietracht und tödliches Unheil werden die unvermeidliche Folge sein.‹ Zu seiner größten Betrübnis stellte er auch in Darwins Beweisführung solche Fehler fest, die das ›wesentliche Bindeglied‹ zwischen moralischer und materieller Welt zerstören mußten:

Sie haben dieses Bindeglied nicht beachtet; und wenn ich Sie richtig verstehe, haben Sie alles versucht, um dieses Glied in ein oder zwei schwerwiegenden Fällen zu durchbrechen. Wäre das möglich (was es Gott sei Dank nicht ist), würde meiner Meinung nach die Menschlichkeit schweren Schaden davontragen, und die Menschheit würde noch tiefer sinken, als sie schon gesunken ist, seit wir ihre Geschichte durch die schriftliche Überlieferung kennen.

Sedgwick stand mit dieser Auffassung keineswegs allein. Seitdem die Geologen die historische Überlieferung von der großen Flut über den Haufen geworfen hatten, war die Schöpfung – oder periodische Neuschöpfung – der Arten nahezu die letzte Manifestation für das Wirken der göttlichen Macht gewesen, auf die sich die Theologen berufen konnten.

Darwin selbst bemühte sich redlich, den religiösen Einwänden gegen seine Theorie ihren Stachel zu nehmen. Schon im ersten unveröffentlichten Abriß seiner Theorie (1842) ist etwas von seinem späteren Pathos zu spüren:

Meines Erachtens stimmt es nach allem, was wir wissen, besser mit den vom Schöpfer der Materie eingeprägten Gesetzen überein, daß das Entstehen und Vergehen der früheren und heutigen Erdenbewohner genauso wie Geburt und Tod der Individuen eine Folge sekundärer Ursachen ist. Es wäre zu gering vom Schöpfer gedacht, wenn man annehmen wollte, er, der zahllose Welten geschaffen hat, sollte auch die Myriaden kriechender Parasiten und Würmer ins Leben gerufen haben, die Tag für Tag zu Wasser und zu Lande auf dem Erdball umherwimmeln.

Wir sollten lieber erkennen, daß die Vernunft der organischen wie auch der anorganischen Welt gerade in ihrer Unabhängigkeit besteht. Im ›Ursprung‹ schrieb er:

Wenn ich die Organismen nicht als Sonderschöpfungen, sondern als unmittelbare Nachkommen weniger Wesen betrachte, die schon lebten, ehe die erste kambrische Schicht sich gebildet hatte, so scheinen sie mir dadurch veredelt zu werden.[86]

Die Schlußworte zu seiner Arbeit haben sich vom ersten Abriß 1842 bis zur sechsten, endgültigen Auflage des ›Ursprungs‹ dreißig Jahre später kaum geändert:

Aus dem Kampf der Natur, aus Hunger und Tod geht also unmittelbar das Höchste hervor, das wir uns vorstellen können: die Erzeugung immer

86 S. 688.

höherer und vollkommenerer Wesen. Es ist wahrlich etwas Erhabenes um die Auffassung, daß der Keim alles Lebens, das uns umgibt, mit seinen verschiedenen Fähigkeiten nur wenigen oder gar nur einer einzigen Form durch den Schöpfer eingehaucht worden ist und daß, während sich unsere Erde nach den Gesetzen der Schwerkraft im Kreise bewegt, aus einem so schlichten Anfang eine unendliche Zahl der schönsten und wunderbarsten Formen entstand und noch weiter entsteht.[87]

(Doch eine wichtige Korrektur hat Darwin in diesem Abschnitt vorgenommen. Während der sechs Wochen zwischen der ersten und zweiten Auflage fügte er die Wörter ›durch den Schöpfer‹ ein.)

Trotzdem konnte Darwin Kontroversen nicht verhindern. Schließlich forderte er eine Umstellung des Denkens, die zu drastisch war, als daß sie ruhig oder unspürbar hätte vor sich gehen können. Das augenfälligste Ergebnis seiner Argumentation war, daß sie die von Hutton nach 1790 begonnene Revolution in der Naturgeschichte vollendete, die darin bestand, daß sie die – anorganische und nun auch organische – Entwicklung der Erde und ihrer Bewohner der Entstehung des Sonnensystems anschloß, als Zeichen dafür, daß die Naturgesetze konstant und zusammenhängend arbeiteten. Wie Lyell vorher die Sintflut aus der geologischen Geschichte Europas verbannt hatte, so äußerte Darwin jetzt noch schwerer wiegende Zweifel an der ›Wahrhaftigkeit Mosis als Historiker‹. Die Zoologie wurde, ebenso wie die Geologie, zu einem Bereich ›sekundärer Ursachen‹, und das zweite Kapitel der Genesis folgte dem ersten Kapitel auf dem Weg von der Geschichte in die Allegorie. Die Weisheit des Schöpfers, erklärten Darwins Nachfolger, lasse sich besser im fortgesetzten, gleichartigen Wirken natürlicher Ursachen aufzeigen als in gelegentlichen übernatürlichen Eingriffen – so spektakulär und katastrophenhaft diese auch sein mochten.

So war die Lage, mit der sich die nächste Generation religiös denkender Wissenschaftler auseinanderzusetzen hatte. Der führende Anhänger Darwins in Amerika zum Beispiel, der Botaniker Asa Gray verband die Anerkennung der natürlichen Zuchtwahl mit dem festen Glauben an einen göttlichen Plan und beglückwünschte Darwin etwas boshaft zu seinem ›hervorragenden Beitrag zur Teleologie ... wobei ich weiß, daß er die Idee des Schöpfungsplans ablehnt, und trotzdem führt er dafür die schönsten Beispiele an‹. In einer späteren Auflage des ›Ursprungs‹ konnte Darwin dann selbst von einem ›berühmten Autor und Geistlichen‹ sagen:

87 S. 690.

Er hat allmählich eingesehen, daß es eine ebenso edle Auffassung von der Gottheit ist zu glauben, daß Er einige wenige ursprüngliche Formen geschaffen habe, die fähig sind, sich zu anderen, nützlichen Formen zu entwickeln, wie zu glauben, daß Er einen neuen Schöpfungsakt benötige, um die Lücke auszufüllen, die durch das Wirken seiner Gesetze entstanden ist.

Aber das konnten die Menschen erst nach und nach einsehen.

War nun dieser religiöse Kampf überhaupt notwendig? Heute wissen wir, daß er unvermeidlich war. Stellt man sich auf den Standpunkt der rechtgläubigen Christen im 20. Jahrhundert, dann kann man natürlich ohne weiteres alles als betrübliches Mißverständnis betrachten und sagen, es hätte nicht zu kommen brauchen, wenn man nur den grundlegenden Unterschied zwischen Wissenschaft und Religion beachtet hätte: ›Wissenschaft hat mit Dingen zu tun und beschreibt ihre materiellen Verhältnisse und Wechselwirkungen; Religion hat mit Menschen zu tun und stellt die Regeln für die zwischenmenschlichen Beziehungen auf; die Wissenschaft ist also deskriptiv, die Religion normativ, und der scheinbare Konflikt zwischen beiden entsteht immer aus einer Verwirrung.‹ Auf das Denken des 19. Jahrhunderts angewandt, erweist sich diese Einstellung jedoch als zu oberflächlich und historisch unwichtig. Denn was hier ›Verwirrung‹ genannt wird, die Tatsache nämlich, daß man die Verhaltensregeln – Sedgwicks ›moralische Ordnung‹ – auf ganz bestimmten Vorstellungen über die Geschichte der Natur und den Platz des Menschen in ihr – die ›natürliche Ordnung‹ – aufbaute, war bis dahin ein nahezu universales Element aller religiösen Systeme gewesen. (Aristoteles, Konfuzius und Epikur sind die einzigen nennenswerten Ausnahmen dieser Verallgemeinerung.) So gut wie immer hat man den Menschen auf einen zentralen, ihm allein zukommenden Platz in der Natur gestellt und hat die letzte Rechtfertigung aller ethischen und religiösen Vorstellungen in einer kosmischen, Natur und Menschen umschließenden Geschichte gefunden. Jedenfalls war dieses Modell den großen Religionen gemeinsam: dem Mythos von Osiris, dem jüdischen Bund und dem christlichen Evangelium.

Sedgwicks Befürchtungen für die Gesellschaft mögen übertrieben gewesen sein, aber er sah doch sehr klar voraus, daß Darwin dieses Modell zu zerstören im Begriff war. Die neue Theorie stellte sowohl die Einzigartigkeit des Menschen in Frage, als auch die traditionelle kosmische Geschichte. Da diese Theorie eine historische Theorie war, mußte Darwins Erklärung des Ursprungs der Arten unvermeidlich auf alle religiösen Auffassungen von der Schöpfung des Menschen, die den Anspruch auf historische Echtheit erhoben, als Herausforderung wirken. Hier entstand eine Streitfrage, die alle Christen, Katholiken wie Protestanten, tief berührte. Hatten sich die Katholiken bis zu einem gewissen Grade bisher aus der geologischen Erörterung noch herausgehalten, so konnten sie jetzt nicht mehr abseits stehen, wenn der Status des Menschen in Frage stand. Die Beziehungen des Menschen zu Gott in der Geschichte waren das zentrale Thema der christlichen Botschaft, und kein Theologe konnte es stillschweigend mitansehen, wenn Gottes Werke zu Nebenerscheinungen des blinden Waltens der natürlichen Zuchtwahl gemacht wurden.

Dieses Unbehagen erfaßte jedoch noch viel weitere Kreise. Es bemächtigte sich nicht nur der Christen, sondern auch der Vertreter der ›Weltanschauungen‹, die sich im 19. Jahrhundert bildeten. Ganz abgesehen von Darwins Zoologie, waren die Ideen von Fortschritt und historischer Entwicklung die wichtigsten Kennzeichen für das Denken im 19. Jahrhundert, doch legten diese Ideen – trotz einiger entwicklungsgeschichtlicher Aspekte – eher eine Interpretation im Sinne der Vorsehung nahe. Wir haben schon gesehen, daß Herder das Erscheinen des Menschen auf der Erde als die Erfüllung eines teleologischen Prozesses sah, der sich durch die gesamte kosmische Geschichte zog und den er ›die Zwecke der Mutter Natur‹ nannte. Auch für Lamarck repräsentierten alle Manifestationen des Lebens den Sieg eines konstruktiven Elements in der Natur über die zerstörerischen Kräfte der physikalischen Welt. Die Weltanschauungen des späten 19. Jahrhunderts einschließlich des Marxismus leiteten ihre Grundideen von dieser teleologischen Naturvorstellung ab und nicht von Darwins Theorie der Variation und natürlichen Zuchtwahl. Die wahren Ziele und Zwecke menschlichen Lebens, lehrten sie, sind aus der Entwicklung von Natur und Menschheit ersichtlich. Theologisch verstanden bedeutet dies, daß diese Weltanschauungen die geistigen Umwälzungen, die schon vor zwei Jahrhunderten begonnen hatten, einfach noch einen Schritt vorwärts trieben. Die protestantischen Theologen des 17. Jahrhunderts hatten das Buch der Natur unmittelbar neben die Heilige Schrift gestellt und beiden die gleiche Autorität als Quellen religiöser Wahrheit eingeräumt; die weltlichen Propheten des 19. Jahrhunderts machten nun die Natur zur einzigen Autorität für unsere moralischen und geistigen Vorstellungen.

Darwin stellte mit seiner Theorie alle teleologischen Auslegungen der Naturgeschichte in Frage, sowohl die theistischen wie auch die natürlichen. Er leugnete nicht, daß organische Struktur und tierisches Verhalten anpassungsfähig sind, aber er leugnete, daß man diese funktionalen Aspekte der Natur als Endergebnisse von Prozessen zu betrachten habe, die genau auf diese Ergebnisse gerichtet sind. Vielmehr seien sie Nebenprodukte einer Reihe von aufeinander einwirkenden Faktoren: Übervölkerung, zufällige Variation und Fortdauer solcher Varianten, die in einer besonderen Umwelt vorteilhaft sind. Die Auffassung, daß die wichtigste Triebkraft für die Entstehung neuer Arten die wachsende Zahl der Lebewesen gegenüber den rarer werdenden Versorgungsmitteln sei, stieß bei den Christen wie auch bei den Marxisten auf Widerspruch. So sprach sich G. B. Shaw – ebenso unverblümt wie Bischof Wilberforce – gegen die ›Zwecklosigkeit‹ der natürlichen Zuchtwahl aus:

> Wenn bewiesen werden könnte, daß das gesamte Universum durch solche Zuchtwahl entstanden ist, dann könnten nur Narren und Halunken das Leben noch ertragen.

Ein ähnliches Motiv liegt den Diskussionen über Lysenko in unserer eigenen Zeit zugrunde. Die Abneigung der sowjetischen Ideologen gegen den ›Neodarwinismus‹ des 20. Jahrhunderts, in dem sich die Idee der natürlichen Zuchtwahl mit der Mendelschen und Morganschen Genetik verbindet, beruht auf mehr als nur landwirtschaftlichen Problemen und politischem Vorurteil. Wie sie ganz richtig erkannt haben, taucht in Darwins Theorie ein mechanistisches Element wieder auf; wohingegen der teleologische Charakter des dialektischen Materialismus den Lamarckschen Ideen nähersteht.

Im großen und ganzen haben sich die strenggläubigen christlichen Theologen von den Schwierigkeiten, in die Darwin sie gestürzt hatte, rascher befreit als ihre einer ›natürlichen‹ Erklärung zuneigenden Kollegen. Die Neubewertung der christlichen Lehre ging nicht ohne ernstes Ringen vor sich, aber schließlich wurde von der Theologie gar nicht so viel verlangt. Philo und Augustin hatten einst gelehrt, daß die Bibel nicht nur buchstäblich, sondern auch symbolisch auszulegen sei, und es gehörte nun nicht viel dazu, zuzugeben, daß die Schöpfung von Tieren und Menschen, wie sie im zweiten Kapitel der Genesis beschrieben wird, mehr allegorisch als historisch zu verstehen ist. Heute wird allgemein anerkannt, daß die wichtigsten Ansprüche auf historische Echtheit – insbesondere der Auferstehung – eher aus dem Neuen Testament als aus der Genesis abzuleiten sind. Wenn auch heute noch einige wenige fundamentalistische Sekten die natürliche Zuchtwahl und sogar die Abstammungslehre als blasphemische Leugnung der göttlichen Vorsehung ablehnen, haben doch die Theologen der meisten Konfessionen ihre äußerst bedrohten Standpunkte erleichtert aufgegeben.

Damals wurde mit der Auffassung, Gott habe die Welt einzig und ausdrücklich zum Nutzen für den Menschen geschaffen, gründlich aufgeräumt. Tennyson fühlte sich von der neuen entwicklungsgeschichtlichen Perspektive zutiefst bewegt. Nachdem er Chambers' ›Vestiges‹ gelesen hatte, warf er in seinem Gedicht ›In Memoriam‹ (1850) Fragen auf, die damals alle gebildeten Menschen zu quälen begannen:

Hat sich Natur mit Gott in Streit begeben,
da die Natur so böse Träume gibt?
So sorgsam sie die Form des Ganzen liebt,
so sorglos ist sie für ein einzeln Leben;

Wenn ich, der überall nach dem Geheimnis
von ihrem Gang ihn in ihren Werken seh,
nun finde, daß von fünfzig Körnern je
sie oft nur eins belebt in ihrer Säumnis,
so wank ich wieder, wo ich fest soll schreiten,
und strauchle, mit der Last der Sorgen schwer,
die Altarstufen dieser Welt einher,
die durch die Nacht zu Gott uns sollen leiten.

Ich ringe mit den glaubenslahmen Händen
und sammle Staub und Spreu und ruf ihn an,
den ich als Herrn der Welt empfinden kann,
und kann mich kaum zu schönrer Hoffnung wenden.

Die Geologen gaben auf diese Fragen eine düstere Antwort. Nach dem geologischen Zeitschema schienen nun Arten ebenso kurzlebig zu sein wie Individuen.

So achtsam ist sie für die Form? Doch nein,
aus steilen Klippen und aus Felsenbrüchen
ruft sie: ›Schon tausend Formen sind verblichen.
Ich sorge nicht, laß alles sterblich sein.

Und du berufst auf mich dich, die ich her
zum Leben rufe und vom Leben trenne!
Der Geist ist nur, was ich den Atem nenne,
mehr weiß ich nicht.‹ Und er, der Mensch, wird er,

Ihr letztes Werk – er schien so schön und hehr ...
der fest geglaubt, daß Gott die Liebe sei
und daß der Schöpfung Grundgesetz die Liebe,
ob auch Natur zurück den Glauben triebe,
die Blut und Raub übt, wie ein grimmig Leu –
wird er ...
wieder vergraben in des Abgrunds Nächte?
Verstreut im Wüstenstaub, den er durchschritt?

Die ›natürliche‹ Theologie starb einen bitteren Tod, und der Verlust traf tief. Anstatt Gottes Weisheit zu bezeugen, wurde die Natur zu einer abscheulichen Karikatur. Ein religiöser Glaube war noch immer unentbehrlich, aber man konnte keine Erleuchtung mehr in den Wundern der Natur finden. Wenn die gesamte Schöpfungsgeschichte nur im Kampf ums Dasein bestand – und es ist bemerkenswert, wie genau Tennyson bereits neun Jahre vor dem Erscheinen des ›Ursprungs‹ das Wesen der natürlichen Zuchtwahl begriffen hatte – dann konnten tatsächlich nur noch ›Narren und Halunken das Leben ertragen‹.

Ist er nichts mehr? Nur Mißgeburt, nur Traum
und Mißlaut? Schnell entstandne Eintagsfliegen,
die sich einander in der Brut bekriegen,
sind im Vergleich mit ihm so elend kaum.
Ein nichtig Leben das, ein Schattenbild!
Sprich du das Wort, das lindern kann und segnen!
Wird Lösung einst, wird Antwort mir begegnen,
von Schleiern dicht, von Schleiern dicht verhüllt?[88]

88 Alfred Tennyson, ›In Memoriam‹, Braunschweig 1854, Übers. nicht genannt.

Die Geschichte und die Wissenschaften vom Menschen

Nach 1860 wurde das Wort ›Evolution‹ zu einem Zauberwort, das weit über die Grenzen der Zoologie hinaus das Denken der Menschen beherrschte und ihm ein charakteristisches Fluidum verlieh, wie es früher die Begriffe ›Vorsehung‹ und ›Ordnung‹ getan hatten. Doch ist diese Erscheinung nur zum Teil Charles Darwin zuzuschreiben, denn die von ihm in der Zoologie hervorgerufenen Wandlungen waren nur ein Aspekt einer größeren geistigen Bewegung, durch die die allgemeine Auffassung von Kosmologie und menschlicher Geschichte umgestaltet wurde. Gewiß hat der ›Ursprung der Arten‹ ›jeden darüber belehrt, daß die alte Vorstellung von der Natur als einem statischen System aufgegeben worden war‹, und er hat wesentlich dazu beigetragen, ›das Ansehen des historischen Denkens zu steigern‹. Aber er konnte diese Wirkung nur deshalb haben, weil er die Barriere zwischen Wissenschaft – die bisher immer mit der statischen Naturordnung verbunden – und Geschichte – deren Gegenstand die Entwicklung der Menschheit gewesen war – durchbrochen hatte. Damit waren die beiden mächtigsten geistigen Strömungen des 19. Jahrhunderts vereinigt. Ob wir nun die Geologie, Zoologie, politische Philosophie oder das Studium der alten Kulturen nehmen – in jedem Fall war das 19. Jahrhundert das Jahrhundert der Geschichte, das Jahrhundert, in dem ein neues, dynamisches Weltbild entstand.

Diese Wandlung ging gleichzeitig in mehreren, über das gesamte Bereich der Wissenschaft verstreuten Disziplinen vor sich, und es ist müßig zu fragen, von welcher der erste Anstoß ausging, wer nun Pferd und wer Reiter war, denn diese Wandlung vollzog sich in ständiger Wechselwirkung aller beteiligten Fachgebiete. Anfang des 19. Jahrhunderts waren alle Gebildeten noch in der Lage, die wichtigen geistigen Strömungen zu überblicken, und infolgedessen kam es zu immer neuen Anregungen hinüber und herüber. Die Hauptargumente des Darwinismus übten einen starken Antrieb auf die Wissenschaft vom Menschen aus, und stützten sich ihrerseits auf die von den Geologen, insbesondere Lyell geschaffenen Grundlagen, und Lyell wiederum fühlte sich der von Niebuhr in Berlin begründeten philologisch-kritischen Geschichtswissenschaft verpflichtet.

Nachdem wir in den vorangegangenen Kapiteln die revolutionären Umwandlungen eines neuen Geschichtsbildes in der Geologie und Zoologie kennengelernt haben, müssen wir sie jetzt in einem größeren geistigen Zusammenhang betrachten und sie zu dem neuen Geschichtsbewußtsein in Beziehung setzen, das seinen Einfluß auf das gesamte Denken des Menschen ausgeübt hat.

Wandel und Fortschritt

Wie wir schon gesehen haben, waren die zwei Jahrzehnte zwischen 1810 und 1830 die kritische Epoche. Bisher hatte man die gesamte zeitliche Entwicklung unter einem teleologischen Blickwinkel betrachtet; die Philosophen des 18. Jahrhunderts hatten – um Carl Beckers treffenden Ausdruck zu gebrauchen – ›den Gottesstaat des heiligen Augustin zerstört, um ihn mit modernerem Material wiederaufzubauen‹. Alles, was das Mittelalter der göttlichen Vorsehung zugeschrieben hatte, schrieben sie der Natur zu, und die auf Gottes Willen beruhenden moralischen Forderungen wurden neu interpretiert als Entscheidungen der Vernunft. Aber das war nur ein neuer Rahmen für ein altes Bild. Die tatsächlichen Denkinhalte des 18. Jahrhunderts hatten mehr mit ihren mittelalterlichen Vorläufern gemein als mit unseren heutigen nach-entwicklungsgeschichtlichen Ideen. Die große Kette der Wesen war zu einer der Theologie eines neuen Zeitalters angepaßten, die Natur beherrschenden Hierarchie geworden, sie repräsentierte als ›Entwurf der Schöpfung‹ Gottes ›Befehlskette‹ und änderte von sich aus nichts an den Anschauungen im Bereich der Zoologie. So brachten also auch die Historiker und Philosophen um 1800 ihre neue Erkenntnis der zeitlichen Entwicklung zunächst in Begriffen herkömmlicher Vorstellungen zum Ausdruck und überschauten noch nicht den vollen Umfang der Geschichte, die sie zu erzählen hatten.

In den Jahren unmittelbar vor 1800 äußerte sich Johann Gottfried Herder über die historische Entwicklung in der gleichen Weise wie der gleichaltrige Lamarck. Für beide Männer war die kosmische Geschichte ein einziger, zielgerichteter Prozeß, der im Lauf der Zeit und in fortschreitender Folge höher entwickelte Organismen und Gesellschaften hervorbrachte und damit (wie Herder es nannte) ›die Zwecke der Mutter Natur‹ verwirklichte. So tat Herder den ersten Schritt zu einem mehr historischen Verständnis der Welt, aber der zweite Schritt war schwieriger, nämlich die Erkenntnis, daß der Geschichtsablauf zu kompliziert war, als daß man ihn in ein einfaches teleologisches Schema hätte einpassen können.

Herders Ideen begründeten eine geschichtsphilosophische Tradition, die während des nächsten halben Jahrhunderts von Hegel, Comte und Marx fortgeführt wurde. Anfangs war diese Tradition noch von dem alten teleologischen Fluidum umgeben. Jeder, der sich damit beschäftigte, war überzeugt, daß alle neuen Erscheinungen eines Zeitalters irgendeinen verborgenen Zweck erfüllten, der schon in dem vorausgegangenen historischen Fortschritt beschlossen lag. Der Ursprung dieser historischen Dynamik wurde aber von den verschiedenen Philosophen verschieden lokalisiert. Was Herder als Verwirklichung der Zwecke der Mutter Natur betrachtete, interpretierte Hegel als Selbstentwicklung des Geistes – eine Neuformulierung von Montesquieus ›esprit général‹, doch befreit von allen Mutmaßungen über die Festgelegtheit der menschlichen Natur. Comte dagegen sah den fundamentalen Antrieb gesellschaftlicher Entwicklung im kulturellen Fortschritt, in dessen Verlauf mythologische Denkgewohnheiten nacheinander durch solche philosophischer und wissenschaftlicher Art ersetzt wurden, während Marx mehr Gewicht auf die wirtschaftlichen Beziehungen innerhalb der Gesellschaft legte.

Die sich daraus ergebende Einstellung zur Geschichte bedeutete gegenüber der Auffassung des 18. Jahrhunderts einen wirklichen Fortschritt. Selbst ein so historisch orientierter Denker wie Herder hatte niemals die Teleologie aufgegeben, aber die Erben der Aufklärung sahen die Geschichte nicht einmal als zusammenhängenden Prozeß an. Der Comte de Volney zum Beispiel war dreizehn Jahre jünger als Herder, doch in seinem Buch ›Les ruines ou méditations sur les révolutions des empires‹ beschrieb er die Kulturen der Welt nicht als Folge von Kulturen, deren jede auf den Errungenschaften ihrer Vorgänger aufgebaut habe, sondern nur als viele ›gesellschaftliche Maschinen‹, die aufgehört hatten zu funktionieren, weil ihre Träger die ewigen Gesetze der menschlichen Natur nicht beachtet hatten. Für einen Mann wie Volney waren die Grundprobleme der Politik noch mit gesellschaftlicher Statik verbunden. Die Grundidee war nicht Fortschreiten – das Auftreten neuer Beziehungen und Funktionen nacheinander –, sondern Fortschritt – was für die Männer der Aufklärung das bewußte, den Forderungen der Vernunft entsprechende Herstellen eines gesellschaftlichen Gleichgewichts bedeutete. Doch die daraus abgeleiteten Rezepte für politische Reform waren viel zu schablonenhaft; als ob man die Bedingungen für die allgemeine Glückseligkeit im einzelnen im voraus aufzählen und die Konsequenzen einer vollständigen gesellschaftlichen Erneuerung voraussehen und beherrschen könnte.

Wie alle Revolutionäre hatten die Philosophen der Aufklärung geglaubt, die Gesellschaft auf einen Schlag verändern zu können. Herder und seine Nachfolger jedoch waren sich klar, daß wichtige gesellschaftliche Entwicklungen den Menschen häufig gewaltsam oktroyiert werden – bei Lukrez durch ›Wandlung und Notwendigkeit‹, bei Vico durch die ›Weisheit der Vorsehung‹, bei Kant durch die ›Mittel der Natur‹, bei Hegel durch die ›List der Vernunft‹. (In den sechziger Jahren unseres Jahrhunderts haben wir das wieder beobachten können; wir waren Zeugen, wie der absolute Gegensatz zwischen den Vereinigten Staaten und der Sowjetunion das erste greifbare Zeichen eines neuen weltweiten politischen Systems entstehen ließ: den ›heißen Draht‹ zwischen Washington und Moskau.) Sie erkannten auch die Grenzen eines vorsätzlich herbeigeführten politischen Wandels. Da sie an historische Entwicklung und Beständigkeit glaubten, konnten sie sich nicht vorstellen, wie ein ideales politisches System alle Möglichkeiten der menschlichen Natur dauernd verwirklichen, geschweige denn wie der Mensch durch bewußt geplante Revolution mit einem Sprung dahin gelangen sollte. Sie erkannten, daß Revolutionen in der politischen Theorie die gleichen Mängel aufwiesen wie die Katastrophen in der Naturgeschichte; die Veränderungen waren zu drastisch, als daß sie vom menschlichen Geist erfaßt und beherrscht werden könnten. Erkenntnis war nur durch eine aktualistische Methode möglich, indem man die Beschaffenheit gesellschaftlicher Wandlungen systematisch zu analysieren und in die innere Beständigkeit allen politischen Wandels Licht zu bringen versuchte. Wirksame gesellschaftliche Reform sollte allmählich vor sich gehen, sich auf Verständnis der Beständigkeit gründen und auf die Erkenntnis, daß die menschliche Natur selbst in historischer Entwicklung begriffen ist. (In dieser Beziehung ist der revolutionäre Enthusiasmus des ›Vulgärmaterialismus‹ ein Rückschritt.)

Doch trotz ihrer aller Verdienste sind die Ideen dieser Männer heute völlig überholt. Sie haben uns einen großen Dienst erwiesen, indem sie den progressiven Charakter zeitlicher Veränderung und die Bedeutung der neuartigen Erscheinungen, durch die sich ein Zeitalter vom andern unterscheidet, aufzeigten. Aber nachdem sich nun der moderne historische Kritizismus entwickelt hat und wir Darwins Theorie kennen, wäre es naiv anzunehmen, daß Geschichte ein einziger Prozeß sei und in einer nachweisbaren Richtung verlaufe. Wollte man heute noch die Geschichte der alten Juden, Griechen und Römer und des christlichen Europa als die einzige ›Heerstraße‹ der Geschichte betrachten, hieße das, die Dinge allzusehr mit den

Augen Lamarcks zu sehen, der nur aus jeder Epoche gewisse Gruppen von Lebewesen als die ›Lanzenspitze der Evolution‹ hervorhob und weniger wichtige ganz außer acht ließ. Der Lauf der Geschichte war viel komplizierter, und die fortwährende Wechselwirkung zwischen den verschiedenen Kulturen schließt jede Möglichkeit aus, irgendeinen ›Vormarsch der Zeit‹ festzustellen.

Dasselbe gilt für die Auffassung, die Geschichte habe eine nachweisbare Richtung. Die wichtigste Lehre, die wir aus Darwins Werk ziehen können, ist die, daß Neuschöpfungen mit großer funktioneller Bedeutung oft als Nebenprodukte von Prozessen zustande kommen, deren eigentliche Ziele ganz woanders liegen. Die Vorteile dieser Neuheiten bestehen nicht darin, daß sie irgendeiner schon lange vorhandenen historischen Tendenz entsprechen, sondern daß sie sich einer augenblicklichen Situation anpassen können. Das trifft sowohl auf Organismen wie auch auf Institutionen zu. Wenn es überhaupt einen Schlüssel zum Verständnis der Geschichte gibt, dann ist es die Erkenntnis nicht ihres zielgerichteten Verlaufs, sondern der Vielzahl ihrer Möglichkeiten.

In dieser Beziehung orientierte sich sogar der Marxismus eher an Lamarck als an Darwin. Nicht umsonst ist Marx als ›christlicher Häretiker‹ bezeichnet worden. Wie Lamarck war er ein geistiger Erbe der Deisten des 18. Jahrhunderts. In seinem System behielt die Vorsehung ihren zentralen Platz, nur wurde sie jetzt ›Dialektik‹ genannt. Das Element des Zufälligen, Gelegentlichen im Darwinismus war den Marxisten ebenso zuwider wie den naiveren Christen. Alle Parteigänger, gleich welcher Ideologie, sehen in der Vielfältigkeit der Geschichte ein geistiges Hindernis, das sie sich vereinfachen, anstatt zu versuchen, es zu verstehen. Diese unter den deutschen Philosophen herrschende ideologische Tendenz hatte in den zwanziger Jahren des 19. Jahrhunderts bei den deutschen Historikern eine Reaktion hervorgerufen, aus der sich der neue, strengere Kritizismus entwickelte, wie er für die moderne Geschichtswisseschaft charakteristisch ist.

Kritische Geschichtswissenschaft

Das neue Interesse an der Geschichte ergriff die Menschen aller geistigen Richtungen. Die philosophisch Orientierten hofften mit einem Schlag ein umfassendes Modell zeitlicher Entwicklung zu gewinnen, andere dagegen, die weniger spekulativ, sondern exakt dachten, sahen die vordringlichste Aufgabe darin, die Fakten über die historische Vergangenheit so darzustellen, ›wie sie wirklich waren‹. Dieser Ausdruck stammt von Leopold von Ranke, aus seiner Erklärung über die Methode kritischer Geschichtswissenschaft im Vorwort zu seiner ›Geschichte der germanischen und romanischen Völker von 1494 bis 1535‹ (1824). Gleich den Gründern der Londoner Geologischen Gesellschaft waren sich die kritischen Historiker über folgendes klar: Allgemeingültige Aussagen in großem Umfang über die Geschichte stehen oder fallen mit dem Nachweis des tatsächlichen Verlaufs der Ereignisse. Es war ebenso verfrüht, dogmatisch über die Ursachen für den Aufstieg und Fall von Kulturen zu reden, wie darüber zu streiten, ob Feuer und Wasser die einzigen Ursachen aller irdischen Veränderungen seien.

Tatsächlich ging den Historikern erst jetzt auf, wie unglaubwürdig ihre Quellen bisher gewesen waren, und dieses Gefühl wurde noch verstärkt durch den von Herder und Vico geweckten Sinn für Zeitperioden. Zum Beispiel erklärte Niebuhr in seiner ›Römischen Geschichte bis 241 v. Chr.‹, Livius' Darstellung der ersten Jahrhunderte des Römischen Reiches sei völlig anachronistisch, sie sei kaum mehr als eine Wiederholung der patriotischen Legenden, wie sie im Augustinischen Zeitalter geläufig waren. Man sah sich also genötigt nachzuforschen, wieviel originales Quellenmaterial Livius tatsächlich – wenn überhaupt – zur Verfügung gehabt hatte. Die Lehre, die man aus diesem Beispiel zog, ist dann von Theodor Mommsen auf die alte und von Leopold von Ranke auf die mittelalterliche und moderne Geschichte angewendet worden. Zuerst und vor allem war es wesentlich, über jedes Ereignis die wahren Fakten herauszufinden, indem man nur Urkunden und zeitgenössische Berichte heranzog, und sich dann zu fragen, welches Maß an Zuverlässigkeit man von jeder dieser ›ursprünglichen Quellen‹ erwarten durfte. Unumgänglich allerdings waren gewisse Zugeständnisse an die Interessen, die Einstellung und Vorurteile der Verfasser. Als man einmal soweit war, diese Methode systematisch anzuwenden, erkannte man, wie wenig auch die beste Geschichtsdarstellung des 18. Jahrhunderts auf wirklichen Tatsachen beruhte. Und dabei zeigte sich, daß viele der wichtigsten ursprünglichen Quellen gar nicht verfügbar waren. Ohne Zugang zu staatlichen Urkunden, die noch fest verschlossen in Archiven oder Privatbibliotheken ruhten, mußte man sich im Bereich der Verfassungs- und diplomatischen Geschichte auf Mutmaßungen verlassen. Das 19. Jahrhundert war schon ziemlich weit vorgeschritten, als die staatlichen und kirchlichen Autoritäten es als ihre

Pflicht erkannten, Außenstehenden Einblick in ihre Archive zu gestatten.

Solange manche nationalen und kirchlichen Angelegenheiten noch vertraulich behandelt werden müssen, ist ein gewisser Konflikt zwischen Wissenschaftlern und Beamten nicht zu vermeiden, und noch heute kämpfen Historiker darum, die Veröffentlichung von Archivmaterial zu beschleunigen. Mitte des 19. Jahrhunderts erhielten schließlich Historiker einen begrenzten Zutritt zu den Staatsarchiven der Großmächte, und 1881 wurde ihnen sogar erlaubt, in den Archiven des Vatikans zu arbeiten.

Als sich den Wissenschaftlern die Archive öffneten, stand ihnen plötzlich ein Meer von neuem dokumentarischem Material zur Verfügung, das sich seitdem immer noch vergrößert hat. Über fünfzig Jahre lang waren sie fast ausschließlich mit politischer und diplomatischer Geschichte beschäftigt, und die kritische Prüfung von historischen Fakten, ›wie sie wirklich waren‹, wurde zum Selbstzweck. Man vergaß das anfängliche Streben nach allgemeingültiger Aussage und übersah das Element der Interpretation, das in jeder erzählenden Darstellung steckt. Denn es war schon schwer und mühevoll genug, nur schlüssig zu zeigen, was wirklich geschehen war. Für den Augenblick war Bacons Hoffnung, das Studium der Geschichte würde das Vorspiel zur Wissenschaft vom Menschen werden, wieder ferner gerückt.

Inzwischen hatte die Anwendung der geologischen Methoden auf das Studium der Geschichte dem Zeugnis der Dokumente und Archive noch das ›Zeugnis der Dinge‹ hinzugefügt, und damit war der Anfang für die Archäologie gegeben. Und sie wiederum warf sehr bald die Theorie von der einfachen, in einer einzigen Richtung verlaufenden historischen Entwicklung über den Haufen. Schon immer waren sich die Gelehrten – wenigstens theoretisch – über Größe und Alter der altägyptischen Kultur im klaren gewesen, aber nun rief Napoleons Feldzug bei den französischen Wissenschaftlern neues Interesse an der frühen ägyptischen Geschichte hervor. Die Entdeckung des Steins von Rosette – mit der zweisprachigen Inschrift desselben Textes in griechischer Buchstabenschrift und ägyptischen Hieroglyphen – ermöglichte es Jean Champollion, die altägyptische Schrift zu entziffern, und öffnete so nicht nur den Weg zu einer unbekannten Literatur, sondern auch zu den historischen Archiven eines zentralisierten Reiches, das schon ein beträchtliches Alter erreicht hatte, als die Juden noch ein nomadisches Hirtenvolk waren. Damit gewannen Ägypten und seine Pharaonen, die bisher nur am Rande der biblischen Geschichte aufgetaucht waren, eine eigene historische Bedeutung. Dasselbe geschah mit den Assyrern, Babyloniern und den alten Persern durch die Arbeit von Henry Rawlinson, Paul Botta und Henry Layard. Der Perserkönig Darius hatte an einer Felswand bei Bisutun an der Heerstraße von Mesopotamien nach Zentralasien eine monumentale Inschrift zur Verherrlichung seiner Siege einmeißeln lassen, und zwar in drei Sprachen: Persisch, Elamitisch und Babylonisch. Ungeachtet der Gefahr, die damit verbunden war, ließ sich Rawlinson an der Felswand hinunter und kopierte die dreisprachige Inschrift. Dadurch gelang ihm die Entzifferung der mesopotamischen Keilschrift. Dieses Meisterstück erhielt dann noch seine besondere Bedeutung durch Bottas und Layards Ausgrabungen assyrischer Städte, bei denen umfangreiche historische, in Keilschrift geschriebene Urkunden aus der Bibliothek König Assurbanipals (7. Jahrhundert v. Chr.) ans Licht kamen.

So wurden auf allen Gebieten die Voraussetzungen, mit denen die Gelehrten an die Frühgeschichte der Menschheit herangegangen waren, von neuen Erkenntnissen überholt. Layards Entdeckung von Ninive erregte ebensolches Aufsehen wie die Entdeckungen der Schriftrollen vom Toten Meer in unserer Zeit, und man begrüßte sein Werk freudig, weil es die biblische Geschichte zu bestätigen schien. (Er selbst war höchst befriedigt darüber, daß es ihm gelungen war, auf Grund von Inschriften die Authentizität mancher Könige, wie zum Beispiel Tiglatpilesers, nachzuweisen, die bisher nur aus dunklen Andeutungen im Alten Testament bekannt gewesen wären.) Die großartige assyrische Kunst wurde anfangs nicht gewürdigt, man fand sie, verglichen mit den unsterblichen Werken der antiken Plastik, grob und primitiv. Aber als sich das Material häufte, wurde es immer fragwürdiger, die alten Ägypter, Babylonier und Assyrer abseits stehen zu lassen und ihre künstlerischen Leistungen als zweitrangig anzusehen. Die ›Heerstraße‹ der Geschichte verzweigte sich in ein vielfältiges Netzwerk, in dem die Juden des Alten Testaments nur einen einzigen und recht kleinen Strang bildeten.

Nach 1850, als mindestens ein halbes Dutzend größerer Kulturen festgestellt war, deren Vorhandensein man gar nicht vermutet hatte, wurde die alte Geschichte sogar noch komplizierter. Die sumerische Kultur, einschließlich Abrahams eigener Stadt Ur, die Minoer des alten Kreta, die Hethiter Anatoliens, die Induskultur von Mohendscho Daro, ganz zu schweigen von China – überall haben neue, durch die Hacke der Archäologen freigelegte Kulturen unser Bild von der frühen Menschheitsgeschichte und von den Anfängen des Lebens in festen Städten ergänzt und ausgefüllt. So wie die detaillierte Analyse der Erdschichten die Geschichte von der Sintflut widerlegt und den Streit zwischen Neptunisten und Vulkanisten beendet hat, so hat das genaue Studium der Urkunden und Fundorte die Vermutungen richtiggestellt, auf denen bisher die Interpretation der Menschheitsgeschichte beruhte. Ende des 19. Jahrhunderts war zuviel über die wirklichen Fakten bekannt geworden, als daß man noch länger des Glaubens hätte sein können, die menschliche Geschichte sei eine einzige Ausdrucksform der Vorsehung oder des Fortschritts.

Die Entwicklung der Menschheit

Zu dieser Revolution in der Geschichtsbetrachtung hatte Darwin kaum etwas beigetragen, denn 1859 war sie bereits vorüber. Niebuhr ging 1810 an die eben gegründete Universität von Berlin, Ranke gehörte eher zu Lamarcks als zu Darwins Generation, Rawlinson und Layard leisteten ihre Hauptarbeit in den dreißiger und vierziger Jahren. In diesem Zusammenhang bildete der ›Ursprung der Arten‹ innerhalb einer größeren geistigen Bewegung nur eine späte Phase, in der die neuen historischen Kategorien auf einen besonders schwierigen Sachverhalt angewandt wurden.

Auch waren die ersten Versuche, Darwins Ideen auf moralische und politische Angelegenheiten anzuwenden, nicht sonderlich eindrucksvoll. In der Gesellschafts- und politischen Theorie wurde Darwins Autorität nur zur Bestätigung von Auffassungen herangezogen, die bereits aus anderen Gründen akzeptiert worden waren. Zum Beispiel führten die einen die Gewaltsamkeit des ›Kampfs ums Dasein‹ zur Rechtfertigung des Militarismus an. Krieg sei ein legitimes Mittel zum gesellschaftlichen Fortschritt, durch den höhere Varianten der Gattung Mensch (›Übermenschen‹) sich auf Kosten der ihnen biologisch Unterlegenen durchsetzten. Andere gingen nicht ganz so weit, sie sahen im Darwinismus die Rechtfertigung unbegrenzter gesellschaftlicher und wirtschaftlicher Konkurrenz als Mittel zur Verbesserung der Menschheit auf lange Sicht. Doch die angebliche Analogie zwischen organischer Evolution und gesellschaftlicher Entwicklung in all diesen Argumenten war nicht echt. Das war alles kein ›gesellschaftlicher Darwinismus‹, sondern, wie D. C.

Somervell es nannte, ein ›Pseudo-Darwinismus‹. T. H. Huxley wies später, als er sich an diese Zeit erinnerte, darauf hin, daß die Bedingungen des ›biologischen Fortschritts‹ in gewisser Hinsicht denen des ›gesellschaftlichen Fortschritts‹ entgegengesetzt sind. Zwischen der Gesamtheit der Lebewesen und der Gesellschaftsordnung der Menschen bestand in der Tat kaum eine Analogie, und daher gab es auch im Bereich von Moral und Politik nichts, was der Wirksamkeit der ›natürlichen Zuchtwahl‹ entsprach.

Die durch Geschichtswissenschaft und Archäologie offenbar gewordene Verschiedenartigkeit und Vielfältigkeit der Geschichte gab den Wissenschaften vom Menschen einen neuen Impuls zu einer kritischen Betrachtung der überkommenen Auffassungen und Institutionen. Wie einst die ionischen Philosophen konnten die Wissenschaftler des 19. Jahrhunderts nicht umhin zuzugeben, daß ihre Traditionen keineswegs einzigartig waren, denn es hatte schon Kulturen gegeben, deren Bräuche und Institutionen sich erheblich von ihren eigenen unterschieden. Sogar die wichtigsten Urkunden ihrer Religion wiesen dieselben Mängel auf wie die profanen Urkunden; die vergleichende Religionswissenschaft, verbunden mit der ›höheren Kritik‹ biblischer Texte, war ein mächtiges Mittel zur Auflösung althergebrachter Voraussetzungen. Zwar konnte die Erkenntnis der Unterschiedlichkeit von Glaubensformen, Bräuchen und Institutionen die Menschen nicht lehren, wie sie leben oder ihre Angelegenheiten verwalten sollten. Aber dadurch, daß sie die auf bloßem Konservativismus beruhende Opposition beseitigte, trug sie doch viel dazu bei, den Weg für fachliche Erörterungen und utilitaristische Reformen freizumachen. Institutionen konnten nun nicht mehr durch die Berufung auf die Weisheit der Alten gerechtfertigt werden, sondern mußten einen nachweisbaren gesellschaftlichen Wert haben.

Und doch kann man, wenn man alles Für und Wider in Erwägung zieht, sagen, daß die Evolutionstheorie für die Wissenschaften vom Menschen einen wirklichen Antrieb bedeutet hat. Vor allem hatte Darwin endlich die Fesseln gesprengt, in denen die Naturwissenschaftler seit dem 17. Jahrhundert gefangen gewesen waren. Als Descartes zum Beispiel die ›mechanistischen‹ Eigenschaften der Materie in Gegensatz zu dem ›rationalen‹ Charakter des Geistes setzte, löste er damit die rationale Natur des Menschen aus dem Bereich der Weltmaschine heraus. Oder wenn Leibniz erklärte, die Natur sei völlig unabhängig, dann wollte er damit den wesentlichen Gegensatz zwischen Natur und Menschen zum Ausdruck bringen. Dieser

Kompromiß war der Preis dafür, daß die Physiker von 1650 bis 1850 ein mechanistisches Bild von der Natur entwerfen durften. Mit Ausnahme einiger weniger Häretiker, wie de la Mettrie, betrachteten alle den Menschen als ›Besonderheit‹ in der Natur, vor der die mechanistischen Gesetze haltmachten. Zwar haben Gesellschafts- und Wirtschaftstheoretiker die Auffassung vertreten, die Gesellschaft werde von einem System gesellschaftlicher ›Kräfte‹ aufrechterhalten, analog zu den Kräften der Physik, aber das war eben immer nur eine Analogie gewesen. Die beiden Welten ›Mensch‹ und ›Natur‹, ›Vernunft‹ und ›Mechanismus‹ wurden doch immer als parallel und voneinander unterschieden behandelt.

Aber wie konnte man nun nach Darwin noch eine absolute Trennung zwischen den rationalen Menschen und der mechanischen Natur beibehalten? Obwohl Darwin in seinem ›Ursprung‹ ausschließlich von anderen Lebewesen gesprochen hatte, war es doch sonnenklar, daß seine Theorie auch für den Menschen galt. Man konnte nicht gut von Variation und natürlicher Zuchtwahl sprechen, um die Entstehung nur von Pflanzen und Tieren zu erklären, und dabei den Menschen ausklammern. Darwin wies in einer beiläufigen Bemerkung auch darauf hin:

In einer fernen Zukunft sehe ich ein weites Feld für noch bedeutsamere Forschungen ... Licht wird auch fallen auf den Menschen und seine Geschichte.[89]

Wenn der Mensch einmal als ein natürliches Produkt des Evolutionsprozesses anerkannt war, dann konnte das, was von Descartes' Kompromiß noch übrig war, nicht mehr aufrechterhalten werden. Es war mehr diese offensichtliche Ausweitung der Darwinschen Theorie als die eigentliche Argumentation im ›Ursprung‹, die Bischof Wilberforce auf der Tagung der British Association 1860 zu seinem skurrilen Angriff veranlaßte. Der Mensch stand tatsächlich an der Schwelle zur Entdeckung des Alters seiner eigenen Gattung, zur Entdeckung der Abstammung seiner Vorfahren und der vorgeschichtlichen Epochen, in denen sie sich entwickelt hatten.

Während gewissermaßen vorn auf der Bühne die Diskussion über die Evolution geführt wurde, sammelten hinter den Kulissen Wissenschaftler Material für die menschliche Paläontologie. Trotz der Arbeit der Archäologen bildete bis 1850 die biblische Chronologie noch immer den Maßstab für die irdische Existenz des Menschen.

89 Darwin, ›Ursprung‹, S, 688.

Das völlige Fehlen menschlicher Relikte in allen geologischen Ablagerungen mit Ausnahme der obersten machte es möglich zu behaupten – in Übereinstimmung mit Eusebios' Zeitschema –, der Mensch sei auf jeden Fall um 4000 v. Chr. erschaffen worden. Das erste Zeugnis dafür, daß die Menschheit weit älter ist, wurde einfach übersehen. Orthodoxe Wissenschaftler waren durchaus nicht bereit, sich durch die Entdeckung von Werkzeugen und Waffen aus Feuerstein in Ostengland 1797 in Verbindung mit fossilen Knochen großer ausgestorbener Tiere überzeugen zu lassen. Dieser Fund stimmte so wenig mit anderen paläontologischen Funden überein, daß man es im Augenblick vorzog, ihn zu ignorieren. Erst nach 1850 war der Beweis nicht mehr zu widerlegen. Menschliche Wesen hatten nachweislich zur gleichen Zeit mit den ausgestorbenen Wirbeltieren früherer Epochen existiert. Der Mann, der die offiziellen Vertreter der Wissenschaft schließlich dazu bewog, ihre Meinung zu ändern, war Boucher de Perthes, ein Zollbeamter aus Abbéville. Er hatte im Sand der Somme große Mengen bearbeiteter Feuersteine und Knochen entdeckt und kämpfte mehr als zwanzig Jahre lang gegen die Skepsis der gelehrten Welt an. Die Echtheit seiner Funde wurde erst anerkannt, als zwei Gruppen englischer Wissenschaftler, darunter auch Lyell, nach Abbéville kamen, um sie nachzuprüfen. Und als Lyell dann, nun über sechzig Jahre alt, an die Arbeit zu seinem zweiten größeren Beitrag zur Wissenschaft ging, ›The Antiquity of Man‹, der 1844 erschien, hatte er die Funde Boucher de Perthes' ebenso vor Augen wie Darwins Forschungen. Darwin und Huxley waren zuerst tief enttäuscht gewesen, daß der große Mann bisher die Evolutionstheorie noch nicht öffentlich anerkannt hatte, aber sein neues Werk erklärte das Zögern. Lyells Hauptgrund, die organische Progression – um nicht zu sagen Evolution – abzulehnen, war die fragmentarische und unklare Beschaffenheit der fossilen Zeugnisse gewesen, und dieser Mangel an Vollständigkeit war besonders auffallend bei den menschlichen Relikten. Nun revidierte er seine Ansicht, aber zu Darwins Verwirrung schenkte er den meisten Glauben – Lamarck, dessen Argumente er in allen früheren Ausgaben der ›Prinzipien‹ abgelehnt hatte. Da er nun aber davon überzeugt war, daß der paläontologische Status des Menschen mit dem aller Tierarten übereinstimmte, gab er schließlich die Auffassung von den ›besonderen Schöpfungen‹ auf und änderte seine ›Prinzipien‹ in der folgenden Auflage entsprechend ab.

Inzwischen schloß sich durch neue Entdeckungen die Kluft zwischen Mensch und Tier immer mehr. Die ersten Funde von Knochen einer offensichtlichen Übergangsform wurden 1856 in Deutschland in einer Höhle des Neandertals gemacht. Mit seiner fliehenden Stirn und den starken Augenbrauenwülsten glich der Schädel des ›Neandertalers‹ ganz entschieden dem des Affen, und zwar so sehr, daß die Skeptiker ihn anfangs als Schädel eines ›pathologischen Idioten‹ oder eines ›rachitischen mongolischen Kosaken‹ abtaten. Doch bis 1870 fand man in anderen Teilen Europas ähnliche Reste, auch Zwischenformen zwischen dem Neandertaler und späteren Formen, angefangen vom Cromagnon-Menschen in Les Eyziès im südfranzösischen Departement Dordogne, westlich von Bordeaux. So begann Darwin sein Buch ›Die Abstammung des Menschen‹ (1871) in dem Wissen, daß die ärgsten Stürme vorüber waren und er über den entwicklungsgeschichtlichen Ursprung des Menschen leidenschaftslos und in der Sprache der Wissenschaft reden konnte.

In physiologischer und zoologischer Hinsicht nahm nun der Mensch seinen Platz neben den Tieren ein. Aber das Zugeständnis, daß der Mensch entwicklungsgeschichtlich Vorfahren habe, die bis zu früheren, nichtmenschlichen Formen zurückreichten, warf auch psychologische und gesellschaftstheoretische Probleme auf. Sogar die frühesten archäologischen Funde zeigten den Menschen in hochorganisierten Staaten mit verfeinerten Gesellschaftsstrukturen und Rechtssystemen. Die Schrift, ohne die es keine historischen Urkunden gäbe, schien eine relativ späte Erfindung zu sein. Man begann nun auch die Entwicklung menschlichen Verhaltens zu erforschen, sowohl das Verhalten des Einzelnen als auch sein Verhalten in der Gesellschaft. Zum ersten Mal konnte man ernsthaft hoffen, den Spekulationen von Diodor und Lukrez über die allmähliche Entwicklung der menschlichen Gesellschaft vom Höhlendasein bis zum Leben in Städten eine wissenschaftliche Grundlage geben zu können. Unter Führung von Sir John Lubbock (später Lord Avebury), dessen Buch ›Pre-Historic Times‹ 1865 erschien, begann die Archäologie nicht nur die Skelette der ersten Menschen zu rekonstruieren, sondern auch deren Lebensweise.

Die Arbeit eines Jahrhunderts hat viel dazu getan, die Lücken in unserem Geschichtsbild zu schließen, und vor allem die Kluft zwischen der zeitlichen Entwicklung der Natur (dem Gebiet der Kosmologie, Geologie und Zoologie) und der Geschichte des Menschen (dem Gebiet der kritischen Geschichtswissenschaft) zu überbrücken. Alle Zeugnisse bestätigten Vicos Vorstellung von einem allmählichen, mühevollen Aufstieg aus einem primitiven Zustand zu einer beachtlichen Kulturhöhe. Montesquieus Bild einer statischen Gesellschaftsstruktur traf nicht mehr zu, denn es erwies sich, daß die vorhandenen Gesellschaften keine Manifestationen einer gleichbleibenden ›menschlichen Natur‹ waren, sondern die Endergebnisse einer Reihe von historischen Zeiträumen, in deren Verlauf das Leben anthropoider Affen und Höhlenmenschen langsam in das kompliziertere Leben moderner Industriegesellschaften umgestaltet worden war. So verschmolz die Paläontologie der Wirbeltiere und des Menschen zur Geschichte einer einzigen fortlaufenden Entwicklung, deren jüngster Abschnitt in die Vorgeschichte, Frühgeschichte und urkundlich belegte Geschichte überging. Diese fortlaufende Geschichte wird nun von einer zusammenhängenden Chronologie begleitet. Man nimmt als Alter der Menschheit, jedenfalls bis zu ihren Werkzeuge gebrauchenden Vorläufern, eine Million Jahre an. Bereits vor 20 000 Jahren gab es sorgfältig gearbeitete Steinwerkzeuge, die ersten Metalle wurden wenigstens vor 5000 Jahren bearbeitet, anfangs Kupfer und Gold, im 14. Jahrhundert v. Chr. begannen die Hethiter mit der Eisenbearbeitung. Zwar ist auch heute noch ein großer Teil von den Anfängen des Stadtlebens und von der Entwicklung der Technik und frühen Kulturen unerforscht, aber die Chronologie der historischen Entwicklung ist durch die Geschichtswissenschaft, Archäologie und andere Wissenschaften vom Menschen in großen Zügen bekannt.

Nur zwei wichtige Punkte sind immer noch dunkel. Wenn wir uns die menschliche Geschichte im engeren Sinne ansehen, dann fällt auf, daß die Ansammlung authentischen Materials nicht durch adäquate Theorien interpretiert wird. Die Sammlung von Tatsachen aus der Vergangenheit geht immer noch weiter, aber wenn diese Tatsachen dann in Begriffen aus der Vorstellungswelt der Wissenschaften vom Menschen ausgelegt werden sollen, dann wird vergleichsweise wenig getan. Die Wirtschaftsgeschichte hat die energischsten Versuche zu einer Interpretation gemacht, aber die Beziehungen, die die Geschichtswissenschaft zur Anthropologie, Soziologie usw. herstellen sollte, sind noch immer nicht völlig klar. Schuld daran ist zum großen Teil die Schwäche der genannten Wissenschaften selbst; es scheint, als sei die Geologie dazu verurteilt, rein deskriptiv zu bleiben, aus Mangel an angemessener Unterstützung seitens der Chemie und Physik. Zum kleineren Teil ist allerdings auch noch etwas anderes schuld, nämlich die Unschlüssigkeit der Historiker über die *Art* der Erklärung, die zu geben sie berechtigt sind. Muß ihr Ziel unbedingt beschreibender Art sein? Oder können sie Ereignisse erklären, indem sie sie nach allgemeinen Prinzipien auslegen? Und wenn sie versuchen, Ereignisse und Institutionen zu deuten, sollen sie dann deren Funktion für andere Erscheinungen ihrer Zeit feststellen, oder sollen sie sie zeitlich mit früheren Ereignissen und Institutionen, aus denen sie hervorgegangen sind, in Beziehung setzen? Wie weit diese Ereignisse und Institutionen ›Unveränderliche‹ der Gesellschafts- und Wirtschaftsgeschichte sind und wieweit sie dauernd im Flusse sind, darüber sind sich die Historiker noch nicht einig.

Hier wäre eine bessere Analyse der strittigen Probleme notwendig, wenn die Geschichtswissenschaft jemals eine ›erklärende‹ Wissenschaft werden soll. Funktionelle Erklärung (mit Hilfe zeitgenössischer Fakten) und dialektische Erklärung (mit Hilfe der zeitlichen Aufeinanderfolge) unmittelbar gegeneinanderzustellen, würde die Sache allzusehr vereinfachen. Wie Darwins Untersuchung gezeigt hat, ist die Entstehung neuer Varianten nur dann einleuchtend, wenn man sowohl die Aufeinanderfolge von Ereignissen, durch die sie entstehen, als auch ihre Angepaßtheit an ihre Umgebung, in der sie überlebt haben, in Betracht zieht. Und was für Organismen zutrifft, kann, mit angemessenem Vorbehalt, auch für gesellschaftliche Einrichtungen gelten. Wir können eine Institution nur dann verstehen, wenn wir erstens erklären können, wie sie sich zu früheren Gesellschaftsformen verhält, und zweitens, welche gesellschaftliche Rolle sie in ihrer eigenen Zeit gespielt hat.

Auch hinsichtlich der Psychologie hat die geistige Umwälzung, die im Darwinismus ihren Höhepunkt erreichte, noch ein beträchtliches Stück Weg vor sich. Die Philosophen des 18. Jahrhunderts stellten die gesellschaftlichen Bräuche menschlicher Wesen einfach in Gegensatz zum tierischen Herdenleben, wobei sie letzteres als Ergebnis des Instinkts betrachteten, ersteres als Triumph der Vernunft priesen. Solange die Einzigartigkeit des Menschen noch nicht in Frage stand, blieb auch dieser Gegensatz unangefochten, aber nach dem Bekanntwerden der Evolutionstheorie erschien ein absoluter Gegensatz zwischen menschlicher Vernunft und tierischem Instinkt allmählich doch stark übertrieben. Der springende Punkt ist aber nicht der, daß menschliches Verhalten weniger rational bestimmt wäre als unsere Vorfahren glaubten, sondern im Gegenteil der, daß viele Tiere bereits im Embryonalstadium Verhaltensweisen zeigen, die man bisher nur als Beweis für die Rationalität des Menschen herangezogen hat. Aber das tierische Verhalten ist erst in den letzten Jahren systematisch und wissenschaftlich erforscht worden, und die Wissenschaft der Ethologie steht noch in den Anfängen. Die

Ergebnisse, die man gewinnen kann, wenn man menschliches und tierisches Verhalten miteinander vergleicht, anstatt es in Gegensatz zu setzen, liegen noch in der Zukunft.

Doch die letzte Schlußfolgerung der Darwinschen Lehre, die den Menschen in die Natur eingliederte – daß das menschliche Verhalten sich ebenso beständig und ohne Unterbrechung aus dem seiner Vorfahren entwickelt habe wie die menschliche Anatomie und Physiologie –, stößt sogar noch heute auf Widerstand. Viele glauben noch immer, der Mensch müsse wegen seiner geistigen und moralischen Fähigkeiten von der übrigen Natur getrennt werden. Hier jedenfalls, im physiologischen Bereich, zog Papst Pius XII. ausdrücklich den Trennungsstrich. In der Enzyklika ›Humani generis‹ (1951) erklärte er:

In Übereinstimmung mit dem gegenwärtigen Stand von Wissenschaft und Theologie sollte die Evolutionstheorie von Fachleuten beider Bereiche geprüft und erörtert werden, soweit sie sich mit der Erforschung des Ursprungs des menschlichen *Körpers* befaßt, den sie aus präexistenter organischer Materie herleitet; die katholische Lehre gebietet uns zu glauben, daß die *Seelen* unmittelbar von Gott geschaffen worden sind.

Der Fluß der Natur

Im Lauf des 19. Jahrhunderts wurde die Naturgeschichte – in ihrem ursprünglichen Sinne als Geschichte der Natur – einerseits mit der Geschichte vom Menschen, andererseits mit der Naturwissenschaft verschmolzen. Vor 1750 waren Kosmologie, Zoologie und Geologie drei getrennte, unabhängige Denkbereiche gewesen, die nur wenige Probleme miteinander gemeinsam hatten und sich auch nicht mit der Erforschung menschlicher Angelegenheiten beschäftigten. Um 1900 befaßten sich alle drei mit vertrauten zeitlichen Vorgängen innerhalb längerer oder kürzerer Epochen. Es hatte sich gezeigt, daß das ›Zeugnis der Dinge‹ ein ebenso verläßlicher Führer in die Vergangenheit sein konnte wie menschliche Zeugnisse. Über einen gewissen Punkt hinaus war das Zeugnis der Natur sogar noch weit zuverlässiger als Erinnerung und Legende; richtig interpretiert, war es ein sicherer Wegweiser in die Vergangenheit über die Zeitgrenze hinaus, die der menschlichen Überlieferung gesetzt war. Allerdings traf das nur unter einer Bedingung zu, die für alle historischen Wissenschaften galt: Man mußte die Vergangenheit sich mit der Gegenwart verbunden denken und die Spuren früherer Ereignisse durch dieselben Gesetze und Prinzipien interpretieren, die für die Gegenwart gültig waren.

Das war die Methode des Aktualismus. Doch im Lauf der Zeit erwies sich der Geschichtsablauf, der sich aus allen diesen Forschungen herauskristallisierte, als immer weniger gleichförmig. Alle die konstanten Merkmale unserer menschlichen alltäglichen Welt – gesellschaftliche Einrichtungen, organische Arten, die Erdkruste und selbst das Planetensystem – waren offenkundig in ständigem Fluß begriffen. Das Problem war nun, die theoretisch gleichartigen Ursachen mit den historisch veränderlichen Wirkungen in Übereinstimmung zu bringen. 1790 hatte James Hutton noch die kosmologischen Spekulationen von Leibniz und Buffon als für die Geologie unerheblich beiseite tun und (wie Aristoteles) behaupten können, die Geologie verrate ›kein Zeichen eines Anfangs‹. Achtzig Jahre später jedoch zweifelte kein Wissenschaftler mehr daran, daß Geologie und Kosmologie in ihren Resultaten übereinstimmen und gemeinsam eine zusammenhängende Darstellung der Erdentwicklung ergeben müßten. Ebenso war es in der Astronomie: Newtons (letztlich von Plato übernommene) Überzeugung, die Ordnung des Sonnensystems sei durch die ursprüngliche Schöpfung entstanden, fand keinen Widerhall bei den Astronomen des 19. Jahrhunderts, die ihrerseits allgemein davon überzeugt waren, Aufbau und Bewegung der Planeten müßten schließlich irgendeine physikalische Erklärung finden. Noch viel weniger konnten die Wissenschaftler des 19. Jahrhunderts die stoische Auffassung akzeptieren, nach der Erde und Planetensystem einem sich wiederholenden Zyklus von Schöpfung und Zerstörung unterworfen waren. Allein die Denkmethode der ionischen Naturphilosophen und der Epikureer hielt der wissenschaftlichen Prüfung stand. Beide sahen die kosmische Entwicklung als fortlaufenden, beständigen Prozeß, der trotzdem Neues hervorzubringen vermochte – eine Naturphilosophie, gegen die wohlmeinende europäische Denker Jahrhunderte lang angekämpft hatten, weil sie sie für atheistisch und materialistisch hielten.

In ihren äußersten Konsequenzen beeinflußte die Revolution in der Geschichtsbetrachtung die Einstellung des Menschen zur fernsten Vergangenheit in zweierlei Hinsicht. Erstens war die Vergangenheit jetzt nicht mehr nur ein hypothetisches Gebilde, das sich dem Zugriff des rationalen Denkens entzog. Früher hatten die Menschen nur in metaphysischen Begriffen von der Vergangenheit sprechen können, indem sie a priori festsetzten, was ›wahrscheinlich geschehen‹ war, oder in theologischen Begriffen, indem sie ihre Schlußfolgerungen auf die Offenbarung stützten (›Und Gott sprach...‹). Jetzt begannen sie mit wissenschaftlichen Methoden Schritt für Schritt zu erforschen, welchen Verlauf die historische Entwicklung in Wirklichkeit genommen hatte, und die Ergebnisse wichen in unerwartetem Maße von allen Dogmen und Spekulationen ab. Zweitens bekam nun die Dimension der Zeit eine universale Bedeutung, wie sie sie früher für die Christen nicht gehabt hatte. Als man die jüdische Auffassung von der Menschheitsgeschichte als Ergebnis eines göttlichen Bundes mit griechischen Naturvorstellungen verschmolz, wurde die Zeit bedeutungsvoll, aber nur im Hinblick auf die Menschheit. Die Natur hatte keine Geschichte, sie war nur die Bühne, auf der sich das Schauspiel von der Erlösung abspielte. Jetzt bekam die historische Entwicklung – oder, im weiteren Sinne, Evolution – für die Naturwissenschaft und die Wissenschaften vom Menschen eine Bedeutung, die sie früher nur für die Theologie gehabt hatte. Infolgedessen wurden die a-priori-Denkmodelle, die man von Plato, Aristoteles und den Stoikern übernommen hatte, durch empirische, entwicklungsgeschichtliche Theorien ersetzt. Die Gesellschaft hatte weder schon immer in ihrer gegenwärtigen Form existiert, noch war sie plötzlich durch einen einzigen Akt geschaffen worden, noch hatte es ewige Zyklen von Kultur und Verfall gegeben, wie Platos ›Kritias‹ und einige Humanisten vermuteten. Menschliches Leben und menschliche Gesellschaft hatten ihre gegenwärtige Form allmählich angenommen, und es war die Aufgabe der Archäologen und Historiker, die einander folgenden Phasen dieses Vorgangs aufzurollen.

Auch die Entwicklung der Natur wurde nun als fortlaufender, einspuriger Prozeß betrachtet. Organische Arten hatten weder seit Ewigkeit existiert, noch waren sie in ihrer gegenwärtigen Form auf einen Schlag entstanden oder in einem unaufhörlichen Kreislauf von Schöpfungen und Zerstörungen begriffen. Im Gegenteil, auch sie waren die augenblicklichen Endprodukte einer viele Millionen Jahre währenden Entwicklung, in deren Verlauf frühere primitivere Organismen allmählich durch spätere, besser angepaßte Lebewesen verdrängt worden waren.

Ähnliche Schlußfolgerungen trafen auf die Erdgeschichte zu. In keinem Fall hatte es dem Verständnis des Menschen weitergeholfen zu behaupten, die fraglichen Systeme hätten schon immer in einem unveränderlichen Zustand existiert, oder sie seien auf einen Schlag in irgendeinem Augenblick in ferner Vergangenheit aus dem Nichts geschaffen worden, oder sie seien in einem kosmischen Kreislauf von Schöpfungen und Zerstörungen eingeschlossen gewesen. In jedem Fall hat der Mensch die Vergangenheit nur begriffen, wenn er sie unter einem echt historischen Blickwinkel betrachtet hat – was bedeutete, den gegenwärtigen Zustand von Natur und Menschheit als vorübergehendes Produkt eines kontinuierlichen, in der Zeit ablaufenden Prozesses zu interpretieren.

Die Zeit und die physikalische Welt

Ende des 19. Jahrhunderts hatte diese Umgestaltung des Geschichtsbildes auf alle Bereiche der Naturwissenschaft übergegriffen – mit einer einzigen Ausnahme. In der Geologie, Biologie und den Wissenschaften vom Menschen waren die a-priori-Denkmodelle der griechischen Philosophie verdrängt worden, aber in der Chemie und Physik gewannen die entwicklungsgeschichtlichen Überlegungen nur langsam an Boden. Sogar heute, sechzig Jahre später, ist es noch nicht sicher, ob die Physik jemals eine historische Wissenschaft werden wird. Als die Revolution des Geschichtsbildes in der Naturwissenschaft um sich griff, hielt sich die Physik außerhalb der Erörterungen, denn in ihrem Bereich nahm man es nach wie vor als Axiom, daß gewisse Erscheinungen in der Welt fixiert seien und trotz aller Wandlungen der übrigen Natur unverändert blieben. Wenn auch die Anzahl der zeitlosen Eigenschaften der Natur – oder der ›ewigen Prinzipien‹, wie die Griechen sie nannten – seit 1700 viel kleiner geworden ist, betrachtet man noch heute, Mitte des 20. Jahrhunderts, zumindest die Existenz physikalischer Gesetze als *einen* bleibenden Aspekt der Natur.

Während des 18. Jahrhunderts war das von Newton am Schluß seiner ›Optik‹ geschaffene Bild der physikalischen Natur allgemein in Geltung. Er führte darin fünf verschiedene gleichbleibende Eigenschaften an. Erstens gab es ›feste, dichte, harte, undurchdringliche, bewegliche Teilchen‹, aus denen sich letztlich die physikalische Welt aufbaute. Es war unvorstellbar, daß diese Teilchen sich verändern sollten, jedenfalls solange Gott nicht beschloß, die gegenwärtige Naturordnung völlig zu beenden. Eine der wichtigsten Eigenschaften dieser Teilchen war ihre ›Kraft der Trägheit‹, die wir heute ›Masse‹ nennen. Das zweite zeitlose Merkmal der Welt waren die ›passiven Bewegungsgesetze, wie sie sich natürlicherweise aus dieser Kraft ergeben‹. Damit meinte Newton die in den Axiomen seiner Dynamik ausgedrückten Gesetze. In ihrer gegenwärtigen Ordnung würden sie sich von einem Zeitalter zum andern nicht verändern. Drittens nannte Newton ›gewisse aktive Prinzipien‹, die mit Schwerkraft, Magnetismus, elektrischer Anziehung und ›Gärung‹ – das heißt chemischen Reaktionen – verbunden waren. Diese Prinzipien standen ebenfalls mit den durch Gott in der ursprünglichen Schöpfung vorausbestimmten ›allgemeinen Naturgesetzen‹ in Einklang. Zum Beispiel war das quadratische Abstandsgesetz der

Schwerkraft ein Teil aus Gottes zeitlosem Plan für die Natur, und weder die Potenz noch die Konstanten in den Formeln würden sich ohne sein unmittelbares Eingreifen ändern. Die vierte permanente Eigenschaft der Naturordnung war die vergleichsweise stabile Beschaffenheit der Planetenbahnen, die fünfte das angepaßte Modell der organischen Struktur, das er die ›Gleichartigkeit in den Tierkörpern‹ nannte. Es gab keine logische Notwendigkeit für dieses Bild, erklärte Newton. Es stand Gott frei, die Naturgesetze so festzulegen, wie es ihm gefiel, und es war durchaus vorstellbar, daß er in anderen Teilen des Kosmos Systeme geschaffen hatte, die ganz anderen Gesetzen unterlagen. Aber was unsere eigene Naturordnung betraf, so war sie auf der Grundlage von unteilbaren Teilchen, Bewegungsgesetzen, aktiven Prinzipien, Planetenbahnen und organischer Gleichartigkeit geschaffen worden.

Nur in einer Beziehung wurde das Newtonsche Bild von der Natur im Laufe des 18. Jahrhunderts verändert. Kants Spekulation in den achtziger Jahren, daß die Schöpfung der Naturordnung im astronomischen Bereich noch im Gange sein könne, konnte anscheinend bestätigt werden. William Herschel, der die damals größten Teleskope gebaut hatte – mit denen er 1781 den Uranus entdeckte –, erkannte, daß viele der sogenannten Fixsterne in Wirklichkeit in Bewegung sind. Wahrscheinlich wirkte die Schwerkraft nicht nur innerhalb des Sonnensystems, sondern zwischen allen Teilen des Weltalls, und die Konzentration von Sternen zu Haufen und Galaxien konnte sehr wohl ein Ergebnis dieser auf Schwerkraft beruhenden Wechselwirkung sein. Auf Grund einer Reihe eindrucksvoller Beobachtungen gab er eine Darstellung der möglichen Vorgänge, durch die Sterne und Sternhaufen entstehen können. Danach wurden Sterne durch Anhäufung schwach leuchtenden interstellaren Staubs und Gases (von ihm 1790 zum ersten Mal beobachtet) gebildet, dann zu immer kompakteren Verbindungen zusammengezogen, wobei schließlich etliche in einer prachtvollen Flamme zusammenstürzten. Diese Theorie wurde sofort von Laplace aufgegriffen, um damit den Ursprung und die Eigenschaften des Sonnensystems zu erklären. Auch das Sonnensystem konnte durch Kondensation von ursprünglich diffuser Materie zu einer Wolke entstanden sein, und seine relativ stabile Beschaffenheit erforderte keine andere, übernatürliche Erklärung. Auf diese Weise war schon ein Stück aus Newtons Liste der durch göttliches Wirken entstandenen Prinzipien verschwunden.

Sonst blieb seine Aufstellung zunächst unangefochten, sie wurde sogar in den folgenden Jahren noch bestätigt. Die ›unveränderlichen Teilchen‹ in Newtons physikalischer Welt wurden mit den im 19. Jahrhundert entdeckten ›Atomen‹ und ›Molekülen‹ identifiziert, und es wurde allgemein angenommen – zumindest von den Physikern –, Gott habe ursprünglich etwa neunzig verschiedene, unveränderliche Arten von Teilchen geschaffen, die auch durch alle physikalischen Umgestaltungen hindurch unverändert bleiben würden. In seinem Grußwort an die British Association (1873) machte James Clerk Maxwell die theologischen Grundlagen dieser Lehre deutlich:

Für die Ähnlichkeit von Molekülen kann keine Evolutionstheorie aufgestellt werden, denn Evolution bedeutet fortwährende Veränderung, und das Molekül ist unfähig zu wachsen oder zu schwinden, sich fortzupflanzen oder sich zu zerstören. Kein Naturvorgang hat seit dem Bestehen der Natur den kleinsten Unterschied in den Eigenschaften eines Moleküls hervorgebracht. Wir können daher weder die Existenz der Moleküle noch die Gleichheit ihrer Eigenschaften dem Wirken jener Ursachen zuschreiben, die wir als ›natürlich‹ bezeichnen ...

Wie wir wissen, gibt es natürliche Ursachen, die den Aufbau und die Dimensionen der Erde und das ganze Sonnensystem verändern, wenn nicht sogar auf die Dauer zerstören. Aber wenn auch im Lauf von Zeitaltern Katastrophen stattgefunden haben und am Himmel vielleicht noch stattfinden, wenn auch alte Systeme sich auflösen und neue aus ihren Resten entstehen – die Moleküle, aus denen sich diese Systeme aufbauen, die Grundsteine des materiellen Weltalls, bleiben unzerstört und unangegriffen.

Sie bestehen noch heute genauso, wie sie geschaffen worden sind, vollkommen in Zahl und Ausmaß und Gewicht, und aus ihrer unangreifbaren Beschaffenheit, die ihnen gegeben worden ist, können wir erkennen, daß das Streben nach Genauigkeit in der Messung, nach Wahrheit in der Behauptung, Gerechtigkeit im Handeln, das wir zu unseren edelsten Eigenschaften als Menschen zählen, deshalb in uns liegt, weil es wesentlicher Bestandteil des Bildes dessen ist, der im Anfang nicht nur Himmel und Erde geschaffen hat, sondern auch die Materie, aus welcher Himmel und Erde bestehen.

Das physikalische Weltall bestand also in der Vorstellung des 19. Jahrhunderts aus unveränderlichen, miteinander in Wechselwirkung stehenden Atomen, und diese Wechselwirkung ging auf Grund von Kräften vor sich, die durch unveränderliche Gesetze festgelegt waren. Alles andere war nur sekundär und vorübergehend, und es ist fast Ironie, daß Daltons und Maxwells Theorie von der Materie die Kategorien der Physik und Chemie in eine starke, ahistorische Form gepreßt hat, gerade in der Zeit, als die Biologie durch Darwins ›Ursprung der Arten‹ sich zu einer historischen Wissenschaft entwickelte.

Während des 20. Jahrhunderts hat sich die Zahl der unveränderlichen physikalischen Eigenschaften der Natur drastisch verringert. Nachdem die Radioaktivität entdeckt war, erhoben sich die ersten Zweifel an der Unveränderlichkeit der Atome, und das war nur der erste Anstoß, der eine ganze Lawine ins Rollen brachte (siehe Band II: ›Materie und Leben‹). Obwohl man sich heute nach der Quantentheorie noch immer die Welt aus ›Elementarteilchen‹ aufgebaut denkt, sind diese doch bis zu einem viel höheren Grade vergänglich und veränderlich, als Newton oder Maxwell es sich je hätten vorstellen können. Alle verwandeln sich unter bestimmten Umständen in andere, und man weiß heute, daß es überhaupt keine ›ewigen Einheiten‹ der Materie und Energie gibt. Manche mögen stabiler sein als andere, aber man wird ihre Wechselbeziehungen am besten verstehen, wenn man sie als Nebenprodukte betrachtet, als vorübergehende Erscheinungsformen der Kraftfelder, die durch mathematische Gleichungen der physikalischen Theorie definiert werden.

Damit sind Newtons ursprünglich fünf Eigenschaften auf eine zusammengeschmolzen: die festgelegten Naturgesetze. Ihre Permutationen lenken (theoretisch) das ganze Kaleidoskop der Materie und Energie – das Studienobjekt des Wissenschaftlers. Ein bestimmtes, festgelegtes System von Gleichungen vorausgesetzt, kann man hoffen, die physikalischen Vorgänge, vom subatomaren bis zum molekularen, makroskopischen und sogar astronomischen Bereich zu erklären, und zwar ohne dabei ein einzelnes physikalisches Objekt aus dem Lauf der Zeit herauszunehmen, was bedeutet, daß es tatsächlich keine unveränderlichen materiellen ›Atome‹ im ursprünglichen Sinne gibt. Für die heutigen Physiker sind die Teilchen, aus denen sich die gewöhnliche Materie aufbaut, ebenso vorübergehende Konsequenzen der die Kraftfelder bestimmenden Gleichungen, wie für Laplace die Struktur des Sonnensystems eine Konsequenz der universalen Schwerkraft war. Die noch offenstehende Frage ist nun, ob die Naturgesetze selbst – das letzte ahistorische Merkmal im Weltbild des Physikers – sich als dem Lauf der Zeit unterworfen herausstellen.

Die Entwicklung der Sterne und der Elemente

Der einzige Wissenschaftszweig, in dem diese Frage ernsthaft gestellt werden kann, ist zur Zeit die Kosmologie, weil wir uns da mit Vorgängen beschäftigen, die sich über einen Zeitraum von Tausenden Millionen Jahren erstreckt haben, in deren Verlauf eine langsame Veränderung der fundamentalen Naturgesetze sichtbar werden könnte. Die Kosmologie ist in allen ihren Phasen von den jeweiligen Veränderungen in den wichtigsten Kategorien der physikalischen Theorien nicht unberührt geblieben, und an ihr, dem ›historischsten‹ aller physikalischen Wissenschaftszweige, ist das Eindringen entwicklungsgeschichtlicher Vorstellungen in das physikalische Denken ganz deutlich zu erkennen. Wenn wir die Entwicklung der kosmologischen Vorstellungen während der letzten hundertfünfzig Jahre verfolgen, dann können wir beobachten, wie das historische Bewußtsein sich in dieser Wissenschaft langsam immer stärker durchgesetzt hat, und können selbst die Zeugnisse prüfen, die wohl schließlich die letzte zeitlose Eigenschaft aus unserem Bild von der physikalischen Welt auslöschen werden.

Laplace erklärte, ein überlegener Geist sei in der Lage – vorausgesetzt, er kenne die Ausgangspositionen und -geschwindigkeiten aller Atome im Weltall –, dessen gesamte Geschichte im Prinzip zu berechnen. Die Lebensgeschichte der materiellen Welt war also nur eine Frage der Dynamik, und während des 19. Jahrhunderts haben die Physiker sie lange Zeit unter diesem Blickwinkel gesehen. Die von John Dalton und Jöns Jacob von Berzelius herbeigeführte Umgestaltung des Denkens in der Chemie hat nur langsam Einfluß auf die kosmologische Spekulation gewonnen. Die Chemie war vor allem eine Wissenschaft des Laboratoriums und beschäftigte sich mit handgreiflichen materiellen Substanzen. Die einzigen Zeugnisse, die auf chemische Eigenschaften der ›himmlischen Materie‹ schließen ließen, waren Meteore, und es hatte den Anschein, als werde sich die chemische Struktur der Sterne für immer dem menschlichen Zugriff entziehen. Durch die Erfindung des Spektroskops wurde dieses Hindernis jedoch überwunden; man stellte fest, daß das Spektrum jedes Sternes ein charakteristisches Linienmuster enthält, das genau den schon bekannten Linien in den Spektren irdischer Substanzen entspricht. Zwar kannte man dadurch nun die in den Himmelskörpern gegenwärtig vorhandenen chemischen Substanzen, aber die Geschichte der Sterne blieb den Astronomen des 19. Jahrhunderts noch genauso rätselhaft, wie sie es für Lukrez gewesen war.

Die wichtigsten Anhaltspunkte für die Sternbildung und -entwicklung waren jedoch nicht, wie sich zeigen sollte, chemischer, sondern subatomarer Art. Die Spektralanalyse mußte bis zum 20. Jahrhundert auf ihre logische Erklärung warten, bis Niels Bohr die Linienspektren der Atome durch ›Quantensprünge‹ im Innern des Atoms erklärte. Man nimmt heute an, daß die Hauptquelle der Sternenergie die ›Kernfusion‹ ist (s. Band II: ›Materie und Leben‹). Durch diese Annäherung von Kernphysik und Astronomie ist die Entwicklung der Sterne und Galaxien seit 1945 ein wichtiger und ergiebiger Wissenschaftszweig geworden. Wie einst Linné in der Zoologie, haben früher die Astronomen ein phänomenologisches Schema aufgebaut, in dem sie Sterne, Sternhaufen und Galaxien nach ihren Formen und Spektren klassifizierten, doch heute kann man diese Klassifikation à la Linné als einen zeitlichen Ablauf erklären – wie es Darwin für Tiere und Pflanzen getan hat. Denn da die Evolution der Sterne durch eine feste Folge von Kernreaktionen bedingt ist, kann man ihren phänomenologischen Zustand durch die Entwicklungsstufe bestimmen, auf der sie sich gerade befinden.

Der durch die Analogie zur Biologie nahegelegte Terminus ›Evolution‹ ist jedoch nur zum Teil richtig. Erstens: soweit wir wissen, gibt es in der Astronomie keine Entsprechung zur ›natürlichen Zuchtwahl‹, die bei irgendeinem Typ von Himmelskörpern zu einer bevorzugten Auswahl führen würde. Zweitens: es gibt bis heute in der kosmischen Geschichte nichts, was dem Ersetzen einer Art durch eine andere innerhalb einer Population entspricht. Drittens: die gegenwärtig vertretene Theorie der ›stellaren Entwicklung‹ bezieht sich nur auf die charakteristischen Lebenszyklen individueller Sterne oder Sternhaufen, nicht auf eine ›kosmische Geschichte‹, die sämtliche Vorgänge im Weltall umfaßt. Wenn wir die kosmologische Theorie des 20. Jahrhunderts richtig beurteilen wollen, müssen wir diese beiden Aspekte auseinanderhalten, das heißt, wir müssen erst die Zeugnisse für eine Sternentwicklung betrachten und dann sehen, wie sich die Kosmologen mit dem Problem der Entstehung des Weltalls als Ganzem auseinandersetzen.

Die Argumente zugunsten einer stellaren Evolution beruhen auf drei astronomischen Beobachtungen. Erstens haben die Astronomen einen deutlich sichtbaren Kontrast am Himmel festgestellt, der seit der Aufstellung des Fünfmeter-Spiegels auf dem Mount Palomar unverkennbar ist. Einerseits gibt es Gebiete mit diffusen und nebligen Wolken, einige leuchtend, andere nur als dunkle Schatten auf einem leuchtenden Hintergrund wahrnehmbar. Sie alle bestehen offenbar aus interstellarem Staub und Gas. Weite Gebiete in der Umgebung unserer Sonne und auch die ›Arme‹ der Spiralnebel sehen so aus. Die hellsten Körper in solchen Gebieten sind die sogenannten ›blauen Riesen‹, deren Oberflächentemperatur so hoch ist, daß sie nicht weiß oder rot erscheinen, sondern eindeutig blauglühend. Aus den Spektren solcher Sterne kann man auf einen hohen Metallanteil schließen. Andererseits gibt es offenbar Himmelsgebiete ohne interstellares Gas und mit Körpern von ganz anderer Art bevölkert. Hierzu gehören die elliptischen Galaxien und die Kerne der Spiralnebel. (Man hat die Vermutung ausgesprochen, gewisse elliptische Galaxien könnten frühere Spiralnebel gewesen sein, die ihre Arme verloren haben.) Innerhalb dieser Gebiete sind die typischen Sterne arm an Metall, und die hellsten unter ihnen – die ›roten Riesen‹ – sind viel kühler als die der anderen Gebiete.

Zweitens kann man in den ›gaserfüllten‹ Gebieten eine große Zahl der verschiedensten Körper feststellen, von äußerst diffusen Wolken bis zu verschwommenen, fast ebenso hell wie normale Sterne leuchtenden Objekten. Diese mehr oder weniger diffusen Gebilde sind begleitet von echten Sternen mit einem ungeheuer weiten Bereich an Farbe und Oberflächentemperatur. Vergleicht man Leuchtkraft und Farben all dieser Körper, dann stellt man fest, daß sie fast alle einem bestimmten Schema folgen: je schwächer, desto röter. Abgesehen von einigen Ausnahmen, haben die Sterne mit der höchsten Oberflächentemperatur die größte Leuchtkraft.

Die dritte Beobachtung hängt mit den eben erwähnten Ausnahmen zusammen. Betrachtet man einige lokalisierte Sternhaufen (zum Beispiel die Plejaden, die Hyaden und das Haar der Berenike), und untersucht man, wie es sich mit der Beziehung zwischen Leuchtkraft und Farbe bei ihnen verhält, so findet man, daß das allgemeine Schema stets dasselbe ist; die Unterschiede zwischen den Sternhaufen zeigen sich nur in den Ausnahmen. In jedem Sternhaufen gibt es einige vergleichsweise intensiv leuchtende Sterne, deren Licht röter ist, als man es bei ihrer Helligkeit erwarten würde – also einige isolierte ›rote Riesen‹ in einem Gebiet, wo sonst ›blaue Riesen‹ die Regel sind. In jedem Haufen bilden diese Ausnahmen eine auffallende Sequenz mit einem ganz speziellen Zusammenhang zwischen Leuchtkraft und Farbe, die für diesen Haufen kennzeichnend ist.

Die allgemein anerkannte Erklärung dieser Beobachtungen beruht auf der Annahme, daß die interstellaren Staub- und Gaswolken, und zwar überwiegend Wasserstoffgas, das Rohmaterial sind, aus dem sich die Sterne bilden. Die Bildung neuer Sterne findet auch gegenwärtig noch in den Armen der Spiralnebel und in anderen ähnlichen Regionen statt; dabei sind die für diese Region charakteristischen heißen blauen Sterne die neuesten und also die jüngsten. Ihr Wasserstoff hat sich gerade unter der Einwirkung der Schwerkraft bis zur ›Zündung‹ der Kernprozesse kondensiert und ›verbrennt‹ zu Helium mit der solchen Kernprozessen eigenen ungeheuren Energie. (Die verschwommenen Gebilde – einige leuchtend, andere undurchsichtig – repräsentieren möglicherweise die Kondensation von Wasserstoff, entweder im Zustand der Zusammenballung oder des Zündens.) Im allgemeinen entsteht nicht nur ein einzelner Stern aus interstellarem Gas, sondern eine lokale Ansammlung von Wasserstoff kondensiert zu einem kompakten Haufen von Sternen, die alle – plus oder minus einige Millionen Jahre – gleich alt sind. Sowie die Kernprozesse in Gang gekommen sind, beginnt für alle Sterne der gleiche Ablauf. Ihr Wasserstoff verwandelt sich in Helium, und dieser Vorgang dauert so lange, bis etwa ein Zehntel ihrer Masse umgewandelt worden ist; die Zeitspanne, in der die Umwandlung stattfindet, hängt von der anfänglichen Masse des Sterns ab. Je größer die anfängliche Menge an Wasserstoff ist, um so schneller verbrennt sie.

Schließlich gerät der Stern durch die Anhäufung von Helium in seinem Kern in einen Zustand der Instabilität, und es geschieht zweierlei: Der Heliumkern zieht sich zusammen, und zugleich dehnt sich die ihn umgebende Hülle aus Wasserstoff auf ein Vielfaches seiner vorherigen Größe aus. Infolgedessen kühlt sich die äußere Schale ab, obwohl noch immer Wasserstoff in großen Mengen umgewandelt wird. Der Stern erscheint uns jetzt im Verhältnis zu seiner Leuchtkraft ungewöhnlich rot, er wird in der Tat zum ›roten Riesen‹. Inzwischen stürzt der aus Helium bestehende Kern des Sterns infolge der Schwerkraft in sich zusammen, und seine Temperatur steigt bis zu einem Punkt, an dem eine neue Kernfusion möglich ist. Die Heliumkerne verbinden sich nun zu Elementen wie Kohlenstoff und Sauerstoff, und diese reagieren wiederum so mit dem Helium, daß durch Fusion wieder neue Kerne und damit neue Elemente bis hinauf zum Eisen (Atomgewicht 56) entstehen. Die unmittelbare Bildung von Elementen, die schwerer als Eisen sind, ist durch Fusion mit Helium nicht mehr möglich, aber es sind so viele freie Neutronen im Zentrum des Sterns, daß die Eisenkerne Schritt für Schritt in die gesamte Skala komplizierterer Elemente umgewandelt werden können. Auf diese Weise, so vermuten die

Astrophysiker, dienen die zentralen Kerne der ›roten Riesen‹ als Produktionsstätten für schwerere chemische Elemente.

Mit Hilfe dieser Theorie kann man heute das Alter jedes einzelnen Sternhaufens, wie zum Beispiel der Plejaden, abschätzen. In einem sehr jungen Sternhaufen haben selbst die größten Sterne noch nicht ihre erste Phase durchlaufen, und es gibt demnach noch keine ›roten Riesen‹. Das ist zum Beispiel der Fall bei dem Haufen NGC 2362, der wohl höchstens zwei Millionen Jahre alt und wahrscheinlich noch im Entstehungsprozeß begriffen ist. Sternhaufen, in denen nur die größten Sterne rotglühend geworden sind, haben ein Alter von etwa hundert Millionen Jahren. Je älter der Haufen, desto höher der Anteil der Sterne, die ihren kritischen Punkt überschritten haben und zu ›roten Riesen‹ geworden sind. Man kann das Alter des Haufens danach schätzen, wie weit die Tendenz seiner Sterne zum Übergang in den Zustand der roten Riesen vorgeschritten ist. Auf dieser Grundlage hat man berechnet, daß sich die Hyaden vor etwa vierhundert Millionen Jahren kondensiert haben, das Haar der Berenike vor dreihundert Millionen und die Plejaden vor ungefähr zwanzig Millionen Jahren.

Die weitere Lebensgeschichte der so entstandenen Sterne ist weniger klar, aber in großen Zügen kann man sie sich vorstellen. Möglicherweise pulsiert der Stern eine Zeitlang, doch schließlich fällt die Kernmaterie in seinem Innern in sich zusammen und wird in einer vollkommenen Fusion bis zur äußersten Grenze zusammengepreßt. Das geschieht jedoch nur bei den kleineren Sternen. Die anderen, die zu groß dazu sind, explodieren und schleudern ihre überschüssige Materie in plötzlichen Lichtausbrüchen, die wir ›Novae‹ nennen, von sich; übrig bleiben die letzten, sich abkühlenden Glutbrocken eines erlöschenden Sterns – ein sogenannter ›weißer Zwerg‹. Die letzte Explosion kann auch größeres Ausmaß haben und stellt dann eine ›Supernova‹ dar. Dabei bleibt nicht einmal ein weißer Zwerg übrig; die ganze Substanz des Sternes wird als nichtleuchtender Staub in den Raum verstreut. So ist es wahrscheinlich mit der Supernova geschehen, die im Jahr 1054 im Sternbild des Krebses aufgetaucht ist. Dann kann der Kreislauf der Sternbildung von neuem beginnen.

Ganz anders verhält es sich in den elliptischen Galaxien. Staub und Gas sind anscheinend irgendwie verschwunden, und die einzigen, dort bestehenden Sterne sind wohl alt und verhältnismäßig klein. Der Prozeß der Sternbildung ist längst zu Ende, es gibt keine hellen, jungen blauen Riesen, und die noch vorhandenen Mitglieder

der Galaxie durchlaufen ruhig die letzten Phasen ihres Sternenlebens. Nur von Zeit zu Zeit flammen einige als rote Riesen auf, wenn sie den Punkt der Instabilität erreicht haben. Ebenso bestehen die zentralen Kerne der Spiralnebel großenteils aus alten, roten Sternen, die sich von der jüngeren, blauen Population der stauberfüllten Arme abheben. Der Staub in den äußeren Schichten stammt vielleicht aus den Explosionen älterer Sterne im Kern der Galaxie. Die hinausgeschleuderte Materie enthält eine große Zahl verschiedener Elemente – vor allem Metalle –, die zum Aufbau der jüngeren Sterne in den Spiralarmen verwendet werden. Die heute allgemein anerkannte Theorie erklärt also den Unterschied zwischen den beiden Populationen von Sternen wohl richtig: Jüngere Sterne kommen in den Armen der Spiralnebel vor, deren Spektren auf ziemlich große Mengen von Metallen und anderen komplexen Elementen schließen lassen, und ältere Sterne in den zentralen Regionen und in den elliptischen Galaxien, die vorwiegend aus Wasserstoff und Helium bestehen.

Diese Interpretation – der Kants Theorie an die Seite gestellt zu werden verdient – verbindet sehr elegant eine Reihe astronomischer Fakten miteinander und führt eine echte Zeitdimension in die Astronomie ein. Auf der einen Seite hängt sie mit Theorien über die Bildung der Planeten zusammen, deren Materie wahrscheinlich von der Sonne aus interstellarem Staub angezogen worden war, auf der anderen Seite ermöglicht sie uns, unser Zeitschema mindestens bis zu siebentausend Millionen Jahren zurück auszudehnen, das heißt also bis zur ersten Formation der Sonne und ihrer ältesten benachbarten Sternhaufen. Aber dann erhebt sich, über die Sternentwicklung hinaus, wieder die Frage nach der Schöpfung des gesamten Weltalls.

Die Astronomie und das Problem der Schöpfung

Hier müssen wir uns den Theorien zuwenden, die in den letzten Jahren von den Astronomen und Physikern aufgestellt worden sind, um eine Geschichte des Kosmos zu entwickeln. Sie befassen sich mehr mit dem Ursprung des Weltalls als Ganzem – sofern es überhaupt einen gibt – als mit der zeitlichen Entwicklung einzelner Himmelskörper. Etwas muß jedoch zuvor gesagt werden: Über diese kosmologischen Theorien besteht unter den Astronomen keine Übereinstimmung, wie es bei den Theorien der Sternentwicklung der

Fall ist. In der Kosmologie stehen die Vertreter der verschiedenen Theorien auf ganz entgegengesetzten und sogar – wie sie heute formuliert werden – unvereinbaren Standpunkten. Die einen sehen in den astronomischen Zeugnissen die Grundlage für die Auffassung, das gesamte Universum habe in einem bestimmten Augenblick vor zehntausend Millionen Jahren durch eine kataklysmische Schöpfung seinen Anfang genommen, wobei Zeit und Materie zugleich und ein für allemal entstanden seien. Andere glauben, der Kosmos existiere seit unbegrenzter Zeit, und sein Zustand und seine Erscheinungsform seien im wesentlichen immer so ähnlich gewesen wie heute. Diese Auffassung von der ›Gleichartigkeit seit Ewigkeit‹ wird ab und zu sogar als notwendiges Axiom für alles wissenschaftliche kosmologische Denken hingestellt, als rationale Voraussetzung, der sich jede akzeptable Darstellung des Weltalls anpassen müsse. Doch es gibt noch eine dritte Meinung. Der Kosmos sei weder durch eine ursprüngliche Schöpfung entstanden, noch bestehe er unverändert seit Ewigkeit; er habe vielmehr einen wiederkehrenden Zyklus ähnlicher Veränderungen, zwischen zwei Extremen sich hin und her bewegend, in insgesamt hunderttausend Millionen Jahren durchlaufen.

Die Verschiedenheit dieser Auffassungen ist heute nahezu absolut. Es besteht offenbar auch keine Aussicht, eine Annäherung zu erreichen, ohne jeweils gewisse Voraussetzungen fallenzulassen, die für die betreffenden Theorien als unerläßlich gelten. Diese theoretische Sackgasse scheint genauso ausweglos wie diejenigen, in die um 1800 die Geologie und zwischen 1830 und 1850 die Zoologie geraten waren, und man wird zu gegebener Zeit fragen müssen, ob man nicht etwas aus der Art und Weise lernen kann, in der diese Wissenschaften schließlich zu einer historischen Betrachtungsweise gekommen sind.

Jede der drei rivalisierenden Meinungen interpretiert auf ihre eigene Art das Hauptproblem der astronomischen Zeugnisse, nämlich die Rotverschiebung weit entfernter Sternsysteme. Untersucht man die Spektren mit dem Spektroskop, dann erkennt man senkrecht zum Verlauf des Bandes stehende Linien, deren Anordnung in einzelne Linien und Bänder jeweils für die Elemente charakteristisch sind, aus denen die betreffende Galaxie sich aufbaut (Abb. 10). Aber es gibt einen auffallenden Unterschied zwischen dem Spektrum, das wir bei der Herstellung zum Beispiel von Wasserstoff im Laboratorium erhalten, und dem Spektrum des Lichts einer sich entfernenden Galaxie. Beim Spektrum der Galaxie wird die gesamte Anordnung der Spektrallinien zu den längeren Wellen hin verschoben, das heißt zum roten Ende des sichtbaren Spektrums. Darüber hinaus scheint eine enge Beziehung zwischen dem Ausmaß dieser Rotverschiebung und der Entfernung der betreffenden Galaxie zu bestehen; je weiter entfernt die Galaxie, um so ausgeprägter die Rotverschiebung. Im Bereich möglicher Beobachtungen besteht in der Tat eine klare Proportionalität. Bewegt man sich von einer Galaxie zu einer anderen in doppelter Entfernung, so verdoppelt sich das Ausmaß der Rotverschiebung. Jeder Beitrag zur heutigen Kosmologie muß sich mit diesem Phänomen auseinandersetzen, und das erste ist stets, eine Ursache dafür zu finden. Die einfachste und weithin anerkannte Erklärung führt sie auf den Doppler-Effekt zurück. Die wachsenden Wellenlängen entsprechender Spektrallinien gelten als Beweis dafür, daß die weiter entfernten Galaxien sich von uns mit proportional höherer Geschwindigkeit entfernen. Nach dieser Interpretation entfernen sich alle Galaxien – im Bereich unserer Beobachtung – voneinander in einer Geschwindigkeit, die direkt proportional zu ihrer wachsenden Entfernung ist – ähnlich den Bruchstücken einer explodierenden Granate. Angenommen, man akzeptiert dieses ›Zurückweichen der Nebel‹ als echtes Phänomen – was ist daraus zu schließen? Hier gehen nun die Meinungen der Kosmologen auseinander.

Nach der ersten Theorie stellt diese ›Explosion‹ die vollständige zeitliche Geschichte des gesamten räumlichen Universums dar. Am Anfang stand ein ›ursprüngliches Atom‹, das die gesamte, jetzt im Kosmos verteilte Materie und Energie in sich schloß. Die Schöpfung dieses ›Atoms‹ setzte die ganze Folge von Ereignissen in Gang, die das Universum bis jetzt durchlebt hat. Nach Meinung einiger Kosmologen bildete diese Schöpfung auch den Anfang der Zeit. Eine solche Konzentration von Materie und Energie war physikalisch unstabil. Am Nullpunkt der Zeit war seine effektive Temperatur unbegrenzt, also begann der Lauf der Dinge sehr schnell. Nach den ersten fünf Minuten der Geschichte betrug die Temperatur im explodierenden Kosmos eine Milliarde Grad, nach vierundzwanzig Stunden war sie auf vierzig Millionen Grad gesunken, und die schwersten chemischen Elemente hatten sich verfestigt. Danach ging die Explosion dreihunderttausend Jahre lang weiter, und währenddessen sank die Durchschnittstemperatur auf sechstausend Grad, was der gegenwärtigen Oberflächentemperatur der Sonne entspricht. Nach zweihundertfünfzig Millionen Jahren waren die Bruchstücke der ursprünglichen ›Granate‹ weit genug voneinander entfernt, daß die Schwerkraft wirksam werden und dadurch die Abläufe stellarer

Kondensation und Evolution in Gang setzen konnte. Dies ist in großen Zügen die Auffassung von der Entstehung des Kosmos durch einen ›Urknall‹, die von Abbé Lemaître zuerst vertreten und von George Gamow und Edward Teller ausgearbeitet wurde.

Dieser Ansicht entgegen steht die Auffassung vom ›steady state‹, also vom ›unveränderten Zustand‹, deren bekanntester Vertreter Fred Hoyle ist. Bei ihr ist der Ausgangspunkt die im Raum verteilte, in einem Zustand extremer Verdünnung befindliche Materie, die ständig neu entsteht. Hoyle antwortete Lemaître genauso wie einst Hutton Werner geantwortet hatte. Das Zurückweichen der Galaxien ist nur eine der beiden miteinander im Gleichgewicht stehenden Kräfte, die im Laufe der kosmischen Geschichte und für immer einander entgegenwirken. In jedem Augenblick – und einen Anfang der Zeit gibt es nicht – entfernen sich die Galaxien, die sich bereits kondensiert haben, mit zunehmender Geschwindigkeit voneinander und verschwinden aus dem Bereich unserer Beobachtung. Zu gleicher Zeit entsteht eine entsprechende Menge ursprünglichen Wasserstoffs, gleichmäßig im All verteilt, und aus diesem bilden sich neue Sternhaufen und Galaxien (Abb. 11), die diejenigen ersetzen, die sich der Beobachtung entzogen haben. Hoyle hat bei dem Versuch, die Lebenszyklen der Sterne zu enträtseln, eine führende Rolle gespielt, und die in seiner Theorie beschriebenen Abläufe sind einleuchtend. Zugleich sei darauf hingewiesen, daß die Vertreter der Steady-state-Theorie über die üblichen Grenzen der Hypothese hinausgegangen sind, indem sie von einem ›vollkommenen kosmologischen Prinzip‹ sprechen, das an den geologischen Aktualismus in seiner extremsten Form erinnert. Gleich Hutton sieht Hoyle in den astronomischen Fakten ›kein Zeichen eines Anfangs – keine Aussicht auf ein Ende‹. Gemäß seinem kosmologischen Prinzip haben sich ähnliche physikalische Vorgänge nicht nur in jedem Abschnitt der kosmischen Geschichte abgespielt, sondern die Erscheinungsform des beobachtbaren Himmels war in jeder wesentlichen Hinsicht zu jedem Zeitpunkt in der Vergangenheit gleich. Immer hat sich dieselbe Anzahl von Galaxien mit ungefähr derselben Geschwindigkeit entfernt, und immer hat dieselbe Anzahl neuer Kondensationen stattgefunden.

Die dritte Theorie verbindet die einzelnen Teile dieses geistigen Puzzlespiels etwas anders. Sie akzeptiert zwar, wie die Theorie vom Urknall, die Meinung, daß die ständige Explosion der Galaxien die Grundvoraussetzung für den gegenwärtigen Abschnitt der kosmischen Geschichte bilde. Aber sie geht noch hinter den Zeitpunkt zurück, an dem die Materie des Universums ihre stärkste Kondensation erreicht hatte, und leugnet, daß die gegenwärtige Phase die Gesamtheit der Zeit und der kosmischen Existenz darstelle. Die Konzentration von Galaxien bis zum Explodieren der ›Granate‹ vor zehntausend Millionen Jahren repräsentiert nur eine von zwei extremen Bedingungen, zwischen denen sich das Universum fortwährend bewegt. Die ständige Ausdehnung setzt sich fort, bis sie ihren Impuls verliert; dann erreicht der Kosmos das entgegengesetzte Extrem der Verdünnung. Danach verläuft der Prozeß wieder umgekehrt; die Galaxien ballen sich zusammen und formen sich zur glühenden ›Granate‹. Diese wird instabil und explodiert . . . und so ad infinitum.

Wahrheit, Hypothese oder Mythos?

Etwas ungeduldig fragen wir uns jetzt: In welcher Beziehung stehen denn nun diese rivalisierenden kosmologischen Theorien zu den Zeugnissen selbst, das heißt also in diesem Fall zur Rotverschiebung? Natürlich ist diese Seite der Spekulation sehr verlockend. Die Hoffnung, daß ein paar schlüssige astronomische Beobachtungen eine um die Schöpfung entstandene Schwierigkeit zu lösen vermöchten, die den Menschen schon seit so vielen Jahrhunderten beschäftigt, ist für so interessante Erörterungen ein ganz natürlicher Antrieb. Schaut man jedoch auf die gesamte Geschichte des historischen Denkens zurück, so erkennt man, daß die gegenwärtige Situation in der Kosmologie keineswegs einmalig ist. Im Gegenteil, sie ist anderen Situationen, in denen sich andere Wissenschaften in früheren Jahrhunderten befunden haben, als sie zu historischen Wissenschaften wurden, auffallend ähnlich, und es gibt einige Anzeichen dafür, daß die Spekulation in der Gegenwart immer noch mehr philosophischen als wissenschaftlichen Charakter hat. Seit den frühesten Tagen rationaler Forschung haben alle Versuche, den Lauf der vergangenen Ereignisse in den Griff zu bekommen, Theorien hervorgebracht, die jeweils einer von vier einander entgegengesetzten Auffassungen zugeordnet werden können: einer der drei a-priori-Theorien, vertreten von Plato, Aristoteles und den Stoikern, oder der entwicklungsgeschichtlichen Richtung von Anaximander und den ionischen Naturphilosophen. Und das Erstaunlichste an der ganzen Kosmologie ist, daß alle vier immer wiederkehren. Die Theorie vom ›ursprünglichen Atom‹ des Abbé Lemaître führt in gerader Linie über die christliche Theologie und Platos ›Timaios‹ zu den Schöpfungsgeschichten der alten Mythologie zurück. Hoyles Steady-state-Theorie greift ältere, aus anderen Bereichen historischen Denkens bekannte Prinzipien auf; Hutton und Lyell zum Beispiel gründeten ihre Beweisführungen auf dasselbe Axiom, nämlich daß eine rationale Geschichte der Natur eine stabile und unveränderliche Ordnung voraussetze. Die heutigen Theorien von einem zwischen den Extremen sich bewegenden Weltall und die stoische Auffassung einer zyklischen Ordnung stehen in noch engerem Zusammenhang. In einer Hinsicht mag diese Ähnlichkeit ein Zufall sein, denn der wesentliche Punkt ist nicht der, daß beide Theorien – im Extrem – die Möglichkeit der Zerstörung der gegenwärtigen Ordnung durch Feuer oder Strahlungswärme einschließen, sondern die periodische Wiederkehr im Zeitenablauf. Aber abgesehen von Einzelheiten ist die Ähnlichkeit zwischen der Kosmologie des 20. Jahrhunderts und ihren Vorläufern kein bloßer Zufall, sie fordert vielmehr dazu heraus, nach einem gemeinsamen Motiv zu suchen. Ist es zum Beispiel so, daß der menschliche Geist, wenn die Zeugnisse in der fernen Vergangenheit sich als zu wenig beweiskräftig für eine empirische Rekonstruktion der frühen Geschichte erweisen, ganz selbstverständlich auf eine der drei a-priori-Theorien zurückgreift?

Es gibt noch andere Zeichen dafür, daß die Kosmologie sich noch immer auf die Philosophie gründet. Wir sehen uns gewissen fundamentalen Problemen und Schwierigkeiten gegenüber, denen man nicht einfach dadurch ausweichen kann, daß man sie in eine moderne Terminologie kleidet. Diese Probleme sind von Kant klar herausgearbeitet worden; er hatte auf Grund seiner eigenen Erfahrung erkannt, wie schwer lösbar sie sind. Er machte damals die Newtonsche Physik zur Grundlage für eine entwicklungsgeschichtliche Kosmologie, die zu seiner Zeit ungeheuer kühn war, doch später kamen ihm Zweifel, ob die physikalischen Gesetze wirklich auf die Gesamtheit von Raum, Zeit und Materie angewendet werden können. Insbesondere, erklärte er in seiner ›Kritik der reinen Vernunft‹, seien alle Fragen nach dem Anfang der Zeit oder den Grenzen des Raumes dazu angetan, uns zu Trugschlüssen zu führen, zu irreführenden Pseudoproblemen, die dadurch entstehen, daß wir uns in Bereiche begeben, für die unsere Vorstellungen nicht mehr ausreichen. Leider haben die heutigen Kosmologen Kants Argumente oft nicht beachtet oder in ihrer Überzeugungskraft nicht gebührend gewürdigt. Sie schreiben unbekümmert über die Bereiche ›außerhalb des Raumes‹ oder betrachten die Schöpfung als den ›Anfang der

Zeit‹ und als einen Zeitpunkt, dem eine ›zeitlose Periode von unbegrenzter Dauer‹ vorangegangen sei. Man braucht kein Kant oder Aristoteles zu sein, um die inneren Unstimmigkeiten in solchen Formulierungen zu entdecken. Wenn man derartige Abstraktionen wie Raum und Zeit so gebraucht wie wir, dann kann ein Ding nur ›außerhalb‹ eines anderen sein, wenn es ›im Raum‹ ist, denn der Ausdruck ›im Raum‹ bedeutet ›einen räumlichen Standort habend‹, nicht ›innerhalb eines alles umfassenden Behälters‹. Es gibt auch keinen Sinn, etwas als ›dem Beginn der Zeit vorangegangen‹ zu bezeichnen, denn die einzigen Dinge, die einander ›vorangehen‹ oder ›folgen‹ können, sind solche, die ›in der Zeit‹ sind.

Wenn man heute manchmal Kants Argumente ignoriert, dann wohl deshalb, weil man vergißt, daß unsere Vorstellungen, mit denen wir in der Mathematik und Physik umgehen, unsere eigenen Schöpfungen sind. Vergleichen wir nur die Vorstellungen von Raum und Zeit mit denen von der Temperatur. Wir erkennen zunächst durch unsere Empfindung manche Dinge als warm, andere als kalt. Für wissenschaftliche Zwecke führen wir dann ein numerisches Maß der ›Temperatur‹ ein, das im Lauf der Zeit innerhalb unseres physikalischen Begriffssystems eine bestimmte Bedeutung und Definition erhält. In der Vorstellungswelt unseres Alltags sind diese Möglichkeiten unbegrenzt; wie heiß oder wie kalt wir die Dinge auch machen, wir können uns immer vorstellen, daß sie noch heißer oder kälter gemacht werden könnten. Wenn wir von diesen alltäglichen Vorstellungen zu einer theoretischen Definition der Temperatur übergehen, so kann der unbegrenzte Charakter erhalten bleiben oder auch nicht; dies hängt von bestimmten – bewußten oder unbewußten – geistigen Entscheidungen ab, die beim Erarbeiten der physikalischen Theorien getroffen worden sind. (Der gegenwärtig benutzte Begriff der ›absoluten Temperatur‹ beinhaltet aus historischen Gründen diese Unbegrenztheit nicht. Lord Kelvin definierte sie so, daß sie am sogenannten ›absoluten Nullpunkt‹ eine untere Grenze hat. Doch es wäre ebenso auch eine andere Definition möglich, ohne den Fakten den geringsten Zwang anzutun. Man hätte eine Skala der ›absoluten Temperatur‹ so einführen können, daß es keine untere Grenze gäbe, und das wird tatsächlich manchmal getan, indem man die ›absolute Temperatur‹ (A) durch ihren Logarithmus (L) ersetzt: ›O° A‹ wird dann zu ›minus unendlich ° L‹.) Es besteht jedoch die Gefahr – die Kant klar erkannte –, daß man die von uns selbst errichteten geistigen Schranken – zum Beispiel den absoluten Nullpunkt der Temperatur – für physikalische Hindernisse oder Grenzen hält, die in der Natur ihre realen Entsprechungen haben.

Hier besteht ein unmittelbarer Bezug zu den Vorstellungen von Zeit und Raum. Ein großer Teil der kosmologischen Theorie befaßt sich heute mit ›Weltmodellen‹, die auf einer der beiden Einsteinschen Relativitätstheorien beruhen. Bauen die Physiker nun solche Weltmodelle auf, so müssen sie sich entscheiden, welche Definition als mathematische Gegenstücke zu unseren täglichen Vorstellungen von Ort und Dauer angenommen werden sollen. Diese Entscheidungen können so getroffen werden, daß man sich die historische Folge kosmischer Ereignisse als in beiden Richtungen ohne Grenze verlaufend vorstellt, und dann ist die Frage ›Und was war vorher?‹ immer sinnvoll. Oder die Theorie wird so aufgebaut, daß man für die zeitliche Folge per definitionem einen arithmetischen Anfang oder Ausgangspunkt festsetzt; dann gibt es einen ›absoluten Anfang der Zeit‹ analog dem ›absoluten Nullpunkt der Temperatur‹. Wenn man den zweiten Weg wählt, müssen wir ihn als das erkennen, was er ist, denn wir haben dann kein Recht mehr, über Ereignisse zu sprechen, die sich ›vorher‹ abgespielt haben. Wie die Temperatur unter dem absoluten Nullpunkt zu einer eingebildeten Temperatur wird, verwandeln sich jene Ereignisse in begriffliche, nicht existente Vorgänge.

Es wird nicht immer deutlich, wieweit die Kosmologen zwischen dem Aufbau von Weltmodellen und dem Umfang unserer Vorstellungen einen Zusammenhang sehen, und wieweit sie ihn als Erforschung der Wahrheit über die Natur betrachten. Sie diskutieren zwar manchmal darüber, ob man sich für ein theoretisches Zeitschema mit einem absoluten ›Anfang‹ oder für ein unbegrenztes entscheiden soll, als ob die Existenz eines ›Anfangs der Zeit‹ eine bloße Frage der Fakten wäre. Was sie auch immer sein mag, *das* ist sie bestimmt nicht, und die Einführung von theologischen Erwägungen in die Diskussion verwirrt die Sache nur noch mehr. Der Abbé Lemaître und Sir Edmund Whittaker zogen das Bild vom Urknall vor, weil hier der Bezug zur religiösen Lehre von der Schöpfung leichter herzustellen war als bei den anderen Theorien. Manch einer mag sich zwar fragen, ob die Beziehung zwischen dem ›ursprünglichen Atom‹ und dem ersten Kapitel der Genesis wirklich so eng ist, daß sie überhaupt von Bedeutung sein kann, aber die Argumente, die Thomas von Aquin einst gegen Aristoteles ins Feld führte, haben offenbar noch heute ihren Einfluß nicht verloren. Papst Pius XII. zum Beispiel begrüßte es, daß die moderne Physik die Lehre von der Schöpfung bestätigte, wenn auch deren Zeitpunkt von ›vor sechstausend Jahren‹ auf ›vor sechs Millionen Jahren‹ zurückverlegt wurde.

Und schließlich ist die Unzulänglichkeit der astronomischen Zeugnisse, auf die sich die kosmologischen Spekulationen gründen, ein weiterer Grund zur Vorsicht. Die Rotverschiebung reicht nicht aus, um schlüssig zu beweisen, daß sich die Nebel entfernen, infolgedessen ist es auch keineswegs sicher, daß sich vor zehntausend Millionen Jahren alle Materie und Energie im Weltraum in einem Zustand extremer Zusammenballung befunden haben, und die Auffassung, dieser Zeitpunkt sei als ›Anfang der Zeit‹ anzusetzen, ist logisch höchst fragwürdig. Wollte man trotzdem um der Diskussion willen als gegeben annehmen, die Rotverschiebung sei ein Beweis dafür, daß sich die Galaxien von uns entfernen, dann beweist sie eben auch nur soviel, *daß* sich unter anderen die Galaxien von uns entfernen. Sie sind aber viel zu weit entfernt, als daß man eine diagonale oder seitliche Bewegung feststellen könnte. Es ist durchaus möglich – soviel können wir heute sagen –, daß sie sich von einem zentralen Kern her spiralförmig nach außen bewegen und sich nicht in geraden Linien von einem einzigen Punkt aus verteilen. Außerdem ist dieses Zurückweichen erst seit dreißig Jahren beobachtet worden und kann eine lokalisierte Eigenschaft des Weltalls sein, die nur in unserem eigenen Beobachtungsbereich wirksam ist. Die Gesamtheit der Galaxien, die wir heute feststellen können, als das gesamte Weltall zu bezeichnen, trifft die Sache nicht. Damit wird nur eine begriffliche Grenze gezogen, die durch die Kapazität unserer Instrumente gegeben ist, und darüber zu spekulieren, was jenseits der tausend Millionen Lichtjahre liegt, ist ebenso müßig wie eine Spekulation um 1600 über das, was Galilei zehn Jahre später mit seinem Fernrohr feststellen konnte.

Genauso kann man das Problem der ›Gesamtheit der Zeit‹ betrachten. Selbst wenn das Zurückweichen der Galaxien und die Zeit der stärksten Zusammenballung richtig sind, ist es möglich, daß die Kompression weder absolut noch kataklysmisch war. Die Zeit der Kompression kann ebensogut eine von vielen in einer Reihe astronomischer Zeiträume gewesen sein, die ohne schroffe Übergänge und ganz natürlich einander ablösten, wie die entsprechenden Zeiträume in der Erdgeschichte und in der Entwicklung der Arten. Nimmt man einen Zeitpunkt hoher Kompression an, so braucht man diesen nicht unbedingt als Entsprechung zur biblischen Schöpfung zu betrachten. Ebenso wie man annimmt, daß die Materie, aus der sich die Erde und die übrigen Planeten gebildet haben, eine Vorgeschichte in früheren Zeiträumen hat, so kann man sich auch die Kompression der Galaxien als einen vorübergehenden Zeitraum in einer längeren historischen Entwicklung denken. Damit ist nicht gesagt, daß man die Theorie vom Urknall zugunsten der Auffassung vom zyklischen Kosmos aufgeben müsse, sondern es heißt nur, daß unsere Vorstellungskraft ihre Grenzen hat. Wir verfügen über äußerst wenig Zeugnisse aus dem Zeitraum zwischen fünftausend Millionen und zehntausend Millionen Jahren vor unserer Zeit, und aus der kosmischen Geschichte noch vor diesem Zeitraum besitzen wir überhaupt nichts. Den Zeitpunkt der maximalen Kompression als den ›Anfang der Zeit‹ zu bezeichnen, heißt ebenfalls, eine begriffliche Grenze an den Grenzen unseres gegenwärtigen Wissens zu ziehen. Und ob man nun diese Grenze vor sechstausend Jahren oder zehntausend Millionen Jahren ansetzt – es ist auf jeden Fall ein unnötiges Risiko.

Fassen wir kurz zusammen. Für die Interpretation der Rotverschiebung sind so viele Voraussetzungen nötig, daß man nur mit äußerster Sorgfalt an sie herangehen kann und sie einer genauen logischen Prüfung unterziehen muß. Denn in der Kosmologie ist die Gefahr groß, von legitimen Hypothesen in ›wissenschaftliche Mythologie‹ abzugleiten, indem man die Naturgeschichte in ein fragwürdiges Schema preßt, anstatt den zeitlichen Ablauf in der uns umgebenden Welt zu erforschen. Wo die geistigen Hindernisse so groß sind, ist um so mehr Vorsicht geboten, denn die Hoffnung, schon lange bestehende religiöse Zweifel möchten noch gefestigt werden, könnte sich als trügerisch erweisen. An anderer Stelle haben wir einmal gesagt:

> Im gegenwärtigen Stadium der Kosmologie ist Eile nicht angebracht. Die einzige Hoffnung auf solide Ergebnisse liegt, wie auch in der Geschichte und Archäologie, im langsamen Vorwärtstasten. Es werden auf unserer historischen Weltkarte immer einige weiße Flecken bleiben. Dasselbe gilt für die Zukunft – und wie könnte es auch anders sein? Wenn wir die Astrophysik zwingen, uns eine revidierte Version der Genesis und der Offenbarung zu liefern, graben wir uns nur selbst eine Grube.

Wenn wir uns die Karte eines unerforschten Landes ansehen, so ist sie doch nicht völlig leer, denn es sind mindestens die Längen- und Breitengrade eingezeichnet. Aber es wäre ein Irrtum zu glauben, sie allein könnten uns Aufschlüsse über die geographische Erdoberfläche geben. Derselbe Irrtum ist in der Kosmologie möglich. Es ist nutzlos, sich darüber den Kopf zu zerbrechen, welche Entscheidung man bezüglich des Zeitschemas treffen soll, denn das Zeitschema wird immer nur das Gerüst der astrophysikalischen Theorie bleiben, und wir laufen Gefahr, es so aufzufassen, als könne es uns echte historische Informationen vermitteln.

In allen historischen Wissenschaften ist die zunehmend fortschrittliche Denkungsweise durch den Übergang von a-priori-Theorien zu einer empirischen, entwicklungsgeschichtlichen Forschungsmethode gekennzeichnet. Es mag zunächst so scheinen, als mache die Kosmologie mit ihrem alles umfassenden Forschungsbereich von dieser Regel eine Ausnahme, aber in Wirklichkeit ist es nicht so. So wie für die Geologen der Augenblick kam, in dem sie die allzu vereinfachten Theorien von Hutton und Werner, die Katastrophentheorie und den reinen Aktualismus aufgaben, so wird auch in der Kosmologie vielleicht eine Zeit kommen, in der sie ihre geistigen Krücken wegwerfen und sich darauf konzentrieren kann, unser empirisches Wissen von den früheren Phasen der kosmischen Geschichte zu vermehren. 1784 forderte William Herschel seine Kollegen in der Astronomie auf, den Himmel so zu betrachten,

> wie ein Naturforscher eine große Bodenfläche oder eine Bergkette betrachtet, die Schichten in unterschiedlicher Neigung und Richtung enthält und aus ganz verschiedenem Material besteht.

Greifen wir doch diesen Hinweis auf und treiben wir den Vergleich mit der Geologie noch einen Schritt weiter. Denn die Geologie hat dank William Smiths Erkenntnissen in der Stratigraphie einen Überblick über die Ereignisse der Vergangenheit gewonnen, und es scheint, als öffne sich der Kosmologie eine ähnliche Möglichkeit.

Je weiter entfernt die Galaxien von uns sind, desto länger braucht ihr Licht, bis es uns erreicht. Wenn man also Galaxien in verschiedenen Entfernungen betrachtet, so liegt der Schluß nahe, daß ihre Spektren uns den Zustand des Kosmos in früheren Abschnitten seiner Geschichte verraten. (Wir ›sehen‹ also die Vergangenheit unmittelbarer, als es in der Geologie, Biologie und der Geschichte vom Menschen möglich ist.) Bisher ist nur ein einziger systematischer Unterschied zwischen den Spektren verschieden weit entfernter Galaxien erkannt worden: die Rotverschiebung. Aber wenn sich der Kosmos tatsächlich im Lauf der Zeit entwickelt, dann wird die Untersuchung der Spektren von immer weiter entfernten Galaxien wahrscheinlich diese Entwicklung sichtbar machen können, und auf der Grundlage solcher Unterschiede könnten wir dann eine empirische, allmählich fortschreitende Geschichte aufbauen, wie sie heute in den historischen Wissenschaften schon selbstverständlich ist. Und wenn sich nach genauer Prüfung unserer Beobachtungen herausstellen sollte, daß solche Unterschiede nicht bestehen, dann würde auch das bedeutungsvoll sein, denn es würde beweisen (und besser als ein a-priori-Argument), daß sich der astronomische Kosmos in den letzten tausend Millionen Jahren weniger verändert hat als die Forschungsobjekte der anderen Naturwissenschaften.

Es würde sicher nichts schaden, die Kosmologie zu einer empirischen Wissenschaft zu machen, indem man von den bisherigen Kenntnissen über die Entwicklung der Sterne und Galaxien stichhaltige Schlüsse auf die kosmische Geschichte zieht, anstatt einfach auf die Schöpfung zurückzugreifen. Denken wir an die Geschichte der Gesellschaft, des Menschen, des Lebens, der Erde, des Sonnensystems, der Sternhaufen und sogar der Galaxien, dann verstehen wir sie in jedem Fall als eine allmähliche und beständige Folge von Umwandlungen im Lauf der Zeit; wir stellen uns alle diese Phänomene nicht mehr als a priori vorhanden oder kataklysmisch entstanden vor. Zweifellos üben die heute vertretenen kosmologischen Theorien die gleiche Anziehungskraft aus wie einst der extreme Aktualismus auf Charles Lyell in seinen jüngeren Jahren, so daß er, als er sich schließlich zum Darwinismus bekannte, sagen konnte: ›Es hat mich einen Kampf gekostet, meinen alten Glauben aufzugeben.‹ Es hat den Menschen immer einen Kampf gekostet, auf die offensichtlichen Vorteile von a-priori-Theorien zu verzichten und stattdessen eine wirklich empirisch fundierte, genau durchdachte, vorurteilsfreie Lehre von den historischen Veränderungen und Entwicklungen aufzubauen. Die Frage ist heute, ob sich die altvertrauten Vorstellungen, die sich so hartnäckig in der Kosmologie behaupten, durch die Einzigartigkeit ihrer Gegenstände rechtfertigen lassen, oder ob die Kosmologen denselben Kampf werden bestehen müssen.

Verändern sich Naturgesetze?

Zum Schluß müssen wir noch einen Punkt erwähnen. Wir haben in diesem Kapitel dargelegt, wie von den fünf zeitlosen und unveränderlichen Eigenschaften der Natur, die Newton in seiner Physik nennt, sich eine nach der andern als doch veränderlich erwiesen hat, so daß schließlich Mitte des 20. Jahrhunderts nur noch die ›Naturgesetze‹, die die grundlegenden ›Kraftfelder‹ bestimmen, ihren zeitlosen Charakter bewahrt haben. Schaut man sich aber die heutigen Abkömmlinge der Newtonschen Bewegungs- und Schwerkraftgesetze an, dann drängt sich eine Frage auf: Werden diese Naturgesetze für immer den unveränderlichen Rahmen des physikalischen Weltbildes abgeben? Diese Frage ergibt sich einmal aus der Erkenntnis der historischen Veränderungen und zum andern aus dem gegenwärtigen Stadium des kosmologischen Denkens.

Der Begriff ›Naturgesetze‹ nahm innerhalb der europäischen Naturphilosophie nur im 17. Jahrhundert eine zentrale Stellung ein. Er tauchte in der europäischen Überlieferung in einem ganz bestimmten historischen Zusammenhang und in Verbindung mit spezifischen theologischen Erwägungen auf. Man nannte damals die mathematischen Formeln ›Gesetze‹, weil man in ihnen die ›Regeln‹ erkannte, nach denen das ›Verhalten‹ materieller Dinge ›gelenkt‹ wurde. In diesem frühen Stadium der Wissenschaft war die in dem Wort ›Gesetze‹ enthaltene Analogie mehr als nur eine Metapher, und da man Gott selbst als unveränderlich und ewig betrachtete, nahm man an, daß die ›Naturgesetze‹, die ja ein Ausdruck seines Willens waren, ebenso fixiert sein müßten. Damit war der rationale Rahmen der Welt der Natur, den man ›Naturordnung‹ nannte, bestimmt. Und es genügte Newton als Rechtfertigung, daß

es Ihm, der alle materiellen Dinge geschaffen hatte, zustand, sie auch in ihre Ordnung zu bringen. Und wenn Er es tat, dann ist es unphilosophisch, nach einem anderen Ursprung der Welt zu suchen.

Damit war die Naturordnung durch Gottes rationale Entscheidung ein für allemal festgelegt.

Heute jedoch hat dieser theoretische Überbau seine Macht über uns verloren. Wie so vieles andere im statischen Weltbild des 17. und 18. Jahrhunderts kann auch die ewige Unveränderlichkeit physikalischer Gesetze kaum noch ohne Nachprüfung hingenommen werden. Es gibt jedenfalls Wissenschaftler, die mit gutem Grund annehmen, daß diese Unveränderlichkeit eine Illusion ist. Wenn sich die Naturgesetze nur sehr langsam, im Laufe von Millionen Jahren, verändern, dann gibt es praktisch keine Möglichkeit, das festzustellen, und die Frage, *ob* sie sich verändern, wäre eine rein theoretische. Aber vielleicht sind diese in verschiedenen kosmischen Zeiträumen vor sich gehenden physikalischen Prozesse eben doch feststellbar, und es liegen uns vielleicht sogar schon jetzt, wenn auch noch unerkannt, Zeugnisse vor, an denen wir sie nachweisen könnten.

Gerade die Rotverschiebung im Spektrum von Sternsystemen kann ein Zeugnis für diese Veränderung sein, und moderne Wissenschaftler erklären sie auch als solches. Je weiter entfernt die Galaxie ist, deren Licht zu uns kommt, um so weiter liegen die physikalischen Vorgänge zurück, auf Grund deren es ausgesandt wurde. Wenn nun die Zahlenkonstanten in den diese Vorgänge lenkenden Naturgesetzen sich langsam im Lauf der Zeit verändern, wenn also zum Beispiel Plancks Konstante *h* allmählich ansteigen würde, dann würde die Rotverschiebung auch dann hervorgerufen werden, wenn sich die Galaxien überhaupt nicht entfernen. Das ›Zurückweichen der Galaxien‹ wäre somit eine Illusion, entstanden durch die langsame Veränderung der Naturgesetze, und das ›ursprüngliche Atom‹ würde aus der kosmischen Geschichte verschwinden.

Diese Möglichkeit sei nur erwähnt, um unsere Darstellung der Ideen zur kosmischen Geschichte abzurunden, weniger weil die dafür vorliegenden Zeugnisse besonders beweiskräftig wären. Ein Weltall, dessen Gesetze sich im Verlauf der Zeitalter ändern, ist kein bloßes Phantasiegebilde mehr. Der Physiker P. A. M. Dirac hat einmal die theoretischen Konsequenzen verfolgt, die sich ergeben, wenn verschiedene physikalische Kräfte (zum Beispiel Elektrizität und Schwerkraft) sich in ihrer relativen Stärke langsam verändern; auf diese Weise verbindet er die Atome (mit ihren elektrischen Kräften) und die Galaxien (mit ihren Gravitationskräften) – also den Mikrokosmos und den Makrokosmos – in einem Verhältnis, das sich im Lauf der kosmischen Geschichte verändert.

In ›Materie und Leben‹ haben wir gesehen, daß die künftige Entwicklung der subatomaren Physik noch immer eine offene Frage ist wie eh und je, und ebenso unsicher ist es, wie wir uns die künftige kosmologische Theorie vorzustellen haben. Obgleich wir während der letzten fünfzig Jahre in unserem Wissen von der stellaren Entwicklung ein großes Stück vorwärtsgekommen sind und obwohl dieses Wissen sicher in irgendeiner Form fester Bestandteil unseres künftigen Weltbildes bleiben wird, sind doch manche grundlegenden und schwierigen Fragen noch nicht einmal halb beantwortet, und eine von ihnen ist eine zentrale Frage: Behalten alle Grundgesetze und Konstanten der Physik ihre Formen und Werte ohne jede Modifikation für ewig bei? Wir sind uns dessen heute keineswegs mehr sicher. Vielleicht stehen wir an der Schwelle zur größten wissenschaftlichen Revolution überhaupt.

Nachwort: Natur und Geschichte

Wir befinden uns heute, in der zweiten Hälfte des 20. Jahrhunderts, mitten in einer geistigen Umwälzung. Seit 1800 hat die Entdeckung der unbegrenzten Zeit die Grundlagen älterer Weltbilder noch stärker und nachhaltiger ins Wanken gebracht als die vorausgehende Entdeckung des unbegrenzten Raumes. Stück für Stück ist das statische Gerüst der Welt der Natur, auf das sich die protestantisch-theologische Auffassung von der Natur stützte, abgetragen worden, und die ›unauslöschlichen Eigenschaften‹ von Atomen und Molekülen, in denen Maxwell die letzte Bestätigung der ›Genauigkeit in der Messung, Wahrheit in der Behauptung und Gerechtigkeit im Handeln‹ erblickte, sind während eines Zeitraums von Milliarden Jahren verschwunden. Beständigkeit – die Plato immer wieder hervorhob – gehört ins Reich unserer Phantasie.

Die Entdeckung der Zeit hat vier Aspekte. Erstens hat sie dem Menschen dazu verholfen, das bloße Ausmaß der Vergangenheit zu erkennen, was er bis zum 18. Jahrhundert nur vermuten, aber nie beweisen konnte. Zweitens kann man jetzt das wirkliche Alter der Welt bestimmen, und zwar deshalb, weil man die Vorgänge zu durchschauen gelernt hat, auf Grund deren sie sich entwickelte. Das Zeitschema dieser Entwicklungsvorgänge liefert uns das endgültige Maß zur Berechnung der Vergangenheit. Drittens müssen wir bei diesen Vorgängen auf jeder Ebene zwei Arten unterscheiden: allgemeine und sich wiederholende auf der einen, kumulative und progressive auf der anderen Seite. Es ist ein zentrales Problem jeder historischen Erforschung – sei es des Menschen oder der Natur –, universale Faktoren, die überall wirksam sind, von bedingten, die sich aus früheren Zeitabschnitten ergeben und nur auf bestimmten Entwicklungsstufen von Bedeutung sind, zu unterscheiden. Und schließlich bleibt noch die Frage der Motivation. In der Geschichte vom Menschen jedenfalls gelangen wir erst dann zum vollen Verständnis, wenn wir uns die Gründe, Ängste und Bestrebungen unserer Mitmenschen in vergangenen Zeiten klarmachen.

Diese vier Aspekte vor Augen, können wir nun eine Frage beantworten, die wir uns am Anfang dieses Buches gestellt haben: Kann man mit Recht die Entwicklung der Natur als ›Geschichte‹ bezeichnen? Drei von unseren vier Aspekten betreffen sowohl die Geschichte vom Menschen als auch die Naturgeschichte. Das Alter der Menschheit und der Natur reicht bis weit vor Adam und Eva zurück. Menschliche Gebräuche und Einrichtungen haben sich, wie auch die organischen Arten und die Galaxien, als vorübergehende Produkte fortlaufender Entwicklungsprozesse herausgestellt. Der Gegensatz zwischen den wiederkehrenden und den kumulativen Elementen in der Zeit gibt nicht nur dem Naturwissenschaftler, sondern auch dem Historiker Probleme auf. Jede Veränderung in der Zeit baut sich bis zu einem gewissen Grade auf Erscheinungen auf, die in der Vergangenheit neu aufgetreten sind, und ruft ihrerseits neue Elemente hervor, auf denen sich dann die Zukunft aufbaut. So umfaßt jede Entwicklung eine Folge von Zeitabschnitten, von denen jeder den Ausgangspunkt für seinen Nachfolger schafft, und so gesehen ist Fortschreiten – im Unterschied zum Fortschritt – unvermeidlich.

Nur in einer einzigen Hinsicht kann man einen Trennungsstrich zwischen der Geschichte des Menschen – der ›Geschichte‹ im engeren Sinne des Wortes – und der Entwicklung der Natur – der ›Naturgeschichte‹ – ziehen. Diese Unterscheidung ist möglich durch die Frage der Motivation. Man kann die Geschichte der Menschen und ihrer Gesellschaften zwar nicht aus menschlichen Motiven allein erklären. Die Entwicklung Roms zum Beispiel (um eins von Collingwoods Beispielen herauszugreifen) wurde nicht nur durch die Pläne und Leidenschaften der Römer und ihrer Rivalen bestimmt, sondern noch von vielen anderen Faktoren, wie etwa von der wechselnden Fruchtbarkeit der Campagna, von Klimaänderungen in Nordafrika und von der zunehmenden Verseuchung der Pontinischen Sümpfe mit Malaria. Aber wir können uns doch, wie historisch orientierte Philosophen seit Vico es schon oft betont haben, in die Menschen früherer Zeiten verständnisvoll einfühlen, nicht dagegen in Mücken oder Gesteinsschichten. Diese Einfühlung mag schwierig sein, wenn große kulturelle Unterschiede bestehen, aber wenn es uns gelingt, die Entscheidungen und Neigungen unserer Vorfahren mit ihren Augen zu sehen, dann können wir uns ganz sicher auch ein ›inneres‹ Bild von der Geschichte machen, wie wir es bei der Geologie, Kosmologie und entwicklungsgeschichtlichen Biologie, deren Zeugnisse doch offen vor uns liegen, nicht machen können.

Doch nicht einmal hier ist die besagte Unterscheidung absolut. Die Ethologie ermöglicht uns immer mehr das Verständnis tierischen Verhaltens, und so können wir uns wohl vorstellen, was für ein Entsetzen die Gänse des Kapitols zum Schnattern veranlaßt hat, als sie ihr eigenes Revier bedroht fühlten. Menschliche Beweggründe sind nicht allein auf den Menschen beschränkt. Was aber im letzten Grunde die ›Geschichte‹ von der Naturgeschichte trennt, ist ihre Bezogenheit auf den Menschen. Das Motiv der kapitolinischen Gänse ist für den Historiker nur im Hinblick auf die Rettung der Stadt interessant.

Betrachten wir Natur und Menschheit zusammen, dann zeigt sich, daß in fast jeder Hinsicht der gegenwärtige Stand der Dinge sich aus einer sehr andersgearteten Vergangenheit entwickelt hat. Gewiß weist unsere Darstellung noch Lücken auf. Wenn wir weit genug zurückgehen, stehen wir einmal vor einer Mauer, an der wir mit unserem Wissen nicht mehr weiterkommen und uns nur noch auf a-priori-Theorien stützen können, die aus unserer eigenen Vorstellung stammen. Über den Ursprung des Lebens auf der Erde können wir ein wenig spekulieren, aber über die Entwicklung der menschlichen Gesellschaft aus vormenschlichem Herdenleben etwas auszusagen, sind wir kaum in der Lage. Und doch hat das, was bisher erreicht worden ist, viel mehr Mühe gekostet als das, was noch zu tun übrig ist, Mühe kosten wird, und man darf wohl annehmen, daß sich die größten Lücken in unserem Wissen mit Hilfe von Methoden, die sich schon bewährt haben, im Lauf der Zeit noch schließen werden. Der Ursprung des Lebens zum Beispiel ist kein Problem einer a-priori-Argumentation mehr. Anfangs hieß die Frage: ›Hat es schon immer in irgendeiner Form Leben gegeben, oder ist es in einem bestimmten Augenblick der Vergangenheit geschaffen worden?‹, und heute fragen wir: ›Durch welche Folge langsamer Veränderungen in einer noch unbelebten Umwelt haben sich die wesentlichen Bedingungen für das Entstehen einzelliger Organismen entwickelt und erhalten?‹ Männer wie Oparin, Urey und Calvin sind bereits auf dem Wege, eine Antwort darauf zu finden. Offenbar ist ultraviolettes Licht imstande, aus geeigneten Gasgemischen komplexe chemische Verbindungen zu bilden, und Calvin hat sogar die Möglichkeit in Erwägung gezogen, daß durch eine primitive ›natürliche Zuchtwahl‹ die ursprüngliche Akkumulation chemischen Rohmaterials für die spätere Entstehung von Zellen und Organismen begünstigt werden könne.

Nimmt man die gesamte zeitliche Entwicklung der Welt als Grundlage für die historische Forschung, dann kommt man abermals ein Stück weiter. Als ein Wissensgebiet nach dem andern sich der Forschung öffnete, zeigte sich eine erstaunliche Kontinuität der Probleme und Methoden. Wo es nicht primär um Fragen der Motivation geht, sind es, sowohl bezüglich der verschiedenen Zeitalter wie auch in den verschiedenen historischen Wissenschaften immer wieder die gleichen Schlußfolgerungen, mit denen wir die Vergangenheit rekonstruieren. Sehen wir nur, was für eine Rolle das Experiment in der Geschichte gespielt hat. Man kann natürlich nicht die Vergangenheit durch Experimente erforschen. Aber in der Gegenwart durchgeführte Experimente und Beobachtungen haben doch häufig gezeigt, wie die Dinge geschehen sein *können*, ja sogar, wie sie *wahrscheinlich* geschehen *sind*. Calvin und seine Mitarbeiter stützen sich heute auf eine von Buffon im 18. Jahrhundert begonnene Tradition, und ihre Versuche über die Wirkung von Strahlung auf Gasgemische sind für die Erkenntnis vom Ursprung des Lebens ähnlich wichtig wie Buffons Versuche mit sich abkühlenden Kugeln wichtig für die Erkenntnis von der Entstehung der Erde waren. Solche Untersuchungen liefern der Wissenschaft ebenso stichhaltige Beweise, wie sie ballistische Experimente mit der von einem Mörder benutzten Pistolenkugel der Kriminalistik liefern. Herauszubekommen, wie ein Verbrechen geschehen sein könnte, ist schon ein wichtiger Schritt zu der Erkenntnis, wie es wirklich geschehen ist. Ähnlich verhält es sich in der Geschichte vom Menschen. Heute durchgeführte Beobachtungen und Versuche haben dieselbe Bedeutung für die Geschichte wie für die vorgeschichtlichen Epochen der Geologie und Astronomie. Sind die aus dem Mittelalter überlieferten Fälle von Krämpfen durch Mutterkornvergiftung hervorgerufen worden – das heißt durch den Genuß von Brot, das aus einer bestimmten Sorte von krankem Getreide gebacken worden war? Welchen Einfluß haben allgemeine Arbeitslosigkeit und Hungersnot auf die politische Einstellung der Menschen? Starb Napoleon an Arsenvergiftung? Je besser wir unser heutiges Wissen an den Zeugnissen der Vergangenheit erproben können, um so besser werden wir auch die frühe Geschichte vom Menschen durchschauen.

Historisches Verständnis gewinnt man, indem man zwischen der Vergangenheit und der Gegenwart Zusammenhänge herstellt, indem man bekannte Verhältnisse mit dem vergleicht, was man von vergangenen Ereignissen weiß. Die Idee der Unterbrechung im historischen Ablauf ist im menschlichen Bereich ebenso irreführend wie in der Naturwissenschaft, und die Vorstellung von ›Revolutionen‹ ist für die Zwecke der politischen Geschichte ebenso untauglich, wie es die Vorstellung von ›Katastrophen‹ für die Naturgeschichte immer gewesen ist. Nur wenn wir lernen, die dem politischen und geologischen Wandel – wie schnell er auch vor sich gehen mag – zugrunde liegende Gleichförmigkeit mit den uns aus unserer eigenen

Zeit vertrauten Vorgängen oder Handlungen in Beziehung zu setzen, können wir die Vergangenheit in den Griff bekommen.

Entwicklung der Ideen

Ob wir uns (wie in ›Modelle des Kosmos‹ und ›Materie und Leben‹) mit dem allgemeinen Aufbau und der Anordnung des Universums oder mit den verschiedenen Arten materieller Körper und ihrer Wechselwirkung beschäftigen oder (wie in diesem Buch) mit der Eigenart historischer Vorgänge, wir stoßen immer wieder auf dieselben Denkmodelle. In jedem Fall haben wir uns auf eine besondere geistige Genealogie konzentriert und haben zu zeigen versucht, wie sich unsere heutigen Vorstellungen in gerader Linie auf ältere Vorstellungen zurückführen lassen. Wenn in jeder Genealogie gewisse ›Familienähnlichkeiten‹ auftreten, so braucht das nicht zu überraschen. Hält man sich die Kontinuität der Probleme, mit denen sich die Menschen beschäftigt haben, vor Augen, dann muß man wohl auch eine entsprechende Wiederholung in den Denkformen erwarten. Denn der Fortschritt im wissenschaftlichen Denken rührt nicht nur daher, daß man die Natur nach und nach immer mehr enthüllte, sondern auch daher, daß man immer bemüht war, noch genauere, adäquatere, konsequentere Erklärungen für eine unsichtbare Wirklichkeit zu finden.

In Lawrence Durrells ›Prospero's Cell‹[90] wird der Graf gefragt, seiner Meinung nach enthalte wohl ›das festgefügte Gebäude der Wissenschaften nichts anderes als eine Anzahl mythenähnlicher Elemente, mit oder ohne Zauberkraft‹. Er antwortet darauf: ›Es gibt eine Morphologie der Formen, in der unser Vorstellungssystem arbeitet.‹ Die wissenschaftlichen Vorstellungen eines bestimmten Zeitalters sind viel mehr als ein kühnes Porträt der Natur; sie spiegeln das immer wache Verlangen des Menschen wider, seine Denkformen am Zeugnis der Dinge zu erproben.

›Das ist alles Metaphysik‹, sagt Zarian ein wenig unglücklich. ›Jede Spekulation, die überhaupt in die Tiefe geht‹, antwortet der Graf, ›wird von selbst metaphysisch. Wir klopfen gegen die unsichtbare Mauer, die das Gefängnis unseres Wissens umschließt. Erst wenn man auf Händen und Knien die Mauer rundherum abgetastet hat, wenn man sicher weiß, daß kein Weg hinausführt, wird man auf sich selbst zurückgeworfen, um die Lösung zu finden.‹

90 Im Deutschen erschienen unter dem Titel ›Schwarze Oliven‹, 1963.

Die alten, ungelösten Kernfragen der griechischen Metaphysik werden etwas durchsichtiger, wenn man sie im Lichte geistiger Entwicklung betrachtet. Wir haben in diesem Buch – sowohl in den Naturwissenschaften, von denen verabsolutierte mathematische Vorstellungen geschaffen werden, wie auch in anderen historischen Wissenschaften, in deren Bereich diese abstrakten Vorstellungen mit den wirklichen Ereignissen konfrontiert werden – die Entwicklung von Ideen verfolgt. Dabei haben wir uns klarmachen müssen, wieweit die Vorstellungen und Axiome der Physik tatsächlich Abstraktionen sind, Abstraktionen im Sinne von aus der Erkenntnis der Naturvorgänge gewonnenen Vorstellungen, die man als ›Paradigmen‹ ausgewählt hat, das heißt als Beispiele, mit denen kompliziertere Erscheinungen erklärt werden können. Dieser Prozeß der Abstraktion schafft, wie Werner Heisenberg klar erkannt hat, eine logische Kluft zwischen physikalischer Theorie und Natur, zwischen Naturphilosophie und Naturgeschichte:

Durch die Entdeckung, daß die Erde nicht die ganze Welt, sondern nur ein kleiner, in sich geschlossener Teil der Welt ist, wurde es möglich, die Unklarheiten des Begriffs ›Ende der Welt‹ zurückzuschieben und dafür eine genaue Karte der ganzen Erdoberfläche zu zeichnen. In ähnlicher Weise hat die moderne Physik eher die klassische Physik von manchen mit der Annahme ihrer unbegrenzten Anwendbarkeit verbundenen Unklarheiten gereinigt und gezeigt, daß die einzelnen Teile unserer Wissenschaft, zum Beispiel Mechanik, Elektrizitätslehre, Quantentheorie, in sich abgeschlossene, rational bis ins letzte durchdringbare wissenschaftliche Systeme sind, die die ihnen zugehörigen Naturgesetze wohl für immer richtig darstellen. Wesentlich ist hierbei die ›Abgeschlossenheit‹ der Systeme. Das wichtigste neue Ergebnis der Atomphysik war die Erkenntnis der Möglichkeit, daß ganz verschiedene Schemata von Naturgesetzen auf das gleiche physikalische Geschehen angewendet werden können, ohne sich zu widersprechen. Es liegt dies daran, daß in einem bestimmten System von Gesetzen wegen der Grundbegriffe, auf die es aufgebaut ist, nur ganz bestimmte Fragestellungen einen Sinn haben und daß es sich dadurch gegen andere Systeme, in denen andere Fragen gestellt werden, abschließt. Der Übergang der exakten Naturwissenschaft von dem erforschten zu einem neuen Erfahrungsbereich wird sich also nie so vollziehen, daß etwa die bisher bekannten Gesetze einfach auf die neuen Erfahrungen anzuwenden wären. Vielmehr wird ein wirklich neuartiger Erfahrungsbereich stets dazu führen, daß sich ein neues System wissenschaftlicher Begriffe und Gesetze herausbildet, die zwar nicht weniger rational analysierbar, aber grundsätzlich anders als die früheren sind.[91]

91 Heisenberg, Wandlungen in den Grundlagen der Naturwissenschaft (Sieben Vorträge), Leipzig 1935.

Unabhängigkeit einer mathematischen Theorie, wie Newtons Dynamik oder Maxwells Elektromagnetismus, ist um den Preis einer teilweisen Loslösung von der Welt der Tatsachen erkauft worden. Wenn man einmal eine solche Theorie aufgebaut hat, ist man berechtigt zu fragen, wieweit dieses besondere Denkmodell nun wirklich von Bedeutung ist und für welche Art von Erscheinungen. Dieser Gegensatz zwischen der exakten, unabhängigen Ideenwelt und der ständig im Fluß begriffenen Welt der Natur ist der Grund, warum Physiker, die es genau nehmen, die Naturgeschichte als unexakten Gegenstand betrachten. Schon in der Meteorologie ist es schlimm genug; gerade die Vielzahl der Faktoren macht das ästhetische Streben des Theoretikers nach eleganten und vollendeten Lösungen oft zunichte. Aber in jedem Zweig der Geschichtswissenschaft steht man obendrein noch ständig der Unmöglichkeit, Neues vorauszusehen, gegenüber. Wissenschaft im großen und ganzen kann niemals ›vollkommen in sich‹ sein, so wie es ein einzelner Zweig der Physik sein kann. Die Natur behält sich immer vor, neue Überraschungen zu bieten. Die wissenschaftliche Priorität und Überlegenheit, die von der Physik manchmal beansprucht wird – da sie die geistigen Grundlagen für die Chemie, dann für die Physiologie und sogar für die Psychologie gelegt hat – läßt sich nur dann rechtfertigen, wenn man einen abstrakten Standpunkt im Sinne Platos einnimmt. Wenn unser Erkenntnisstreben uns dagegen zwingt, die Natur vom historischen, aristotelischen Standpunkt aus zu betrachten, dann ist die ›Rangordnung‹ umgekehrt: Zuerst bildete sich die Paläontologie als Wissenschaft heraus, dann folgten die Geologie, Zoologie und Chemie, und die Physik steckt noch in den Kinderschuhen.

Mit Heisenbergs Zugeständnis kommt die theoretische Physik den historischen Erkenntnissen Vicos nahe. Vico hatte bereits gesagt, die für die mathematischen Systeme kennzeichnende absolute Sicherheit beruhe auf der Tatsache, daß sie unsere eigenen Schöpfungen sind: ›Wir kennen sie so genau, weil wir sie selbst gemacht haben.‹ Das ist die Ergänzung zu Heisenbergs Beobachtung. Die Welt der Ideen ist unabhängig, überzeugend und sicher, weil wir sie uns so zurechtmachen, daß unser Geist sich frei und vertrauensvoll in ihr bewegen kann. Aber kein Vorstellungssystem, wie überzeugend und bündig es auch sein mag, kann uns garantieren, daß es der ständig in Fluß befindlichen Natur auch wirklich entspricht, das heißt dem tatsächlichen Ablauf historischer Veränderungen. In dieser Hinsicht sind die historischen Wissenschaften grundlegender und schwieriger als die theoretischen, denn sie zwingen uns, die Welt so zu nehmen, wie wir sie vorfinden; wir können nicht unseren Ideenbereich so begrenzen, wie es uns richtig erscheint.

Die Wissenschaft begann in Ionien, als man versuchte, hinter dem ständigen Ablauf der Ereignisse bleibende Elemente zu entdecken. Von Anfang an gab es Philosophen wie Heraklit, die erklärten, es gebe keine unveränderlichen Elemente außerhalb unserer eigenen geistigen Schöpfungen; alles in der natürlichen Welt sei im Flusse, Gewißheit und Ewigkeit dagegen gehörten zur Welt des Geistes. Spätere Philosophen fanden diese Auffassung allzu ausschließlich; sie fuhren fort, in der Natur nach bleibenden Eigenschaften zu suchen, und erklärten sogar das Vorhandensein eines unveränderlichen Rahmens der Natur als notwendiges Kennzeichen ihrer Vernunft. Doch heute wird langsam deutlich, daß Heraklit wahrscheinlich recht hatte. Wir beginnen uns damit vertraut zu machen, daß an die Stelle der Vorstellung von einer bleibenden und klar umgrenzten Naturordnung die Vorstellung eines entwicklungsgeschichtlichen Prozesses getreten ist, dem alle Dinge unterworfen sind. Und wenn sich herausstellt, daß auch die ›Naturgesetze‹ selbst sich langsam von einem kosmischen Zeitalter zum andern verändern, dann ist dies nur der letzte Schritt in einer historischen Umgestaltung, die nun auch den letzten Bereich der Wissenschaften erfaßt.

Glücklicherweise hat sich die frühere Befürchtung, nur eine unveränderliche Naturordnung könne verstehbar sein, als grundlos erwiesen. Unter dem entwicklungsgeschichtlichen Blickwinkel verstehen wir die Welt nicht weniger, sondern vollständiger. Obwohl die Entwicklung wissenschaftlicher Ideen wie alles andere auch ein Prozeß fortwährender Wandlung ist, der sich niemals absolut vollenden wird, können wir doch auch aus dieser Tatsache geistige Kraft gewinnen.

Jetzt beginnen die Fledermäuse ihre kurzen, huschenden Flüge gegen den Himmel. Im Osten verblassen die Farben und machen dem großen, kupferfarbenen Mond Platz, der bald über dem Epeiros aufgehen wird. Es ist die magische Stunde zwischen zwei unwirklichen Daseinsformen – die Tagwelt verlöscht in ihren letzten glühenden Farben von Bernstein und Zitrone, und die Welt der Nacht verdichtet sich mit tintenblauen Schatten und silbernem Mondlicht.

›Schauen Sie‹, sagt der Graf, ›dort hinter dem Berg wird er hervorkommen.‹ Die Luft schmeckt leicht nach Feuchtigkeit. ›In wenigen Augenblicken geht er auf.‹

›Ich denke gerade‹, sagt Zarian, ›daß es für nichts in der Welt jemals eine endgültige Lösung gibt. In jedem Zeitalter, von jedem Standpunkt aus sehen wir uns den gleichen Naturphänomenen gegenüber: Mondlicht, Tod, Religion, Lachen, Furcht. Wie die Götzendiener versuchen wir sie in ein Begriffssystem zu pressen. Und doch verändern sie sich fortwährend unter unseren Augen.‹

›Wenn man das zugibt‹, sagt der Graf orakelhaft, ›gibt man auch zu, daß es Glück gibt – oder Seelenfrieden, wie Sie wollen: sich vorzustellen, daß keine unserer Abstraktionen über Gott oder die Menschen gültig ist, und sie doch zu lieben, weil sie die Fehlbarkeit unseres Geistes in sich tragen.‹